电力安全标准汇编

电力系统与数据通信卷

国家能源局电力安全监管司　编

浙江人民出版社
ZHEJIANG PEOPLE'S PUBLISHING HOUSE

国家能源局主管

中国电力传媒集团
CHINA ELECTRIC POWER MEDIA GROUP

内 容 提 要

为了保障电力系统的安全运行，促进电力标准和规程规范的全面实施，国家能源局组织编写了《电力安全标准汇编》。

本书为《电力安全标准汇编 电力系统与数据通信卷》，主要内容包括：电力系统安全稳定控制技术导则、电力系统安全稳定控制系统检验规范、电力通信运行管理规程、电力系统管理及其信息交换 数据和通信安全、电力系统通信站过电压防护规程等，共 18 个标准。本书另附一张光盘，汇编相关电力安全标准，共 29 个。

本书可作为全国电力行业从事设计、施工、验收、运行、维护、检修、安全、调度、通信、用电、计量和管理等方面的技术人员和管理人员的必备标准工具书，也可作为电力工程相关专业人员和师生的参考工具书。

图书在版编目（CIP）数据

电力安全标准汇编. 电力系统与数据通信卷/国家能源局电力安全监管司编. —杭州：浙江人民出版社，2014.12
ISBN 978-7-213-06418-0

Ⅰ. ①电⋯ Ⅱ. ①国⋯ Ⅲ. ①电力安全—安全标准—汇编—中国 ②电力系统—安全标准—汇编—中国 ③数据通信—安全标准—汇编—中国 Ⅳ. ①TM7-65

中国版本图书馆 CIP 数据核字（2014）第 280751 号

电力安全标准汇编 电力系统与数据通信卷

作　　者：国家能源局电力安全监管司
出版发行：浙江人民出版社　中国电力传媒集团
经　　销：中电联合（北京）图书销售有限公司
　　　　　销售部电话：（010）63416768　60617430
印　　刷：三河市鑫利来印装有限公司
责任编辑：杜启孟　宗　合
责任印制：郭福宾
版　　次：2014 年 12 月第 1 版·2014 年 12 月第 1 次印刷
规　　格：787mm×1092mm　16 开本·30.5 印张·770 千字
书　　号：ISBN 978-7-213-06418-0
定　　价：**168.00** 元

编 制 说 明

    电能是社会发展，人民生活不可或缺的重要能源；安全是现代社会生产经营活动顺利进行的前提条件。因此，保障电力系统安全稳定运行，既是电力工业科学发展、安全发展的迫切需要，又是提升国力、国民生活水平和维护社会稳定、促进社会和谐的必要条件。

    近年来，我国电力系统安全生产工作取得了丰硕成果，各类事故逐年减少，安全生产水平逐步提高，电力安全标准日臻完善。然而，有关电力行业安全的标准相对分散，缺乏全面、系统的分类汇总，不利于电力企业安全生产和电力安全科学研究工作。

    为贯彻落实党中央、国务院关于开展安全生产的重要指示，进一步加强电力系统安全意识，促进电力标准和规程规范的全面实施，我们组织了本套标准汇编，主要汇集了最新版的国家安全标准、电力行业安全标准等。标准汇编力求系统、准确，编排力争科学、精炼，基本满足电力行业技术管理人员、电力科学研究人员的工作需要。

    随着我国社会生产水平的发展，标准将不断更新、完善。目前，安全标准的覆盖尚不全面，有些标准需要今后补充制定，本标准汇编中所收录的标准也会及时修订，希望广大读者在参考、引用汇编中所收录标准的同时，关注标准的发布、修订等信息，及时更新并使用最新标准。

国家能源局电力安全监管司

2014 年 12 月

目　　录

电力系统安全稳定控制技术导则

GB/T 26399—2011

目　　次

前　　言

本标准按照 GB/T 1.1—2009 给出的规则起草。

本标准由中国电力企业联合会提出。

本标准由全国量度继电器和保护设备标准化技术委员会静态继电保护装置分标准化技术委员会（SAC/TC 154/SC 1）归口。

本标准主要起草单位：南方电网技术研究中心、国家电网调度通信中心、南方电网调度通信中心、南京南瑞继保电气公司、中国电力科学研究院、中南电力设计院、西南电力设计院、华东电力调度通信中心。

本标准主要起草人：吴小辰、周济、曾勇刚、黄河、陈松林、孙光辉、马世英、张立平、刘汉伟、黄志龙、许涛。

电力系统安全稳定控制技术导则

1 范围

本标准规定了电力系统三道防线的内容、设防要求；对预防控制、防止电网失稳的控制、防止电网崩溃的控制及恢复控制等，提出了控制目标、控制原则、应用条件等；对电力系统稳定控制所涉及的规划设计、科研制造、生产运行提出了原则性要求。本标准对确保电力系统安全稳定运行、防止大面积停电事故的各方面工作具有指导意义。

本标准适用于各级电网及所有并网运行设备和系统，各级发电、输电、供电、用电企业和用户以及从事安全稳定控制系统的科研、设计、制造和运行等均应遵照执行。

2 规范性引用文件

下列文件对于本文件的应用是必不可少的。凡是注日期的引用文件，仅注日期的版本适用于本文件。凡是不注日期的引用文件，其最新版本（包括所有的修改单）适用于本文件。

GB/T 14285 继电保护和安全自动装置技术规程

DL 755 电力系统安全稳定导则

DL/T 478 静态继电保护及安全自动装置通用技术条件

3 术语和定义

下列术语和定义适用于本文件。

3.1 有关电力系统性能的定义

3.1.1 可靠性 reliability

电力系统在长时间内供给用户合乎质量标准和所需数量的电能的能力。

注：电力系统可靠性通常包括充裕性和安全性两个方面，通常为概率指标。

3.1.2 充裕性 adequacy

电力系统在稳态条件下，并且系统元件的负载不超出其定额，母线电压和系统频率维持在允许范围内，考虑系统元件计划和非计划停运的情况下，供给用户所需电能的能力。

3.1.3 安全性 security

电力系统在运行中承受故障扰动（例如突然失去电力系统的元件，或短路故障等）的能力。通过两个特性表征：

a）电力系统能承受住故障扰动引起的暂态过程并过渡到一个可接受的运行工况。

b）在新的运行工况下，各种约束条件得到满足。

3.1.4 稳定性 stability

电力系统受到事故扰动后保持稳定运行的能力。通常根据动态过程的特征和参与动作的元件及控制系统，将稳定性的研究划分为静态稳定、暂态稳定、小扰动动态稳定、长过程动态稳定、电压稳定及频率稳定。

3.1.5 完整性 integrity

发输配电系统（bulk power system）保持互联运行的能力。

3.1.6 三道防线

3.1.6.1 第一道防线 First-defence-line

在电力系统正常状态下通过预防性控制保持其充裕性和安全性（足够的稳定裕度），当发生短路故障时由电力系统固有的控制设备及继电保护装置快速、正确地切除电力系统的故障元件。

3.1.6.2 第二道防线 Second-defence-line

针对预先考虑的故障形式和运行方式，按预定的控制策略，采用安全稳定控制系统（装置）实施切机、切负荷、局部解列等控制措施，防止系统失去稳定。

3.1.6.3 第三道防线 Third-defence-line

由失步解列、频率及电压紧急控制装置构成，当电力系统发生失步振荡、频率异常、电压异常等事故时采取解列、切负荷、切机等控制等措施，防止系统崩溃。

3.2 有关电力系统安全稳定控制的定义

3.2.1 预防控制 preventive control

电力系统正常运行时，为保证电网充裕性和安全性所采取的控制措施。包括发电出力控制、断面功率控制、负荷控制、无功电压控制等。

3.2.2 稳定控制 stability control

为防止电力系统由于扰动而发生稳定破坏、运行参数严重超出规定范围，以及事故进一步扩大引起大范围停电而进行的紧急控制。

分为暂态稳定控制、动态稳定控制、电压稳定控制、频率稳定控制、过负荷控制。

3.2.3 失步振荡控制 asynchronization swing control

电力系统失去同步发生异步运行时，采取解列联络线或其他再同步的控制措施，以消除电网的异步运行状态，防止事故扩大。为此所采取的控制称为失步振荡控制。

3.2.4 恢复控制 restorative control

电力系统由于扰动而稳定破坏或崩溃，为恢复系统充裕性而进行的控制。

3.2.5 安全稳定控制装置（简称稳控装置）security and stability control device

为保证电力系统在遇到大扰动时的稳定性而在电厂或变电站内装设的控制设备，实现切机、切负荷、快速减出力、直流功率紧急提升或回降等功能，是保持电力系统安全稳定运行的第二道防线的重要设施。

3.2.6 安全稳定控制系统（简称稳控系统）security and stability control system

由两个及以上厂站的安全稳定控制装置通过通信设备联络构成的系统，实现区域或更大范围的电力系统的稳定控制。

3.2.7 安全自动装置（简称安自装置）

用于防止电力系统稳定破坏、防止电力系统事故扩大、防止电网崩溃及大面积停电以及恢复电力系统正常运行的各种自动装置的总称。如稳控装置、失步解列装置、低频减负荷装置、低压减负荷装置、过频切机装置、备用电源自投装置、水电厂低频自起动装置、输电线路的自动重合闸等。

3.2.8 系统失去同步的定义

两个同调机群惯量中心等值发电机转子之间的功角摆幅超过 180°，即判为该系统失去同步，随后功角将在 0°～360°范围内周期变化，该过程称为失步振荡。由于同调机群惯量中心等值发电机转子之间功角测量的复杂和困难，为了便于实际测量，通常将振荡中心两侧母线电压相量之间的相角差从正常运行角度逐步增加并超过180°定义为该系统已失去同步。

4 安全稳定控制总则

合理的电网结构是电力系统安全稳定运行的基础，应根据国民经济发展的需求，规划、建设相适应的一次网架，满足电力系统安全稳定运行的需要。

4.1 电力系统在扰动下的安全稳定要求

4.1.1 电力系统扰动情况分类

电力系统中的扰动可分为小扰动和大扰动两类：

小扰动指由于负荷正常波动、功率及潮流控制、变压器分接头调整和联络线功率无规则波动等引起的扰动。

大扰动指系统元件短路、断路器切换等引起较大功率或阻抗变化的扰动。大扰动可按扰动严重程度和出现概率分为三类：

第Ⅰ类，单一故障（出现概率较高的故障）：a）任何线路单相瞬时接地故障重合成功；b）同级电压的双回线或多回线和环网，任一回线单相永久故障重合不成功或无故障三相断开不重合，任一回线三相故障断开不重合；c）任一发电机跳闸或失磁；d）受端系统任一台变压器故障退出运行；e）任一大负荷突然变化；f）任一回交流联络线故障或无故障断开不重合；g）直流输电线路单极故障。

第Ⅱ类，单一严重故障（出现概率较低的故障）：a）单回线单相永久性故障重合不成功或无故障三相断开不重合；b）任一段母线故障；c）同杆并架双回线的异名两相同时发生单相接地故障重合不成功，双回线三相同时跳开；d）直流输电线路双极故障。

第Ⅲ类，多重严重故障（出现概率很低的故障）：a）故障时开关拒动；b）故障时继电保护、自动装置误动或拒动；c）自动调节装置失灵；d）多重故障；e）失去大容量发电厂；f）其他偶然因素。

特殊说明：对于向重要受端系统供电的同一断面又属同一走廊的两回线故障或无故障相继跳闸的情况，可根据电网的重要程度以及相关管理规定纳入到第Ⅱ类扰动中考虑。

4.1.2 电力系统承受扰动能力的安全稳定标准分为三级：

第一级：正常运行方式下的电力系统受到第一类扰动后，保护、开关及重合闸正确动作，不采取稳定控制措施，必须保持电力系统稳定运行和电网的正常供电，其他元件不超过规定的事故过负荷能力，不发生连锁跳闸；

但对于发电厂的交流送出线路三相故障，发电厂的直流送出线路单极故障，两级电压的电磁环网中单回高一级电压线路故障或无故障断开，必要时可采用切机或快速降低发电机组出力的措施。

第二级：正常运行方式下的电力系统受到第二类扰动后，保护、开关及重合闸正确动作，应能保持稳定运行，必要时允许采取切机、切负荷、直流调制和串补强补等稳定控制措施。

第三级：电力系统因第三类扰动而导致稳定破坏时，必须采取措施，防止系统崩溃。

4.1.3 正常运行安全要求

电力系统正常运行时，应能供应全部负荷并保持充裕性和安全性。系统元件负载不超过其允许值，系统频率和母线电压处于正常水平，有足够的稳定储备。应做好电力系统的预防性控制，确保电网正常运行时处于良好的状态，满足上述要求。

4.1.4 在某些特殊运行方式下的安全要求

若电力系统由于某种原因而处于特殊状态，如事故后状态（运行人员尚未及时调整），或某种特殊情况下需要多送电，在承受上述各类扰动时允许在维持正常供电的条件下适当降低其安全要求，但应备有防止事故扩大的相应措施。

4.2 电力系统三道防线总体要求

4.2.1 一般规定

电网互联方式及电网类型的不同，其稳定性能差别较大，应针对电网互联方式及电网类型做好电网的规划、设计，采取稳定控制措施，配置相应的稳定控制装置。

4.2.2 总体要求

a) 合理安排运行方式，在系统正常运行状态下通过监视相关状态量的变化和预警设施，一旦发现偏离正常范围或出现稳定裕度不足时，及时采取预防性校正控制措施，恢复系统的安全性与充裕性。

b) 继电保护是应对电力系统元件故障的第一道防线，应加强对继电保护装置及相关回路的运行管理，严防误动与拒动事故；在系统发生异步振荡或同步振荡期间保护装置不应误动作；保护装置定值应与设备过负荷等系统要求相配合；220kV 及以上电压等级线路和对稳定影响大的某些重要的 110kV 输电线路的主保护应双重化配置，并设置断路器失灵保护。

c) 基于电网稳定的分析计算，对于 4.1.1 所规定的故障类型存在稳定问题的电网，配置安全稳定控制系统，设置第二道防线，防止电力系统稳定破坏，确保电网安全稳定运行。

d) 对于多重严重故障，应设置第三道防线，防止事故扩大或系统崩溃，避免大范围停电事故。

4.3 安全稳定控制系统的配置原则

4.3.1 安全稳定控制系统宜按分层分区原则配置，各类稳定控制措施及控制系统之间应相互协调配合。安全稳定控制系统应尽可能简单实用、安全可靠。稳定控制措施应优先采用切机、直流调制，必要时可采用切负荷、解列局部电网。

4.3.2 采用区域型安全稳定控制系统防止暂态稳定破坏时，其控制范围不宜过大。

4.3.3 运行方式的安排应尽量避免出现严重的稳定问题或需要配置过于复杂的安全稳定控制系统。

4.3.4 对于大机小网型电力系统，在暂时不能满足 4.1.2 的第一级标准要求、需要采用切机或切负荷措施来提高网络的输电能力时，宜配置稳控系统；稳控系统的设计宜简洁、目标明确、易于实施，并应尽快完善一次网架或实现与大区主网联网来满足 4.1.2 的第一级标准要求。

4.3.5 通信通道是安全稳定控制系统的重要组成部分，为保证控制站之间通信的快速性与可靠性，应优先采用 2M 光纤数字通道，有条件时可采用专用光纤芯。

4.3.6 对于暂态稳定的判别、决策、控制应采用控制策略表方式。离线仿真方法是当前制定控制策略表的主要手段；在线稳定控制决策系统利用电网的实时数据，经状态估计和潮流计算后在线进行稳定分析，形成当前运行方式下的控制策略，并自动刷新稳控装置内的控制策略表，应根据情况逐步实施。

4.4 失步解列是电力系统稳定破坏后防止事故扩大的基本措施，在电网结构的规划中应遵循合理的分层分区原则，在电网的运行时应分析本电网各种可能的失步振荡模式，制定失步振荡解列方案，配置自动解列装置。远方大电厂与主网失去同步时可采用切除部分机组实现再同步的措施，但应具有规定时间内再同步无效进行解列的后备措施。

4.5 低频及低压自动减负荷是防止电力系统有功功率或无功功率突然缺额引起的频率崩溃或电压崩溃事故的有效措施。各电网应考虑系统内可能发生的最严重的事故情况，并配合解列点的安排，制定低频及低压自动减负荷方案，配置相应的自动减负荷装置，落实切负荷量。发电厂还应根据具体情况设置解列及保厂用电的自动装置。

4.6 在大区电网互联后，系统的低频振荡对电网的安全运行构成潜在的威胁，应研究分析电网的低频振荡模式，实施预防性控制手段；尽量避免可能诱发低频振荡的运行方式，并实现低频振荡检测报警功能，对判明的振荡源实施减出力、提高励磁增加无功出力或解列等控制措施，尽快平息系统振荡，防止事故扩大。

4.7 电力系统全停后应尽快恢复电网的供电，应结合本网具体情况做好黑起动预案，定期进行黑起动演习，注意恢复起动过程中的功率平衡，防止发生自励磁、频率及电压大幅度波动，确保恢复过程中系统的稳定性。

5 预防控制

5.1 预防控制是在系统正常运行时调整系统工作点，保持系统安全稳定裕度，以实现：
  a) 保持系统功角稳定性并具备必要的稳定裕度；
  b) 保持系统频率于规定范围并具有必要的运行备用容量；
  c) 保持母线电压于规定范围并具有必要的电压稳定裕度；
  d) 防止电网元件过负荷；
  e) 保持系统必要的阻尼水平，防止发生低频振荡。

5.2 功角稳定预防控制

5.2.1 控制目标

电力系统在正常运行时，应通过预防控制来控制潮流和电压水平，保持电网功角稳定运行并具有必要的稳定储备，保证系统在发生第Ⅰ类大扰动时不致出现功角稳定问题。当系统由于某种原因（例如恶劣气象条件引起的负荷大幅度增长）导致功角稳定储备不足进入警戒状态时，应通过预防控制返回至正常安全状态。

5.2.2 控制方法

  a) 监视系统功角、联络线潮流等运行参数及其变化趋势，按照事先制定的运行控制要求或在线安全分析与决策系统提供的结果进行相应控制。

  b) 控制方法包括但不限于下述方法：增减发电机的出力、停用抽水状态的蓄能机组、水轮机及燃气轮机快速起动、人工切除部分负荷、改变交直流功率分配等。

5.3 频率异常预防控制

5.3.1 控制目标

通过预防控制使系统频率维持于规定范围，监视、评价电厂和整个系统的旋转备用容量和分布，保证电网一次和二次调频能力，维持系统频率和联络线潮流于目标值。

5.3.2 控制方法

  a) 监视系统频率、联络线潮流、运行备用等运行参数及其变化趋势，按运行实际值与预定目标值的偏差相应调整发电功率及潮流分布，使实际运行值符合目标值。

  b) 控制方法包括但不限于下述方法：增减发电机的出力、启停蓄能机组、水轮机及燃气轮机发电机组快速起动、人工切除部分负荷、直流功率调制等。

5.4 电压异常预防控制

5.4.1 控制目标

按分层分区原则，通过预防控制合理调整系统无功功率，维持系统电压于规定范围，保持适当的无功功率储备，保持系统在预定的扰动情况下或由于某种原因负荷大量变化时的电压稳定性。

5.4.2 控制方法

a）监视关键节点的运行电压及其变化趋势，按照事先制定的运行控制要求进行相应的控制调节。

b）控制方法包括但不限于下述方法：调整发电机无功功率，投切无功补偿设备、投退输电线路、转移负荷和改变交直流功率分配等。

c）电力系统正常电压调节应尽量使用并联电容器、并联电抗器、变压器分接头调节等措施，将无功备用留在运行发电机组上，尤其是负荷中心的发电机组。供电变压器的带负荷调压（OLTC）应在高压侧电源电压过低（例如低于 $0.95U_N$）时停止使用。

d）电网中厂、站的无功电压自动控制系统（AVC）应满足维持母线电压于规定范围并具有必要的电压稳定裕度的要求。

e）在对具体电力系统研究分析的基础上，积极采用可控高压并联电抗器、静止无功补偿器（SVC）、动态无功补偿（STATCOM）等系统动态无功补偿设备，加强电网的动态无功支撑，改善系统的电压稳定性。

5.5 防止过负荷的预防控制

5.5.1 控制目标

通过预防控制使系统潮流合理分布，维持元件输送功率在热稳定允许范围内，并具备必要的稳定储备，保证系统在发生第Ⅰ类大扰动时不致出现电网元件过负荷。

5.5.2 控制方法

a）监视系统元件功率等运行参数及其变化趋势，按照事先制定的运行控制要求或在线安全分析与决策系统提供的结果进行相应控制。

b）控制方法包括但不限于下述方法：增减发电机的出力、启停蓄能机组、水轮机及燃气轮机快速起动、人工切除部分负荷、改变交直流功率分配等。

c）宜通过调整运行方式避免穿越性功率引起的元件过负荷。

d）应充分利用设备的短时过负荷能力，在设备允许的时间范围内宜通过调整运行方式来消除过载。

5.6 改善系统阻尼特性的预防控制

5.6.1 控制目标

保持系统必要的阻尼水平，防止产生 $0.1Hz\sim2.0Hz$ 级的系统低频振荡，保持系统动态稳定性。

5.6.2 控制方法

a）监视系统联络线有功功率及其变化趋势，对功率振荡设置必要的自动告警，按照事先制定的运行控制要求进行相应的控制。

b）省级及以上调度管理机构自动化系统应具备低频振荡监测告警功能，有条件时根据系统实际运行情况进行在线动态稳定评估，并进行必要的控制。

c) 电力系统稳定器 PSS 是改善系统阻尼特性、提高系统动态稳定性的重要手段。容量在 100 MW 以上的火电机组和容量在 50 MW 以上的水电机组应在励磁系统中配置 PSS，以及经计算分析后需要安装 PSS 的电厂，按要求进行 PSS 试验和整定。

d) 其他可能的控制方法包括：潮流调整、直流调制、可控串补的调节等。

6 防止电网失稳的控制

6.1 暂态稳定控制

6.1.1 控制目标

对预想的运行方式和故障存在的暂态稳定问题，由稳控装置依据控制策略表实施切机、切负荷或解列等控制措施，保持系统的暂态稳定。

6.1.2 控制方法

6.1.2.1 在电力系统送端采取切除发电机组的稳定控制措施，以快速降低送端电源的加速能量。

6.1.2.2 因送端大量切机造成受端电网功率缺额时，可在受端负荷中心采取集中切负荷措施，但应与送端的切机措施相协调，尽可能少切负荷，并防止出现过电压。

6.1.2.3 弱联系的联络线一般是互联电网暂态稳定的薄弱环节，若经过计算解列联络线对电力系统的总体损失最小，则宜采取解列互联电网联络线的控制措施。

6.1.2.4 直流系统的功率调制、可控串补、串联电容补偿、并联电容补偿等可作为稳定控制措施来提高输电断面的输送能力。

6.2 平息低频振荡控制

6.2.1 控制目标

当电力系统中产生了一定振幅且持续的低频振荡时，应采取措施消除振荡源，尽快减弱、平息、消除振荡。

6.2.2 控制方法

a) 借助电网调度信息、实时动态监测系统或其他自动告警信息，判明并解列振荡源。

b) 视振荡情况，退出相关电厂机组自动发电控制系统（AGC）、厂站无功电压自动控制系统（AVC）。

c) 立即降低送电端发电出力。

d) 发电厂和装有调相机的变电站应立即增加发电机、调相机的励磁电流，提高电压。

e) 应投入直流输电系统、可控串补等新型输电技术的附加阻尼控制提高互联系统动态稳定性。

6.3 消除过负荷控制

6.3.1 控制目标

根据设备本身的过负荷能力以及现场运行管理规程，在发生第Ⅱ类大扰动时，通过控制措施限制或消除设备过负荷。

6.3.2 控制方法

a) 由稳控装置依据控制策略表实施切机、切负荷、提升或回降直流功率等控制措施来限制设备过负荷。

b) 电源送出线路过负荷宜采取切除送端机组的控制措施。

c) 负载中心线路或变压器过负荷宜采取切除本地区负荷的控制措施。

d）穿越性功率引起的元件过负荷，宜以调整运行方式为主，辅以首端切机和受端切负荷的控制措施。

6.4 频率控制

6.4.1 控制目标

防止由于大机组跳闸、直流闭锁、系统解列等原因使得系统频率超出短时允许范围，应采取频率控制措施，使系统频率保持在允许范围内，并确保不危及有关设备的安全。

6.4.2 控制方法

根据扰动情况，采取联切机组、直流调制等稳定控制措施，防止送端频率升高；采取集中切负荷、切泵、调制直流、起动备用电源等稳定控制措施，防止受端频率降低。

6.5 电压控制

6.5.1 控制目标

为防止电力系统出现扰动后，无功功率缺额或过剩，某些节点的电压降低或升高到不允许的数值，甚至可能出现电压崩溃或威胁设备安全时，应采取电压控制措施使电压保持在允许范围内。

6.5.2 控制方法

根据扰动情况，设置限制电压降低或升高的稳定控制措施，包括发电机强励、投入电容补偿装置或强行补偿等增发无功的措施，切除并联电抗器、切负荷等降低无功需求的措施，以及切除并联电容器等减少无功源的措施。

7 防止电网崩溃的控制

7.1 消除失步控制

7.1.1 消除失步振荡的规定

7.1.1.1 在电力系统内出现失步状态时，应尽快解列失步机组或采取系统解列控制措施，在预定的联络断面将系统解列为两个部分，以消除失步振荡状态。

7.1.1.2 对于远方大型电厂、220kV以下的局部系统，如符合7.1.4所列条件时，可采用再同步控制，使失步的系统恢复同步运行。

7.1.1.3 消除失步状态，应在失步运行允许时间内尽快实现，该允许时间由电力系统设备损坏的危险性、对重要用户工作的破坏和对稳定事故进一步扩大（如发展为多机振荡）等因素来确定。

7.1.1.4 系统中各消除失步状态的控制系统应相互协调配合，不应出现无选择性动作情况。

7.1.2 失步解列控制的方案和原理

7.1.2.1 失步解列控制方案，应根据电网各种运行方式、各种失步振荡模式的分析、解列措施的有效性来确定，一般按下述步骤进行：

a）根据电网近期的运行方式，选取可能的严重事故类型（如同一断面的两回线路同时跳闸N−2、稳控装置拒动或控制量不足），进行暂态稳定破坏的分析计算；

b）寻找振荡中心的位置及可能的变化，确定电网存在的失步断面；

c）在失步断面单侧或双侧的适当变电站配置失步解列装置；

d）对同一断面的不同厂站所安装的解列装置，应根据解列装置的原理和解列对象，确定动作顺序及协调配合的具体方法。

7.1.2.2 失步解列控制装置可选用以下的状态量检测和判断失步状态：

a) 监视振荡中心电压变化情况；

b) 监视联络线电压、电流及相角的变化；

c) 监视安装点测量的阻抗及其变化；

d) 监视振荡中心两侧相关母线的电压相角差及其变化。

7.1.2.3 解列点的选择原则：

a) 振荡中心落在互联电网的网间联络线附近时应解列该联络线或联络断面，并兼顾功率平衡原则，将有关负荷尽量留在电源过剩的电网。

b) 当振荡中心落在主网内部（多回主干线开断后）应解列与之相近的网间联络线，并在解列后采取必要的再同步措施，使主网尽快实现同步运行。

c) 电厂经送出线路与主网振荡时，振荡中心可能落在线路或升压变压器内，可采用解列机组或解列线路的措施。

d) 不同断面的解列装置可采用振荡周期次数、离振荡中心的远近来取得配合，防止出现多个断面同时解列。

7.1.2.4 解列时刻的选择原则：

a) 解列控制命令必须在确认系统已发生失步后发出，且不宜选在线路两侧电压相角差为180°附近时解列。

b) 超高压电网失步后应尽快解列，对于330kV及以上电网解列时刻宜选用1～2个振荡周期；对于220kV电网解列时刻宜选用1～3个振荡周期。为了协调配合，低一级电压等级电网可比高一级电压等级电网增加2个振荡周期。

7.1.3　失步解列控制系统的构成

7.1.3.1　失步解列控制系统的构成分为两类：

a) 一类利用就地量进行判别，解列装置分散安装在有关厂站，由相关定值实现装置之间的协调配合，应优先配置这类解列装置；

b) 另一类是利用多个厂站的相关信息，综合判断系统失步及振荡中心位置，确定解列策略；一般由多个控制站及站间的光纤通道组成。这类控制系统仅应用于结构比较复杂的互联电网。

7.1.3.2　失步解列装置配置

a) 对于330kV及以上系统联络线的失步解列装置应双重化配置，220kV系统联络线的失步解列装置也宜双重化配置。同一联络线的解列装置的双重化配置既可将两套装置装设在该线路的同一侧，也可在线路两侧各装一套。

b) 大型发电厂出线的解列装置应双重化配置。

7.1.4　再同步控制的应用

7.1.4.1　在下列情况下，可采用再同步控制：

a) 系统只在两部分之间失步，再同步过程中不出现节点电压过低，经验算或试验可能拉入同步，并且允许时间足够实现再同步；

b) 失步运行不会导致重要设备损坏和失步范围进一步扩大；再同步损失的负荷比系统解列损失少。

7.1.4.2　为实现再同步，可根据系统具体情况，选择适当控制手段：

a) 对于功率过剩的电力系统，可选用原动机减功率，切除发电机组；

b) 对于功率不足的电力系统，可选用切负荷，解列某些地区系统。

7.2 防止频率崩溃的控制

7.2.1 一般规定

7.2.1.1 电力系统均应设置频率紧急控制装置应对各种可能的发电机跳闸、系统解列等大扰动下因失去部分电源而引起频率严重降低或因失去大负荷而引起频率严重升高，防止发生频率崩溃。

7.2.1.2 低频自动减负荷措施应考虑可能发生的最严重事故情况，并配合解列点的安排，合理制定各电网的低频自动减负荷方案，安排足够数量的切负荷数量，使事故后电力系统的有功功率能迅速平衡、频率恢复至长期允许范围内。

7.2.1.3 当联络线跳闸导致系统内功率缺额过大或过剩过大（如超过剩余负荷的20%）时，宜采取跳闸联切措施。联切负荷方案应与自动低频减负荷方案协调配合，联切机组方案应与过频切机方案协调配合。

7.2.1.4 为了在系统频率降低时，减轻弱互联系统的相互影响，以及为了保证发电厂厂用电和其他重要用户的供电安全，可在系统的适当地点设置低频解列装置。

7.2.2 低频自动减负荷方案的制定原则

7.2.2.1 低频自动减负荷动作过程中系统频率的最低值及所经历的时间必须与网内大机组（包括核电机组）的低频保护和互联电网的低频解列相配合，防止系统频率下降过程中出现大机组跳闸。

7.2.2.2 确定低频自动减负荷的总容量时应考虑系统可能的最严重事故情况，一般电网的低频减负荷总容量不低于系统总负荷量的35%。

7.2.2.3 低频自动减负荷应设置短延时的基本轮和长延时的特殊轮，基本轮用于快速抑制频率的下降，特殊轮用于防止系统频率长时间悬浮于某一较低值（如49Hz以下），使频率恢复到长期允许范围（49.5Hz以上）。基本轮的频率级差宜选用0.2Hz、延时0.2s～0.3s；特殊轮一般宜选用一个频率定值，按延时长短划分若干个轮次。为了加速装置动作速度，可采取按频率降低速率加速切负荷的措施。

7.2.2.4 对于可能孤立运行的地区电网或大机组小系统电网，应采取措施防止低频自动减负荷装置的过切负荷行为，过切负荷引起的系统频率超调不应超过51Hz。应恰当地设定低频减载装置的频率变化率闭锁定值，防止在功率缺额比例过大时引起装置拒动。

7.2.2.5 低频自动减负荷装置与稳控系统的切负荷执行站的设备可以合并，功能应各自独立。该类装置宜采集负荷线路的功率值按切除的优先级顺序统一进行排队。

7.2.2.6 在系统发生失步振荡过程中受端系统离振荡中心较近处的频率可能满足低频减负荷装置动作条件，该处装置的动作有利于系统再同步，属正确动作。

7.2.3 过频切机方案的制定原则

7.2.3.1 过频切机装置应反应于频率升高值及升高速率。

7.2.3.2 电网应统一考虑区域内机组过频切机的设置轮次和顺序，宜优先选择切除水电机组、发电状态的蓄能机组及较小容量的火电机组。

7.2.3.3 应防止在过剩功率不大时切除大容量机组引起的过切、导致系统频率下降至允许范围以下的情况。推荐在过频切除大机组时增加频率变化率低定值闭锁的判据。

7.2.3.4 应保证电力系统在频率升高时：

　　a）汽轮机超速保护（OPC）设定参数应满足电力系统的有关规定，并保持协调配合。

　　b）电网频率升高数值及持续时间不应超过汽轮机组特性允许的范围。

7.3 防止电压崩溃的控制

7.3.1 一般规定

7.3.1.1 电力系统出现严重大扰动后，由于无功功率欠缺或严重不平衡，某些母线的电压降到不允许的数值，可能进一步发生电压崩溃。应采取紧急控制措施防止电压崩溃，为此，在电压降低时应设法增发无功（如投入电容补偿装置强行补偿、有载调压变压器分接头停止调高等），立即减少无功的需求（如切除并联电抗器，手动或自动快速切除负荷等）。

7.3.1.2 低电压自动减负荷措施是防止电压崩溃的重要手段之一，应根据系统分析结果在可能存在电压稳定问题的地区配置足够数量的低电压自动减负荷装置或集中切负荷装置。

7.3.1.3 低电压解列（动作延时应大于振荡周期）是隔离低压事故区域（含短路故障不能及时清除）的有效措施，宜根据电网的具体结构进行电网的分区设计，在分区点上配置低压解列装置。

7.3.1.4 负荷中心的区域电网在主要受电断面联络线全部断开或部分断开引起潮流大量转移时，该区域电网可能面临电压稳定问题，可采取在送电端切机、受电端集中切负荷的措施解决。集中切负荷控制与分散低压自动减负荷控制应进行协调配合，避免控制对象的重叠。

7.3.2 低电压自动减负荷控制方案的制定原则

7.3.2.1 低电压自动减负荷装置反应于电压降低及其持续时间，为了加速装置的动作速度，可以附加采用电压降低速率的判据；低电压自动减负荷装置应具备良好的防误功能，如采用多相电压作为采集量，TV断线闭锁等。

7.3.2.2 低电压自动减负荷装置可按动作电压及延时分为若干轮（级）。第一轮的动作电压值应低于系统长期允许的最低电压值，最后一轮的动作电压值应高于系统静态电压失稳的临界电压值，建议电压级差为（2%～5%）U_n、每轮动作延时 0.2s～5s。为了尽快使电压恢复到长期允许范围以内，可设置一个长延时的轮次，该轮电压定值可与第一轮相同或略高，延时 10s～20s。

7.3.2.3 低电压自动减负荷装置应采用电压变化率过大闭锁等措施有效防止在短路故障、负荷反馈（自动重合闸期间）及备用电源自动投入情况下的误动作。

7.3.2.4 低压减负荷功能与低频减负荷功能可以设计在同一套装置内，共用切负荷的出口回路，但低压减负荷功能与低频减负荷功能应完全独立，不能互相闭锁。

8 恢复控制

8.1 电力系统恢复控制包括两种情况：一种情况是系统某些元件因故障退出运行和某些用户被迫中断供电，为恢复系统完整性和恢复用户供电而进行的控制；另一种情况是由于严重故障导致大范围停电，为系统全停后恢复而进行的控制。

8.2 对于电网全停后恢复，各区域系统应制定适合本系统的黑起动方案。

8.3 系统可根据局部电网或用户的特点，为恢复系统完整性和恢复用户供电而制定相应的手动与自动恢复控制措施。自动恢复控制包括电源自动快速起动、输配电网络自动恢复、负荷自动恢复供电等。

9 稳定计算分析和控制策略

9.1 一般要求

9.1.1 电力系统安全稳定计算分析的目的是通过对电力系统进行详细的仿真计算和分析研

究，确定系统稳定问题的主要特征和稳定水平，提出提高系统稳定水平的措施和保证系统安全稳定运行的控制策略，用以指导电网规划、设计、建设、生产运行以及科研、试验中的相关工作。

9.1.2 电力系统安全稳定计算分析应根据系统的具体情况和要求，开展对系统的静态安全分析、静态稳定计算、暂态稳定计算、动态稳定计算、电压稳定计算、频率稳定计算以及再同步计算，并对计算结果进行认真、详细的分析，提出保证电网安全稳定运行的控制策略和提高系统稳定水平的措施。

9.1.3 电力系统安全稳定分析方法分为离线计算分析和在线计算分析：

a) 离线计算分析：根据电力系统实际或预计的各种接线和潮流方式，生成相应的潮流和稳定计算数据，按照设定的各种扰动，计算分析出相应的预防控制措施和稳定控制策略。

b) 在线计算分析：以电网当前实时运行数据，自动进行状态估计和潮流计算，按照设定的各种扰动，自动周期性地计算、分析出相应的预防控制措施和稳定控制策略。

9.1.4 在互联电力系统稳定分析中，对所研究的系统原则上应予保留并详细模拟，对外部系统可进行必要的等值简化，应保证等值简化前后的系统潮流一致，动态特性基本一致。

9.1.5 应研究、实测和建立电网计算中的各种元件、装置及负荷的参数和详细模型。应根据电网实际情况和计算目的，合理选择不同的计算模型。规划计算中新增设备可采用典型参数和模型，在系统设计和生产运行计算中，应保证模型和参数的一致性，并考虑更详细的模型和参数。

9.1.6 应根据计算分析的目的，选取系统运行中实际可能出现的、对系统安全稳定最不利的系统接线和运行方式，进行计算分析。

9.1.7 区域电网应统一安全稳定计算分析程序，以及计算模型、故障类型、故障切除时间、稳定判别标准。并相应制定区域电网安全稳定计算分析规定，统一稳定计算分析中方式选择、潮流调整、无功投切、枢纽点电压控制等原则。

9.1.8 各项安全稳定计算分析的具体目的和要求见 DL 755。

9.2 控制策略

9.2.1 安全稳定控制系统是保证电网安全稳定运行的第二道防线，稳定控制策略应经详细的稳定计算分析后确定。

9.2.2 安全稳定控制系统应根据第Ⅱ类扰动制定控制策略；特殊情况下，控制策略需降低或抬高标准考虑某些特殊故障扰动时，应有特殊说明，并在相应运行管理规程明确。

9.2.3 控制策略表是稳控装置和稳控系统实施稳定控制的依据，控制策略表分为由离线分析计算形成的离线策略表和在线分析计算形成的在线策略表。

a) 离线策略表宜按系统运行方式分为若干子表，每一子表内根据故障元件、故障类型及相关输电断面的功率范围列出需要采取的控制措施及控制量。用于策略表的运行方式不宜按电网元件的投停简单进行排列，应按稳定状态的严重程度适当合并，力求简化和优化处理。随着电网的发展变化应及时校核、调整离线策略表。

b) 在线策略表主要针对电网当前运行方式下的控制策略，但应力求兼顾主要输电断面功率变化时措施的适应性。

9.2.4 制定控制策略宜遵循以下原则：

a) 当电网需采取稳定控制措施时，应尽量兼顾事故后的运行方式的调整。

b) 优先采取切机措施、其次是解列和切负荷措施。

c) 稳控措施采取时要考虑被控制对象的设备安全，以及被切机组所在电厂的厂用电可靠性。

d) 稳定控制措施的采取要考虑梯级水电站的水量匹配问题。

e) 目前高压直流输电系统（HVDC）的附加控制手段一般不作为紧急控制措施，仅作为稳定裕度调节手段，并不宜突破 HVDC 常规功率限制值。

f) 同一区域电网内各厂站的稳定控制策略应采用统一标准和原则，便于运行管理。

g) 地区或局部电网与主网解列后的频率问题由各自电网解决。

h) 任何单一稳控装置发生误动不能导致发生重大电网事故。

i) 稳定措施控制量的整定计算以大方式和计划方式 $N-1$ 为主，兼顾其他方式。

j) 稳控系统在确定控制策略参数时，应适当留有裕度。

k) 稳控系统控制策略应尽量简化，具备必要的校验和防误措施。

9.3 在线安全分析与决策系统

9.3.1 基于在线计算分析的电网在线安全分析与决策系统是电网安全稳定计算分析发展的趋势和目标。

9.3.2 在线安全分析与决策是稳定控制在线预决策系统的基础，稳定控制在线预决策系统初期以预防性控制为主，最终实现在线预决策控制。区域稳定控制系统的发展目标是实现稳定控制在线预决策。

9.3.3 在线安全分析与决策系统应与 EMS 系统协调配合，采取一体化设计，应做到少维护或免维护。

9.3.4 网级和省级运行部门的在线安全评估系统宜尽量基于统一的数据平台，以减少数据维护，保证计算准确性。

9.3.5 在线计算采用的模型、稳定判据、故障切机时间等应与相应调度机构离线计算方式一致。

10 对稳控装置/系统的技术要求

本章仅对稳控装置/系统的判据、可靠性、通道等提出具体要求；失步解列装置、低频减负荷装置、低压减负荷装置、过频切机装置等的相关要求见第 7 章；备用电源自投装置、输电线路的自动重合闸等其他安全自动装置的相关要求参照 GB/T 14285。

10.1 对稳控系统判据的要求

10.1.1 稳定控制系统判据分类

a) 设备投停状态判别。

b) 电网运行方式识别。

c) 设备跳闸判据。

10.1.2 对设备投停状态判别的要求

设备（输电线路、变压器、发电机组）的运行状态直接影响电网运行方式，对影响稳定控制策略的关键设备必须判断准确，对设备投停状态的识别要求如下：

a) 设备投停状态以电气量（电流、功率）为主判据，在电气量能够识别时不接入开关量。

b) 由于联络线或联络变的潮流可能为零状态，为此应接入本侧的断路器位置信号作为辅助判据，在低潮流时以断路器位置信号为投停判断依据。

10.1.3 对电网运行方式识别的要求

电网运行方式是决定控制策略的重要条件，对运行方式的制定及识别要求如下：

a）区域电网的运行方式复杂多变，应在综合分析后选取对稳定控制有明显差异的电网方式作为制定控制策略的依据，对控制措施相同的方式宜合并处理，尽量减少电网运行方式的数量。

b）对电网运行方式的判别，稳控系统宜优先采用自动识别，辅助采用人工投退运行方式压板。

10.1.4 对设备跳闸判据的要求

设备跳闸是决定控制策略的重要依据，应正确识别故障（跳闸）元件及故障类型，不误判、不拒判，对采用的跳闸判据要求如下：

a）稳定控制所指设备跳闸包括：输电线路故障跳闸与无故障跳闸，变压器跳闸，发电机组跳闸。输电线路故障分为单相瞬时接地跳单相后重合成功（单瞬），单相接地跳单相重合不成功跳三相（单永），相间短路跳三相不重合（相间），同杆并架双回线的异名两相同时发生单相接地故障重合不成功（同杆异名相故障），HVDC 单极闭锁，HVDC 双极闭锁。

b）交流线路、变压器、机组的跳闸判据应以电气量判断为主，对于联络线、联络变的跳闸判据中应增加防误的辅助判别条件，如同一断面另外线路功率突增，并联运行的另一台变压器功率突增，相关元件的功率变化等。设备跳闸不宜采用断路器位置信号作为辅助判别条件。

c）需要区分线路的故障跳闸及故障类型时，宜接入线路主保护的分相跳闸接点信号或采用测量、选相元件。

d）直流输电系统故障的判断应从直流控制保护系统引入相应的信号，如极闭锁、极线路故障等，并与当地测量的交流电气量变化组成判断逻辑。

e）跳闸判据的定值应考虑系统失步振荡、潮流转移、大机组跳闸、故障电流引起的TA 二次侧缓慢衰减的非周期分量等情况，防止误判。

10.2 对稳控系统可靠性要求

a）在电力系统发生策略表中规定的故障事故时应正确检测和判别；满足动作条件时应正确动作；不满足动作条件时应可靠不动作，并做好记录。

b）在装置本身出现异常、输入回路异常、通信回路异常时应及时报警，当异常状态危及动作正确性时，应将装置可靠闭锁；装置任一回路或任一元件异常不应导致装置出口跳闸或发出命令报文。

c）220kV 及以上电网的稳控系统宜采取双重化配置。

10.3 稳控系统通道

10.3.1 稳控系统对通道的要求

10.3.1.1 稳控系统的信息传送通道应满足传输时间、安全性和可依赖性的要求。

10.3.1.2 稳控系统的信息传送通道可采用光纤、微波、电力线载波等传输媒介，并尽可能采用光纤通道。

10.3.1.3 对双重化配置的稳控系统，两套稳控装置的通信通道及通道接口设备（含通信光端设备、接口设备的电源）应相互独立，并尽量采用不同的通道路由：

a）采用专用纤芯时，尽量采用不同光缆的光纤芯。

b）复用光纤通道时，宜采用符合 ITU-T G.703 标准的 2Mbit/s 接口方式；采用

64kbit/s 复接光纤通道时，两套稳控装置均应使用不同的 PCM 终端。

　　c）采用专用的电力线载波通道时，每套稳控装置均应使用专用的收发信设备。

　　d）复用电力线载波通道时，每套稳控装置应复接不同的载波机。

10.3.1.4 稳控装置复用光纤通道误码率应小于 10^{-8}。

10.3.1.5 控制主站发出的控制命令经多级通道传输到最后一级执行装置的总传输时延，对于光纤通道不宜超过 20ms，对于载波通道不宜超过 40ms。

10.3.1.6 双重化配置的两套稳控系统通道延时差宜小于 10ms。

10.3.2　信息传递方式及防误措施

10.3.2.1 厂站间传递的稳控信息宜采用数字报文或编码方式。

10.3.2.2 远方切机、切负荷等控制命令信息应至少持续发送 100ms，以确保通信设备及远方稳控装置能可靠收到。

10.3.2.3 稳控信息报文应采用多种方式（如 CRC、地址码、正反码等）进行校验。

10.3.2.4 接收远方命令应至少连续确认三帧报文。

10.3.2.5 命令信息宜采用直接传送方式，必须采用信息转发方式时，传输时间应满足 10.3.1 要求。

10.3.2.6 稳控装置应具有标准的、通用和开放式的对外通信接口；同一电网内不同厂家的装置应采用同一通信规约和同一约定。

11　规划设计

　　应结合电网的发展做好安全自动装置的规划设计。安全自动装置设计应满足与发输变电工程同步投运的要求，以保证预期送电能力和电网安全稳定运行。

11.1　设计阶段及内容

　　安全自动装置设计主要分为：电网规划设计、电源和输变电工程接入系统设计、专题方案研究和工程设计四个阶段。

11.1.1 电网规划设计：结合电力系统一次规划设计进行电网安全自动装置设计，一般 3 年～5 年进行一次，并根据电网一次系统规划设计的变化和调整进行滚动。规划设计主要确定电网稳控系统的总体框架和投资规模。规划设计应就电网的特殊问题，列出下阶段需开展的专题研究项目，如系统振荡中心的研究、低频低压减负荷配置方案研究等。

11.1.2 接入系统设计：在电源和输变电项目接入系统方案论证时，依据接入系统推荐方案的一次网架，进行初步的稳定计算分析，确定电网可能存在的安全稳定问题，落实是否需要进一步开展电网安全稳定专题方案研究。

11.1.3 专题方案研究

　　a）稳控系统方案研究：在一次网架的基础上，进行详细的稳定计算分析，找出电网存在的安全稳定问题和薄弱环节，结合电网稳控系统的现况，确定该时期电网稳控系统详细的配置方案、功能要求和项目投资。专题方案研究一般按发输变电项目或项目建设年度开展工作，并根据电网一次系统网架的变化和调整进行滚动研究。

　　b）特殊单项研究：结合电网实际运行情况，就振荡中心、低频低压减载方案、动稳情况等特殊问题进行专题研究，校核原有系统方案能否适应电网运行需要，是否需要增加配置，对运行提出建议。

11.1.4 工程设计：在各发输变电工程的建设过程中，根据专题方案研究进行各发输变电工程稳控装置的初步设计和施工图设计等工作。

11.2 设计应遵循的原则

11.2.1 稳定计算是稳控系统设计的基础和关键，稳定计算所采用的数据应尽可能是电网实际参数，在电网运行方式的选择时应充分考虑电网调度部门的管理规定和实际需要，并包含各种对电网安全稳定影响较严重的运行方式和故障形态；稳定计算的重要边界条件应与电网运行管理的相关部门充分讨论确定。

11.2.2 稳控系统的设计应以保证电网安全稳定控制的可靠性要求为前提，确定稳控系统的配置方案。同时，应综合考虑以下因素：

    a) 电网的近期发展规划；

    b) 稳控设备、稳控技术及相关专业技术的发展状况；

    c) 电力设备和电网的结构特点和运行特点；

    d) 故障出现的概率及其可能造成的影响；

    e) 经济上的合理性。

11.2.3 稳控系统设计应提出切实可行的稳控系统配置方案和控制方式，提出对稳控装置的技术性能要求，对电气设备、通信系统以及其他设备和控制系统等外部环境的要求。

11.2.4 稳控系统方案设计时应按照分层分区的配置原则，并优化稳控装置的设置和布点，简化稳控装置的配置和控制策略，强化装置冗余、校验和防误措施。采用区域性稳控系统时，其规模不宜过大，任意单一厂站稳控装置误动不能引起重大事故或较大的切机和切负荷量。

11.2.5 稳控系统方案设计时，其切机、切负荷控制措施应按照就近原则考虑，以水电机组和就近切机为主，并尽量减少切负荷量。

11.2.6 稳控系统现场接线应满足电网相关运行管理规定和电网的实际运行需要。

11.2.7 220kV 及以上稳控系统宜双重化配置，双重化配置的稳控系统在装置配置、交直流电源、输入与输出回路、跳闸出口、通信通道（含通信电源）等均应完全独立且没有电气联系。稳控装置动作后不应起动重合闸和失灵保护。220kV 切负荷执行站可单套配置。

11.2.8 稳定控制装置应选用可靠性高、有成功运行经验的产品；并具有良好的扩展性、兼容性和适应性，以满足电网和新技术的发展。

12 安全自动装置运行管理

12.1 在电力系统调度运行工作中，应按年、季、月全面分析电网的特点，检验安全自动装置及控制措施是否满足要求，根据需要及时增设自动装置，调整装置的定值，满足电网稳定运行的需要。

12.2 维护单位应根据现场运行维护管理规定完成装置定期检验及补充检验工作，确保装置处于良好的运行状态。

12.3 安全稳定控制系统入网运行前必须通过出厂测试、现场调试、挂网试运行 3 个阶段的测试，每个阶段的书面测试报告应经相关单位代表签字认可，并以此作为开展下一阶段测试的前提条件。

12.4 已入网运行的安全自动装置更改软、硬件后，原则上应视为新设备重新进行出厂测试、现场联调和挂网试运行。对于更改内容影响小、范围明确的，可适当简化。

12.5 应组织落实有关电力系统安全稳定的具体措施和相关设备参数试验，定期核定设备过负荷的能力，认真分析与电力系统安全稳定运行有关的事故，及时总结经验，吸取教训，提出并组织落实反事故措施。

12.6 各网省公司应定期组织对现场安全自动装置运行维护人员的技术培训，使其掌握相关技术，熟悉有关装置的检验、日常维护等技能。

———————————

电力系统安全稳定控制系统检验规范

GB/T 22384—2008

电力系统与数据通信卷

目　　次

前　言

本标准由中国电力企业联合会提出。

本标准由中国电力企业联合会归口并负责解释。

本标准主要起草单位：南方电网技术研究中心、中国南方电网电力调度通信中心、南京南瑞继保电气有限公司。

本标准主要起草人：吴小辰、曾勇刚、黄河、杨晋柏、宗洪良、陈松林、孙光辉。

电力系统安全稳定控制系统检验规范

1 范围

本标准规定了电力系统安全稳定控制系统（简称稳控系统）验收检验、定期检验及补充检验等的种类、周期、内容及要求。

本标准适用于电网企业、并网运行的发电企业及用户负责稳控系统（装置）管理和运行维护的单位。有关规划设计、研究制造、安装调试单位及部门亦应遵守本标准。

对于单个厂站的安全稳定控制装置（简称稳控装置）可以参照执行。

2 规范性引用文件

下列文件中的条款通过本标准的引用而成为本标准的条款。凡是注日期的引用文件，其随后所有的修改单（不包括勘误的内容）或修订版均不适用于本标准，然而，鼓励根据本标准达成协议的各方研究是否可使用这些文件的最新版本。凡是不注日期的引用文件，其最新版本适用于本标准。

DL/T 527—2002　静态继电保护装置逆变电源技术条件

DL/T 623　继电保护和电网安全自动装置检验规程

3 总则

3.1　为了加强和规范安全稳定控制系统的验收检验、定期检验、补充检验工作，提高稳控系统运行的可靠性、安全性，保证电力系统安全稳定运行，特制定本标准。

3.2　所有稳控系统（装置）及其回路接线，应按本标准的要求进行验收检验和定期检验，以确定装置的元件是否良好，二次回路接线、控制策略功能、定值等是否正确，动作特性及电气性能等是否满足设计要求和相关技术标准。

3.3　本标准未涉及的继电器及其辅助设备、电流互感器或电压互感器及回路、直流回路、断路器或隔离开关传动装置内的有关装置及回路等元件或设备的检验，按照 DL/T 623 等有关标准执行。

3.4　双套稳控系统（装置）均应进行检验。

3.5　未按本标准要求进行验收检验，或检验结果不满足本标准要求的新安装及改造装置禁止投入运行。

4 检验的分类和周期

4.1 检验的分类

稳控系统（装置）的检验分为四种：

a）出厂验收检验；

b）新安装验收检验；

c）运行中的稳控系统（装置）的定期检验（简称"定期检验"）；

d）运行中的稳控系统（装置）的补充检验（简称"补充检验"）。

4.1.1 出厂验收检验

下列情况应进行出厂验收检验：

a）新安装的稳控系统（装置）设备出厂前；

b）已运行的稳控系统更换软件后。

4.1.2 新安装验收检验

下列情况应进行新安装验收检验：

a）新安装稳控系统投入运行前；

b）不论何种原因，稳控系统（装置）停止运行达一年及以上，再次投入运行时。

4.1.3 运行中的稳控系统（装置）的定期检验

定期检验分为两种：

a）全部检验（简称"全检"）；

b）部分检验（简称"部检"）。

4.1.4 运行中的稳控系统（装置）的补充检验

补充检验分为五种：

a）稳控装置硬件或外部回路更改后的检验；

b）检修或更换一次设备后的检验；

c）运行中的稳控装置软件更改（含软件升级）后；

d）运行中发现异常情况后的检验；

e）事故后检验。

4.2 定期检验内容和周期

4.2.1 稳控系统（装置）的全检及部检周期见表1和表2。

表1 全 检 期 限 表

编号	设备类型	全检期限（年）	检验范围说明
1	稳控系统（装置）	6	相关站点尽量同时检验
2	装置交、直流及操作回路	6	涵盖装置引入端子外的相关连接回路以及涉及的辅助继电器、操作机构的辅助触点、直流控制回路的自动开关等
3	光纤通道	6	指站端装置连接用光纤通道及其接口设备，与对应稳控系统一起检验
4	载波通道	6	含（1）高频电缆（2）结合滤波器（3）载波机（4）保护接口（5）线路阻波器。结合线路停电检验

表2 部 检 期 限 表

编号	设备类型	部检期限（年）	检验范围说明
1	稳控系统（装置）	2	相关站点尽量同时检验
2	装置交、直流及操作回路	2	涵盖装置引入端子外的相关连接回路以及涉及的辅助继电器、操作机构的辅助触点、直流控制回路的自动开关等
3	光纤通道	2	指光头擦拭、收信裕度测试等（指稳控专用光纤芯）
4	载波通道	2	指传输衰耗、收信裕度、传输时间测试等（在通信设备年检中做）

4.2.2 设备运行维护单位可根据装置的质量、运行环境、工况等条件，适当缩短其定期检验期限。

4.2.3 新安装装置投运后一年内应进行一次全检。如发现装置运行情况较差或已暴露出了需予以监督的缺陷，可考虑适当缩短其检验周期，并有目的、有重点地选择检验项目。

4.2.4 利用装置进行断路器的跳闸、合闸试验宜每年检验一次或与一次设备检修结合进行，或随定期检验周期进行，必要时，可进行补充检验。在系统运行方式不具备条件的情况下，稳控装置切机、切负荷等功能的跳、合断路器的试验，可利用装置内部的自检逻辑或导通方法分别检验到每个断路器及其相关回路接线的正确性。

4.2.5 涉及远方厂站的稳控系统（装置）的定期检验由运行维护单位根据规定时间及设备具体情况提出申请，相应调度机构统一安排。

4.2.6 单个厂站的稳控装置的定期检验、涉及远方厂站稳控装置的就地功能的定期检验，由运行维护单位根据规定时间及设备具体情况提出申请，相应调度机构批准后执行。

4.3 补充检验

4.3.1 运行中的装置硬件或外部回路更改后，均应由运行维护单位进行补充检验，并按其工作性质，确定其检验项目。

4.3.2 因检修或更换一次设备（断路器、电流和电压互感器等）所进行的补充检验，应由运行维护单位根据一次设备检修（更换）的性质，确定其检验项目。

4.3.3 运行中的稳控系统（装置）软件更改（含软件升级）后，其检验范围可由运行维护单位根据厂家提供的具体更改情况及试验方案确定，其检验范围应事先征得相应调度机构的同意。

4.3.4 装置运行中发生异常，或装置不正确动作且原因不明时，均应由运行维护单位根据异常或事故情况，有目的地拟定具体检验项目及检验顺序，尽快进行补充检验。检验工作结束后，应及时提出报告，并上报相应调度机构备查。

5 检验前应具备的条件

5.1 检验仪器、仪表应满足 DL/T 623 的规定

5.2 检验前的准备工作

5.2.1 在现场进行检验工作前，应认真了解被检验装置的一次设备情况及其相邻的一、二次设备情况，与本站稳控装置相连的远方厂站稳控装置的详细情况，据此制定在检验工作进行的全过程中确保系统安全运行的技术措施。

5.2.2 应具备与实际状况一致的图纸、上次检验的记录、最新整定通知单、合格的仪器仪表、备品备件、工具和连接导线等。

5.2.3 对新安装系统的验收检验，还应先进行如下的准备工作：

a）了解设备的一次接线及投入运行后可能出现的运行方式和设备投入运行的方案。

b）检查装置的原理接线图（设计图）及与之相符合的二次回路安装图，电缆敷设图，电缆编号图，断路器操作机构图，电流、电压互感器端子箱图及二次回路分线箱图等全部图纸以及稳控装置的技术说明及断路器操作机构说明书，电流、电压互感器的出厂试验书等。以上技术资料应齐全、正确。

c）根据设计图纸，到现场核对所有装置的安装位置及接线是否正确，各装置所使用的电流互感器的安装位置是否合适等。

5.2.4 设备维护人员在运行设备上进行检验工作时，应事先取得发电厂或变电站运行人员的同意，遵照电业安全工作规程的规定履行工作许可手续，并在运行人员利用专用的连片将装置的所有出口回路断开、且在远方厂站稳控装置采取安全措施后，才能开始检验工作。

5.2.5 检验现场应提供安全可靠的检修试验电源，禁止从运行设备上接取试验电源。现场应具备能提供电压为80％额定值的直流试验电源。

5.2.6 检查装设保护和通信设备的室内的所有金属结构及设备外壳均应连接于等电位地网。

5.2.7 检查装设稳控装置屏柜间敷设的接地铜排的首末端已可靠连接于等电位地网。

5.2.8 检查室内等电位地网已与主接地网可靠连接。

6 检验项目

稳控系统各阶段检验项目见表3。

表 3　稳控系统（装置）检验项目

序号	检 验 项 目		出厂[a]	新安装	全部检验	部分检验	检验方法
1	现场开箱检验			√			7
2	外部检查		√	√	√	√	8
3	绝缘及耐压检验		√[b]	√			9
4	逆变电源检验		√	√	√	√	10
5	装置本体功能调试检验	记录并核对程序版本号（校验码）及生成日期	√	√	√		11.1
		硬件系统时钟校核	√	√	√		11.2
		核对定值及有关参数		√	√	√	11.3
		数据采集的精确度和线性度范围	√	√	√	√	11.4
		开入和开出回路检验	√	√	√	√	11.5
		系统运行方式识别的检验	√	√	√		11.6
		控制策略表功能逐项检查	√	√	√		11.7
		装置异常报警功能检验	√	√	√		11.8
		中央信号、后台通信信息输出功能检查	√	√	√		11.9
		定值准确性校验及掉电重启后定值检查	√	√	√		11.10
		检验定值区切换功能	√	√	√		11.11
		报告完整性检验	√	√	√		11.12
		其他功能检验	√	√	√	√	11.13
6	与其他厂站稳控装置（系统）的联合调试	通道连接检验	√	√	√		12.1
		系统（装置）的通信通道交换信息检验	√	√	√		12.2
		系统运行方式识别的检验	√	√	√		12.3
		通信报文正确性检验	√	√	√		12.4
		远方控制命令确认帧数检查检验	√	√	√		12.5
		策略表功能系统联合调试	√	√	√		12.6
7	载波通道及光纤通道的检验			√	√	√	13

序号	检 验 项 目		出厂ᵃ	新安装	全部检验	部分检验	检验方法
8	整组检验	主备（主辅）装置的配合及切换	√	√	√	√	14.1
		出口传动检验		√	√	√	14.2
		整组动作时间测试	√	√	√		14.3
9	装置投运检查			√	√	√	15

a 运行中的稳控系统（装置）软件更改（含软件升级）后，出厂检验可只包含装置本体功能调试检验、与其他稳控厂站装置（系统）的联合调试、整组检验等检验项目。

b 绝缘及耐压检验在出厂验收检验中只需检查厂家出厂检验报告。

注：1. 运行中的稳控装置软件更改（含软件升级）后，其检验范围可由运行维护单位根据厂家提供的具体更改情况及试验方案确定，宜包含新安装验收检验项目中装置本体功能调试检验、与其他厂站稳控装置（系统）的联合调试、整组检验等检验项目进行。其检验范围应事先征得相应调度机构的同意。

2. 其他类型的补充检验由设备运行维护单位依据工作性质确定检验项目。

7 现场开箱检验

7.1 检验设备的完好性：设备在现场开箱后应立即检验设备装箱是否符合运输的有关规定，检验设备的型号、数量及各技术参数是否与订货合同一致。检验设备外壳、面板、铭牌、开关及背后端子等是否完好无损。如有损坏则应立即与制造厂联系，由制造厂家负责更换或修理，经确认合格后方可安装。

7.2 核查技术资料及备品备件：核对图纸资料、出厂试验记录及备品备件是否与装箱清单一致。如不齐全则应向制造厂家索取。

7.3 检查产品的合格证。如无合格证，则应立即与制造厂家联系，要求制造厂家给予确切解释。

8 装置的外部检查

8.1 装置外部检查的范围

8.1.1 装置屏上的主、辅切换设备及其光电指示信号灯（牌）、连接片、交直流及其他设备连接回路中的内外配线、电缆、端子、接地线的安装连接及外观、标识情况。

8.1.2 涉及装置用交直流回路中电流、电压互感器及开关、刀闸端子箱中相应设备和电缆端子安装连接及外观、标识情况。

8.1.3 通信连接回路中有关设备及其连接线、接地线的安装工艺质量及外观、标识情况。

8.2 装置外部检查的内容

a）装置的实际构成情况是否与设计要求相符。

b）装置中设备安装的工艺质量，以及导线、端子的材质是否满足国家有关要求。

c）装置外部检查范围内的设备标志应正确、完整、清晰，表计、信号灯及信号继电器、光字牌的计量正确。

d）涂去装置上闲置压板的原有标志或加标"备用"字样，该闲置压板的连线应与图纸相符合，图上没有的应拆掉。

e）压板、把手、按钮的安装应端正、牢固，接触良好。定值整定小开关、拨轮开关、微动开关操作灵活可靠，通、断位置明确，接触良好。

    f）装置外部检查范围内各设备及端子排的螺丝应紧固可靠，无严重灰尘、无放电痕迹，端子箱内应无严重潮湿、进水现象。

    g）装置屏附近应无强热源、强电磁干扰源。有空调设备，环境温度、湿度满足相关规定。

    h）装置外部检查范围内端子排上内部、外部连接线，以及沿电缆敷设路线上的电缆标号是否正确完整，与图纸资料吻合。

    i）装置外部检查范围内设备及回路的接地情况是否符合国家规程和反事故措施要求。

9　绝缘及耐压检验

9.1　在装置屏的端子排处将外部引入的回路及电缆全部断开，分别将电流、电压、直流控制信号回路的所有端子各自连接在一起，用 1000V 摇表测量下列绝缘电阻，其阻值均应大于 10MΩ。检验项目包括各回路对地和各回路相互间。

9.2　在装置屏的端子排处将所有电流、电压、直流回路的端子连接在一起，并将电流回路的接地点拆开，用 1000V 摇表测量回路对地的绝缘电阻，其绝缘电阻应大于 1MΩ。

    此项检验只有在被保护设备的断路器、电流互感器全部停电及电压回路已在电压切换把手或分线箱处与其他单元设备的回路断开后方可进行。

    如果不允许所有回路同时停电，其绝缘电阻的检验只能分段进行，即哪一个单元停电，就测定这个单元所属回路的绝缘电阻。

9.3　对信号回路，用 1000V 摇表测量电缆每芯对地及对其他各芯间的绝缘电阻，其绝缘电阻应不小于 1MΩ。定期检验只测量芯线对地的绝缘电阻。

9.4　运行的设备及其回路全检时应进行一次耐压试验，当绝缘电阻大于 1MΩ 时，允许用 2500V 摇表测试绝缘电阻的方法代替。

10　逆变电源检验

10.1　逆变电源的检验按照 DL/T 623 的有关标准执行，检验结果应符合 DL/T 527—2002 的具体要求。

10.2　定期检验时还应检查逆变电源是否达到 DL/T 527—2002 所规定的使用年限。

11　装置本体功能检验

11.1　记录并核对程序版本号（校验码）及生成日期。

11.2　硬件系统时钟校核

11.2.1　在有 GPS 对时信号条件下，先设定装置时钟，过 24h 后，确认装置时钟误差在 10ms 以内。

11.2.2　在无 GPS 对时信号条件下，先设定装置时钟，过 24h 后，确认装置时钟误差在 10s 以内。

11.3　核对定值及有关参数

11.3.1　检查装置输入定值是否与调度下发的定值单相符；核对各线路、主变、机组的额定线电压、额定相电压和额定相电流等参数以及元件位置与定值是否对应；核对压板投退方式、通道投退与定值是否对应。

11.4 数据采集的精确度和线性度范围

11.4.1 零点漂移检验。

装置不输入交流电流、电压量，观察装置在一段时间内（10s）的零漂值应小于额定值的5‰。

11.4.2 各电流、电压输入的幅值和相位精度检验。

a）出厂验收及新安装验收检验时，按照装置技术说明书规定的试验方法，分别输入不同幅值和相位的电流、电压量，观察装置的电流、电压、功率采样值满足装置技术条件及满足下述要求：

1）交流电压有效值测量误差≤±1%U_N 或 2%；

2）交流电流有效值测量误差≤±1%I_N 或 2%；

3）功率测量误差≤±2%P_N 或 3%；

4）频率测量误差≤±0.01Hz。

b）全部检验时，可仅分别输入不同幅值的电流、电压量。

c）部分检验时，可仅输入额定电流、电压量。

11.5 开入和开出回路检验

11.5.1 开入回路检验

11.5.1.1 出厂验收及新安装验收检验

a）在保护屏柜端子排处，按照装置技术说明书规定的试验方法，对所有引入端子排的开关量输入回路依次加入激励量，观察装置的行为。

b）按照装置技术说明书所规定的试验方法，分别接通、断开连片及转动把手，观察装置的行为。

c）各开入量定义由各站根据本厂站实际自行填写，如线路跳闸信号、HWJ信号，各种功能压板如策略功能投退压板、通道压板、方式压板、旁代压板等。

11.5.1.2 全部检验时，仅对已投入使用的开关量输入回路依次加入激励量，观察装置的行为。

11.5.1.3 部分检验时，可随装置的整组试验一并进行。

11.5.2 开出及出口跳闸回路检验

11.5.2.1 新安装验收检验

在装置屏柜端子排处，按照装置技术说明书规定的试验方法，依次观察装置所有输出触点及输出信号的通断状态。

11.5.2.2 全部检验时，在装置屏柜端子排处，按照装置技术说明书规定的试验方法，依次观察装置已投入使用的输出触点及输出信号的通断状态。

11.5.2.3 部分检验时，可随装置的整组试验一并进行。

11.5.3 在11.5.1～11.5.2检验项目中，如果几种稳控装置、继电保护装置共用一组出口连片或共用同一告警信号时，应将几种装置分别传动到出口连片和稳控（继电保护）屏柜端子排。如果几种装置共用同一开入量，应将此开入量分别传动至各种装置。

11.6 系统运行方式识别的检验

模拟就地线路投停、机组开停、功率变化等运行方式变化，确认装置能正确识别。

11.7 控制策略表功能逐项检查

11.7.1 控制策略表功能逐项检查应基于书面确认的策略表。

11.7.2 检验动作条件完全满足时稳控装置的每个策略都能正确动作。

11.7.3 检验验收人员根据设备生产厂家提供的建议协商确定装置的防误动测试方案，测试方案宜抽查策略动作条件不完全满足或就地判据等防误措施不满足时稳控装置不会误动。检验验收人员按照测试方案进行检验验收。参考记录表格如表4。

表4 控制策略表检查项目

策略（功能）	故障元件及类型	动作条件	断面潮流	控制措施	结 论
策略（功能）1					
策略（功能）2					
策略（功能）*					

11.8 装置异常报警功能检验

运行维护单位应参考装置设计规范书、厂家技术说明书及有关技术资料，根据装置的具体情况，确定装置应具有的异常报警功能，并采用适当方法进行验证。参考记录表格如表5。

表5 异常报警功能检验项目

序 号	检验项目	检验方法	检验结果
1	TV 异常		
2	TA 异常		
3	HWJ 异常		
4	开入异常		
5	运行方式异常		
6	频率异常		
7	电压异常		
8	频率变化率异常		
9	电压变化率异常		
*	* * *		

注：该表仅为示例说明，现场应根据具体装置情况确定检验项目。

11.9 中央信号、后台通信信息输出功能检查

检查稳控装置到厂站就地监控的中央信号，包括接点给出的信号或通过计算机通信口给到就地监控系统的信号，是否能够正确显示。同时还应检查稳控装置到远方后台管理系统的信息，如定值、装置告警信号、动作数据（录波）记录是否能够能在远方后台管理系统正确

显示。现场应根据装置具体情况确定检验项目，参考记录表格如表6。

表6 中央信号、后台通信信息输出功能检查项目

序 号	类 型	检验方法	结 果
1	装置动作		
2	装置故障（闭锁）		
3	装置异常		
4	直流消失		
5	通道故障		
6	动作报告		
*			

注：该表仅为示例说明，现场应根据具体装置情况确定检验项目。

11.10 定值准确性校验及掉电重启后定值检查

11.10.1 电气特性的检验项目和内容应根据检验的性质，装置的具体构成方式和动作原理拟定。

11.10.2 检验装置的特性时，在原则上应符合实际运行条件，并满足实际运行的要求。每一检验项目都应有明确的目的，或为运行所必须，或用以判别元件、装置是否处于良好状态和发现可能存在的缺陷等。

11.10.3 稳控装置的定值检验要求如下：

a）应按照整定通知单上的整定项目，按照装置技术条件或制造厂所规定的试验方法，对稳控装置的每一功能元件进行逐一检验。如要求检查当动作量为整定值的 1.05～1.1 倍（反映过定值条件动作的）或 0.9～0.95 倍（反映低定值条件动作的）时各装置动作是否可靠动作，以及检查当动作量为整定值的 0.9～0.95 倍（反映过定值条件动作的）或 1.05～1.1 倍（反映低定值条件动作的）时各装置动作是否可靠不动作；若装置带方向，还需检验正反两个方向装置动作行为是否与策略一致。

b）核实稳控装置在断电或故障重启后定值不会发生变化。

11.11 检验定值输入及定值区切换功能

如稳控装置具备定值区切换功能，应测试定值区间能够可靠切换，且对每个定值区的定值都应进行完整测试。

11.12 报告完整性检验

11.12.1 向安全稳定控制装置发送 1 或 2 帧指定内容的报文，安全稳定控制装置应能有相应变位记录。

11.12.2 模拟安全稳定控制装置本地策略或接收远方命令动作，安全稳定控制装置应有完整的动作数据（录波）记录。

11.12.3 装置记录的信息，能通过通信接口送出；信息不应丢失并可重复输出，记录信息内容至少应满足判别装置各部分工作是否正常、动作是否正确的要求。

11.13 其他功能检验

参照装置的技术说明书，对装置的打印、键盘、各种切换开关等其他功能进行检验，现场应根据具体装置情况确定检验项目，参考记录表格如表7。

表7 其他功能检验项目

序 号	类 型	检验方法	结 果
1	打印功能		
2	键盘功能		
3	各切换开关功能		
4	定值"禁止"、"允许"功能		
5	装置掉电不出口		
6	电源电压低不出口		
*			

注：该表仅为示例说明，现场应根据具体装置情况确定检验项目。

12 与其他厂站稳控装置（系统）的联合调试

稳控系统各控制站和执行站装置按照第11章的要求完成装置本体功能调试检验以后，还应按照以下规定进行整个系统的联合调试检验。联合调试检验应在统一指挥下各站相互配合进行。

12.1 通道连接检验

检验前应首先通过通、断通道检查通道与对端厂站是否对应，以确保远方命令不会发送至正常运行中的远方厂站。通道连接检验应包括通道异常告警功能检查、通道衰耗检测、通道切换检查等项目，参考记录表格如表8。

表8 通道连接检验项目

编 号	项 目	检验结果
1	通道与对端厂站是否对应检查	
2	通道异常告警功能检查	
3	通道衰耗检测	
4	通道切换检查	
*	* * *	

12.2 系统（装置）的通信通道交换信息检验

有通信连接的两个厂站的稳控装置，应对照装置技术说明书，在本地加入各种模拟量及开关量，检查是否将有关信息正确传送到对侧的稳控装置。现场应根据具体装置情况确定检验项目，参考记录表格如表9。

表9 通道交换信息检验项目

站 I→站 J	测试结论	站 J→站 L	测试结论
线路功率		发电功率	
最大可切机组容量		直流单极运行	
线路1检修		直流双极运行	
线路2检修		线路1检修	
转发线路检修		线路2检修	

站 I→站 J	测试结论	站 J→站 L	测试结论
方式 1		联变检修	
方式 X		转发线路检修	
* * *		* * *	

注：该表仅为示例说明，现场应根据具体装置情况确定检验项目。

12.3 系统运行方式识别的检验

应在远方厂站稳控装置模拟线路投停、机组开停、功率变化等运行方式变化，检查本地装置是否正确识别。现场应根据具体装置情况确定检验项目，参考记录表格如表 10。

表 10 运行方式识别检验项目

远方厂站设置情况	本站装置显示结果	测试结沦
断面功率		
线路 1 检修		
线路 2 检修		
线路 1、2 同时检修		
直流 1 单极停运检修		
直流 2 单极停运检修		
方式 1		
方式 X		
* * *		

12.4 通信报文正确性校验检验

供货商提供报文发送装置，其发送报文全部内容均可任意设置或按指定规律变化，检验人员改变正常报文的任意部分，然后发送给安全稳定控制装置，检查安全稳定控制装置对报文是否严格实现了预定的校验。现场应根据具体装置情况确定检验项目，参考记录表格如表 11。

表 11 报文正确性校验检验

测试通道	地址码乱码测试		校验码乱码测试		* * *
站 I→站 J	包含正确报文	不含正确报文	包含正确报文	不含正确报文	
A					
B					

12.5 远方控制命令确认帧数检查检验

供货商提供测试软件，控制远方命令发信的次数，检查安稳装置是否按照规定的确认次数进行确认。参考记录表格如表 12。

表 12 控制命令确认帧检验

编号	测试内容	A 系统	B 系统
1	一帧命令		
2	二帧命令		

编号	测试内容	A 系统	B 系统
3	三帧命令		
4	不连续命令（两帧正确＋一帧错误＋两帧正确）		
5	远方命令持续发送时间		

12.6 策略表功能系统联合调试

12.6.1 检验动作条件完全满足时稳控装置的每个策略都能正确动作。需要动作的远方装置也能够正确动作，其他的稳控装置不会误动。

12.6.2 检验验收人员根据设备生产厂家提供的建议协商确定系统的防误动测试方案，测试方案宜对每一个策略抽查动作条件不完全满足、或就地判据等防误措施不满足时稳控系统不会误动。检验验收人员按照测试方案进行检验验收。

参考记录表格如表 13。

表 13 控制策略表功能系统联合测试项目

策略（功能）	故障元件及故障类型	运行方式	动作条件	断面潮流	控制措施	结论
策略（功能）1						
策略（功能）2						
策略（功能）*						

注：该表仅为示例说明，应根据具体策略表功能确定检验项目。

13 载波通道及光纤通道的检验

通信部门在稳控系统运行维护单位、专业管理部门配合下，按照通信专业有关规定及相关设备技术说明书进行载波通道、光纤通道的检验。

13.1 载波通道的检验

13.1.1 稳控系统（装置）专用载波通道中的阻波器、结合滤波器、高频电缆等加工设备的检验项目与电力线载波通信规定的相一致（符合国际标准）。通道的整组试验特性除满足通信本身要求外，应满足稳控系统（装置）安全运行的有关要求。

13.1.2 检查稳控装置与复用载波机的接口不是采用电位直接连接，而是用继电器接点或光耦配合，确认接点容量、时间配合能否满足起动、传送和切断功率的要求。

13.1.3 载波通道检验项目如下：线路阻波器、结合滤波器、高频电缆、电力线载波机及其复用的保护接口等。其中：线路阻波器主要进行阻塞阻抗、分流损耗的测量和外观检查；结合滤波器主要进行回波损耗的测量；高频电缆主要对整条电缆外观、绝缘情况及两端接头焊接情况的检查；电力线载波机的常规参数及其保护接口的主要参数的检查，站间命令的传输时间、展宽时间的测量；双套稳控系统的接口设备直流电源是否独立。

13.1.4 对稳控系统（装置）专用高频收发信机，其检验项目如下：

a）绝缘电阻测定。

b）附属仪表的校验。

c）检验回路中各规定测试点的工作参数。

d）检验机内各调谐槽路调谐频率的正确性。

e）测试发信振荡频率，部分检验时，只检测工作频率的正确性。

f）发信输出功率及输出波形的检测。

g）收发信机的输出阻抗及输入阻抗的测定。

h）检验通道监测回路工作应正常。

i）收信机收信回路通频带特性的检测。

j）收信机收集灵敏度的检测，定期检验时，可与高频通道的检测同时进行。

k）检验发信、收信回路应不存在寄生振荡。

l）发信、收信回路展宽时间为零。

13.2 光纤通道的检验

13.2.1 采用自环的方式检查光纤通道是否完好。

13.2.2 对于与复用 PCM 或 SDH 设备相连的安全稳定控制装置附属接口设备应检查其继电器输出接点和其逆变电源，还应检查双套稳控系统的通信接口设备直流电源是否独立。

13.2.3 应对光纤通道的误码率和传输时间进行检查，误码率应小于 10^{-9}，传输时间小于 20ms。对跨省网、通信节点多的超长通道，传输时间可放宽到 30ms。

13.2.4 对于利用专用光纤通道传输信息的远方传输设备还应测试发信电平、收信灵敏电平，以保证通道的裕度满足厂家要求。

14 整组试验

14.1 厂站主备（主辅）装置的配合及切换检验

对双系统（双机）配置的稳控系统（装置），两套系统（装置）之间有主备（辅）配合关系的，在完成两套系统（装置）独立的调试检验后，应根据技术说明书检验主备（主辅）系统（装置）间配合关系及切换的正确性。

14.2 出口传动试验

稳控装置各种功能检验完成以后，应带上实际控制对象（断路器或其他控制命令执行装置）进行传动试验，以检验出口控制回路的正确性和可靠性。

利用装置进行断路器的跳闸、合闸试验宜每年检验一次或与一次设备检修结合进行，或随定期检验周期进行，必要时，可进行补充检验。在系统运行方式不具备条件的情况下，稳控装置切机、切负荷等功能的跳、合断路器的试验，允许利用装置内部的自检逻辑或导通方法分别检验到每个断路器及其相关回路接线的正确性。

14.3 整组动作时间测试

在稳控系统（装置）全部检验项目完成以后，最后应进行安全稳定控制系统（装置）的整组动作时间测试。

对安全稳定控制系统应利用 GPS 对时设备测量从故障判据满足→控制策略查询→控制命令发出→命令的传送→远方执行厂站出口跳闸的整个过程的动作时间。对就地稳控装置应直接测量从故障判据满足到装置出口跳闸的整个过程的动作时间。整组动作时间应小于 100ms。

应注意此整组动作时间不含开关动作时间。同时整组试验宜测试开关动作时间，以校核整组动作时间是否满足稳定计算要求。

15 装置投运检查

15.1 投入运行前的准备工作

15.1.1 填写稳控装置试验记录，详细记载试验结果及结论，核实试验结论、数据是否完整正确。

15.1.2 现场工作结束后，现场负责人应检查试验记录有无漏试项目，试验定值是否完全清零，核对装置的整定值是否与定值通知单相符。盖好所有继电器及辅助设备的盖子，对必要的元件采取防尘措施。

15.1.3 拆除在检验时使用的试验设备、仪表及一切连接线，清扫现场，所有被拆动的或临时接入的连接线应全部恢复正常，所有信号装置应全部复归，并应清除装置内的所有报告。

15.1.4 对变动部分、设备缺陷及运行注意事项应加以说明并修改值班人员所保存的有关图纸资料。

15.1.5 向运行值班负责人交代检验结果，并写明该装置是否可以投入运行，办理工作票结束手续。

15.1.6 值班人员在将装置投入前，应根据信号灯指示或者用高内阻电压表以一端对地测端子电压的方法检查并证实被检验的稳控装置确实未给出跳闸或合闸脉冲，才允许将装置的连片接到投入的位置。

15.1.7 检验人员应在规定期间内（1周）提出书面报告，经基层局、厂负责人审核、批准并存档。

15.2 用一次电流及工作电压的检验

生产（或运行）部门应派验收人员参加用一次电流及工作电压的检验，以了解掌握检验情况。

15.2.1 对新安装的装置，各有关部门需分别完成下列各项工作后，才允许进行本章所列的检验工作。

15.2.1.1 符合实际情况的图纸与装置的技术说明及现场使用说明。

15.2.1.2 运行中需由运行值班员操作的连片、电源开关、操作把手等的名称、用途、操作方法等应在现场使用说明中详细注明。

15.2.2 对新安装的或设备回路变动过的装置，在投入运行以前，应用一次电流和工作电压测量电压、电流的幅值及相位关系。

15.2.3 对用一次电流及工作电压进行的检验结果，应按当时的负荷情况加以分析，拟订预期的检验结果，凡所得结果与预期的不一致时，应进行认真细致的分析，查找确实原因，不允许随意改动稳控装置回路的接线。

15.2.4 宜使用钳形电流表检查流过稳控装置二次电缆屏蔽层的电流，以核实 $100mm^2$ 铜排是否有效起到抗干扰的作用，当检测不到电流时，应检查屏蔽层是否良好接地。

电力系统安全稳定导则

DL 755—2001

电力系统与数据通信卷

目　次

前　　言

本标准对 1981 年颁发的《电力系统安全稳定导则》进行了修订。

制定本标准的目的是指导电力系统规划、计划、设计、建设、生产运行、科学试验中有关电力系统安全稳定的工作。同时，为促进科技进步和生产力发展，要鼓励采用新技术，例如，紧凑型线路、常规及可控串联补偿、静止补偿以及电力电子等方面的装备和技术以提高电力系统输电能力和稳定水平。自本标准生效之日起，1981 年颁发的《电力系统安全稳定导则》即行废止。

本标准由电力行业电网运行与控制标准化技术委员会提出。

本标准主要修订单位：国家电力调度通信中心、中国电力科学研究院等。

本标准主要修订人员：赵遵廉、舒印彪、雷晓蒙、刘肇旭、朱天游、印永华、郭佳田、曲祖义。

本标准由电力行业电网运行与控制标准化技术委员会负责解释。

电力系统安全稳定导则

1 范围

本导则规定了保证电力系统安全稳定运行的基本要求，电力系统安全稳定标准以及系统安全稳定计算方法，电网经营企业，电网调度机构，电力生产企业，电力供应企业，电力建设企业，电力规划和勘测、设计、科研等单位，均应遵守和执行本导则。

本导则适用于电压等级为 220kV 及以上的电力系统。220kV 以下的电力系统可参照执行。

2 保证电力系统安全稳定运行的基本要求

2.1 总体要求

2.1.1 为保证电力系统运行的稳定性，维持电网频率、电压的正常水平，系统应有足够的静态稳定储备和有功、无功备用容量。备用容量应分配合理，并有必要的调节手段。在正常负荷波动和调整有功、无功潮流时，均不应发生自发振荡。

2.1.2 合理的电网结构是电力系统安全稳定运行的基础。在电网的规划设计阶段，应当统筹考虑，合理布局。电网运行方式安排也要注重电网结构的合理性。合理的电网结构应满足如下基本要求：

　　a）能够满足各种运行方式下潮流变化的需要，具有一定的灵活性，并能适应系统发展的要求；

　　b）任一元件无故障断开，应能保持电力系统的稳定运行，且不致使其他元件超过规定的事故过负荷和电压允许偏差的要求；

　　c）应有较大的抗扰动能力，并满足本导则中规定的有关各项安全稳定标准；

　　d）满足分层和分区原则；

　　e）合理控制系统短路电流。

2.1.3 在正常运行方式（含计划检修方式，下同）下，系统中任一元件（发电机、线路、变压器、母线）发生单一故障时，不应导致主系统非同步运行，不应发生频率崩溃和电压崩溃。

2.1.4 在事故后经调整的运行方式下，电力系统仍应有规定的静态稳定储备，并满足再次发生单一元件故障后的暂态稳定和其他元件不超过规定事故过负荷能力的要求。

2.1.5 电力系统发生稳定破坏时，必须有预定的措施，以防止事故范围扩大，减少事故损失。

2.1.6 低一级电压电网中的任何元件（包括线路、母线、变压器等）发生各种类型的单一故障，均不得影响高一级电压电网的稳定运行。

2.2 电网结构

2.2.1 受端系统的建设：

2.2.1.1 受端系统是指以负荷集中地区为中心，包括区内和邻近电厂在内，用较密集的电力网络将负荷和这些电源连接在一起的电力系统。受端系统通过接受外部及远方电源输入的有功电力和电能，以实现供需平衡。

2.2.1.2 受端系统是整个电力系统的重要组成部分，应作为实现合理电网结构的一个关键环节予以加强，从根本上提高整个电力系统的安全稳定水平。加强受端系统安全稳定水平的要点有：

    a）加强受端系统内部最高一级电压的网络联系；

    b）为加强受端系统的电压支持和运行的灵活性，在受端系统应接有足够容量的电厂；

    c）受端系统要有足够的无功补偿容量；

    d）枢纽变电所的规模要同受端系统的规模相适应；

    e）受端系统发电厂运行方式改变，不应影响正常受电能力。

2.2.2 电源接入：

2.2.2.1 根据发电厂在系统中的地位和作用，不同规模的发电厂应分别接入相应的电压网络；在经济合理与建设条件可行的前提下，应注意在受端系统内建设一些较大容量的主力电厂，主力电厂宜直接接入最高一级电压电网。

2.2.2.2 外部电源宜经相对独立的送电回路接入受端系统，尽量避免电源或送端系统之间的直接联络和送电回路落点过于集中。每一组送电回路的最大输送功率所占受端系统总负荷的比例不宜过大，具体比例可结合受端系统的具体条件来决定。

2.2.3 电网分层分区：

2.2.3.1 应按照电网电压等级和供电区域合理分层、分区。合理分层，将不同规模的发电厂和负荷接到相适应的电压网络上；合理分区，以受端系统为核心，将外部电源连接到受端系统，形成一个供需基本平衡的区域，并经联络线与相邻区域相连。

2.2.3.2 随着高一级电压电网的建设，下级电压电网应逐步实现分区运行，相邻分区之间保持互为备用。应避免和消除严重影响电网安全稳定的不同电压等级的电磁环网，发电厂不宜装设构成电磁环网的联络变压器。

2.2.3.3 分区电网应尽可能简化，以有效限制短路电流和简化继电保护的配置。

2.2.4 电力系统间的互联

2.2.4.1 电力系统采用交流或直流方式互联应进行技术经济比较。

2.2.4.2 交流联络线的电压等级宜与主网最高一级电压等级相一致。

2.2.4.3 互联电网在任一侧失去大电源或发生严重单一故障时，联络线应保持稳定运行，并不应超过事故过负荷能力的规定。

2.2.4.4 在联络线因故障断开后，要保持各自系统的安全稳定运行。

2.2.4.5 系统间的交流联络线不宜构成弱联系的大环网，并要考虑其中一回断开时，其余联络线应保持稳定运行，并可转送规定的最大电力。

2.2.4.6 对交流弱联网方案，应详细研究对电网安全稳定的影响，经技术经济论证合理后方可采用。

2.3 无功平衡及补偿

2.3.1 无功功率电源的安排应有规划，并留有适当裕度，以保证系统各中枢点的电压在正常和事故后均能满足规定的要求。

2.3.2 电网的无功补偿应以分层分区和就地平衡为原则，并应随负荷（或电压）变化进行调整，避免经长距离线路或多级变压器传送无功功率，330kV 及以上电压等级线路的充电功率应基本上予以补偿。

2.3.3 发电机或调相机应带自动调节励磁（包括强行励磁）运行，并保持其运行的稳定性。

2.3.4 为保证受端系统发生突然失去一回重载线路或一台大容量机组（包括发电机失磁）等事故时，保持电压稳定和正常供电，不致出现电压崩溃，受端系统中应有足够的动态无功备用容量。

2.4 对机网协调及厂网协调的要求

发电机组的参数选择、继电保护（发电机失磁保护、失步保护、频率保护、线路保护等）和自动装置（自动励磁调节器、电力系统稳定器、稳定控制装置、自动发电控制装置等）的配置和整定等必须与电力系统相协调，保证其性能满足电力系统稳定运行的要求。

2.5 防止电力系统崩溃

2.5.1 在规划电网结构时，应实现合理的分层分区原则。运行中的电力系统必须在适当地点设置解列点，并装设自动解列装置。当系统发生稳定破坏时，能够有计划地将系统迅速而合理地解列为供需尽可能平衡（与自动低频率减负荷、过频率切水轮机、低频自起动水轮发电机等措施相配合），而各自保持同步运行的两个或几个部分，防止系统长时间不能拉入同步或造成系统频率和电压崩溃，扩大事故。

2.5.2 电力系统必须考虑可能发生的最严重事故情况，并配合解列点的安排，合理安排自动低频减负荷的顺序和所切负荷数值。当整个系统或解列后的局部出现功率缺额时，能够有计划地按频率下降情况自动减去足够数量的负荷，以保证重要用户的不间断供电。发电厂应有可靠的保证厂用电供电的措施，防止因失去厂用电导致全厂停电。

2.5.3 在负荷集中地区，应考虑当运行电压降低时，自动或手动切除部分负荷，或有计划解列，以防止发生电压崩溃。

2.6 电力系统全停后的恢复

2.6.1 电力系统全停后的恢复应首先确定停电系统的地区、范围和状况，然后依次确定本区内电源或外部系统帮助恢复供电的可能性。当不可能时，应很快投入系统黑起动方案。

2.6.2 制定黑起动方案应根据电网结构的特点合理划分区域，各区域必须安排1～2台具备黑起动能力机组，并合理分布。

2.6.3 系统全停后的恢复方案（包括黑起动方案），应适合本系统的实际情况，以便能快速有序地实现系统的重建和对用户恢复供电。恢复方案中应包括组织措施、技术措施、恢复步骤和恢复过程中应注意的问题，其保护、通信、远动、开关及安全自动装置均应满足自起动和逐步恢复其他线路和负荷供电的特殊要求。

2.6.4 在恢复起动过程中应注意有功功率、无功功率平衡，防止发生自励磁和电压失控及频率的大幅度波动，必须考虑系统恢复过程中的稳定问题，合理投入继电保护和安全自动装置，防止保护误动而中断或延误系统恢复。

3 电力系统的安全稳定标准

3.1 电力系统的静态稳定储备标准

3.1.1 在正常运行方式下，对不同的电力系统，按功角判据计算的静态稳定储备系数（K_p）应为15%～20%，按无功电压判据计算的静态稳定储备系数（K_v）为10%～15%。

3.1.2 在事故后运行方式和特殊运行方式下，K_p 不得低于10%，K_v 不得低于8%。

3.1.3 水电厂送出线路或次要输电线路下列情况下允许只按静态稳定储备送电，但应有防止事故扩大的相应措施：

a）如发生稳定破坏但不影响主系统的稳定运行时，允许只按正常静态稳定储备送电；

b）在事故后运行方式下，允许只按事故后静态稳定储备送电。

3.2 电力系统承受大扰动能力的安全稳定标准

电力系统承受大扰动能力的安全稳定标准分为三级。

第一级标准：保持稳定运行和电网的正常供电；

第二级标准：保持稳定运行，但允许损失部分负荷；

第三级标准：当系统不能保持稳定运行时，必须防止系统崩溃并尽量减少负荷损失。

3.2.1 第一级安全稳定标准：正常运行方式下的电力系统受到下述单一元件故障扰动后，保护、开关及重合闸正确动作，不采取稳定控制措施，必须保持电力系统稳定运行和电网的正常供电，其他元件不超过规定的事故过负荷能力，不发生连锁跳闸。

a）任何线路单相瞬时接地故障重合成功；

b）同级电压的双回线或多回线和环网，任一回线单相永久故障重合不成功及无故障三相断开不重合；

c）同级电压的双回线或多回线和环网，任一回线三相故障断开不重合；

d）任一发电机跳闸或失磁；

e）受端系统任一台变压器故障退出运行；

f）任一大负荷突然变化；

g）任一回交流联络线故障或无故障断开不重合；

h）直流输电线路单极故障。

但对于发电厂的交流送出线路三相故障，发电厂的直流送出线路单极故障，两级电压的电磁环网中单回高一级电压线路故障或无故障断开，必要时可采用切机或快速降低发电机组出力的措施。

3.2.2 第二级安全稳定标准：

正常运行方式下的电力系统受到下述较严重的故障扰动后，保护、开关及重合闸正确动作，应能保持稳定运行，必要时允许采取切机和切负荷等稳定控制措施。

a）单回线单相永久性故障重合不成功及无故障三相断开不重合；

b）任一段母线故障；

c）同杆并架双回线的异名两相同时发生单相接地故障重合不成功，双回线三相同时跳开；

d）直流输电线路双极故障。

3.2.3 第三级安全稳定标准：

电力系统因下列情况导致稳定破坏时，必须采取措施，防止系统崩溃，避免造成长时间大面积停电和对最重要用户（包括厂用电）的灾害性停电，使负荷损失尽可能减少到最小，电力系统应尽快恢复正常运行。

a）故障时开关拒动；

b）故障时继电保护、自动装置误动或拒动；

c）自动调节装置失灵；

d）多重故障；

e）失去大容量发电厂；

f）其他偶然因素。

3.3 对几种特殊情况的要求

3.3.1 为了使失去同步的电力系统能够迅速恢复正常运行，并减少运行操作，经计算分析，在全部满足下列三个条件的前提下，可以不解列，允许局部系统作短时间的非同步运行，而后再同步。

　　a）非同步运行时通过发电机、调相机等的振荡电流在允许范围内，不致损坏系统重要设备；

　　b）在非同步运行过程中，电网枢纽变电所或接有重要用户的变电所的母线电压波动最低值不低于额定值的 75%；

　　c）系统只在两个部分之间失去同步，通过预定控制措施，能使之迅速恢复同步运行。若调整无效，应在事先规定的适当地点解列。

3.3.2 向特别重要受端系统送电的双回及以上线路中的任意两回线同时无故障或故障断开，导致两条线路退出运行，应采取措施保证电力系统稳定运行和对重要负荷的正常供电，其他线路不发生连锁跳闸。

3.3.3 在电力系统中出现高一级电压的初期，发生线路（变压器）单相永久故障，允许采取切机措施；当发生线路（变压器）三相短路故障时，允许采取切机和切负荷措施，保证电力系统的稳定运行。

3.3.4 任一线路、母线主保护停运时，发生单相永久接地故障，应采取措施保证电力系统的稳定运行。

4　电力系统安全稳定计算分析

4.1　安全稳定计算分析的任务与要求

4.1.1 电力系统安全稳定计算分析的任务是确定电力系统的静态稳定、暂态稳定和动态稳定水平，分析和研究提高安全稳定的措施，以及研究非同步运行后的再同步及事故后的恢复策略。

4.1.2 进行电力系统安全稳定计算分析时，应针对具体校验对象（线路、母线等），选择下列三种运行方式中对安全稳定最不利的情况进行安全稳定校验。

　　a）正常运行方式：包括计划检修方式和按照负荷曲线以及季节变化出现的水电大发、火电大发、最大或最小负荷、最小开机和抽水蓄能运行工况等可能出现的运行方式；

　　b）事故后运行方式：电力系统事故消除后，在恢复到正常运行方式前所出现的短期稳态运行方式；

　　c）特殊运行方式：主干线路、重要联络变压器等设备检修及其他对系统安全稳定运行影响较为严重的方式。

4.1.3 应研究、实测和建立电网计算中的各种元件、装置及负荷的参数和详细模型。计算分析中应使用合理的模型和参数，以保证满足所要求的精度。规划计算中可采用典型参数和模型，在系统设计和生产运行计算中，应保证模型和参数的一致性，并考虑更详细的模型和参数。

4.1.4 在互联电力系统稳定分析中，对所研究的系统原则上应予保留并详细模拟，对外部系统可进行必要的等值简化，应保证等值简化前后的系统潮流一致，动态特性基本一致。

4.2　电力系统静态安全分析

　　电力系统静态安全分析指应用 $N-1$ 原则，逐个无故障断开线路、变压器等元件，检查其他元件是否因此过负荷和电网低电压，用以检验电网结构强度和运行方式是否满足安全运行要求。

4.3 电力系统静态稳定的计算分析

4.3.1 静态稳定是指电力系统受到小干扰后，不发生非周期性失步，自动恢复到起始运行状态的能力。

4.3.2 电力系统静态稳定计算分析的目的是应用相应的判据，确定电力系统的稳定性和输电线的输送功率极限，检验在给定方式下的稳定储备。

4.3.3 对于大电源送出线，跨大区或省网间联络线，网络中的薄弱断面等需要进行静态稳定分析。

4.3.4 静稳定判据为：

$$dP/d\delta > 0$$

或

$$dQ/dU < 0$$

相应的静稳定储备系数为：

$$K_P = \frac{P_j - P_z}{P_z} \times 100\%$$

$$K_v = \frac{U_z - U_c}{U_z} \times 100\%$$

式中　P_j、P_z——分别为线路的极限和正常传输功率；

　　　　U_z、U_c——分别为母线的正常和临界电压。

4.4 电力系统暂态稳定的计算分析

4.4.1 暂态稳定是指电力系统受到大扰动后，各同步电机保持同步运行并过渡到新的或恢复到原来稳态运行方式的能力。

4.4.2 暂态稳定计算分析的目的是在规定运行方式和故障形态下，对系统稳定性进行校验，并对继电保护和自动装置以及各种措施提出相应的要求。

4.4.3 暂态稳定计算的条件如下：

　　a）应考虑在最不利地点发生金属性短路故障；

　　b）发电机模型在可能的条件下，应考虑采用暂态电势变化，甚至次暂态电势变化的详细模型（在规划阶段允许采用暂态电势恒定的模型）；

　　c）继电保护、重合闸和有关自动装置的动作状态和时间，应结合实际情况考虑；

　　d）考虑负荷特性。

4.4.4 暂态稳定的判据是电网遭受每一次大扰动后，引起电力系统各机组之间功角相对增大，在经过第一或第二个振荡周期不失步，作同步的衰减振荡，系统中枢点电压逐渐恢复。

4.5 电力系统动态稳定的计算分析

4.5.1 动态稳定是指电力系统受到小的或大的干扰后，在自动调节和控制装置的作用下，保持长过程的运行稳定性的能力。

4.5.2 电力系统有下列情况时，应作长过程的动态稳定分析：

　　a）系统中有大容量水轮发电机和汽轮发电机经较弱联系并列运行；

　　b）采用快速励磁调节系统及快关气门等自动调节措施；

　　c）有大功率周期性冲击负荷；

d）电网经弱联系线路并列运行；

e）分析系统事故有必要时。

4.5.3 动态稳定计算的发电机模型，应采用考虑次暂态电势变化的详细模型，考虑同步电机的励磁调节系统和调速系统，考虑电力系统中各种自动调节和自动控制系统的动作特性及负荷的电压和频率动态特性。

4.5.4 动态稳定的判据是在受到小的或大的扰动后，在动态摇摆过程中发电机相对功角和输电线路功率呈衰减振荡状态，电压和频率能恢复到允许的范围内。

4.6 电力系统电压稳定的计算分析

4.6.1 电压稳定是指电力系统受到小的或大的扰动后，系统电压能够保持或恢复到允许的范围内，不发生电压崩溃的能力。

4.6.2 电力系统中经较弱联系向受端系统供电或受端系统无功电源不足时，应进行电压稳定性校验。

4.6.3 进行静态电压稳定计算分析是用逐渐增加负荷（根据情况可按照保持恒定功率因数、恒定功率或恒定电流的方法按比例增加负荷）的方法求解电压失稳的临界点（由 $dP/dU=0$ 或 $dQ/dU=0$ 表示），从而估计当前运行点的电压稳定裕度。

4.6.4 可以用暂态稳定和动态稳定计算程序计算暂态和动态电压稳定性。电压失稳的判据可为母线电压下降，平均值持续低于限定值，但应区别由于功角振荡或失稳造成的电压严重降低和振荡。

4.6.5 详细研究电压动态失稳时，模型中应包括负荷特性、无功补偿装置动态特性、带负荷自动调压变压器的分接头动作特性、发电机定子和转子过流和低励限制、发电机强励动作特性等。

4.7 电力系统再同步的计算分析

4.7.1 再同步是指电力系统受到小的或大的扰动后，同步电机经过短时间非同步运行过程后再恢复到同步运行方式。

4.7.2 电力系统再同步计算分析的目的，是当运行中稳定破坏后或线路采用非同步重合闸时，研究系统变化发展趋向，并找出适当措施，使失去同步的两部分电网经过短时间的异步运行，能较快再拉入同步运行。

4.7.3 研究再同步问题须采用详细的电力系统模型和参数。

4.7.4 电力系统再同步计算的校验内容：

a）再同步过程中是否会造成系统中某些节点电压过低，是否影响负荷的稳定，是否会扩大为系统内部失去同步，是否会扩大为系统几个部分之间失去同步；

b）在非同步过程中流过同步电机电流的大小是否超过规定允许值，对机组本身的发热、机械变形及振动的影响；

c）再同步的可能性及其相应措施。

4.7.5 电力系统再同步的判据，是指系统中任两个同步电机失去同步，经若干非同步振荡周期，相对滑差逐渐减少并过零，然后相对角度逐渐过渡到某一稳定点。

5 电力系统安全稳定工作的管理

5.1 在电力系统规划工作中，应考虑电力系统的安全稳定问题，研究建设结构合理的电网，计算分析远景系统的稳定性能，在确定输电线的送电能力时，应计算其稳定水平。

5.2 在电力系统设计及大型输变电工程的可行性研究工作中，应对电力系统的稳定做出计算，并明确所需采取的措施。在进行年度建设项目设计时，应按工程分期对所设计的电力系统的主要运行方式进行安全稳定性能分析，提出安全稳定措施，在工程设计的同时，应设计有关的安全稳定措施，对原有电网有关安全稳定措施及故障切除时间等进行校核，必要时应提出改进措施。

5.3 在电力系统建设工作中，应落实与电力系统安全稳定有关的基建计划，并按设计要求施工。当一次设备投入系统运行时，相应的继电保护、安全自动装置和稳定技术措施应同时投入运行。

5.4 在电力系统调度运行工作中，应按年、季、月全面分析电网的特点，考虑运行方式变化对系统稳定运行的影响，提出稳定运行限额，并检验继电保护和安全稳定措施是否满足要求等。还应特别注意在总结电网运行经验和事故教训的基础上，做好事故预测，对全网各主干线和局部地区稳定情况予以计算分析，以及提出主力电厂的保厂用电方案，提出改进电网安全稳定的具体措施（包括事故处理）。当下一年度新建发、送、变电项目明确后，也应对下一年度的各种运行条件下的系统稳定情况进行计算，并提出在运行方面保证稳定的措施。应参与电力系统规划设计相关工作。

5.5 在电力系统生产技术工作中，应组织落实有关电力系统安全稳定的具体措施和相关设备参数试验，定期核定设备过负荷的能力，认真分析与电力系统安全稳定运行有关的事故。及时总结经验，吸取教训，提出并组织落实反事故措施。

5.6 在电力系统科研试验工作中，应根据电力系统的发展和需要，研究加强电网结构、改善与提高电力系统安全稳定的技术措施，并协助实现；改进与完善安全稳定计算分析方法；协助分析重大的电网事故。

5.7 电力系统应配备连续的动态安全稳定监视与事故录波装置，并能按要求将时间上同步的数据送到电网调度中心故障信息数据库，实现故障信息的自动传输和集中处理，以确定事故起因和扰动特性，并为电力系统事故仿真分析提供依据。

5.8 电力生产企业、电力供应企业应向电网调度机构、规划设计和科研单位提供有关安全稳定分析所必需的技术资料和参数，如发电机、变压器、励磁调节器和电力系统稳定器（PSS）、调速器和原动机、负荷等的技术资料和参数，并按电力系统安全稳定运行的要求配备保护与自动控制装置，落实安全稳定措施。对影响电力系统稳定运行的参数定值设置必须经电网调度机构的审核。

附　录　A

（标准的附录）

有关术语及定义

A1　电力系统的安全性及安全分析

安全性指电力系统在运行中承受故障扰动（例如突然失去电力系统的元件，或短路故障等）的能力。通过两个特性表征：

（1）电力系统能承受住故障扰动引起的暂态过程并过渡到一个可接受的运行工况；

（2）在新的运行工况下，各种约束条件得到满足。

安全分析分为静态安全分析和动态安全分析。静态安全分析假设电力系统从事故前的静态直接转移到事故后的另一个静态，不考虑中间的暂态过程，用于检验事故后各种约束条件是否得到满足。动态安全分析研究电力系统在从事故前的静态过渡到事故后的另一个静态的暂态过程中保持稳定的能力。

A2　电力系统稳定性

电力系统受到事故扰动后保持稳定运行的能力。通常根据动态过程的特征和参与动作的元件及控制系统，将稳定性的研究划分为静态稳定、暂态稳定、动态稳定、电压稳定。

A2.1　静态稳定

是指电力系统受到小干扰后，不发生非周期性失步，自动恢复到初始运行状态的能力。

A2.2　暂态稳定

是指电力系统受到大扰动后，各同步电机保持同步运行并过渡到新的或恢复到原来稳态运行方式的能力。通常指保持第一或第二个振荡周期不失步的功角稳定。

A2.3　动态稳定

动态稳定是指电力系统受到小的或大的干扰后，在自动调节和控制装置的作用下，保持长过程的运行稳定性的能力。动态稳定的过程可能持续数十秒至几分钟。后者包括锅炉、带负荷调节变压器分接头、负荷自动恢复等更长响应时间的动力系统的调整，又称为长过程动态稳定性。电压失稳问题有时与长过程动态有关。与快速励磁系统有关的负阻尼或弱阻尼低频增幅振荡可能出现在正常工况下，系统受到小扰动后的动态过程中（称之为小扰动动态稳定），或系统受到大扰动后的动态过程中，一般可持续发展 10s～20s 后，进一步导致保护动作，使其他元件跳闸，问题进一步恶化。

A2.4　电压稳定

电压稳定是指电力系统受到小的或大的扰动后，系统电压能够保持或恢复到允许的范围内，不发生电压崩溃的能力。无功功率的分层分区供需平衡是电压稳定的基础。电压失稳可表现在静态小扰动失稳、暂态大扰动失稳及大扰动动态失稳或长过程失稳。电压失稳可以发生在正常工况，电压基本正常的情况下，也可能发生在正常工况，母线电压已明显降低的情况下，还可能发生在受扰动以后。

A3　N-1 原则

正常运行方式下的电力系统中任一元件（如线路、发电机、变压器等）无故障或因故障断开，电力系统应能保持稳定运行和正常供电，其他元件不过负荷，电压和频率均在允许范围内。这通常称为 N-1 原则。

N-1 原则用于电力系统静态安全分析（单一元件无故障断开），或动态安全分析（单一元件故障后断开的电力系统稳定性分析）。

当发电厂仅有一回送出线路时，送出线路故障可能导致失去一台以上发电机组，此种情况也按 N-1 原则考虑。

A4　枢纽变电所

通常指 330kV 及以上电压等级的变电所，不包括单回线路供电的 330kV 终端变电所。按照国家电力公司颁布的《电业生产事故调查规程》有关条款及释义，对电网安全运行影响重大的 220kV 变电所是否为枢纽变电所，由其所属电力公司根据电网结构确定。

A5 重要负荷（用户）

通常指故障或非正常切除该负荷（用户），将造成重大政治影响和经济损失，或威胁人身安全和造成人员伤亡等。可根据有关规定和各电力系统具体情况确定。

A6 系统间联络线

系统间联络线一般指省电网间或大区电网间的输电线路。大区电网是几个省电网互联形成的电网。

———————————

电力系统安全稳定控制系统通用技术条件

DL/T 1092—2008

电力系统与数据通信卷

目　次

前　言

电力系统安全稳定控制系统是由两个及以上厂站的安全稳定控制装置通过通信设备联络构成的系统，是确保电力系统安全稳定运行的第二道防线的重要设施。规范其技术要求，对安全稳定控制系统的设计、科研、制造、运行有重要的指导意义。

本标准是根据《国家发展改革委办公厅关于印发 2007 年行业标准修订、制定计划的通知》（发改办工业〔2007〕1415 号）的安排制定的。

本标准由中国电力企业联合会提出。

本标准由全国量度继电器和保护设备标准化技术委员会静态继电保护装置分技术委员会归口并负责解释。

本标准主要起草单位：中国南方电网电力调度通信中心、南方电网技术研究中心、南京南瑞继保电气有限公司。

本标准主要起草人：曾勇刚、黄河、杨晋柏、吴小辰、宗洪良、陈松林、孙光辉。

本标准在执行过程中的意见或建议反馈至中国电力企业联合会标准化中心（北京市白广路二条 1 号，100761）。

电力系统安全稳定控制系统通用技术条件

1 范围

本标准规定了电力系统安全稳定控制系统（以下简称为稳控系统）的基本技术要求、试验方法、检验规则、标志、包装、运输、贮存等。

本标准适用于稳控系统，对于单个厂站的安全稳定控制装置（以下简称为稳控装置）可以参照执行，并作为这类系统或装置的科研、设计、制造、检验、运行的依据。

2 规范性引用文件

下列文件中的条款通过本标准的引用而成为本标准的条款。凡是注日期的引用文件，其随后所有的修改单（不包括勘误的内容）或修订版均不适用于本标准，然而，鼓励根据本标准达成协议的各方研究是否可使用这些文件的最新版本。凡是不注日期的引用文件，其最新版本适用于本标准。

GB/T 191　包装储运图示标志（GB/T 191—2008，ISO 780：1997，MOD）

GB/T 2423.1—2001　电工电子产品环境试验　第 2 部分：试验方法　试验 A：低温（IEC 60068-2-1：1990，IDT）

GB/T 2423.2—2001　电工电子产品环境试验　第 2 部分：试验方法　试验 B：高温（IEC 60068-2-2：1974，IDT）

GB/T 2423.3　电工电子产品环境试验　第 2 部分：试验方法　试验 Cab：恒定湿热试验（GB/T 2423.3—2006，IEC 60068-2-78：2001，IDT）

GB/T 2887—2000　电子计算机场地通用规范

GB/T 19520.3　电子设备机械结构　482.6mm（19in）系列机械结构尺寸　第 3 部分：插箱及其插件（GB/T 19520.3—2004，IEC 60297-3：1984，IDT）

GB/T 7261—2008　继电保护和安全自动装置基本试验方法

GB/T 9361—1988　计算站场地安全要求

GB/T 11287—2000　电气继电器　第 21 部分：量度继电器和保护装置的振动、冲击、碰撞和地震试验　第 1 篇：振动试验（正弦）（IEC 60255-21-1：1988，IDT）

GB/T 14537—1993　量度继电器和保护装置的冲击与碰撞试验（IEC 60255-21-2：1988，IDT）

GB/T 14598.3　电气继电器　第 5 部分：量度继电器和保护装置的绝缘配合要求和试验（GB/T 14598.3—2006，IEC 60255-5：2000，IDT）

GB/T 14598.9—2002　电气继电器　第 22-3 部分：量度继电器和保护装置的电气骚扰试验　辐射电磁场骚扰试验（IEC 60255-22-3：2000，IDT）

GB/T 14598.10—2007　电气继电器　第 22-4 部分：量度继电器和保护装置的电气骚扰试验 - 电快速瞬变/脉冲群抗扰度试验（IEC 60255-22-4：2002，IDT）

GB/T 14598.13—2008　电气继电器　第 22-1 部分：量度继电器和保护装置的电气骚扰试验　1MHz 脉冲群抗扰度试验（IEC 255-22-1：2007，MOD）

GB/T 14598.14—1998 量度继电器和保护装置的电气干扰试验 第2部分：静电放电试验（IEC 60255-22-2：1996，IDT）

GB 16836—2003 量度继电器和保护装置安全设计的一般要求

GB/T 17626.29 电磁兼容 试验和测量技术 直流电源输入端口电压暂降、短时中断和电压变化的干扰度试验（GB/T 17626.29—2006，IEC 61000-4-29：2000，IDT）

DL 755 电力系统安全稳定导则

DL/T 667 远动设备及系统 第5部分：传输规约 第103篇：继电保护设备信息接口配套标准（DL/T 667—1999，IEC 60870-5-103：1997，IDT）

IEC 60255 - 24 Electrical relays—Part 24：Common format for transient data exchange（COMTRADE）for power systems

ITU-T G.703：Physical/Electrical Characteristics of Hierarchical Digital Interfaces—Series G：Transmission Systems and Media，Digital Systems and Network Digital Terminal Equipments—General Study Group 15；Erratum 1：Covering Note

3 术语和定义

下列术语和定义适用于本标准。

3.1 安全稳定控制装置 security&stability control equipment

为保证电力系统在遇到 DL 755 规定的第二级安全稳定标准的大扰动时的稳定性而在电厂或变电站内装设的控制设备，实现切机、切负荷、快速减出力、直流功率紧急提升或回降等功能，是确保电力系统安全稳定运行的第二道防线的重要设施。主要由输入、输出、通信、测量、故障判别、控制策略等部分组成。

3.2 安全稳定控制系统 security&stability control system

由两个及以上厂站的安全稳定控制装置通过通信设备联络构成的系统，实现区域或更大范围的电力系统的稳定控制。一般可分为控制主站、子站、执行站。

3.3 整组动作时间 operation time

从故障判别所需条件全部满足开始至最后一级稳控装置控制命令出口的时间（包含出口继电器动作时间，但不包含人为设定的延时）。

3.4 第一道防线 first-defence-line

性能良好的继电保护装置，正确、快速切除故障元件，确保 DL 755 规定的第一级安全稳定标准。

3.5 第二道防线 second-defence-line

采用稳定控制系统（装置），采用切机、切负荷等稳定控制措施，确保电力系统在发生概率较低的严重故障时能继续保持稳定运行，满足 DL 755 规定的第二级安全稳定标准。

3.6 第三道防线 third-defence-line

采用失步解列、频率及电压紧急控制装置，当电力系统遇到多重、严重事故而稳定破坏时，采取措施，防止系统崩溃，避免出现大面积停电，满足 DL 755 规定的第三级安全稳定标准。

4 技术要求

4.1 环境条件

4.1.1 正常工作大气条件

a) 环境温度：－5℃～＋40℃，－10℃～＋55℃；

b) 相对湿度：5％～95％（装置内部，既不应凝露，也不应结冰）；

c) 大气压力：86kPa～106kPa，70kPa～106kPa。

4.1.2 试验的标准大气条件

a) 环境温度：15℃～35℃；

b) 相对湿度：45％～75％；

c) 大气压力：86kPa～106kPa。

4.1.3 仲裁试验的标准大气条件

a) 环境温度：＋20℃±2℃；

b) 相对湿度：45％～75％；

c) 大气压力：86kPa～106kPa。

4.1.4 贮存、运输极限环境温度

装置的贮存、运输允许的环境温度为－25℃～＋70℃，相对湿度不大于85％。

4.1.5 周围环境

装置的使用地点应无爆炸危险、无腐蚀性气体及导电尘埃、无严重霉菌、无剧烈振动源；不存在超过本标准4.11规定的电气干扰；有防御雨、雪、风、沙、尘埃及防静电措施；场地应符合 GB/T 9361—1988 中 B 类安全要求，接地电阻应符合 GB/T 2887—2000 中 4.4 的规定。

4.1.6 特殊环境条件

当环境条件超出本标准4.1.1～4.1.5规定时，由用户与制造厂商定装置应适用的环境条件。

4.2 额定电气参数

4.2.1 直流电源

a) 额定电压：220V、110V；

b) 允许偏差：－20％～＋10％；

c) 纹波系数：不大于5％。

4.2.2 交流回路

a) 交流电压：100V、$100/\sqrt{3}V$；

b) 交流电流：5A、1A；

c) 频率：50Hz。

4.3 功率消耗

a) 交流电流回路：当 $I_N=5A$ 时，每相不大于1VA；

当 $I_N=1A$ 时，每相不大于0.5VA；

b) 交流电压回路：当为额定电压时，每相不大于0.5VA；

c) 直流电源回路：当正常工作时，不大于50W（单装置）；

当装置动作时，不大于80W（单装置）。

4.4 过载能力

a) 交流电流回路：在2倍额定电流下，连续工作；

在10倍额定电流下，允许10s；

在40倍额定电流下，允许1s；

b) 交流电压回路：在 1.2 倍额定电压下，连续工作；

在 1.4 倍额定电压下，允许 10s。

装置经过上述要求的过载后，应无绝缘损坏，并能符合本标准 4.9、4.10 的要求。

4.5 测量元件的准确度

温度变差：在工作环境范围内相对于 20℃±2℃时，不超过±2.5%。

a) 交流电压有效值测量相对误差不大于 1%U_N（在 0.2 U_N～1.2 U_N 范围内）；

b) 交流电流有效值测量相对误差不大于 1%I_N（在 0.2 I_N～1.5 I_N 范围内）；

c) 功率测量相对误差不大于 2%P_N（在 0.2 U_N～1.2 U_N，0.2 I_N～1.5 I_N 范围内）；

d) 频率测量绝对误差不大于±0.01Hz。

4.6 装置时钟准确度

a) 在有 GPS 对时信号条件下，24h 装置时钟绝对误差不大于 10ms；

b) 在无 GPS 对时信号条件下，24h 装置时钟绝对误差不大于 10s；

c) 在有 GPS 对时信号条件下，整套稳控系统装置之间时钟绝对误差不大于 20ms。

4.7 整套系统（装置）的主要功能

稳控系统（装置）应具有如下功能：

a) 应具有电流、电压等参数监测功能；

b) 应能监视主要输电断面功率、判断设备投停状态，识别电力系统运行方式；

c) 应能自动判别系统故障、设备跳闸、运行参数异常等；

d) 应能根据事故前设定的控制策略表，采取切机、切负荷等控制措施；

e) 应能通过通信通道实时交换运行信息，传送控制命令等；

f) 应具有单站控制策略表逐项测试的手段；

g) 装置应具有自检功能；

h) 应设有硬件出口闭锁回路，只有在电力系统发生扰动时，才允许开放出口；

i) 装置应具有自复位功能，在正常情况下，装置不应出现程序走死的情况，在因干扰而造成程序走死时，应能通过自复位电路自动恢复正常工作；

j) 应能自动检测并记录通信通道中断、误码等异常状态；

k) 应具有投退通信通道的功能，宜通过连接片实现；

l) 装置应记录必要的信息，并能通过通信接口送出；信息不应丢失并可重复输出，记录信息内容至少应满足判别装置各部分工作是否正常、动作是否正确的要求；

m) 应具有自动对时功能。

4.8 稳控系统（装置）的主要技术要求

稳控系统（装置）应能满足下列技术要求（其中未规定部分由企业产品标准规定）：

a) 应具有独立性、完整性、成套性、可扩展性；

b) 在正常运行期间，装置的单一电子元件（出口继电器除外）损坏时，不应造成装置误动作，且应发出装置异常信号；

c) 应根据具体情况合并、简化处理策略表中的运行方式类型；

d) 整组动作时间应小于 100ms；

e) 对稳控系统（装置）的测量、判别方面的要求：

1）电流、电压等电气参数的显示和输出均应采用一次值；整定值的输入、显示及输出也应采用一次值；

2）频率测量应采用电压量测量；

3）设备的投停状态判别宜采用本侧电气量判别，运行中功率可能为零的联络线或变压器可采用断路器辅助触点和电气量综合判别；

4）设备跳闸判别除采用本身的电气量外，宜采用相关设备的电气量变化进行综合判别；

5）高压直流输电设备闭锁宜采用电气量和直流控制系统开关量信号进行综合判别；

6）设备过载宜采用两相电流和有功功率进行综合判别。

f）对稳控系统（装置）的可靠性方面的要求：

1）远方切机、切负荷等命令应至少持续发送 100ms，以确保通信设备及远方装置能可靠收到；

2）对通信报文应采用多种方式（如 CRC、地址码、正反码等）进行校验；

3）接收远方命令应至少连续确认三帧报文；

4）对引入的开关量信号应进行必要的防抖措施；

5）装置的所有引出端子不允许与装置的 CPU 及 A/D 的工作电源系统有直接电气联系。针对不同回路，应分别采用光电耦合、继电器转接、带屏蔽层的变压器磁耦合等隔离措施。

g）对稳控系统（装置）的通信方面的要求：

1）在通信通道中断（切换、退出、异常）期间，系统（装置）不应误动；

2）站间通信方式宜采用数字报文的形式传递运行信息及控制命令；

3）与光纤通信网的数字通信接口应符合 ITU-TG.703 标准；

4）采用载波通道时，宜采用编码方式，且发信及收信回路均不应具有时间展宽环节。

h）对稳控系统（装置）的记录方面的要求：

1）装置与厂站监控系统或调度端管理系统间的通信传输规约应符合 DL/T 667 的规定；

2）装置的故障录波记录格式应符合 IEC 60255-24：2001 的规定；

3）装置的实时时钟及主要动作信号在失去直流电源的情况下不能丢失，在电源恢复正常后能重新正确显示并输出。

4.9 绝缘性能

4.9.1 绝缘电阻

在试验的标准大气条件下，装置的外引带电回路部分和外露非带电金属部分及外壳之间，以及电气上无联系的各回路之间，用 500V 的直流绝缘电阻表测量其绝缘电阻值，应不小于 100MΩ。

4.9.2 介质强度

a）在试验的标准大气条件下，装置应能承受频率为 50Hz，时间 1min 的工频耐压试验而无击穿、闪络及元器件损坏现象；

b）工频试验电压值按表 1 选择。也可以采用直流试验电压，其值应为规定的工频试验电压值的 1.4 倍；

c）试验过程中，任一被试回路施加电压时，其余回路等电位互连接地。

表 1　试验电压规定值　　　　　　　　　　　　　　　单位：V

被试回路	额定绝缘电压	试验电压
整机输出端子和背板线对地	60～250	2000
直流输入回路对地	60～250	2000

被试回路	额定绝缘电压	试验电压
交流输入回路对地	60～250	2000
信号输出触点对地	60～250	2000
无电气联系的各回路之间	60～250	2000
整机带电部分对地	≤60	500

4.9.3 冲击电压

在试验的标准大气条件下，装置的直流电源输入回路、交流输入回路、信号输出触点等诸回路对地，以及各回路之间，应能承受 $1.2/50\mu s$ 的标准雷电波的短时冲击电压试验。当额定绝缘试验电压大于 60V 时，开路试验电压 5kV；当额定绝缘试验电压不大于 60V 时，开路试验电压为 1kV。试验后，装置的性能应符合本标准 4.7、4.8 的规定。

4.10 耐湿热性能

根据试验条件和使用环境，在以下两种方法中选择其中的一种。

4.10.1 恒定湿热

装置应能承受 GB/T 2423.3 规定的恒定湿热试验。试验温度为 +40℃±2℃，相对湿度为（93±3）%，试验持续时间 48h。在试验结束前 2h 内，用 500V 直流绝缘电阻表，测量各外引带电回路部分对外露非带电金属部分及外壳之间，以及电气上无联系的各回路之间的绝缘电阻值应不小于 1.5MΩ，介质强度不低于本标准 4.9.2 规定的介质强度试验电压幅值的 75%。

4.10.2 交变湿热

装置应能承受 GB/T 7261—2008 中 9.4 规定的交变湿热试验。试验温度为 +40℃±2℃，相对湿度为（93±3）%，试验时间为 2 周期，每一周期历时 24h。在试验结束前 2h 内，用 500V 直流绝缘电阻表，测量各外引带电回路部分对外露非带电金属部分及外壳之间，以及电气上无联系的各回路之间的绝缘电阻值应不小于 1.5MΩ，介质强度不低于本标准 4.9.2 规定的介质强度试验电压幅值的 75%。

4.11 抗电气干扰性能

4.11.1 辐射电磁场干扰

装置应能承受 GB/T 14598.9—2002 中 4.1.1 规定的严酷等级为 Ⅲ 级的辐射电磁场干扰试验，试验期间及试验后，装置性能应符合该标准中 4.5 的规定。

4.11.2 快速瞬变干扰

装置应能承受 GB/T 14598.10—2007 中第 4 章规定的严酷等级为 A 级的快速瞬变干扰试验，试验期间及试验后，装置性能应符合该标准中 4.6 的规定。

4.11.3 脉冲群干扰

装置应能承受 GB/T 14598.13—2008 中第 4 章规定的 1MHz 和 100kHz 脉冲群干扰试验，试验期间及试验后，装置性能应符合该标准中 3.4 的规定。

4.11.4 静电放电干扰

装置应能承受 GB/T 14598.14—1998 中 4.2 规定的严酷等级为 Ⅲ 级的静电放电干扰试验，试验期间及试验后，装置性能应符合该标准中 4.6 的规定。

4.12 直流电源影响

a）在试验的标准大气条件下，分别改变本标准 4.2.1 中规定的极限参数，装置应可靠工作，性能及参数符合本标准 4.5、4.6、4.7、4.8 的规定；

    b) 按 GB/T 17626.29 中的规定进行直流电源中断 20ms 影响试验，装置不应误动；

    c) 装置加上电源、断电、电源电压缓慢上升或缓慢下降，装置均不应误动作或误发信号。当电源恢复正常后，装置应自动恢复正常运行。

4.13 动态模拟

装置应进行动态模拟试验。在各种情况下，装置动作行为应正确，信号指示应正常，其性能应符合本标准 4.5、4.6、4.7、4.8 的规定。

4.14 连续通电

装置完成调试后，出厂前应进行连续通电试验。试验期间，装置工作应正常，信号指示应正确，不应有元器件损坏，或其他异常情况出现。试验结束后，性能指标应符合本标准 4.5、4.6、4.7、4.8 的规定。

4.15 机械性能

4.15.1 振动（正弦）

4.15.1.1 振动响应

装置应能承受 GB/T 11287—2000 中 3.2.1 规定的严酷等级为 Ⅰ 级的振动响应试验，试验期间及试验后，装置性能应符合该标准中 5.1 的规定。

4.15.1.2 振动耐久

装置应能承受 GB/T 11287—2000 中 3.2.2 规定的严酷等级为 Ⅰ 级的振动耐久试验，试验期间及试验后，装置性能应符合该标准中 5.2 的规定。

4.15.2 冲击

4.15.2.1 冲击响应

装置应能承受 GB/T 14537—1993 中 4.2.1 规定的严酷等级为 Ⅰ 级的冲击响应试验，试验期间及试验后，装置性能应符合该标准中 5.1 的规定。

4.15.2.2 冲击耐久

装置应能承受 GB/T 14537—1993 中 4.2.2 规定的严酷等级为 Ⅰ 级的冲击耐久试验，试验期间及试验后，装置性能应符合该标准中 5.2 的规定。

4.15.3 碰撞

装置应能承受 GB/T 14537—1993 中 4.3 规定的严酷等级为 Ⅰ 级的碰撞试验，试验期间及试验后，装置性能应符合该标准中 5.2 的规定。

4.16 结构、外观及其他

4.16.1 机箱尺寸应符合 GB/T 19520.3 的规定。

4.16.2 装置应采取必要的抗电气干扰措施，装置的不带电金属部分应在电气上连成一体，并具备可靠接地点。

4.16.3 装置应有安全标志，安全标志应符合 GB 16836—2003 中 5.7.5、5.7.6 的规定。

4.16.4 金属结构件应有防锈蚀措施。

5 试验

5.1 试验条件

5.1.1 除另有规定外，各项试验均在本标准 4.1.2 规定的试验的标准大气条件下进行。

5.1.2 被试验装置和测试仪表必须良好接地，并考虑周围环境电磁干扰对测试结果的影响。

5.2 稳控系统的试验环境

出厂试验时宜搭建与实际稳控系统一致的模拟试验环境，应满足整套稳控系统的联调试验要求。稳控系统规模较小时宜包括所有稳控厂站，规模较大时可适当简化控制命令执行厂站；站间通道可采用直连方式进行模拟；装置的外接电气量可采用试验仪输入。

5.3 技术性能试验

5.3.1 基本性能试验

a）系统运行方式识别的检验；

b）装置的故障判别试验；

c）控制策略表功能逐项检查；

d）系统（装置）的通信通道交换信息试验；

e）主备（主辅）装置的配合及切换试验；

f）通信报文正确性试验；

g）远方控制命令确认帧数检查试验；

h）策略表功能系统联合调试；

i）整组动作时间测试。

5.3.2 其他性能试验

a）数据采集的精确度和线性度范围；

b）开关量输入输出回路；

c）TV断线告警；

d）TA断线告警；

e）稳控系统（装置）其他异常报警功能检验；

f）定值准确性校验及掉电重启后定值检查；

g）检验定值区切换功能；

h）与厂站监控系统或调度端管理系统通信及信息显示、输出功能；

i）硬件系统时钟校核。

5.3.3 动态模拟试验

装置通过本标准5.3.1、5.3.2的各项试验后，根据本标准4.13的要求，在电力系统动态模拟系统上进行整组试验，检查装置的各种故障判据的正确性。试验结果应满足本标准4.7、4.8的规定。

试验项目如下：

a）系统正常运行；

b）系统发生各种故障及转换性故障；

c）机组跳闸引起潮流联络线转移；

d）系统发生同步、失步振荡。

5.4 温度试验

5.4.1 工作温度试验

根据本标准4.1.1a）的要求，按GB/T 7261—2008中9.1的规定进行温度试验，在试验过程中施加规定的激励量，温度变差应满足本标准4.5的要求。

5.4.2 温度贮存试验

装置不包装，不施加激励量，根据本标准4.1.4的要求，先按GB/T 2423.1—2001中

第 9 章的规定进行低温贮存试验，在－25℃时贮存 16h，在室温下恢复 2h 后，再按 GB/T 2423.2—2001 中第 8 章的规定进行高温贮存试验，在＋70℃时贮存 16h。在不施加任何激励量的条件下，不出现不可逆变化。温度恢复后，装置性能符合本标准的有关的规定。在室温下恢复 2h 后，施加激励量进行电气性能检测，装置的性能应符合本标准 4.1.4 的规定。

5.5 功率消耗试验

根据本标准 4.3 的要求，按 GB/T 7261—2008 第 7 章的规定和方法，对装置进行功率消耗试验。

5.6 过载能力试验

根据本标准 4.4 的要求，按 GB/T 7261—2008 第 14 章的规定和方法，对装置进行过载能力试验。

5.7 绝缘试验

根据本标准 4.9 的要求，按 GB/T 14598.3 规定的方法，分别进行绝缘电阻测量、介质强度及冲击电压试验。

5.8 湿热试验

根据本标准 4.10 的规定，在以下两种方法中选择其中一种。

5.9 恒定湿热试验

根据本标准 4.10.1 的要求，按 GB/T 2423.3 的规定和方法，对装置进行恒定湿热试验。

5.10 交变湿热试验

根据本标准 4.10.2 的要求，按 GB/T 7261—2008 中 9.4 的规定和方法，对装置进行交变湿热试验。

5.11 抗电气干扰试验

5.11.1 辐射电磁场干扰试验

根据本标准 4.11.1 的要求，按 GB/T 14598.9 的规定和方法，对装置进行辐射电磁场干扰试验。

5.11.2 快速瞬变干扰试验

根据本标准 4.11.2 的要求，按 GB/T 14598.10 的规定和方法，对装置进行快速瞬变干扰试验。

5.11.3 脉冲群干扰试验

根据本标准 4.11.3 的要求，按 GB/T 14598.13 的规定和方法，对装置进行脉冲群干扰试验。

5.11.4 静电放电干扰试验

根据本标准 4.11.4 的要求，按 GB/T 14598.14 的规定和方法，对装置进行静电放电干扰试验。

5.12 直流电源影响试验

根据本标准 4.12 的要求，按 GB/T 17626.29 中规定的方法，对装置进行电源影响试验。

5.13 连续通电试验

5.13.1 根据本标准 4.14 的要求，装置出厂前应进行连续通电试验。

5.13.2 被试装置只施加直流电源，必要时可施加其他激励量进行功能检测。

5.13.3 试验时间为室温 100h（或 40℃ 72h）。

5.14 机械性能试验

5.14.1 振动试验

根据本标准 4.15.1 的要求，按 GB/T 11287 的规定和方法，对装置进行振动响应和振动耐久试验。

5.14.2 冲击试验

根据本标准 4.15.2 的要求，按 GB/T 14537 的规定和方法，对装置进行冲击响应和冲击耐久试验。

5.14.3 碰撞试验

根据本标准 4.15.3 的要求，按 GB/T 14537 的规定和方法，对装置进行碰撞试验。

5.15 结构和外观检查

根据本标准 4.16 的要求，按 GB 7261—2008 第 5 章的要求逐项进行检查。

6 检验规则

产品检验分出厂检验和型式检验两种。

6.1 出厂检验

每台装置出厂前应由制造厂的检验部门进行出厂检验，出厂检验在试验的标准大气条件下进行。检验项目见表 2。

6.2 型式检验

型式检验在试验的标准大气条件下进行。

6.2.1 型式试验规定

凡遇下列情况之一，应进行型式试验：

a）新产品定型鉴定前；

b）产品转厂生产定型鉴定前；

c）连续批量生产的装置每四年一次（动模试验除外）；

d）正式投产后，如设计、工艺、材料、元器件有较大改变，可能影响产品性能时；

e）国家技术监督机构或受其委托的质量技术检验部门提出型式检验要求时；

f）合同规定时。

6.2.2 型式检验

型式检验项目见表 2。

表 2 检 验 项 目

项号	项目名称	出厂检验	型式检验	"技术要求"章条	"试验"章条
1	结构和外观	√	√	4.16	5.15
2	技术性能	√	√	4.7、4.8	5.3
3	功率消耗		√	4.3	5.5
4	工作温度试验		√	4.1.1a）、4.5	5.4.1
5	直流电源影响		√	4.12	5.12
6	连续通电	√		4.14	5.13
7	抗电气干扰性能		√	4.11	5.11

项号	项目名称	出厂检验	型式检验	"技术要求"章条	"试验"章条
8	温度贮存		√	4.1.4	5.4.2
9	耐湿热性能		√	4.10	5.8
10	绝缘性能	√a	√	4.9	5.7
11	过载能力		√	4.4	5.6
12	机械性能		√	4.15	5.14
13	动态模拟		√	4.13	5.3.3

a 只测绝缘电阻及介质强度，不测冲击电压。

6.2.3 型式检验的抽样与判别规则

a）型式检验从出厂检验合格的产品中任意抽取两台作为样品，然后分 A、B 两组进行：

A 组样品按表 2 规定的 1、2、3、4、5、6、7、8、13 各项进行检验；

B 组样品按表 2 规定的 9、10、11、12 各项进行检验；

b）样品型式检验结果达不到本标准 4.3～4.13 要求中任一条时，均按存在主要缺陷判定；

c）样品经过型式检验，未发现主要缺陷，则判定产品本次型式检验合格；检验中如发现有一个主要缺陷，则进行第二次抽样，重复进行型式检验；如未发现主要缺陷，仍判定该产品本次型式检验合格；如第二次抽样样品仍存在此缺陷，则判定该产品本次型式检验不合格；

d）检验中样品出现故障允许进行修复；修复内容，如对已做过检验项目的检验结果没有影响，可继续往下进行检验；反之，受影响的检验项目应重做。

7 标志、包装、运输、贮存

7.1 标志

7.1.1 每台装置必须在机箱的显著位置设置持久明晰的标志或铭牌，标志下列内容：

a）装置型号名称；

b）制造厂名全称及商标；

c）主要参数；

d）对外端子及接口标识；

e）出厂日期及编号。

7.1.2 包装箱上应以不易洗刷或脱落的涂料作如下标记：

a）发货厂名、产品型号、名称；

b）收货单位名称、地址、到站；

c）包装箱外形尺寸（长×宽×高）及毛重；

d）包装箱外面书写"防潮"、"向上"、"小心轻放"等字样；

e）包装箱外面应规定叠放层数。

7.1.3 标志标识，应符合 GB/T 191 的规定。

7.1.4 产品执行的标准应予以明示。

7.1.5 安全设计标志应按 GB 16836 的规定明示。

7.2 包装

7.2.1 产品包装前的检查

a）产品合格证书和装箱清单中各项内容应齐全；

b）产品外观无损伤；

c）产品表面无灰尘。

7.2.2 包装的一般要求

产品应有内包装和外包装，插件插箱的可动部分应锁紧扎牢，包装应有防尘、防雨、防水、防潮、防震等措施。包装完好的装置应满足本标准 4.1.4 规定的贮存运输要求。

7.3 运输

产品应适用于陆运、空运、水运（海运），运输装卸按包装箱上的标志进行操作。

7.4 贮存

长期不用的装置应保留原包装，在本标准 4.1.4 规定的条件下贮存。贮存场所应无酸、碱、盐及腐蚀性、爆炸性气体和灰尘以及雨、雪的侵害。

8 其他

用户在遵守本标准及产品使用说明书所规定的运输、贮存条件下，装置自出厂之日起，至安装不超过两年，如发现装置和配套件非人为损坏，制造厂应负责免费维修或更换。

——————————

电 网 运 行 准 则

DL/T 1040—2007

目　　次

前　言

本标准根据《国家发改委办公厅关于下达 2003 年行业标准项目补充计划的通知》（发改办工业〔2003〕873 号）的安排制定的。

电力系统的安全、优质、经济运行关系经济社会发展与人民生活正常秩序。为适应网厂分开的电力体制改革新要求，结合我国电网运行与管理的实际情况，制定本标准。

本标准的附录 A、附录 D、附录 E、附录 F、附录 G、附录 H 为资料性附录。

本标准的附录 B、附录 C 为规范性附录。

本标准由中国电力企业联合会提出。

本标准由电力行业电网运行与控制标准化技术委员会归口并负责解释。

本标准主要起草单位：国家电网公司。

本标准参加起草单位：国家电力监管委员会、中国南方电网有限公司、中国华能集团公司、中国国电集团公司、中国电力投资集团公司、中国大唐集团公司、中国电力科学研究院、国电自动化研究院、西北电力设计院、华北电力科学研究院。

本标准主要起草人：辛耀中、冷喜武、赵自刚、段来越、吕跃春、张明亮、罗建裕、孙维真、韩刚、牟宏、李顺、周红阳、赵遵廉、黄学农、陈涛、寇惠珍、王玉玲、石俊杰、刘皓、韩放、裴哲义、常宁、郭国川、韩福坤、许慕樑、鲍捷、卜广全、李祥珍、白亚民、贾东旭、张锐、梁吉、秦毓毅、朱翠兰、薛金淮、姜大为、高希洪、唐艳茹、黄明良、刘肇旭、汤涌、刘增煌、朱方、蔡敏、韩学斌、祁智明、岳乔、焦建清、迟建军、张智刚、赵玉柱、向力、史连军、王钟灵、李振凯、何永胜、杨列銮、沈江、李明、王明新、余军。

请各有关单位将该标准在执行过程中的建议或意见及时反馈至中国电力企业联合会标准化中心。

电 网 运 行 准 则

1 范围

本标准规定了电网运行应遵循的基本技术要求和基本原则。

本标准适用于所有参与电网运行的电网企业、发电企业、电力用户，及其相关的规划设计、建设施工、试验调试、研究开发等单位和有关管理部门。

2 规范性引用文件

下列文件中的条款通过本标准的引用而成为本标准的条款。凡注明日期的引用文件，其随后所有的修改单（不包括勘误的内容）或修订版均不适用于本标准。然而，鼓励根据本标准达成协议的各方研究是否可使用这些文件的最新版本。凡未注明日期的引用文件，其最新版本适用于本标准。

GB 755—2000　旋转电机　定额和性能

GB/T 2900.49　电工术语　电力系统保护

GB/T 2900.50　电工术语　发电、输电及配电　通用术语

GB/T 2900.52　电工术语　发电、输电及配电　发电

GB/T 2900.57　电工术语　发电、输电及配电　运行

GB/T 2900.58　电工术语　发电、输电及配电　电力系统规划和管理

GB/T 2900.59　电工术语　发电、输电及配电　变电站

GB/T 7064　透平型同步电机技术要求

GB/T 7409.1～7409.3　同步电机励磁系统

GB/T 7894　水轮发电机基本技术条件

GB/T 12325　电能质量—供电电压允许偏差

GB 12326　电能质量　电压波动和闪变

GB/T 13498　高压直流（HVDC）输电术语

GB/T 13729　远动终端通用技术条件

GB 14285　继电保护和安全自动装置技术规程

GB/T 14429　远动设备及系统术语

GB/T 14549　电能质量—公用电网谐波

GB/T 15148　电力负荷控制系统通用技术条件

GB/T 15149　电力系统远方保护设备的性能及试验方法

GB/T 15153.1　远动设备及系统　第2部分工作条件　第1篇电源和电磁兼容性

GB/T 15543　电能质量—三相电压允许不平衡度

GB/T 15945　电能质量—电力系统频率允许偏差

GB 17621　大中型水电站水库调度规范

GB 17859　计算机信息系统安全保护等级划分准则

GB/Z 20996.1—2007　高压直流系统的性能　第1部分：稳态（idt IEC/TR 60919-1：

1991)

GB/Z 20996.2—2007　高压直流系统的性能　第2部分：故障和操作（idt IEC/TR 60919-2：1991）

GB/Z 20996.3—2007　高压直流系统的性能　第3部分：动态（idt IEC/TR 60919-3：1999）

GB/T 50293　城市电力规划规范

DL 428　电力系统自动低频减负荷技术规定

DL 436　高压直流架空送电线路技术导则

DL 437　高压直流接地极技术导则

DL 497　电力系统自动低频减负荷工作管理规程

DL 516　电网调度自动化系统运行管理规程

DL/T 448　电能计量装置技术管理规程

DL/T 544　电力系统通信管理规程

DL/T 545　电力系统微波通信运行管理规程

DL/T 546　电力系统载波通信运行管理规程

DL/T 547　电力系统光纤通信运行管理规程

DL/T 548　电力系统通信站防雷运行管理规程

DL/T 559　220～500kV 电网继电保护装置运行整定规程

DL/T 583　大中型水轮发电机静止整流励磁系统及装置技术条件

DL/T 584　3～110kV 电网继电保护装置运行整定规程

DL/T 598　电力系统通信自动交换网技术规范

DL/T 614　多功能电能表

DL/T 623　电力系统继电保护及安全自动装置运行评价规程

DL/T 650　大型汽轮发电机自并励静止励磁系统技术条件

DL/T 684　大型发电机变压器继电保护整定计算导则

DL/T 687　微机型防止电气误操作装置通用技术条件

DL/Z 713　500kV 变电所保护和控制设备抗扰度要求

DL/T 723　电力系统安全稳定控制技术导则

DL/T 730　进口水轮发电机（发电/电动机）设备技术规范

DL/T 741　架空送电线路运行规程

DL/T 751　水轮发电机运行规程

DL 755　电力系统安全稳定导则

DL/T 769　电力系统微机继电保护技术导则

DL/T 842　大型汽轮发电机交流励磁机励磁系统技术条件

DL/T 970　大型汽轮发电机非正常和特殊运行及维护导则

DL/T 5131　农村电网建设与改造技术导则

DL/T 5137　电测量及电能计量装置设计技术规程

DL/T 5147　电力系统安全稳定控制装置设计技术规定

DLGJ 107　变电所计算机监控系统设计技术规定

SD 131　电力系统技术导则

SD 325　电力系统电压和无功电力技术导则

SDGJ 60　电力系统设计内容深度规定

SDGJ 84　大型水、火电厂接入系统设计内容深度规定

SDJ 161　电力系统设计技术规程

能源电（1993）228 号　城市电力网规划设计导则

电计（1997）730 号　电力发展规划编制原则

电计（1997）580 号　电力系统联网可行性研究内容深度规定

国家经济贸易委员会 30 号令　电网和电厂计算机监控系统及调度数据网络安全防护规定

国电规（1999）521 号　电力系统联网初步可行性研究内容深度规定

国家电力监管委员会 4 号令　电力生产事故调查暂行规定

国家电力监管委员会 5 号令　电力二次系统安全防护规定

国家电力监管委员会 10 号令　电力市场运营基本规则

国家电力监管委员会 11 号令　电力市场监管办法

国家电力监管委员会 22 号令　电网运行规则

3　术语和定义

GB/T 2900.49、GB/T 2900.50、GB/T 2900.52、GB/T 2900.57、GB/T 2900.58、GB/T 2900.59、GB/T 13498、GB/T 14429 中确定的以及下列术语和定义适用于本标准。

3.1　基本名称

3.1.1　电力系统　Power System

电力系统是由发电、供电（输电、变电、配电）、用电设施和为保证这些设施正常运行所需的继电保护和安全自动装置、计量装置、电力通信设施、自动化设施等构成的整体。

3.1.2　电网调度机构　Power System Operator

负责组织、指挥、指导和协调电网运行和负责电力市场运营的机构。

3.1.3　电力监管机构　Electricity Regulatory Institution

国家电力监管委员会及其派出机构。

3.1.4　电网企业　Grid Enterprise

拥有、经营和运行电网的电力企业。

3.1.5　电网使用者　User of Grid

通过电网完成电力生产或电力消费的发电企业（含自备发电厂）、主网直供用户等单位。

3.1.6　发电企业　Power Generation Enterprise

并入电网运行（拥有单个或数个发电厂）的发电公司，或拥有发电厂的电力企业。

3.1.7　用户　Customer

通过电网消费电能的单位或个人。

3.1.8　主网直供用户　Bulk Grid Customers

直接与省（直辖市、自治区）级以上电网企业签订购售电合同的用户或通过电网直接向发电企业购电的用户。

3.2　并（联）网部分

3.2.1　联网　Interconnection

电网与电网之间的物理联结。

3.2.2 并网 Connection

发电厂（机组）与电网之间或电力用户的用电设备与电网之间的物理联结。

3.2.3 并网点 Entry Point

发电厂（机组）接入电网的联结点或电力用户的用电设备与电网的联结点。

3.2.4 首次并网日 the First Connection Day

电网企业与拟并网方商定的发电机组与电网的首次同期联结日期。

3.2.5 并网申请书 Connection Application

由拟并网方向电网企业提交的要求将其设备与电网并网的书面申请文件。

3.2.6 电网区域控制偏差（ACE） Area Control Error

电网区域控制偏差（ACE），一般其控制性能评价标准用 A1、A2 或 CPS1、CPS2 来评价。

3.2.7 自动发电控制 A1、A2 标准 Area Control Error（ACE） Standard（A1、A2）

该标准包括 A1、A2、B1、B2 四条准则，A1 准则要求在任一个 10min 间隔内 ACE 至少有一次过零；A2 准则要求在任一个 10min 间隔内 ACE 平均偏差不超过规定范围 L_d；B1、B2 准则要求 ACE 在扰动开始起 10min 内到零，ACE 在扰动出现后 1min 内向零减小，其中对扰动的定义为 ACE$\geq 3L_d$。该标准是北美电力可靠性委员会（NERC）1983 年发布的，基于工程经验，侧重于 AGC 的短期调节性能。

3.2.8 自动发电控制 CPS1、CPS2 标准 Control Performance Standard（CPS1、CPS2）

该标准要求：CPS1$\geq 100\%$，CPS2$\geq 90\%$，在扰动开始后 15min 内 ACE 到零或扰动前水平，其中对扰动定义为控制区域的 ACE 值大于或等于 80% 的控制区域最严重单一故障所产生的 ACE 值。该标准是 NERC 1997 年发布的，基于统计方法，强调 AGC 的长期控制性能。

3.2.9 购售电合同 Power Purchase Agreement

购电方与发电企业就上网电量的购销等事宜签订的合同。

3.2.10 并网调度协议 Power Dispatching Agreement

电网企业与电网使用者就电网调度运行管理所签订的协议。在协议中规定双方应承担的基本责任和义务以及双方应满足的技术条件和行为规范。

3.3 运行与控制

3.3.1 调度管理规程 Management Code of Power Dispatching

用于规范与电网调度运行有关行为的技术和管理规定。

3.3.2 中长期平衡 Long-Term and Middle-Term Power Balancing

电网企业根据中长期负荷预测、网间中长期功率交换计划、发电企业及用户提供的中长期发供电数据及用电信息，在满足电网安全约束条件下，所做的年、月、周发供电平衡。

3.3.3 短期平衡 Short-Term Power Balancing

电网企业根据短期负荷预测、网间（短期）功率交换计划、发电企业及用户提供的短期发供电数据及用电信息，在满足电网安全约束条件下，所做的日发供电平衡。

3.3.4 实时平衡 Real-Time Power Balancing

电网调度机构根据电网的超短期负荷预测、网间（实时）功率交换计划及发电企业和用户的实时发（供）电数据及用电信息，在满足电网安全约束条件下，所做的实时发供电平衡。

3.3.5 可用发电容量　Available Generation Capacity
发电机组在实际运行中所能提供的可靠发电功率。

3.3.6 最小技术出力　Minimum Generation Output of a Unit（Power Plant）
发电机组（发电厂）在稳态运行情况下的最小发电功率。

3.3.7 最大技术出力　Maximum Generation Output of a Unit（Power Plant）
发电机组（发电厂）在稳态运行情况下的最大发电功率。

3.3.8 计划检修　Scheduled Maintenance
为检查、试验、维护、检修电力设备，电网调度机构根据国家及有关行业标准，参照设备技术参数、运行经验及供应商的建议，所预先安排的设备检修。

3.3.9 计划停运　Scheduled Outage
电网调度机构根据电网运行和设备维护、检修需要，参照设备技术参数、运行经验及供应商的建议，预先安排的设备停运。

3.3.10 非计划检修　Non-Scheduled Maintenance
计划检修以外的所有检修。

3.3.11 非计划停运　Non-Scheduled Outage
计划停运以外的设备停运。

3.4　安全

3.4.1 系统裕度　System Extra Capacity
电力系统实际最大可用发电容量和实际最大负荷之间的差值与实际最大负荷的比值（百分数）。

3.4.2 负荷控制　Load Control
为保障电网的安全、稳定运行，由电网企业对用电负荷所采取的调控措施。

3.5　其他

3.5.1 辅助服务　Ancillary Services
为保证供电安全性、稳定性和可靠性及维持电能质量，需要发电企业、电网企业和用户提供的一次调频、自动发电控制、调峰、备用、无功电压支持、黑起动等服务。

3.5.2 黑起动　Black Start
当某电力系统因故障全部停运后，通过该系统中具有自起动能力机组的起动，或通过外来电源供给，带动系统内其他机组，逐步恢复系统运行的过程。

3.5.3 系统试验　System Test
为检验系统特性、系统控制能力和确定仿真参数所进行的试验。系统试验不包括调试试验或其他辅助性能的试验。

4　电网运行对规划、设计与建设阶段的要求

4.1　一次部分

4.1.1 概述

4.1.1.1 本章规定了电网企业和电网使用者在电力系统规划、设计和建设过程中应遵循的技术标准、设计标准和工作程序，并列出了电网企业和电网使用者之间应交换的资料（参见附录A）。

4.1.1.2 电网和电源规划、设计和建设的主要内容包括：

a）电网规划，包括全国电网规划、区域电网规划、省区电网规划和地区电网规划（下同）。

b）电力系统规划，包括全国电力系统规划、区域电力系统规划、省区电力系统设计和地区电力系统规划。

c）大型水、火电厂、抽水蓄能电站和核电站等的规划和接入系统设计。

d）大型主网直供用户供电工程专题设计。

e）电力系统并（联）网初步可行性研究、可行性研究和系统专题设计。

f）电网技术改造专题研究。

g）电网工程可行性研究、初步设计、设备采购、工程建设实施、工程验收等。

4.1.1.3 规划、设计和建设的主要内容及时间应按下列要求执行：

a）电网规划分为短期电网规划（规划期 5 年）、中期电网规划（规划期 5～15 年）和长期电网规划（规划期 15 年以上）。一般以中期电网规划为主，必要时可以开展短期电网规划和长期电网规划。电力系统设计一般以 5～10 年为设计期间，设计水平年的选取宜与国民经济计划的年份相一致。

b）大型水、火电厂接入系统设计可与该工程的可行性研究同步进行，在工程初步设计开始前完成。必要时也可按发电企业委托的进度要求进行。

c）主网直供用户供电工程专题设计一般应与该工程的可行性研究同步进行，在工程初步设计开始前完成。必要时也可按主网直供用户委托的进度要求进行。

d）电力系统并（联）网按照并（联）网工程设计的不同阶段和工程建设程序要求进行。必要时也可按电网企业委托的进度要求进行。

e）电网新、改扩建工程按照基建程序进行。必要时也可按电网企业委托的进度要求进行。

4.1.1.4 电网规划、设计和建设的职责划分与工作流程如下：

a）区域电网规划和区域电力系统的设计由区域电网企业负责组织有关单位完成。经上级主管部门组织有关咨询或中介机构评审通过后执行，可作为电力项目报批和建设的前提。

b）省（市、自治区）电网规划和省区电力系统的设计由省级电网企业负责组织有关单位完成。经上级主管部门组织有关咨询或中介机构评审通过后执行，可作为省（市、自治区）电网电力项目报批和建设的依据。

c）大型水、火电厂的接入系统设计，包括接入系统、升压站、发电机组带负荷能力、调峰性能、励磁及调速系统的性能、高频及低频特性、继电保护及安全稳定控制措施、通信及自动化系统设计等，由该发电企业负责委托具备资质的设计单位完成。经电网企业组织技术评审通过后，可作为该发电企业项目报批、建设及签订《并网调度协议》和《购售电合同》的依据。

d）主网直供用户的供电方案专题设计，由主网直供用户负责委托具备资质的设计单位完成。经拟为其供电的电网企业组织评审通过后，可作为该主网直供用户项目报批、建设及签订《并网调度协议》和《购售电合同》的依据。

e）涉及两个独立电网企业的关于电力系统联网的初步可行性研究、可行性研究和系统专题设计一般由联网双方共同负责组织有关单位完成。经上级主管部门组织有关咨询或中介机构评审通过后，可作为联网双方的电网企业联网项目报批、互供电协议签订和项目建设的依据。

　　f）电网新、改扩建工程的设计和建设，原则上由相应电网企业负责组织有关单位进行，按照电网工程基建程序，完成工程的初步设计、工程建设实施、工程验收、工程投运等各阶段工作内容。

4.1.2 技术原则

4.1.2.1　电网的规划、设计和建设应以 DL 755 为基础，依据电网规划、设计、建设和运行的相关技术标准进行，并满足下列要求：

　　a）满足经济性、技术先进性、可靠性与灵活性及一、二次系统协调发展的基本要求。

　　b）具备必要的有功电源和无功电源储备。

　　c）统筹考虑、合理布局，贯彻"分层分区"与"加强受端电网建设"的原则，合理控制系统短路电流。

　　d）电网中任一元件无故障断开，应能保持电力系统的稳定运行，且不出现其他元件过负荷和系统频率、电压超出允许偏差。

　　e）电网中任一元件发生单一故障时，不应导致主系统非同步运行，不应发生频率崩溃和电压崩溃。

　　f）采用符合电网运行实际的计算参数。

4.1.2.2　电网规划应以电计〔1997〕730 号《电力发展规划编制原则》为指导，以能源电〔1993〕228 号《城市电力网规划设计导则》、GB/T 50293、DL/T 5131 等为依据，进行多方案综合评价，以达到优化资源配置、优化建设进度和投融资结构、优化目标网架等目的。

4.1.2.3　电力系统设计应以通过评审的电网规划为指导，以相关电力系统技术导则为依据，并按照 SDGJ 60、SDJ 161 等标准的要求，设计经济合理、安全可靠的网架结构，提出电源、电网协调的建设方案，并为系统继电保护设计、系统安全稳定控制自动装置设计创造条件。

4.1.2.4　大型水、火电厂的接入系统设计应以通过评审的电力系统设计为指导，以相关电力系统技术导则为依据，并按照 SDGJ 84 的要求，深入研究该电厂与电力系统的关系，确定和提出电厂送电范围、出线电压、出线回路数、电气主接线及有关电气设备参数的要求，为电厂的初步设计提供依据。

4.1.2.5　电力系统并（联）网的初步可行性研究、可行性研究应以通过评审的电网规划或并（联）网规划为指导，以相关电力系统技术导则为依据，并按照国电规〔1999〕521 号《电力系统联网初步可行性研究内容深度规定》、电计〔1997〕580 号《电力系统联网可行性研究内容深度规定》的要求，以安全为基础，效益为中心，体现平等协商、投资与收益均衡、贯彻国家产业政策和资源优化配置等原则，为并（联）网工程初步设计提供依据。

4.1.2.6　新建直流输电系统接入系统设计应以评审过的电力系统设计为指导，以相关电力系统技术导则（DL 436、DL 437、GB/Z 20996.1、GB/Z 20996.2、GB/Z 20996.3）为依据。

4.1.2.7　电网工程的可行性研究和初步设计应以通过评审的电力系统设计为指导，以相关电力系统技术导则为依据，并按照有关变电所、送电线路设计规范的要求开展设计。设计方案应做到技术可行、经济合理、运行安全可靠、有利于统一管理和建设，并为工程的施工图设计提供依据。

4.2 二次部分

4.2.1 概述

电力二次部分应统一规划、统一设计，并与一次系统的规划、设计和建设同步进行。二次部分包括继电保护、安全自动装置、调度自动化系统、电力系统通信等。电网使用者的二次设备及系统应符合电网二次部分技术规范（DL/Z 713、DL/T 687 等）、电力二次部分安全防护要求（国家经贸委 30 号令、国家电监会 5 号令、GB 17859）及相关设计规程（DL/T 5137、DL/T 5147、DLGJ 107 等）。

4.2.2 规划、设计的主要内容

a) 二次部分规划，包括各级电网的继电保护、安全自动装置、调度自动化、电力系统通信等的规划。

b) 并（联）网工程二次部分可行性研究。

c) 二次部分设计，包括各级电网的继电保护、安全自动装置、调度自动化、电力系统通信等的设计。

d) 大型水、火电厂、抽水蓄能电站和核电站，变电所（换流站）的接入系统二次部分设计。

e) 电网的二次部分技术改造或重大技术项目专题可行性研究。

f) 二次部分的工程设计（包括初步设计、施工图设计、竣工图设计）。

4.2.3 工程建设的设计原则

a) 二次部分的规划、并（联）网可行性研究、系统设计、接入系统设计应遵循国家产业政策和技术政策，在已通过评审的系统一次部分电网规划，电力系统并（联）网可行性研究，电力系统设计，大型水、火电厂（含抽水蓄能电站和核电站）接入系统设计的基础上进行。

b) 统一规划，统一设计，分步实施。

c) 二次部分的规划、并（联）网可行性研究、系统设计、接入系统设计均应进行评审。

d) 二次部分的工程建设必须有完整的工程设计。工程设计须在已通过评审的并（联）网可行性研究、接入系统设计的基础上进行。

e) 工程设计应遵循国家和行业的标准、规程、规范，采用先进成熟的系列产品。

f) 工程设计采用经科技项目立项的工程设备（系统）为蓝本时，被推荐采用的设备（系统）至少应有系统原型或实验室实测建立的模型，以确保其所提供的设备（系统）能够满足电网安全、调度运行和投资方的要求。

4.2.4 工程项目的建设程序

二次部分工程项目的建设按照基建配套工程、专项工程建设程序进行：

a) 二次部分的工程项目应按照规划设计、可行性研究、初步设计、施工图设计、设备采购、工程实施、竣工图设计、工程验收的顺序进行。

b) 二次部分工程项目的厂站设计应随相应主体工程的设计和建设阶段进行。

4.2.5 工程设计评审和验收

二次部分工程设计、评审和验收按下列程序进行：

a) 初步设计（含概算）应由业主方组织评审。参加评审的人员至少应包括电网企业及其电网调度机构有关单位的技术人员和聘请的专家，并应将评审会议确定的评审意见上报项目审批部门批准，以作为工程设计和投资控制的依据。

b）为保证技术方案的合理性与经济性，对较复杂的系统集成项目和设备采购项目，业主方应组织对技术规范书进行评审和最终确认。评审人员至少应包括相关电网调度机构、技术规范书编制单位及有关单位的技术人员和聘请的专家。

c）工程竣工时，业主方应组织相应电网调度机构、设计单位、集成（供货）商和聘请的专家进行工程竣工验收。

4.2.6 设备采购

二次部分工程设备采购应遵循下列原则：

a）与电网运行有关或并网运行后可能影响电网运行特性的设备，采购前业主方应组织包括电网调度机构等有关各方对技术规范书进行评审。工程竣工时，业主方应组织有关各方和聘请的专家进行工程竣工验收。

b）设备的技术性能应符合国家标准、行业标准及相应国际标准，满足技术规范书要求，并经具备资质机构检测合格、成熟先进的产品。引进设备应通过国家认证机构的检验或测试。

c）拟并网方与电网有配合关系的设备的技术要求应与电网的技术要求相一致。

4.2.7 继电保护

4.2.7.1 设计内容：

a）线路保护（含通道接口）；

b）远方跳闸和就地判据；

c）母线保护；

d）断路器保护（失灵保护、重合闸、操作箱、充电保护、三相不一致保护等）；

e）元件保护（发电机、变压器、电抗器、电容器保护等）；

f）故障记录设备；

g）保护及故障信息管理系统；

h）继电保护相关二次回路。

4.2.7.2 设计原则：

a）遵循国家、电力及有关行业的标准、规程、规范、工作程序、相关的国际标准，继电保护的配置、设计应以 GB 14285 为指导，并且依据至少包括 DL/T 769、DL/Z 713 等在内的设计技术标准、规范，满足电力系统继电保护反事故措施要求。

b）继电保护及故障信息管理系统应统筹规划，分步实施。继电保护及故障信息管理系统包括主站和子站，以调度端为主站，厂、站端为子站。

c）至少对下述情况应进行专题研究：

1）交直流混合系统的继电保护；

2）有串补系统的继电保护；

3）区域电网系统保护；

4）互联网系统保护；

5）出现更高一级电压等级时的保护；

6）采用新的电力控制技术和设备时的保护。

4.2.8 安全稳定控制措施及安全自动装置

4.2.8.1 设计原则：

安全自动装置的配置应满足 DL 755 中关于电力系统同步运行稳定性分级标准的要求，

按照统一规划、统一设计、与电厂及电网输变电工程同步建设的原则，建立起保证系统稳定运行的可靠的三道防线：

a）满足电力系统运行稳定性的第一级标准要求，由系统一次网架及继电保护装置来保证，作为系统稳定运行的第一道防线。

b）满足电力系统运行稳定性的第二级标准要求，配置切机、切负荷控制装置，作为系统稳定运行的第二道防线。

c）确保电力系统运行稳定性第三级标准要求，配置适当的失步解列装置及足够容量的低频率、低电压减负荷装置，作为系统稳定运行的第三道防线。

4.2.8.2 稳定计算原则：

a）按 DL 755 和 DL/T 723 的要求进行稳定计算，计算重点是校验第二级、第三级安全稳定标准中的故障类型。

b）根据稳定计算结果，确定安全自动装置的方案配置和投资估算。

4.2.8.3 安全自动装置配置原则：

a）采用的稳定措施主要包括切机、发电机励磁紧急控制、火电机组快关主汽门、水电厂投入制动电阻、集中或分散切负荷、失步解列、自动低频（低压）解列、自动低频（低压）减负荷装置等。

b）安全自动装置一般设置在厂站端。当采用区域性安全稳定控制措施时，可在调度端设置监控系统。

c）主要电厂和大型枢纽变电所的安全自动装置按双重化配置，一般变电所可配置一套按双 CPU 配备的装置。当采用区域性安全稳定控制措施时，不论安全自动装置是否按双重化配置，采用的通道应按不同路由实现双重化配置。

d）电网的安全自动装置需单独配置，具有独立的投入和退出回路，高压电网的安全自动装置不得与厂站计算机监控系统等设备混合配置使用。

e）在电网中的主要电厂和大型枢纽变电所装设适当的电网动态稳定监测装置等。

4.2.9 调度自动化系统

4.2.9.1 系统构成。

调度自动化系统是由主站（调度端）系统，子站（厂站端）系统及设备，以及相应的数据传输通道构成的整体。主要包括以下内容：

a）主站系统：

1）数据采集与监控（SCADA）系统或能量管理系统（EMS）；

2）电力市场运营系统或调度交易计划系统；

3）电能量计量系统；

4）电力调度数据网络；

5）水调自动化系统；

6）电力系统实时动态监测系统；

7）调度生产管理系统；

8）配电管理系统；

9）雷电监测系统等。

b）子站系统及设备：

1）厂站端远动终端（RTU）、计算机监控系统及其远动通信工作站；

2）与远动信息采集有关的变送器、交流采样测控单元（包括：站控层及间隔层设备）、功率总加器及相应的二次测量回路；

3）电能计量装置及相应的电能量远方终端；

4）发电侧报价终端；

5）电力调度数据网接入设备和网络安全设备；

6）相量测量装置（PMU）；

7）水调自动化系统子站设备；

8）全球定位系统（GPS）接收装置或其他对时装置；

9）配电网自动化远方终端、主网直供用户电力负荷管理终端；

10）向子站自动化系统设备供电的专用电源设备（包括不间断电源、直流电源及配电柜）、专用空调设备等。

4.2.9.2 设计原则：

a）遵循国家、电力及有关行业的相关标准、规程、规范和工作程序，满足电网运行的要求（如 GB/T 13729、GB/T 15153.1、DL/T 614 等）。

b）厂站端应随发电厂、变电所的设计统一进行，满足调度自动化规划和系统设计的要求。

c）变电所、集控站及发电厂新、改、扩建时，调度端系统的增加或变化部分应同步设计。

d）调度自动化系统的主要设备应采用冗余配置。

4.2.10 电力通信系统

4.2.10.1 设计内容：

a）电力通信网的网络结构；

b）传输网（含接入网和数据网）；

c）交换网；

d）数字同步网；

e）通信网络管理系统；

f）通信网络安全。

4.2.10.2 设计原则：

a）统一规划、统一设计、分步实施；

b）遵循国家、电力及有关行业的标准、规程、规范、工作程序和相关的国际标准（如 DL/T 598、DL/T 544 等）；

c）以满足电网安全经济运行对电力通信业务的要求为前提，逐步构筑电力信息传输基础平台；

d）充分考虑电力通信电路的迂回和冗余；

e）满足调度自动化、继电保护、安全自动装置等对信息传输实时性和可靠性的要求。

5 并网、联网与接入条件

5.1 并网程序

5.1.1 拟并网方应与电网企业根据平等互利、协商一致和确保电力系统安全运行的原则，签订《并网调度协议》。互联电网各方在联网前应签订电网互联调度协议等文件。

5.1.2 《并网调度协议》的基本内容包括但不限于：双方的责任和义务、调度指挥关系、调度管辖范围界定、拟并网方的技术参数、并网条件、并网申请及受理、调试期的并网调度、调度运行、调度计划、设备检修、继电保护及安全自动装置、调度自动化、电力通信、调频调压及备用、事故处理与调查、不可抗力、违约责任、提前终止、协议的生效与期限、争议的解决、并网点图示等。

5.1.3 新、改、扩建的发、输、变电工程首次并网 90 日前，拟并网方应向相应电网的电网调度机构提交本标准附录 A 所列资料，并报送并网运行申请书。申请书内容包括：

    a）工程名称及范围；

    b）计划投运日期；

    c）试运行联络人员、专业管理人员及运行人员名单；

    d）安全措施；

    e）调试大纲；

    f）现场运行规程或规定；

    g）数据交换及通信方式。

5.1.4 电网调度机构在收到拟并网方提出的厂站命名申请及站址正式资料的 15 日内，下发厂站的命名。

5.1.5 电网调度机构在收到拟并网方提出一次设备命名、编号申请及正式资料的 30 日内，下发相关设备的命名和编号。设备编号和命名程序见附录 C。

5.1.6 电网调度机构应在收到并网申请书后 35 日内予以书面确认。如不符合规定要求，电网调度机构有权不予确认，但应书面通知不确认的理由。

5.1.7 拟并网方在收到并网确认通知后 20 日内，应按电网调度机构的要求编写并网报告，并与电网调度机构商定首次并网的具体时间和工作程序。电网调度机构应在首次并网日前 20 日内对电厂的并网报告予以书面确认。

5.1.8 电网调度机构向拟并网方发出并网确认通知后，完成下列工作：

    a）在首次并网日 30 日前，向拟并网方提交并网起动调试的有关技术要求。

    b）根据起动委员会审定的调试大纲和起动方案，编制调试期间的并网调度方案。

    c）在首次并网日（或倒送电）5 日前向拟并网方提供继电保护定值单；涉及实测参数时，则在收到实测参数 5 日后，提供继电保护定值单。

    d）在首次并网日 30 日前向拟并网方提供通信电路运行方式单，双方共同完成通信系统的联调和开通工作。

    e）在首次并网日 7 日前，双方共同完成调度自动化系统的联调。

    f）其他相关工作。

5.1.9 首次并网日 5 日前，电网调度机构应组织认定本标准规定的拟并网方并网条件。当拟并网方不具备并网条件时，电网调度机构应拒绝其并网运行，并发出整改通知书，向其书面说明不能并网的理由。拟并网方应按有关规定要求进行整改，符合并网必备条件之后方可并网。

5.1.10 拟并网方根据起动并网调度方案和有关技术要求，按照电网调度机构值班调度员的调度指令完成并网运行操作。

5.1.11 需进行系统联合调试的，拟并网方应提前 7 日向电网调度机构提出书面申请，电网调度机构应于系统调试前一日批复。

5.1.12 首次并网前，拟并网方应与电网企业根据平等互利、协商一致的原则，签订有关《购售电合同》或《供用电合同》。

5.1.13 新机组在进入商业运行前，应邀请电网调度机构人员参与完成附录 B 包含的系统调试工作；调试结束后，向电网调度机构提供详细的调试报告，经电网调度机构组织评审合格，完成并网安全性评价。

5.2 应满足的电网技术特性和运行特性

电网调度机构有义务协调和调整所有并入电网的发电厂、电网和用户的设备运行方式，以保证并网点电力系统的技术、运行特性满足下述要求。同时，电网内的发电厂、电网和用户有义务按照相关电网调度机构的安排或指令对本企业设备进行相应的调整，以满足电网运行的要求。

5.2.1 电网频率偏差。电力系统的标准频率为 50Hz，其偏差应满足 GB/T 15945 的要求。

5.2.2 特殊情况下，系统频率在短时间内可能上升到 51Hz 或下降到 48Hz。发电厂和其他相关设备的设计应保证发电厂和其他相关设备运行特性满足以下要求：

　　a）在 48.5Hz～50.5Hz 范围能够连续运行。

　　b）在 48Hz～48.5Hz 范围内，每次连续运行时间不少于 300s，累计运行不少于 300min。

　　c）在 50.5Hz～51Hz 范围内，每次连续运行时间不少于 180s，累计运行不少于 180min。

5.2.3 电网电压偏差。在电力系统的每个并网点，电力系统电压偏差应符合 SD 325 和 GB 12325 的要求。在事故等特殊情况下，电力系统电压可以不受上述标准限制。

5.2.4 电压波形质量。电网使用者向电网注入的谐波应当不超过国家标准和电力行业标准。接入电力系统的所有设备，应该能够承受下列范围内谐波和三相不平衡导致的电压波形畸变：

　　a）谐波含量。在计划停电和故障停电条件下（除非发生异常工况）电力系统谐波应符合 GB/T 14549 要求；

　　b）三相不平衡。电力系统三相不平衡量应符合 GB/T 15543 的要求；

　　c）电压波动。接入设备对并网点电压波动的影响应符合 GB 12326 的要求。

5.3 通用并（联）网技术条件

5.3.1 人员要求。

调度机构值班人员和拟并网方有权接受调度指令的运行值班人员均须具备上岗值班资格。资格认定由相应的电网调度机构组织进行。

5.3.2 继电保护。

5.3.2.1 并（联）网前，除满足工程验收和安全性评价的要求外，继电保护还应满足下列要求：

　　a）应统一并（联）网界面继电保护设备调度术语，交换并（联）网双方保护设备的命名与编号，书面明确相关保护设备的使用和投退原则；并（联）网双方交换整定计算所需的资料、系统参数和整定限额。电厂并网前应根据电网技术监督管理规定，建立继电保护技术监督机制。

　　b）明确有关发电机、变压器的中性点接地方式，并按规定执行。

　　c）双方已书面明确并（联）网界面继电保护设备的整定计算、运行维护、检验和技术管理工作范围和职责的划分，并确定工作联系人和联系方式，相互交换各自制定的接口设备的继电保护运行管理规程。

　　d) 与双方运行有关的全部继电保护装置已经整定完毕，完成了必要的联调试验，所有继电保护装置、故障录波、保护及故障信息管理系统可以与相关一次设备同步投入运行。

5.3.2.2　继电保护装置的验收应以设计图纸、设备合同和技术说明书、相关验收规定等为依据。

5.3.2.3　与电网运行有关的继电保护设备应按有关继电保护及安全自动装置检验的电力行业标准及有关规程进行调试，并按该设备调度管辖部门编制的继电保护定值通知单进行整定。所有继电保护装置只有在检验和整定完毕，并经验收合格后，方具备并网试验条件。在用一次负荷电流和工作电压进行试验，并确认互感器极性、变比及其回路的正确性，以及确认方向、差动、距离等保护装置有关元件及接线的正确性后，继电保护装置方可正式投入运行。

5.3.2.4　双方应制定继电保护装置管理制度并严格执行。继电保护装置管理制度应满足有关法规、电力行业标准、电网企业的反事故措施规定以及有关继电保护技术监督的规定。

5.3.2.5　新投继电保护装置应满足所在电网继电保护运行管理规程的要求，以及所在电网的微机型保护和故障录波器软件版本管理规定。

5.3.2.6　继电保护整定计算的基本工作原则和程序包括：

　　a) 继电保护的整定计算遵循 DL/T 559、DL/T 584、DL/T 684 等标准所确定的整定原则。

　　b) 网与网、网与厂的继电保护定值应相互协调。

　　c) 拟并网方应在首次并网日 90 日前向所属电网调度机构提供附录 A 规定的资料。

　　d) 在首次并网日（或倒送电）5 日前向拟并网方提供继电保护定值单；涉及实测参数时，则在收到实测参数 5 日后，提供继电保护定值单。

5.3.2.7　并（联）网前应通过的调试及有关试验见附录 B。

5.3.3　电力系统通信。

5.3.3.1　并网双方的通信系统应能满足继电保护、安全自动装置、调度自动化及调度电话等业务对电力通信的要求。

5.3.3.2　拟并网方至电网调度端之间应具备两个以上可用的独立路由的通信通道；在暂不能满足上述要求的特殊情况下，由并网双方协商解决。

5.3.3.3　同一条输电线路上的两套继电保护或安全自动装置信号一般采用两种不同的通信方式进行传送。当只采用光纤通信方式时，应考虑两条不同路由的光纤通道；当只有一条光缆路由时，应安排在不同的纤芯上。当只采用电力线载波通信方式时，应分别安排在不同相的导线上。

5.3.3.4　拟并网方新建通信电路在正式投运前，应由建设方会同拟并电网的有关通信部门对新建通信电路进行竣工验收。竣工验收项目按国家或电力行业有关规定执行。

5.3.3.5　为保障电网运行的可靠性和电力通信网的安全性，未经上级电力通信主管部门批准，任何接入电力通信网的电力企业不得利用通信电路承载非电力企业的通信业务或从事营业性活动。

5.3.3.6　拟并网方的通信电路应配备监测系统，并能将设备运行工况、告警信号等传送至相关通信电路的运行管理部门或有人值班的地方。

5.3.3.7 拟并网方的通信设备应配置通信专用电源系统。通信专用电源系统一般应由两路输入电源、整流器和蓄电池组组成。

5.3.3.8 拟并网方的通信设备技术体制应与所并入电力通信网所采用的技术体制相一致，符合国际、国家及行业的相关技术标准。拟并网方的通信方案应经电网通信主管部门核定同意，并通过电网通信主管部门组织的测试验收。

5.3.3.9 并（联）网前应完成的资料及信息交换见附录 A。

5.3.3.10 并（联）网前应通过的调试及有关试验见附录 B。

5.3.4 调度自动化。

5.3.4.1 拟并网方应装备 4.2.9.1 条 b）项所列系统及设备，其性能、指标和通信规约应符合国家和电力行业的有关技术标准。

5.3.4.2 拟并网方接入调度自动化系统及设备应符合国家电力监管委员会第 5 号令和原国家经济贸易委员会 30 号令等要求。

5.3.4.3 拟并网方接入调度自动化系统的设备应与系统一次设备同步完成建设、调试、验收与投运，以确保调度自动化信息完整、准确、可靠、及时地传送至相关电网调度机构。

5.3.4.4 拟并网方的新、改扩建设备起动投产前，应完成其与相关电网调度机构 4.2.9.1 条 a）项所列调度端系统的联调、测试和数据核对等工作。

5.3.4.5 相关电网调度机构 EMS 之间应实现实时计算机通信；为保证网间联络线潮流按计划值运行，EMS 应具有满足控制策略要求的自动发电控制（AGC）功能。

5.3.4.6 拟并网方的调度自动化数据传输通道，应具备两个及以上独立路由的通信通道，其质量和可靠性应符合国家、电力及有关行业相关标准。

5.3.4.7 并（联）网前应完成的资料及信息交换见附录 A。

5.3.4.8 并（联）网前应通过的调试及有关试验见附录 B。

5.4 分类并（联）网条款

5.4.1 互联电网的联网条件。

5.4.1.1 互联电网各方应在联网前签订《互联电网调度协议》。协议中应包括：

　　a）有功功率和无功功率的控制原则。

　　b）各电网企业黑起动方案的配合方式、运行管理职责和今后整个互联电网黑起动总方案的制订原则、编制步骤、实施和协调方式。

　　c）继电保护定值协调原则。

　　d）各方自动低频、低压减负荷等安全自动装置配置方案的配合方式、运行管理的职责范围和今后整个互联电网安全自动装置总配置方案的制订原则、编制步骤、实施和协调方式。

　　e）电力系统稳定器（PSS）的装设原则、实施、协调方式和运行管理职责。

　　f）联络线控制原则。

5.4.1.2 互联电网各方应按照 6.6.2 条进行无功电压控制。

5.4.1.3 互联电网各方应根据联网后的变化，制订或修正黑起动方案，并安排一定数量的黑起动机组。

5.4.1.4 互联电网各方应根据电网互联带来的变化，修正本网的自动低频、低压减负荷方案。各方的低频、低压减负荷方案必须满足解列后的减负荷容量要求，必要时可在联网线路上设置低频、低压解列装置。

5.4.1.5 互联电网各方应根据稳定计算结果在本网适当地点装设 PSS 装置，提高电网稳定水平。

5.4.1.6 互联电网各方应根据稳定计算结果，协商确定是否有必要在联网处安装适当的安全自动装置。联网处装设的安全自动装置由所在电网企业负责管理。

5.4.2 发电厂并网技术条件。

新机投产或增容改造后，电气一次设备的交接或检修试验项目应完整，符合有关标准和规程规定。符合国家产业政策和环境保护政策，符合国家标准和行业标准，经国家主管部门批准或核准的风力发电、潮汐发电、光伏发电等新能源发电机组并网技术条件另有规定的，从其规定。

5.4.2.1 发电厂与电网连接处均应装设断路器，断路器应满足下列技术条件：

a）遮断容量符合装设点开断短路电流的技术要求。

b）三相故障清除时间：

- 330kV 及以上设备不大于 90ms；
- 110kV～220kV 设备不大于 120ms。

c）设备应配有后备保护。

d）对于分、合操作频繁的抽水蓄能电厂主断路器，应比常规电厂的主断路器在开断容量和次数上考虑更充足的设计裕量。

5.4.2.2 对发电机组性能的要求。

5.4.2.2.1 一般性能要求：

a）发电机组须装设连续式自动电压调节器（AVR），其技术性能应符合国家标准 GB/T 7409.1～7409.3 和行业标准 DL/T 583、DL/T 650、DL/T 842 的要求；应有 V/Hz（过磁通）限制、低励磁限制、过励磁限制、过励磁保护和附加无功调差功能。

b）100MW 及以上火电、核电机组和燃气机组、50MW 及以上水电机组的励磁系统应具备电力系统稳定器（PSS）功能。

c）电力系统稳定器（PSS）的参数由电网调度机构下达，电力系统稳定器的投入与退出按调度命令执行。

d）附加无功调差定值由电网调度机构下达，低励磁限制的定值由电网调度机构提出，双方协商确定；V/Hz（过磁通）限制、过励磁限制、过励磁保护的定值由电厂确定，报电网调度机构备案。

e）发电机组须装设具有下降特性的调速器。

f）需由发电厂提供的无功补偿装置应在并网调度协议中明确。

g）系统频率在 50.5Hz～48.5Hz 变化范围内应连续保持恒定的有功功率输出，系统频率下降至 48Hz 时有功功率输出减少一般不超过 5％机组额定有功功率。

h）发电机组正常调节速率一般不小于每分钟 1％机组额定有功功率；火电机组的调峰能力应满足所在电网电源结构和负荷特性对调峰的需求，一般不小于 50％机组额定有功功率，并在并网调度协议中明确。

i）发电机吸收无功功率的能力。发电机须具备按照电网要求随时进相运行的能力。发电机的功率因数应能在数分钟内在设计的功率因数范围内进行调整，且调整的频度不应受到限制，100MW 及以上机组在额定功率时超前功率因数应能达到 $\cos\varphi=0.95\sim0.97$。额定功率 100MW 及以上的发电机应通过进相试验确认从 50％～100％额定有功功率情况下（一般取 3～4 个负荷点）吸收无功功率的能力及对电力系统电压的影响。电厂应根据发电机进相试验绘制指导进相运行的 $P-Q$ 图，编制相应的进相运行规程，并报送电网调度机构备案。抽水蓄能机组在发电调相和抽水调相工况运行时应满足上述无功调整要求。

  j）并网发电机组均应参与一次调频。对机组一次调频基本性能指标的要求包括：

  1）死区：

- 电液型汽轮机调节控制系统的火电机组和燃机死区控制在 ±0.033Hz 内；
- 机械、液压调节控制系统的火电机组和燃机死区控制在 ±0.10Hz 内；
- 水电机组死区控制在 ±0.05Hz 内。

  2）转速不等率 K_c，火电机组和燃机为 4%～5%，水电机组不大于 3%。

  3）最大负荷限幅为机组额定功率的 6%。

  4）投用范围：机组核定的功率范围。

  5）响应行为包括：

- 当电网频率变化超过机组一次调频死区时，机组应在 15s 内根据机组响应目标完全响应；
- 在电网频率变化超过机组一次调频死区的 45s 内，机组实际功率与机组响应目标偏差的平均值应在机组额定有功功率的 ±3% 以内。

  k）200MW（新建 100MW）及以上火电和燃气机组，40MW 及以上非灯泡贯流式水电机组和抽水蓄能机组应具备自动发电控制（AGC）功能，参与电网闭环自动发电控制。发电机组月 AGC 可用率应不低于 90%。机组自动发电控制基本性能指标要求如下：

  1）采用直吹式制粉系统的火电机组：

- AGC 调节速率不小于每分钟 1.0% 机组额定有功功率；
- AGC 响应时间不大于 60s。

  2）采用中储式制粉系统的火电机组：

- AGC 调节速率不小于每分钟 2% 机组额定有功功率；
- AGC 响应时间不大于 40s。

  l）在辅助燃气轮机或备用柴油机起动后的 2h 内，黑起动发电机组应能与系统同期并列。

  m）机组须具备执行 AVC 功能的能力，能根据电网调度机构下达的高压侧母线电压控制目标或全厂无功总功率，协调控制机组的无功功率；机组 AVC 装置应具备与电网调度机构 EMS 系统实现联合闭环控制的功能。

  n）水轮发电机组的一般性能应满足相关标准 GB/T 7894、DL/T 730 和 DL/T 751。

  o）抽水蓄能电厂发电工况起动成功率不小于 95%，抽水工况起动成功率不小于 90%。

5.4.2.2.2 关于发电机组非正常运行能力的要求。

  发电机组的非正常运行能力应符合 DL/T 970 等国家和行业有关标准的要求。

  a）发电机频率异常的运行：

  电力系统自动低频减负荷的配置和整定应保证电力系统频率动态特性的低频持续时间小于表 1 所规定的每次允许时间，并有一定裕度。

  汽轮发电机的低频保护应能记录并指示累计的频率异常运行时间，并对每个频率分别进行累计。按 GB 14285 的规定，汽轮发电机低频保护动作于信号。特殊情况下当低频保护需要跳闸时，保护动作时间可按汽轮发电机制造厂的规定进行整定，但必须符合表 1 规定的每次允许时间。

表 1　汽轮发电机频率异常允许运行时间

频率范围 Hz	累计允许运行时间 min	每次允许运行时间 sec
51.0 以上～51.5	＞30	＞30
50.5 以上～51.0	＞180	＞180
48.5～50.5	连续运行	
48.5 以下～48.0	＞300	＞300
48.0 以下～47.5	＞60	＞60
47.5 以下～47.0	＞10	＞20
47.0 以下～46.5	＞2	＞5

　　核电厂的汽轮发电机也应符合上述要求。水轮发电机频率异常运行能力应优于汽轮发电机并符合电网调度要求。

　　抽水蓄能机组应在水泵工况下根据电力系统频率设置低频切机保护装置，确保当电力系统频率降低时，水泵工况运行的蓄能机组能够紧急停机。此外，还应具备抽水工况直接转发电运行的能力。

　　对以前投入电力系统运行的机组，如果按该机组允许的低频运行能力设置的低频保护动作时间低于表 1 规定的每次允许时间，则应在发电机低频跳闸时，在对应的频率和时间，对该地区附加切除相应容量的负荷，以避免频率下降的连锁反应。

　　b）发电机失步运行：

　　为保证局部小网的稳定运行，当引起电力系统振荡的故障点在发电机—变压器组外部时，透平型发电机应当能够承受至少 5～20 个振荡周期，以使电力系统尽可能快速恢复稳定；当故障点在发动机—变压器组内部时才允许立即起动失步保护。现有运行机组如不能完全满足上述规定，应与制造部门协商确定运行条件。水轮发电机承受失步振荡运行能力应满足电网调度要求。

　　c）透平型发电机失磁异步运行：

　　汽轮发电机失磁异步运行的能力及限制，很大程度上与电网容量、机组容量、有否特殊设计等有关。按照 GB/T 7064 的规定，发电机的设计本身允许作短时失磁异步运行，对间接冷却的发电机在定子电压接近额定值时，可带到额定有功功率的 60％，此时定子电流不超过 1.0 倍～1.1 倍额定值，失磁异步运行不超过 20min；直接冷却的发电机 300MW 及以下机组可以在失磁后 60s 内减负荷至额定有功功率的 60％，90s 内降至 40％，在额定定子电压下带额定有功功率的 40％，定子电流不超过 1.0 倍～1.1 倍时，发电机总的失磁运行时间不超过 15min；600MW 及以上机组的允许运行时间和减负荷方式由用户与制造厂协商决定。

　　发电机在具备下列条件时，通常可以进入短时异步运行：

　　1）电网有足够的无功容量维持合理的电压水平；

　　2）机组能迅速减少负荷（应自动进行）到允许水平；

　　3）发电机带的厂用供电系统可以自动切换到另一个电源。

　　如果在规定的短时运行时间内不能恢复励磁，则机组应当与电网解列。

　　电网调度机构应当与电厂就具体机组失磁后可能的运行方式达成协议。

d) 不平衡负荷：

每台发电机都应满足 GB 755—2000 中 6.2.3 条表 1 关于同步电机不平衡运行条件的规定，可以长期承担规定以内的稳态负序负荷，并且在突发不对称短路故障时承受规定的负序电流冲击。当某电力用户对稳态负序负荷的要求超过 GB 755 的规定时，电网企业、发电企业及用户应协商签订特殊供电协议。

e) 误并列和单相重合闸：

发电机组在允许寿命期间应可以承受至少 5 次 180°误并列，或者 2 次 120°误并列。发电机运行应不受高压线路单相重合闸影响。

抽水蓄能机组应考虑满足发电、抽水两种不同工况下误并列时的要求。

5.4.2.2.3 水电厂并网运行时应向电网调度机构实时传输以下信息。

a) 流域内相关水、雨情信息：

1) 重要雨量站实时雨情；

2) 控制性水文站实时水情；

3) 水情气象预报信息。

b) 水库运行信息：

1) 水库坝上、坝下水位，出、入库流量及发电引用流量；

2) 泄洪设施运行信息及相应泄流量；

3) 综合利用供水信息；

4) 水库沙情、冰情等。

5.4.2.2.4 对发电机 AGC 的要求。

a) 概述：

1) 拟并网的 200MW（新建 100MW）及以上火电和燃气机组，40MW 及以上水电机组和抽水蓄能机组应具备 AGC 功能，参与电网闭环自动发电控制；

2) 机组 AGC 性能和指标应满足本标准规定的要求和并网调度协议规定的要求；

3) 在机组商业化运行前，具备 AGC 功能的机组应完成与相关电网调度机构 EMS 主站系统 AGC 功能的闭环自动发电控制的调试与试验，并向电网调度机构提交必要的系统调试报告，其性能和参数应满足电网安全稳定运行的需要；

4) 未经电网调度机构批准，并网运行的 AGC 机组不能随意修改 AGC 机组运行参数；

5) 机组 AGC 功能修改后，应与电网调度机构的 EMS 重新进行联合调试、数据核对等工作，满足 5.4.2.2.1 条一般性能要求中第 k) 项的要求后，其 AGC 功能方可投入运行。

b) 对参与 AGC 运行发电厂（机组）的要求：

1) AGC 机组应按 EMS 下发的 AGC 调节指令调节机组功率，并使机组功率与 EMS 下发的 AGC 指令相一致。

2) 发电厂应实时将 AGC 机组的运行参数通过远动通道传输到相关电网调度机构的 EMS。运行参数包括：AGC 机组调整上/下限值、调节速率、响应时间；火电和燃气机组 DCS 系统的"机组允许 AGC 运行"和"机组 AGC 投入/退出"的状态信号，水电机组和抽水蓄能机组自动控制系统的"允许 AGC 运行"和"AGC 投入/退出"的状态信号等。

3) 机组 AGC 的运行方式应有固定运行方式、调节方式。固定运行方式是指机组按计划曲线运行；调节方式是指机组根据电网给定负荷运行。

4) 参与 AGC 运行的火电和燃气机组的 AGC 最大调节范围为 50%～100% 机组额定有

功功率；全厂调节的水电厂 AGC 最大调节范围为 0～100％全厂额定有功功率，实际运行中应避开调节范围内的振动区和空蚀区。

5）AGC 机组应能实现"当地控制/远方控制"两种控制方式间的手动和自动无扰动切换。

6）机组处于工作状态时，对于 RTU 或计算机系统给出的明显异常的遥调指令〔包括突然中断、指令超过全厂或机组给定的上、下限值以及两次指令差超过自定义限值（该值可调整）〕，机组 AGC 应能做出如下处理：

- 拒绝执行该明显异常指令，维持原状态；
- 保持原正常指令 8s～30s（可调整），以等待恢复正常指令；
- 8s～30s 后未恢复正常指令，则发出报警并自动（或手动）切换至"当地控制方式"；
- RTU 复位、故障时，计算机监控系统应保持电网调度机构原给定遥调指令值不变，直到接受新的指令。

7）水电机组和抽水蓄能机组的计算机监控系统分配给各机组的指令应能自动躲过机组的振动区和空蚀区。

8）AGC 机组工作在负荷控制方式时，机组的调整应考虑频率约束，当频率超过 50Hz±0.1Hz（该值根据电网要求可随时调整）范围时，机组不允许反调节。

9）AGC 发送指令的周期：火电不大于 30s，水电不大于 8s。

c）发电厂与电网调度机构 EMS 主站系统 AGC 信息通信的要求：

1）发电厂 RTU 或计算机监控系统与电网调度机构 EMS 主站系统的通信规约应满足相关标准和电网调度的要求；

2）发电厂 RTU 或计算机监控系统应正确传送电厂信息到电网调度机构 EMS 主站系统，正确接收和执行 EMS 主站系统下发的 AGC 指令；

3）电网调度机构与发电厂之间应具备两个独立路由的通信通道，通道质量和可靠性应符合国家、电力及有关行业的相关标准。

5.4.3 直流输电系统的技术条件。

5.4.3.1 直流输电系统控制保护仿真试验：

直流输电系统联网前，其控制保护系统性能应通过实时仿真试验的检验。

5.4.3.2 直流输电系统调试：

联网的直流输电系统应通过直流系统调试，验证其性能符合设计和运行要求。调试报告和实测数据应报相关的电网调度机构。直流输电系统的稳态性能、暂态性能、动态性能应符合相关的国家或国际标准；如有特殊要求，应在工程技术规范书中明确。直流系统的可听噪声、交流侧谐波干扰、直流侧谐波干扰、电力线载波（PLC）干扰、无线电干扰、损耗等指标应符合相关的国家或国际标准。

5.4.3.3 相联系统条件：

与换流站相联的交流系统应满足直流输电系统运行技术要求。交流系统可以提供或接受直流输电系统输送的功率，并提供或吸收设计允许的与换流站交换的无功功率。

换流站的无功补偿设备，除提供换流器所需的无功功率外，还需滤除换流器产生的谐波，并根据直流输送的功率分组投切。为防止过应力损坏设备，应采用最小滤波器组限制和自动降负荷措施。

5.4.4 主网直供用户并网的技术条件。

5.4.4.1 相关数据资料要求：

a) 主网直供用户需向电网企业及其调度机构提供如下参数：用户名称及地理位置、用电计量点、并网点、用户设备总容量、最大用电电力、最小用电电力、无功补偿设备参数以及负荷特性等数据。

b) 电力负荷管理系统资料：

直供区内受电变压器容量在 500kVA 及以上、315kVA～500kVA、100kVA～315kVA 按负荷性质分类清单；电力负荷管理终端安装用户清单及说明（包括用户容量、负荷、跳闸轮次、可控负荷、远方抄表、预购电等）；电力负荷管理系统用户终端安装地理位置分布图。

5.4.4.2 实时信息及计量：

主网直供用户应具备向电网调度机构提供遥信、遥测信息的设备和通道，能够向电网调度机构传送用电有功功率、无功功率、电压、电流、并网点断路器及隔离开关状态等实时信息。主网直供用户的关口电能量计量点设在并网线路的产权分界处，关口电能量计量点处应安装具有准确度符合要求的双向、分时功能的有功、无功电能表，满足交易时段要求；应安装电能量远方终端，将电能量信息上传至电网调度机构的电能量计量系统。

5.4.4.3 技术条件：

a) 主网直供用户的生产、生活负荷在配电上应分开。

b) 应装设无功补偿装置及自动电压控制装置：

1) 根据相关规程、规定配备足够的无功补偿装置；

2) 主网直供用户的功率因数在大负荷方式下不得低于 0.95；

3) 无功补偿装置可投率、投运率应满足电网运行的要求；

4) 具备无功电压考核所需的关口点无功功率数据（要求是电能量计量系统数据）；

5) 自动电压控制装置可实现就地和调度端控制投切功能。

c) 应在所有关口处安装电力负荷管理终端。已采用电力调度自动化系统采集关口数据的，也可用于负荷管理。

d) 主网直供用户应具备一定的负荷调节能力，并具备谐波抑制能力，根据电网调度机构的要求装设并投入自动低频低压减负荷装置，以满足负荷控制的需要。

5.4.5 并（联）网安全运行要求：

a) 电网使用者与电网企业应在有关协议中详细划分每个并（联）网设备的产权、维护及安全责任分界点。如未规定或规定不明确的，以厂站围墙或电厂架构与第一基杆塔中间为明确的设备的产权、维护及安全责任分界点。

b) 电网使用者与电网企业应以统一格式，书面说明并（联）网点处的设备和装置的所有权及其责任。主要包括以下几个方面：

- 设备和装置的产权；
- 设备和装置的控制权；
- 设备和装置的运行权；
- 设备和装置的维护义务；
- 并（联）网点处各单位的安全责任。

c) 电网企业和电网使用者应按电力可靠性管理和电力生产安全性评价管理有关要求，开展电力可靠性统计、电力生产安全性评价和管理工作，努力提高安全运行水平。

d）对已并入电网且对电网安全稳定运行有影响的设备，应进行安全性评价工作。

e）根据有关法律法规、行业标准，电网企业、电网使用者均应制定安全监督和技术监督规定；电网企业负责协调统一本网范围内的安全监督和技术监督工作标准。

f）电网企业应根据国家有关部门颁发的安全生产法规、标准、规定、规程以及电网的安全生产形势、运行中反映的突出问题、运行方式变化等，制订反事故措施。电网企业、电网使用者应按设备产权和运行维护责任划分，按时贯彻落实反事故措施要求。

g）电网使用者应按电网调度机构的要求参加电网联合反事故演习。

h）电网使用者应根据电网的安全稳定运行要求编制和完善反事故预案并报电网调度机构备案。

i）并网发电厂应制订全厂停电事故处理预案并报电网调度机构备案。在电网调度机构确定的黑起动方案中，有关发电厂的机组如被确定为黑起动机组，发电厂应满足相应的技术要求。

5.5 新设备起动

5.5.1 拟并网方应向电网调度机构报送新设备资料。

5.5.2 电网调度机构负责新设备起动并网调度方案的编制和协调组织实施。

5.5.3 拟并网方根据新设备起动并网调度方案完成起动准备工作，并按照电网调度机构值班调度员下达的调度指令执行起动操作。

6 电网运行

6.1 总则

电网实行统一调度、分级管理。电网运行的组织、指挥、指导和协调由电网调度机构负责。各级电网企业和电网使用者应严格遵守所在电网的《调度管理规程》。电力系统设备的运行应遵循 DL/T 741、DL/T 751、DL 516、DL/T 559、DL/T 544 等国家和行业标准。对于已经建立电力市场的电网，还应遵守相应的电力市场运营规则及其配套规定。

6.2 负荷预测

6.2.1 概述。

6.2.1.1 负荷预测是保证电力供需平衡的基础，并为电网、电源的规划建设以及电网企业、电网使用者的经营决策提供信息和依据。

6.2.1.2 负荷预测分为长期、中期、短期和超短期负荷预测，由电网企业负责组织编制。

6.2.1.3 大用户应根据有关规定，按时报送其主要接装容量和年用电量预测。

6.2.2 中长期负荷预测。

6.2.2.1 中长期负荷预测包括年度、5 年和 10 年等的负荷预测。

6.2.2.2 年度负荷预测应按月给出预测结果，5 年及以上期负荷预测应按各水平年给出预测结果。

6.2.2.3 中长期负荷预测应以年度预测为基础，按月（季）度跟踪负荷动态变化，5 年期负荷预测应每年滚动修订一次。

6.2.2.4 中长期负荷预测应至少包括以下内容：

a）年（月）电量。

b）年（月）最大负荷。

c）分地区年（月）最大负荷。

d) 典型日、周负荷曲线，月、年负荷曲线。

e) 年平均负荷率、年最小负荷率、年最大峰谷差、年最大负荷利用小时数、典型日平均负荷率和最小负荷率。

6.2.2.5 年度负荷预测应至少采用连续3年的数据资料，5年及以上负荷预测应至少采用连续5年的数据资料。在进行负荷预测时应综合考虑社会经济和电网发展的历史和现状，包括：

a) 电网的历史负荷资料。

b) 国内生产总值及其年增长率和地区分布情况。

c) 电源和电网发展状况。

d) 大用户用电设备及主要高耗能产品的接装容量、年用电量。

e) 水情、气象等其他影响季节性负荷需求的相关数据。

6.2.3 短期负荷预测：

a) 短期负荷预测包括从次日到第8日的电网负荷预测。

b) 短期负荷预测应按照96点编制，96点预测时间为：0：00～23：45。

c) 各级电网调度机构在编制电网负荷预测曲线时，应综合考虑工作日类型、气象、节假日、社会大事件等因素对用电负荷的影响，积累历史数据，深入研究各种因素与用电负荷的相关性。

d) 各级电网调度机构应实现与气象部门的信息联网，及时获得气象信息，建立气象信息库。

6.2.4 超短期负荷预测：

a) 预测当前时刻的下一个5min或10min或15min的用电负荷。

b) 在实时用电负荷的基础上，结合工作日、休息日等日期类型和历史负荷的特性，完成超短期负荷预测。

6.2.5 主网直供用户的负荷申报要求：

主网直供用户应根据有关规定，按时报送其主要接装容量和年用电量预测，按时申报其下一年度的年用电计划、下一月度的月用电计划和次日的日用电计划。

a) 年用电计划。包括年用电量、双边购电合同电量、分月电量、年最大负荷、年最小负荷、年最大峰谷差、每月典型日的用电负荷曲线及年度检修计划。

b) 月用电计划。包括月用电量、双边购电合同电量、月最大负荷、月最小负荷、月最大峰谷差、平均峰谷差、典型日用电负荷曲线及月度检修计划。

c) 日用电计划。包括日用电量、日用电负荷曲线，该用电负荷曲线的负荷率不能低于电网的用电负荷率。

6.3 设备检修

6.3.1 概述。

6.3.1.1 应开展设备状态检修管理，加强提前诊断和预测工作，按照应修必修、修必修好、一次停电综合配套检修的原则，统筹安排检修计划。

6.3.1.2 电网企业负责协调新设备起动和设备检修计划。

6.3.1.3 电网调度机构在安排与计划检修、临时检修和新设备起动相关的电网运行方式时，应考虑发用电平衡，以有利于电网安全稳定运行。

6.3.2 检修。

6.3.2.1 计划检修：

电网企业、电网使用者应根据设备健康状况，向电网调度机构提出年、月度检修预安排申请，电网调度机构应在此基础上考虑电力系统设备的健康水平和运行能力，与申请设备检修单位进行协商，统筹兼顾，编制年、月度检修计划。电网企业、电网使用者应按照检修计划安排检修工作，加强设备运行维护，减少非计划停运和事故。

6.3.2.2 临时检修：

必要时，电网企业、电网使用者可向电网调度机构提出临时检修书面申请，电网调度机构应根据电网运行情况及时批复和安排。

6.3.2.3 检修计划的制订应遵循以下原则：

a）设备检修的工期与间隔应符合有关检修规程的规定。

b）按有关规程要求，留有足够的备用容量。

c）发、输变电设备的检修应根据电网运行情况进行安排，尽可能减少对电网运行的不利影响。

d）设备检修应做到相互配合，如发电和输变电、主机和辅机、一次和二次设备等之间的检修工作应相互配合。

e）当电网运行状况发生变化导致电网有功功率备用裕度不足或电网受到安全约束时，电网调度机构应对相关的发、输变电设备检修计划进行必要的调整，并及时向受到影响的各电网使用者通报。

f）年度检修计划是计划检修工作的基础，月度检修计划应在年度检修计划的基础上编制，日检修计划工作应在月度检修计划的基础上安排。

g）已有计划的检修工作应按照所属电网《调度管理规程》规定，在履行相应的申请、审批手续后，根据电网调度机构值班调度员的指令，在批复的时间内完成。

6.3.2.4 年度检修计划：

设备运行维护单位应在每年 9 月 30 日之前，向电网企业提交次年发、输变电设备检修预安排申请，包括建议的设备检修内容、检修工期等。电网企业应按 6.3.2.3 条的原则编制次年发、输变电设备检修计划，并于当年 11 月 30 日前向各设备运行维护单位发布。

6.3.2.5 月度检修计划：

各设备运行维护单位应按相关《调度管理规程》的规定向所属电网调度机构提供其最新的下月设备检修预安排申请。如预安排的内容、工期与年度计划不一致，还应同时提供其关于修改原因的书面说明。电网调度机构应在年度检修计划的基础上，根据各方提供的最新下月检修预安排申请和相关材料，编制下月发、输变电设备检修计划，并按相关《调度管理规程》规定向各设备运行维护单位发布。

6.4 发用电平衡

6.4.1 在电力系统运行中应保证发用电平衡，以保证电能质量和电网的安全稳定运行。

6.4.2 应按公开、公平、公正的原则安排电网使用者的发电和用电，满足发用电平衡。

6.4.2.1 电网调度机构应当编制和下达发电、供（用）电调度计划。

6.4.2.2 发电、供（用）电调度计划的编制应当依据政府下达的有关调控目标和电力交易计划，综合考虑社会用电需求、检修计划和电力系统设备能力等因素，并保留必要的备用容量。调度计划必须经过安全校核。

6.4.2.3 在满足发用电平衡的同时，电网调度机构应按有关规程规定安排足够的备用容量，以利于电力系统的安全稳定运行。电网备用容量不能满足要求时，电网调度机构应进行调整，直至满足备用容量要求。

6.4.2.4 发电企业应按照发电调度计划和调度指令进行发电；主网直供用户应按照供（用）电调度计划用电。

对于不按照调度计划和调度指令发电的，调度机构应当予以警告；经警告拒不改正的，调度机构可以暂时停止其并网运行。

对于不按照调度计划和调度指令用电的，调度机构应当予以警告；经警告拒不改正的，调度机构可以暂时部分或者全部停止向其供电。

6.4.2.5 当电网运行出现异常情况时，为保证系统安全运行，电网调度机构可以对发电企业的发电计划及供电企业的用电计划进行调整。

6.4.3 发用电平衡包括中长期平衡、短期平衡和实时平衡。

6.4.4 电网调度机构应对发用电平衡结果进行安全校核。如有必要应对平衡结果进行调整，直至满足电网安全稳定运行的需要。

6.5 辅助服务

6.5.1 概述。

6.5.1.1 电网企业和电网使用者应向系统提供用于维护电压、频率稳定及电网故障后恢复等方面的辅助服务。辅助服务的调度由电网调度机构负责。

6.5.1.2 应提供辅助服务的电网使用者，若不能按规定的要求提供辅助服务，应向其他提供辅助服务的电网使用者给予补偿。对于已经建立电力市场的电网，应按市场运营规则的有关规定处理。

6.5.2 辅助服务的调度运行。

6.5.2.1 机组辅助服务通过现场试验及必须的系统联调试验后，由发电厂向电网调度机构提出机组正式提供辅助服务的申请，并附完整的试验报告。经电网调度机构批准后，方可正式投入辅助服务运行。

6.5.2.2 电网调度机构负责机组辅助服务的运行调度。电网调度机构有权根据系统情况要求发电厂投入或退出机组辅助服务，发电厂应严格服从电网调度机构的指令。

6.5.2.3 辅助服务的运行调度原则：

在满足电网控制和安全稳定要求的前提下，电网调度机构依据机组的辅助服务综合性能和市场提供的信息，确定机组辅助服务功能的调用。

6.5.2.4 机组辅助服务性能发生变化时：

a) 当机组辅助服务的能力发生变化，达不到基本性能要求和申报的要求时，发电厂应及时向所属电网调度机构汇报，并及时检修维护。

b) 当机组辅助服务的性能变更时，应及时向所属电网调度机构汇报申请。经电网调度机构批准后方能投入运行。

6.5.2.5 机组辅助服务功能发生异常时，发电厂应及时向所属电网调度机构汇报并说明原因。

6.5.2.6 机组辅助服务的计量与测试：

a) 电网调度机构和发电厂应分别记录、统计月度机组辅助服务的投用时间、投运率、可用率及调节过程。

b) 为测试目的而投入的机组辅助服务应计入该机组的辅助服务投运时间。

c) 记录统计数据的核对：

1）发电厂和电网调度机构应定期核对机组辅助服务的记录、统计数据；

2）若发电厂与电网调度机构在机组辅助服务的记录和统计上不一致，机组辅助服务的统计结果以发电厂和电网调度机构协调沟通后的记录、统计为准。

d) 机组辅助服务性能测试：

1）电网调度机构可不定期对电网使用者提供的辅助服务进行测试，检查其辅助服务能力是否符合规定的基本技术要求；

2）电网调度机构应公布测试结果；

3）若测试结果达不到基本技术性能要求指标，按有关规定处理。

6.6 频率及电压控制

电网调度机构有责任组织有关各方保障电网频率、电压稳定和可靠供电，负责安排运行方式，优化调度，维持电力平衡，保障电网的安全、优质、经济运行。

6.6.1 频率控制。

6.6.1.1 电网调度机构负责指挥电网的频率调整，并使电网运行在规定的频率范围内。

6.6.1.2 电网调频厂根据系统调频要求和电厂调整能力确定，在《并网调度协议》中明确。

6.6.1.3 在正常运行时，电网调度机构应安排适当的备用容量，并组织备用容量的分配。

6.6.1.4 电网企业之间按照有关原则（如 CPS1、CPS2 或 A1、A2）控制互联电网间的联络线功率。

6.6.1.5 控制电网频率的手段有：一次调频、二次调频、高频切机、自动低频减负荷、机组低频自起动等。

6.6.1.6 电网必须具有适当的高频切机容量、低频自起动机组容量和自动低频切负荷容量，并由电网调度机构负责管理。

6.6.1.7 频率异常的处理：

a）当系统频率高于正常频率范围的上限时，电网调度机构可采取调低发电机功率、解列部分发电机组等措施。

b）当系统频率低于正常频率范围的下限时，电网调度机构可采取调高发电机功率、调用系统备用容量、进行负荷控制等措施。

6.6.2 电压控制。

6.6.2.1 电网的无功补偿实行"分层分区、就地平衡"的原则。电网调度机构负责电网无功的平衡和调整，必要时组织制定改进措施，由电网企业和电网使用者组织实施。电网调度机构按调度管辖范围分级负责电网各级电压的调整、控制和管理。接入电网运行的发电厂、变电所等应按电网调度机构确定的电压运行范围进行调节。

6.6.2.2 电网调度机构负责管辖范围内电网的电压管理。内容包括：

a）确定电压考核点、电压监视点。

b）编制季或月度电压曲线。

c）管理系统无功补偿装置的运行。

d）确定和调整变压器分接头位置。

e）统计电压合格率，并按有关规定进行考核。

6.6.2.3 电网无功调整的手段：

a）调整发电机无功功率。

b) 调整调相机无功功率。

c) 调整无功补偿装置。

d) 自动低压减负荷。

e) 调整电网运行方式。

6.6.2.4 接入电网运行的发电厂、变电所、供电企业、主网直供用户等应按电网调度机构确定的电压运行范围进行调节。当无功调节能力用尽电压仍超出限额时，应及时向电网调度机构汇报。

6.7 负荷控制

6.7.1 电网调度机构负责编制本网事故限电序位表和保障电力系统安全的限电序位表，报政府主管部门审批后执行。

6.7.2 电网调度机构在电网出现有功功率不能满足需求、超稳定极限、电力系统故障、持续的频率或电压超下限、备用容量不足等情况时，可按事故限电序位表和保障电力系统安全的限电序位表进行限电操作。电网使用者有义务按负荷控制方案在电网企业及其调度机构的指导下实施负荷控制。

6.7.3 负荷控制手段：

6.7.3.1 供电企业自行控制负荷。供电企业在无法得到超过负荷计划的额外供应时，必须按事先确定的程序进行负荷控制。

6.7.3.2 供电企业指令负荷控制。当频率或电压持续低于规定的运行限值，供电企业根据所赋予的负荷控制责权，对供电区用户直接进行切除负荷操作。

6.7.3.3 电网调度机构指令负荷控制。当运行系统出现负荷不平衡危及系统安全的情况时，电网调度机构根据有关程序，对供电企业或主网直供用户下达指令直接切除负荷的操作。

6.7.3.4 自动低频、低压减负荷。

6.7.3.5 实施需求侧管理，实现有序用电。

6.7.4 负荷控制程序：

a) 计划限电。供电企业根据预定的有序用电方案进行负荷安排。当无法满足用户需求且不能从电网取得额外供应时，按与用户事先商定的协议对用户进行负荷限制。限制负荷时供电企业应提前通知用户，并仅对用户的超用部分进行限制。

b) 直接拉路。供电企业根据频率和电压安全的需要，在考虑用户保安供电需求的前提下，无须事先通知用户，可按事故限电序位表和保障电力系统安全的限电序位表进行限电操作。

c) 自动低频、低压减负荷。

6.7.5 引发负荷控制的条件改变后，由发布负荷控制指令的单位负责恢复正常供电。

6.7.6 自动低频减负荷方案由电网调度机构按 DL 497 和 DL 428 的原则统一编制。自动低压减负荷方案由电网调度机构根据电网的实际需要编制。自动低频、低压减负荷方案由电网调度机构负责组织实施，并定期进行系统实测。自动低频减负荷装置和自动低压减负荷装置应满足 GB/T 15148 的要求，可与厂站计算机监控系统整体设计，集成使用，但应具备独立的投退回路和独立的投退压板。低频低压减负荷各轮次间应具备顺序动作和加速切负荷功能，具有完备的闭锁措施，具有有效识别电网故障和电网失去稳定时电压下降的自适应能力，分散布置的减负荷功能不能满足上述要求时，必须配置专用低频低压减负荷装置。

6.7.7 自动低频、低压减负荷方案由电网调度机构负责组织实施，并定期进行系统实测。

自动低频减负荷装置和自动低压减负荷装置应满足 GB/T 15148 的要求，其购置、安装和维护由装置安装处所在单位负责。

6.7.8 负荷控制的统计、评价和信息发布由相应电网企业负责。

6.7.9 供电企业或主网直供用户应将手动及自动切除的负荷，以及随后的负荷恢复情况及时上报所属电网企业。

6.8 电网操作

6.8.1 电网调度机构负责指挥调度管辖（许可）范围内设备的操作。各级电网调度机构的值班调度员在其值班期间是电网运行和操作的指挥人员，按照批准的调度管辖（许可）范围行使调度权。值班调度人员必须按照规定发布调度指令。发布调度指令的值班调度员对其发布的调度指令的正确性负责。

6.8.2 下级电网调度机构的值班调度员、发电厂值长、变电所值班员在电网操作管理及事故处理方面受上级电网调度机构值班调度员的指挥，接受上级电网调度机构值班调度员的调度指令。

6.8.3 调度系统的值班人员在接到上级电网调度机构值班人员发布的调度指令时或者在执行调度指令过程中，如认为调度指令不正确，应立即向发布该调度指令的值班调度人员报告，由发令的值班调度员决定该调度指令的执行或者撤销。如果发令的值班调度员重复该指令时，接令值班人员原则上必须执行。但若执行该指令确将危及人身、设备或者电网安全时，值班人员可以拒绝执行，同时将拒绝执行的理由及改正指令内容的建议报告发令的值班调度员和本单位直接领导人。

6.8.4 调度管辖（许可）范围内的任何设备，未获电网调度机构值班调度员的指令允许，发电厂、变电所或者下级电网调度机构的值班人员均不得自行操作或者自行下令操作。遇有危及人身、设备以及电网安全的情况时，发电厂、变电所运行值班单位的值班人员可以按照有关规定处理，处理后立即报告所属电网调度机构的值班调度员。

6.9 系统稳定及安全对策

6.9.1 系统稳定管理应遵循以下原则：

a）并入电网运行的各方都有责任和义务维护电网的安全稳定运行。

b）电网调度机构应根据 SD 131、DL 755 和 DL/T 723，按照调度管辖范围，分级进行稳定计算。

c）电网调度机构负责根据稳定计算的结果制定系统的安全稳定控制方案。涉及发电企业或其他电网的安全自动装置配置方案应经各方讨论通过。各电网使用者应根据方案的要求开展相关工作。

d）安全稳定控制方案中要求采用的各种安全自动装置，由电网调度机构按照电力系统稳定导则组织制订方案和组织设计，相关电网企业和发电厂负责实施。涉及上级电网调度机构管辖的设备须经上级电网调度机构批准，实施进度应报上级电网调度机构备案。配置于下级电网调度机构管辖范围的各种安全自动装置，由下级电网调度机构所在电网企业组织实施，并报上级电网调度机构核查备案。自动低频、低压减负荷装置应与厂站计算机监控系统分开配置。

e）不具备黑起动能力的电厂，应有保厂用电措施。

6.9.2 电网企业及其调度机构应根据国家有关法规、标准、规程、规定等，制订和完善电网反事故措施、系统黑起动方案、系统应急机制和反事故预案。电网使用者应按电网稳定运行要求编制反事故预案，并网发电厂应制订全厂停电事故处理预案，并报电网调度机构备案。电网企业、电网使用者应按设备产权和运行维护责任划分，落实反事故措施。电网调度机构应定期组织联合反事故演习，电网企业和电网使用者应按要求参加联合反事故演习。

6.9.3 新设备投产的系统安全稳定管理：

a）每年 11 月底前，各级电网调度机构应根据电网企业和其与发电企业协商确定的设备投产计划，做好来年涉及新设备投产的稳定计算，校核并提出相应的安全自动装置配置方案。

b）首次并网的发电机组应由拟并网方于首次并网前向电网调度机构提交由有资质单位完成的接入系统稳定计算报告。

c）安全自动装置应与一次设备同步投产。

6.9.4 安全自动装置的日常运行：

a）安全自动装置应按调度管辖范围由相应电网调度机构发布投退的调度指令，现场值班人员负责执行。

b）下级电网调度机构管辖的安全自动装置的使用，如影响到上级电网调度机构管辖电网的稳定运行和保护配合时，应经上级电网调度机构许可。

c）安全自动装置发生不正确动作后，现场值班人员应及时向相应电网调度机构的值班调度员报告。重大事故的检验工作应由相关发电企业和电网企业共同进行。

6.9.5 各级电网调度机构和安全自动装置的运行维护单位应按 DL/T 623，对装置的动作进行评价分析。

6.9.6 安全自动装置日常的运行维护和检查，由设备所在单位负责。装置的检验应按有关继电保护及安全自动装置检验的电力行业标准和其他有关检验规程的规定进行。

6.10 水电运行

6.10.1 水电运行的原则：

a）遵照 GB 17621 标准，确保大坝安全，防止洪水漫坝、水淹厂房事故的发生。

b）服从电网的统一调度。

c）优化水库调度，充分利用水能资源。

d）严格执行经审批的水库综合利用方案。

e）实施联合调度的梯级水电站，其电力调度工作应由电网调度机构负责，并组织实施。

6.10.2 水力发电计划的制订与调整：

a）水电厂及电网调度机构应开展水情预报工作，并采取措施提高水情预测精度。

b）并网运行的水电厂应在水情预测的基础上及时提出长、中、短期发电计划建议，并报送相应电网调度机构。

c）实施联合调度的梯级水电站的发电计划可由发电企业提出建议，由所在电网调度机构负责统一平衡，编制发电计划，并下达执行。

d）电网调度机构根据电网的安全、经济运行需要编制全网水电厂的运行计划，并根据电网运行情况进行必要的调整。

6.10.3 洪水调度。

6.10.3.1 总则：

a）水库的防汛工作服从有管辖权的地方防汛部门的统一领导和指挥。

b）在汛期承担下游防洪任务的水库，汛期防洪限制水位以上的防洪库容的运用，应服从防汛调度部门的指挥和监督。

  c）不承担下游防洪任务的水库，其汛期洪水由水库调度责任单位负责指挥调度。

  d）实施联合防洪调度的水库群，洪水调度工作由有管辖权的防汛部门统一部署和安排。

6.10.3.2 工作程序：

  a）水电厂应根据设计的防洪标准和水库洪水调度原则，结合实际情况，及时制订年度洪水调度方案，并将经审批的洪水调度方案报所属电网调度机构备案。

  b）承担下游防洪任务的水库，其洪水调度方案应报相应政府防汛部门批准；不承担下游防洪任务的水库，其洪水调度方案应报上级主管部门批准，并报送相应政府防汛部门备案。

  c）电网调度机构应积极配合防汛指挥部门做好水电厂的洪水调度工作。

6.10.4 运行管理：

  a）水电厂应加强水情自动测报系统的维护与管理，及时、准确、可靠地向电网调度机构传送有关水情信息。

  b）当水工建筑物检修或维护影响水库正常发电运行时，水库运行部门应编制临时运行方案，报请电网调度机构批准后执行。

6.11 继电保护运行

6.11.1 定值计算与协调：

  a）互联电网各方设备配置的、与电网运行有关的继电保护装置投入运行后，遇有因电网结构变化等情况需重新核算继电保护整定值时，应按 DL/T 559 和 DL/T 584 所规定的原则进行整定。

  b）涉及到网厂双方或不同电网之间的接口定值，应兼顾考虑各自的具体情况。发生争议时，各方应按局部服从整体、低压电网服从高压电网、技术与经济合理的原则处理。

6.11.2 继电保护装置的运行管理：

  a）网厂间继电保护的有关操作按其设备所接入电网的《调度管理规程》和现场运行管理规程执行。

  b）网网间的继电保护操作由需要工作的一方向另一方提出工作请求，被请求方应予配合。

  c）继电保护的更新改造、软件版本升级等按调度管辖该设备的电网调度机构所确定的原则进行。

  d）互联电网的各方均应执行电网的继电保护消缺管理规定。

  e）各级电网调度机构和继电保护装置所在单位应按 DL/T 623，对继电保护装置的动作行为进行评价分析，并按相关规定向上级或所属电网调度机构报送继电保护动作统计分析报表。

6.11.3 继电保护反事故措施的制订与执行：

  a）为保证继电保护的安全可靠运行，互联电网各方及电网使用者均应及时针对各类继电保护不正确动作情况，制订继电保护反事故措施。涉及到网与网、网与厂双方或多方的继电保护反事故措施，应由反事故措施提出方牵头，组织各方专家审核。审核通过后，由提出方通报有关各方。

  b）由于对反事故措施落实不力，导致事故，并对他方造成损害时，事故责任方应承担相应的责任。

c）事故责任方由事故涉及各方组成的联合调查组确认。

6.12 直流输电系统运行

6.12.1 电网调度机构应根据系统要求、设备状况、运行环境等条件及时调整直流输电系统的接线方式、控制方式、潮流方向和功率水平。

6.12.2 直流输电系统运行接线可以采取双极方式、单极大地回线方式、单极金属回线方式；运行方式可以采用额定电压方式（全电压方式）、降压方式；有功功率控制方式可以采用定功率方式、定电流方式；换流站无功功率控制方式可以采用定无功方式、定电压方式。

6.12.3 交流系统故障可能会对直流输电系统产生二次谐波、换相失败等扰动；直流输电系统应在交流系统故障切除后自动恢复。

6.12.4 交流系统电压异常时，控制系统将调节换流变分接开关和控制角，以保持直流输电系统的稳定运行。逆变侧交流系统电压异常时，逆变器在发生换相失败后应尽快恢复正常，否则严重的情况下有可能降低直流输送的功率水平。

6.12.5 直流输电线路、接地极引线和接地极工况等应符合工程技术规范要求，达到直流系统的可靠性（包括能量可用率、强迫停运次数等）指标。接地极的运行应考虑其设计寿命，并充分注意对附近变电所中性点接地变压器的影响。

6.12.6 电网调度机构在安排电网运行方式时应校核直流输电系统对交流系统的技术要求。换流站交流母线短路容量不小于设计值，两端交流系统频率变化应不超过允许范围。投切一组交流滤波器和电容器时应保证换流站交流母线电压偏移满足要求。

6.13 电力通信运行

6.13.1 运行管理界面。

电力系统通信的运行维护和管理职责界面划分原则：

a）电网之间以各自管辖的区域边界为界。

b）电网与电厂之间一般以电厂侧的围墙（水电厂以最后一基杆塔）为界，特殊情况双方另行商定。

6.13.2 电力通信频率管理。

6.13.2.1 无线电频率管理：

电力专用通信网的无线电设备的频率管理按国家无线电管理委员会的有关规定进行。

6.13.2.2 电力线载波频率管理：

电力线载波频率的分配应根据各级电网规划统筹管理，合理使用。电网之间电力线载波频率的分配需双方协商，并经审批后方可使用。电厂与电网之间电力线载波频率的分配须经电网相关通信管理部门审批后方可使用。

6.13.3 运行与检修管理。

6.13.3.1 电力专用通信网实行统一调度、分级管理的原则。所有入网运行的通信设备和相应的辅助设备，均应纳入相应的通信调度管辖范围。

6.13.3.2 应严格执行 DL/T 544、DL/T 545、DL/T 546、DL/T 547 和 DL/T 548 等规程的有关规定。

6.13.3.3 当通信电路出现故障时，负责指挥故障处理的通信部门应积极组织故障处理，并及时通知相关专业及单位，各相关部门必须予以配合。

6.13.3.4 通信电路的计划检修应与一次系统的计划检修同步进行。当通信电路的检修影响到调度通信业务时，负责检修的通信部门应以书面形式向有关调度机构提出申请，并通知相关通信部门，电网调度机构应以书面形式批复。

6.13.3.5 当输电线路的检修影响到调度通信业务时，应征得相关调度机构的通信部门同意。

6.14 调度自动化系统运行

6.14.1 总体要求：

　　a）调度自动化系统应符合国家电力监管委员会 5 号令和国家经济贸易委员会 30 号令的要求，采取有效的安全防护措施。

　　b）调度自动化系统的运行维护和管理应严格执行 DL 516。

6.14.2 调度自动化系统的运行管理：

　　a）调度自动化系统的运行管理由相应电网调度机构负责。

　　b）电网使用者检修、停用调度自动化系统设备及变动相关信息内容和元件参数等，需经电网调度机构批准后方可进行。

　　c）电网调度机构变动调度自动化系统设备、相关信息和参数等，应提前通知电网使用者。

　　d）厂站自动化系统和设备的检修宜随一次设备同步检修，应在批准的检修时间内完成。

　　e）未经电网调度机构同意，不得在厂站调度自动化设备及其二次回路上工作和操作。

6.14.3 调度自动化系统的检验管理：

　　a）新安装调度自动化系统或设备的检验按有关技术规定进行，验收合格后方可投运。

　　b）运行中的调度自动化系统或设备应按照相应检验规程进行检验，满足技术指标要求。

6.14.4 调度自动化系统的技术管理：

　　a）新安装及投入运行的调度自动化设备应具备完整的技术资料及远动信息参数表等。

　　b）电网调度机构和电网使用者应根据 DL 516 的规定，按月对已投运的调度自动化系统运行、缺陷及故障处理进行统计分析和上报。

6.15 紧急情况下的电网调度运行

6.15.1 电网调度机构负责指挥电网事故的处理。

6.15.2 发生威胁电力系统安全运行的紧急情况时，电网调度机构值班人员应立即采取措施，避免事故发生和防止事故扩大。

6.15.3 当出现或为防止出现下列紧急情况之一时，电网调度机构可以发布应急调度指令。

　　a）发电、供电设备发生重大事故或者电力系统发生事故。

　　b）输变电设备的潮流严重超出稳定限额。

　　c）调度自动化系统、通信系统故障，严重妨碍电力系统的正常运行。

　　d）联络线交换功率长时间超出允许范围。

　　e）电力设施遭受自然灾害（如覆冰、污闪、龙卷风、飑线风、台风、地震、山火、雷击等）、严重外力破坏、毁灭性破坏或打击等。

　　f）其他威胁电力系统安全运行的紧急情况。

6.15.4 电网调度机构发布的应急调度指令可以包括，但不限于：

　　a）拉限电指令。

　　b）调整调度计划，调节发电机组。

　　c）命令发电机组按时投入运行或退出运行。

d) 命令发电机组按时投入辅助服务运行或退出辅助服务运行。

e) 命令发电企业暂停执行或取消设备计划检修。

f) 命令暂停执行或取消输变电设备计划检修。

g) 命令停役设备复役。

h) 必要时，可以根据电力市场运营规则，通过调整系统运行方式等手段对电力市场实施干预，并按照规定向电力监管机构报告。

6.15.5 社会应急事件响应：

当相应政府或电网企业应急领导机构就自然灾害等社会性突发事件发出预警后，电网调度机构应在政府和电网企业的统一协调下，针对预警事件性质，组织专业人员评估其对电网或调度机构的影响，检查已有的应急预案，必要时，修改已有应急预案或编制对应的突发事件应急预案。按照要求，迅速响应、快速组织、果断处置，努力控制事态发展并降低其影响，保障重点防灾救灾用电，维护社会稳定、人民生活安定和电力生产的正常秩序。

6.15.6 电网警报信息：

电网调度机构负责电网警报信息的发布和撤销。当电网调度机构撤销其系统警报时，应向电网使用者发布通知。电网警报信息包括：

a) 系统裕度不足警报：由于系统裕度不足，如果不能改善可能导致拉限负荷。

b) 紧急负荷控制警报：可能在 30min 之内进行拉限负荷。

c) 拉限负荷警报：正在执行拉限负荷，一般是由于系统裕度不足的结果。

6.16 事故报告与事故信息通报

6.16.1 电力系统的事故调查和事故认定，以及事故定义和级别，依据国家有关部门发布的法规所确定的原则和组织程序进行。

6.16.2 事故报告。

6.16.2.1 电网企业、发电企业发生电网和设备事故后，应立即用电话、电传或电子邮件等方式，按资产关系及电力调度运行管理关系向隶属的上级部门和电网调度机构分别进行报告，报告的内容包括事故发生的时间、地点、故障元件及主要影响等。

6.16.2.2 发电厂、变电所发生事故后，相关厂站在按有关规定处置事故的同时，应立即按照调度管辖范围向相应电网调度机构的值班调度员报告事故简况，并应在 8h 内向所辖电网调度机构提供其发电机组、一次设备、与电网运行有关的继电保护及安全自动装置的动作情况、有关数据及故障录波图、事故前后运行状态和有关数据等相关的事故分析信息资料。

6.16.3 有关报告的规定。

6.16.3.1 电网故障分析报告。

报告内容至少应包括：

1) 故障名称；

2) 故障单位名称；

3) 故障起止时间；

4) 故障前电网运行工况，包括电网接线方式、气象条件等；

5) 故障发生、扩大和处理情况；

6) 故障原因及扩大原因；

7) 故障损失及影响情况（少发电量、减供负荷、损坏设备、直接经济影响、对重要用户的影响等）；

8）各种保护和安全自动装置动作情况（可详见继电保护和安全自动装置等的动作报告）；

9）需要时提供动态模拟结果；

10）附录清单，包括有关图纸、资料、原始记录等。

6.16.3.2 电网动态监测系统报告：

a）设备运行维护单位应在电网动态监测系统动作或系统发生扰动后24h内向相关电网调度机构提交书面报告。

b）报告内容：

1）系统装设地点；

2）事故过程中相关元件的有功功率 P、无功功率 Q、厂站母线电压 U、电压相角 θ、发电机功角 δ 的历史轨迹曲线；

3）其他需要提供的特定时刻的系统状态剖面信息。

6.16.3.3 安全自动装置和区域安全稳定控制系统动作报告要求：

a）设备运行维护单位应在发生故障24h内向相关电网调度机构提交书面报告。

b）报告内容：

1）装置安装地点；

2）动作时间；

3）装置动作情况；

4）装置型号及生产厂家；

5）装置动作评价。

6.16.3 事故信息通报：

电网企业或电网调度机构有义务定期或不定期向所辖电网的使用者发布安全生产信息。

6.16.4 反事故措施的落实：

涉及各方的事故原因和责任，以事故调查组的调查结论为依据。事故各方应按事故调查组提出的反事故措施和整改要求进行整改，并相互监督落实情况。

6.17　系统试验

6.17.1 试验程序：

a）系统试验的提出方应至少提前3个月向电网企业提出书面系统试验申请。在申请中应明确试验的范围、目的、对相关厂站的要求和安全措施。

b）由电网企业组织相关的电网使用者审核所提出的系统试验申请。

c）所提出的系统试验申请得到批准后，电网企业将指派人员作为协调员（试验小组负责人）负责协调并成立试验机构。

d）试验小组提前3个月提交系统试验计划及试验研究报告，由电网企业组织相关的电网使用者共同审核和批准。

e）系统试验相关各方有义务将拟定系统试验的变化条件及情况通报给系统试验协调员。如果在拟定的系统试验当天，参与系统试验的任何一方希望变更该系统试验的起动或持续时间，应立即向系统试验协调员陈述理由，系统试验协调员可视具体情况推迟或取消该系统试验。若系统试验推迟，系统试验协调员应适时地组织并安排另一个合适的日期和时间，并参照系统试验程序开展工作。

6.17.2 对系统试验最终报告的要求：

a）系统试验结束后，由试验负责人负责起草系统试验最终报告，提交给电网调度机构和试验小组的其他成员。最终报告应在系统试验结束后的 30 日内提出，在系统试验开始之前试验小组已经商定期限的情况除外。

b）最终报告将只发送给试验小组成员。如系统试验小组一致同意，且满足保密性等相关要求，可以发送给其他相关单位。

c）最终报告应包括系统试验概况、试验结果、结论及建议。

d）在完成最终报告并发送完毕后，试验小组随之解散。

6.18 设备性能测试

6.18.1 为保证系统的安全稳定运行，系统自动调节及控制装置的性能必须符合国家和电力行业相关标准的要求。

6.18.2 设备性能测试内容：

a）发电机组励磁系统及 PSS 装置性能测试。

b）发电机原动机及调速装置性能测试。

c）保护及安全稳定控制装置性能测试。

d）AGC 性能测试。

e）发电机一次调频性能测试。

f）机组黑起动性能测试等。

6.18.3 电网使用者有义务保证其自动调节及控制性能满足标准和规程要求。

6.18.4 若电网使用者设备的自动调节或控制性能不能满足要求，电网使用者有义务对相关的自动调节或控制系统的性能进行改进。

6.18.5 试验失败和再试验。如果电网使用者未能通过试验或检测，电网使用者须在试验后的 2 个工作日内，向电网调度机构提交详细的关于试验失败原因的书面报告。如果对有关试验和检测失败的原因发生争议，电网调度机构应与有关电网使用者协商解决。

附　录　A

（资料性附录）

资料及信息交换

本附录规定了电力系统在规划、设计与建设期，并（联）网前期及正常生产运行期等不同阶段，拟并网方与电网企业之间需要交换的资料。

A.1 规划、设计与建设阶段的资料

发电企业和主网直供用户应向拟并电网企业提供下列资料：

a）规划阶段资料。

b）设计阶段资料。

c）建设阶段资料。

A.1.1 在规划阶段，发电企业和主网直供用户应向拟并电网企业提供的资料

a）本期建设规模，终期建设规模。

b）与电网的连接方式，出线电压等级、出线方向（落点）和出线回路数。

c）电气主接线方式，可靠性要求，进、出线元件数和母线接线形式。

d）发电厂性质（调峰、调频或基荷电厂等）、动态有功及无功储备、最小技术出力、发电机动态和静态模型参数、发电机励磁方式及强励倍数、水电厂各水文年逐月平均出力、

水头预想出力、强迫出力等。

　　e）期望的运行方式、有功和无功负荷曲线、无功补偿设备及动态和静态模型参数等。

A.1.2　在设计阶段，发电企业和主网直供用户应向拟并电网的电网企业提供的资料

　　a）经批准的本期建设规模。

　　b）接入系统评审意见包括：审定的接入系统方案、出线电压等级、出线方向、出线回路数、线路长度和线路参数。

　　c）经审定的电气主接线方式。

　　d）在电力系统中的定位和作用，包括期望的运行方式、期望的设备年利用小时数、期望的调峰调频调压要求、有功及无功负荷曲线、频率及电压允许范围，水电厂（水库）特性、水库径流资料、综合用水要求等。

　　e）主设备参数包括：变压器额定容量、额定功率因数、主变压器型号、接线组别及参数、抽头电压范围和无功补偿设备参数等。

　　f）接入系统方案图。

　　g）电气主接线图。

A.1.3　在建设阶段，发电企业和主网直供用户应向拟并电网企业提供的资料

　　a）最终的并网方案。

　　b）各主要电气设备的铭牌参数，包括：发电机、主变压器、断路器、隔离开关、电流互感器、电压互感器、电抗器、电容器、避雷器、阻波器、调相机等。

　　c）每回送出线路的主要电气参数，包括线路长度、导线型号、导线排列形式、正序电阻、正序电抗、正序电纳、零序电阻、零序电抗和零序电纳等。

　　d）基本运行条件包括：正常及检修运行方式、设备年利用小时数、调峰调频调压要求、有功及无功负荷曲线和频率及电压允许范围等。

　　e）电气主接线详图。

A.1.4　电网企业应每年以公告形式对发电企业和主网直供用户提供其运营电网的资料

　　a）规划期每年可接入和使用的条件。

　　b）电网中最适合进行连接和增大输电能力的部分。

　　c）电网短路电流方面的数据等。

A.1.5　电网互联可行性研究阶段联网双方应向对方提供资料

　　a）拟建联络线输送容量、电压等级、接线方式及期望的联络线运行方式。

　　b）对另一方电网有功及无功储备、电压及频率波动要求。

　　c）对另一方电网可靠性及紧急事故支援要求。

　　d）对另一方电网其他有关数据要求。

A.2　并（联）网前期资料

A.2.1　系统资料

　　a）110kV 及以上电压等级电网参数。

　　b）发电厂的汽轮发电机、水轮发电机、燃气轮机、核电机组、抽水蓄能机组及调相机，以及相应升压变压器及联络变压器等设备参数。

　　c）110kV 及以上电压等级变电所的无功补偿设备参数。

　　d）高压直流输电设备参数。

　　e）接入 110kV 及以上电压等级的电力电子设备参数。

f) 负荷构成。

g) 运行方式安排。

h) 继电保护、安全自动装置的配置及图纸（原理图、配置图、二次线图）。

i) 发电机通过试验确定的进相运行 P—Q 曲线和调压效果的试验数据。

j) 线路设计路径、杆塔等基础资料。

k) 其他资料，详见附录 D。

A.2.2 电网计算和运行所需资料

a) 短路电流计算所需资料：断路器设备遮断容量及部分系统所需资料，详见附录 E。

b) 电磁暂态计算所需资料：基本资料见附录 D，其他资料详见附录 F。

c) 电能质量所需资料：如果电网调度机构认为需要，则用户应提供，详见附录 G。

d) 电压稳定计算所需资料：如果电网调度机构认为需要，则用户应提供，详见附录 H。

e) 中长期稳定计算所需资料：如果电网调度机构认为需要，则用户应提供，详见附录 H。

f) 继电保护（包括安全自动装置）整定计算所需资料：

1）工程所涉及的保护及故障录波装置配置图及站内 TA、TV 的配置图。

2）各保护及故障录波装置的技术资料：

● 技术说明书、整定说明及整定方法、调试大纲和装置型式试验报告；

● 后台管理机保护软件及使用手册；

● 通信规约；

● 软件版本；

● 程序框图、原理图、配屏图及屏内接线图（含可编辑标准格式的电子文档）。

3）设计部门完整的二次部分设计图纸（含可编辑标准格式的电子文档）。

4）互联电网间相互提供的等值阻抗。原则上要求提供联网点处相邻一级设备的实测参数，其余部分采用等值参数。

5）联网点处保护定值以及整定配合要求（双方将根据整定计算范围的划分，提供给对方用作备案）。

6）新设备投产对其他方的影响（应提前 1 个月通知受影响方）。

A.2.3 通信系统所需资料要求

a) 初步设计、施工图设计、竣工图。

b) 设备详细配置。

c) 线路、设备和系统测试记录和测试报告。

d) 验收报告。

e) 通道组织方案、业务承载的组织方案。

f) 系统和设备的技术资料（包括设备的原理、技术说明和操作维护手册）。

A.2.4 调度自动化系统所需资料要求

a) 调度自动化系统所需资料：

1）厂、站远动信息表。

2）4.2.9.1 条 b）项中所列的相关系统和设备的技术资料（包括设备的原理、技术说明和维护操作手册）、相应的二次接线图和竣工图等。

3）4.2.9.1条 b）项中所列的相关系统和设备的检验及现场测试报告。

4）发电厂、机组与 AGC、AVC 控制有关的资料及现场测试报告。

5）发电厂、机组与一次调频有关的资料及现场测试报告。

b）调度自动化系统所需信息：

1）电力系统结构信息：包括组成电力系统各个元件（发电机、变压器、输电线路等）的等值参数（发电机及变压器的等值电抗值、输电线路的等值电抗值等）和它们的相互连接方式（随断路器、刀闸开关状态的改变而变动）。

2）发电厂的运行信息：

● 遥测量：全厂发电有功、无功功率总加，频率，各机组的有功、无功功率，接入电网各线路有功、无功功率，旁路有功、无功功率，主变压器各侧有功、无功功率和电流，线路电抗器电流，高压起动备用变压器和高压厂用变压器有功功率，母线电压，母联电流，以及电网调度机构需要的其他遥测量。

● 遥信量：全厂事故总信号，发电机断路器信号，变压器断路器信号，母联、旁路、线路断路器信号，母联、旁路、线路隔离开关信号，火电厂各参加自动发电控制（AGC）机组的机炉协调控制系统（DCS）的"机组允许 AGC 运行"的状态信号和"机组 AGC 投入/退出"的状态信号，水电厂机组自动控制系统的"允许 AGC 运行"的状态信号和"AGC 投入/退出"的状态信号，水库水位信号等，以及电网调度机构需要的其他遥信量。

● 遥调量：电网调度机构下发的调节机组或电厂有功功率的遥调量；以及电网调度机构下发的其他调节量。

● 遥控量：电网调度机构下发的抽水蓄能水电厂机组启/停、抽水/发电等运行工况遥控量；对发电厂内开关量控制的遥控量以及有载调压变压器分接头位置的遥控量等。

● 电能量：发电厂上网关口有功、无功电能量，发电机组有功电能量，接入电网各线路有功、无功电能量，以及电网调度机构需要的其他电能量。

● 大型电厂的电网动态信息等。

3）变电所的运行信息：

● 遥测量：主变压器高、中、低压侧有功功率、无功功率，线路和旁路有功功率、无功功率，线路电抗器电流，母联电流，母线电压，补偿电容器组和电抗器组无功功率及总加，以及电网调度机构需要的其他遥测量。

● 遥信量：全站总事故信号，线路、旁路、母联断路器信号，主变压器高、中、低压侧断路器信号，线路、旁路、母联隔离开关信号，调相机或电容器组和电抗器组断路器信号，调相机或电容器组和电抗器组隔离开关信号，以及电网调度机构需要的其他断路器、隔离开关信号。

● 遥控量：电网调度机构下发的变电所内线路断路器、调相机或电容器组和电抗器组断路器、变压器分接头等遥控量，以及电网调度机构下发的变电所内开关量控制的其他遥控量。

● 电能量：主变压器高、中、低压侧有功、无功电能量，线路（网间、地区间）供电关口有功、无功电能量，以及电网调度机构需要的其他电能量。

● 电网动态信息等。

c）数据准确度要求：

1）遥测量的总准确度应不低于 1.0 级。直流采样方式的远动装置，从变送器入口至电网调度机构显示终端的总误差以引用误差表示的值不大于 1.0%，不小于－1.0%；对于交流采样方式测量装置，从厂、站现场电压/电流互感器（TV/TA）二次线出口至调度显示终端的总误差以引用误差表示的值不大于 1.0%，不小于－1.0%。

    2）遥调量的总准确度应不低于 1.0 级。

    3）遥控量和遥信量要求准确可靠动作，其正确动作率要求为 100%。

    4）电能表的准确度应满足国家和行业管理规程的有关要求。

A.2.5　水电厂并网运行前应向电网调度机构提供的其他基本资料

    a）流域气象水文资料：

    1）历年降水资料；

    2）控制性水文站径流资料；

    3）控制性水文站历史洪水资料；

    4）流域气象水文特性。

    b）流域自然地理特性：

    1）地形、地貌、电站地理位置图、水库流域图；

    2）流域人类活动影响及地区经济发展现状。

    c）水库大坝特性资料：

    1）水库面积特征；

    2）水库库容特征；

    3）水库特征水位及特征库容；

    4）电站尾水位—流量关系曲线；

    5）各泄水建筑物的泄水曲线；

    6）库区各引水口引用流量关系曲线；

    7）重要的大坝设计参数。

    d）水电站设计资料：

    1）电站各机组水头—流量—出力关系曲线；

    2）电站水轮机运转特性曲线；

    3）水轮机调速系统特性参数；

    4）机组引水系统水头损失特性；

    5）发电耗水率曲线；

    6）电站重要设计参数（装机容量、保证出力、多年平均发电量、机组利用小时数等）。

    e）水库调度方案：

    1）水库调度原则；

    2）水库调度图；

    3）各项综合利用要求。

    f）水库洪水调度方案：

    1）设计洪水资料；

    2）防洪对象及防洪标准。

    g）水电厂水情自动测报系统资料。

A.3　正常运行阶段的资料交换

    并网运行后，电网使用者应向电网企业提交附录 A 所列实测参数。提供的参数应能满足电网的使用需要和真实反映电网使用者的实际运行特性。参数发生变化时，应尽快以书面形式通知电网企业。

A.4 资料提交及获得程序

a) 电网使用者应于首次并网日90日前向电网调度机构提交相关资料。

b) 所提交的资料和数据应有提交人签名及联系电话。

c) 在不违背相关法律及法规的前提下，首次并网日30日前电网使用者可从电网调度机构获得相关数据。

d) 所获得的数据未经相关各方许可不得扩散。

A.4.1 资料更新及修改

a) 资料修改。资料的修改应保留原始记录并做出说明，报电网调度机构及相关各方。

b) 资料更新。应在每年10月底前向电网调度机构提交下一年度的更新资料，包括新投产机组、一次设备变化及网络结构变化等信息。

A.4.2 资料提交形式

a) 资料的提交以书面形式提供为主，同时按照统一格式提供电子文档。

b) 资料提交应充分考虑计算分析程序等方面数据格式的不同，有条件的电网调度机构和电网使用者应采用公用数据库的相关文件完成数据交换。

c) 按照双方约定的形式执行。

附　录　B

（规范性附录）

并（联）网调试试验项目

B.1 发电机试验项目

a) 发电机组励磁系统、调速系统、PSS试验；

b) 发电机进相运行试验；

c) 发电机甩负荷试验；

d) 水电机组油压试验；

e) 发电机短路试验；

f) 发电机空载试验；

g) 变压器冲击试验。

B.2 继电保护及安全自动装置试验项目

a) 继电保护和安全自动装置及其二次回路的各组成部分及整组的电气性能试验；

b) 故障录波装置的电气性能试验；

c) 继电保护整定试验；

d) 纵联保护双端联合试验；

e) 保护及故障信息管理系统子站、主站联合调试；

f) 保护及故障信息管理系统主站和子站间及安全稳定控制系统主站和子站间联合调试。

B.3 调度自动化系统的联调试验项目

a) 厂站4.2.9.1条 b) 项中所列的相关系统和设备的现场测试；

b) 厂站远动通信通道和电力调度数据网络测试；

c) 厂站RTU或计算机监控系统与电网调度机构的SCADA或EMS主站系统联调

试验；

    d）厂站遥测、遥信、遥调、遥控准确性、正确性、可靠性试验；

    e）发电厂、机组 AGC 控制系统现场试验及与电网调度机构的 SCADA 或 EMS 主站系统闭环联调试验；

    f）厂站电能计量装置检验及电能量远方终端与电网调度机构的电能量计量系统主站系统的联调试验；

    g）厂站相量测量装置（PMU）与电网调度机构的电网实时动态监测系统主站系统联调试验；

    h）主网直供用户电力负荷管理终端与电力负荷管理系统主站系统的联调试验；

    i）厂站与电网调度机构的 SCADA 或 EMS 主站系统的 AVC 联合调试。

B.4 电力系统通信试验项目

    a）并（联）网新建通信电路的设备调试（测试项目按工程验收规定执行）；

    b）并（联）网新建通信电路的系统调试（测试项目按工程验收规定执行）；

    c）并（联）网新建通信电源系统放电和告警试验；

    d）并（联）网所需各种通信业务通道的误码率测试和收发电平测试；

    e）并（联）网通信设备监控系统试验；

    f）并（联）网调度交换机调试和调度电话通话试验。

附 录 C

（规范性附录）

设备编号和命名程序

C.1 设备的编号和命名

C.1.1 110kV 及以上电网单线接线图，图中应标注线路型号、长度。图中若为特殊线路，如不同型号导线串接、架空线路与电缆串接等，应注明或另以表格形式说明。

C.1.2 电网调度机构调度管辖的一次设备按照所在电网的调度规程统一编号命名，电网使用者的其他一次设备参照所在电网的调度规程自行命名。

C.1.3 电网使用者提供给电网调度机构的接线图等资料应使用已命名的编号和名称进行标注。

C.1.4 电网内的所有一次设备的编号和命名不得与电网调度机构下达的一次设备的编号和命名相抵触。

C.2 设备编号和命名程序

C.2.1 新、改、扩建的发、输、变电工程首次并网 90 日前，拟并网方应向电网调度机构提出一次设备命名、编号申请，提交正式资料。

C.2.2 电网调度机构在收到申请和正式资料的 30 日内，以书面方式通报拟并网方将要安装的一次设备的接线图、编号及命名。

C.2.3 拟并网方在收到通报后如有异议，应于 10 日内以书面形式回复电网调度机构，否则应确认执行。

C.3 设备编号和命名的变更

C.3.1 当电网调度机构拟变更设备的编号和命名时，应将编号和命名变更方案书面通知相关单位。相关方在收到通知后如有异议，应于 10 日内以书面形式回复电网调度机构，否则应确认执行。

C.3.2 当电网使用者拟变更设备的编号和命名时，应向电网调度机构提交建议的编号和命名变更方案。电网调度机构在收到方案后，应于 10 日内确认，并以书面形式回复电网使用者，如有异议，应于 10 日内提出建议的编号及命名，以书面形式通报电网使用者。

附 录 D

（资料性附录）

系统计算所需基本数据

D.1 电网数据

D.1.1 110kV 及以上电网单线接线图，图中标注线路型号、长度。图中若为特殊线路（如不同型号导线串接、架空线路与电缆串接等），应注明或另以表格形式说明。

D.1.2 线路参数应以表格形式给出节点名、电压基准值、正序及零序电阻、电抗、电导及电纳值，另需注明功率基准值（如为实测参数，应注明）。如线路相互距离较近，应提供互感值。

D.1.3 如线路接有高压电抗器设备，应在表格中注明装设地点、技术资料和参数等。

D.1.4 继电保护型号，主保护、后备保护及断路器动作时间，重合闸时间，微机继电保护软件版本。

D.1.5 断路器及隔离开关的型号、额定电压、电流、遮断容量等主要参数。

D.1.6 电压及电流互感器的型式、组数、容量、变比、误差等主要参数。

D.2 发电厂（站）数据

D.2.1 发电厂（站）电气主接线图。

D.2.2 机组数据。

D.2.3 厂名、机组名、机端电压、铭牌容量、功率因数、最大有功及无功功率、最小有功及无功功率和负荷增减速率等。

D.2.4 机组平均厂用电率：机组上一年度的年均厂用电率〔计算公式为：年均厂用电率＝（年度机组发电量－年度机组上网电量＋受电网电量）/年度机组发电量〕。

D.2.5 机组平均标准发电煤耗：机组上一年度的年均标准发电煤耗。

D.2.6 机组最大调峰幅度：机组深度调峰能力，用百分比表示〔计算公式为（1－可短时稳定运行的最低出力/铭牌容量）×100％〕。

D.2.7 机组从接到起动命令到并列的时间：机组在停机备用状态，从接到调度起动命令到机组并列所需的时间，包括冬季的冷态、热态起动和夏季的冷态、热态起动。单位为 min，必须是 30min 的整数倍。

D.2.8 机组出力—厂用负荷曲线：机组在某一出力值下正常需消耗的厂用电负荷，单位为 MW，出力点必须包括零出力点、最低出力点和最高出力点。

D.2.9 机组出力—正常调频速率曲线：AGC 机组和调频厂机组在某一出力值下的正常调频速率，出力点必须包括可能的最低出力点和最高出力点。

D.2.10 机组出力—紧急备用调整负荷速率：机组在某一出力值下的紧急备用调整负荷速率，出力点必须包括可能的最低出力点和最高出力点。

D.2.11 机端电压运行范围。

D.2.12 发电机参数：转动惯量（含原动机）、定子电阻、直轴及交轴同步暂态及次暂态电抗、直轴及交轴暂态及次暂态开路时间常数、负序阻抗值。电阻及电抗（饱和或不饱和）应以发电机容量为基准，给出标幺值。

D.2.13 机组保护配置及定值。

D.2.14 机组空载和负载特性曲线、$P—Q$曲线。

D.2.15 励磁系统：励磁方式、励磁系统数学模型及参数、PSS 的数学模型及参数；V/Hz 限制、过励磁限制和过励磁保护的定值。

D.2.16 原动机及调速器：原动机及调速器各元件传递函数框图及参数、调差率和死区。

D.2.17 汽轮机参数：高压阀时间常数、高压阀开度极限、高压阀开启速率极限、高压阀关闭速率极限、高压原动机时间常数、中压阀时间常数、中压阀开度极限、中压阀开启速率极限、中压阀关闭速率极限、中压原动机时间常数、低压阀时间常数、低压阀开度极限、低压阀开启速率极限、低压阀关闭速率极限、低压原动机时间常数、再热器时间常数、高压功率比例、中压功率比例。

D.2.18 燃气轮机参数：进口导叶时间常数、进口导叶开度极限、进口导叶开启速率极限、进口导叶关闭速率极限、燃料阀时间常数、燃料阀开度极限、燃料阀开启速率极限、燃料阀关闭速率极限、再热锅炉时间常数。

D.2.19 水轮机参数：导叶执行机构时间常数、导叶开度极限、导叶紧急关闭时间、水锤时间常数。

D.2.20 变压器：类型（有载和无载）及型号、额定电压、额定容量（包括第三绕组）、过负荷能力、过激磁曲线、抽头调节范围、绕组接法、中性点接地形式及接地电抗值以及：

- 选择 1（以系统容量为基准）：电阻及电抗（正序及零序）。
- 选择 2（以自身容量为基准）：变压器各绕组短路损耗及短路电压以及零序电抗等。

注：零序参数为"零档"抽头时的参数，降压变压器还需要过负荷倍数以及允许过负荷时间。

D.2.21 低压电抗和电容等无功补偿设备容量及分组情况。

D.2.22 其他设备参数：断路器、隔离开关、电流互感器、电压互感器、避雷器、阻波器和调相机等铭牌参数，厂、站蓄电池、柴油发电机等备用电源配置、容量、电压等级、持续时间、过负荷能力（含各种起始负载下过载倍数以及允许过载时间）。

D.3 直流

D.3.1 直流输电系统结构、输送容量（正、反向）和电压（额定和降压）。

D.3.2 输电线路（架空线或电缆）及接地极线路：杆塔结构、导线型号、线路长度及等值电阻、电容和电感。

D.3.3 换流变压器、平波电抗器等：型号、铭牌容量、铭牌电压、电阻、电抗及冷却方式。换流变压器抽头范围和过励磁特性。

D.3.4 整流设备：换流器数及构成、额定电压及额定电流，串（并）晶闸管数量和元件参数。

D.3.5 交（直流）电压（流）互感器类型和配置。

D.3.6 交（直流）滤波器：容量及分组情况（电气主接线图）。

D.3.7 控制系统：控制方式（如定电流、定功率、定关断角、定电压），额定参数（如额定触发角等），运行参数限制（如最小触发角等），动态特性（阶跃、故障恢复等）。提供包括直流调制功能的传递函数形式的框图及参数。

D.3.8 直流系统及相关设备保护。

D.3.9 直流设备过负荷能力。

D.3.10 互联交流系统条件：换流站交流母线稳态电压变化范围、正常及扰动后的频率变化、电压波动、负序电压、背景谐波、短路电流水平、最小和最大交换无功功率限制、故障清除时间、单相重合闸时序。

D.4 电力电子设备数据

固定串补、可控串补、SVC 及 SVG（STATCON）等，以传递函数框图形式提供的模型及参数。

D.5 用于稳定研究的负荷特性及模型

D.5.1 静态模型：恒定功率、恒定电流、恒定阻抗构成比例及负荷频率敏感系数。

D.5.2 动态模型：马达构成比例及模型和参数。

D.5.3 其他：通过实测得到的负荷模型及参数。

D.6 运行方式

D.6.1 根据各电网的实际情况，提供下一年度每个电网的典型运行方式，如丰水大方式、丰水小方式、枯水大方式、枯水小方式等。

D.6.2 特殊运行方式。

D.7 其他数据

D.7.1 典型日、年负荷曲线。

D.7.2 水电站出力过程。

D.7.3 未来几年电网设备及机组投产计划安排，并参照上述范围提供数据。

附　录　E

（资料性附录）

短路电流计算所需数据

E.1 短路电流计算所需数据包括系统数据和断路器遮断容量，其中系统数据包括：

a）输电系统所有元件的正序电阻、电抗、电导、互感及电纳。

b）输电系统所有元件的零序电阻、电抗、电导、互感及电纳（自阻抗及互阻抗、自导纳及互导纳）。

c）发电机组次暂态电抗。

d）110kV 及以上变压器参数（包括接地方式及电阻或电抗参数）。

e）110kV 接入点电源的三相及单相瞬时短路电流及稳态短路电流、零序电阻及电抗，以及配电系统接有电源而电源参数中未提供的数据。

附　录　F

（资料性附录）

电磁暂态计算所需数据

F.1 电磁暂态计算所需数据包括以下参数：

a）与计算母线相联的线路和电缆的结构和实测电气参数（正序及零序）。

b）与计算母线相联的设备的电气参数（正序及零序），包括：

——变压器容量、额定电压、变比、漏抗、中性点接地情况及相应阻抗。

——串联电抗器的参数。

——并联无功补偿装置的参数。

c）地线参数、地线分段情况、大地电阻率。

d）直接经升压变压器或联变与所研究线路相连的发电机参数（容量、电压，交轴和直轴电抗、暂态电抗、次暂态电抗及时间常数等）。

e）与计算母线相联的所有设备的过电压保护装置的特性参数。

f）线路绝缘水平。包括：

——操作过电压下的空气间隙。

——绝缘子型号和片数。

g）沿线的海拔高度。

h）变电所相间净距离及海拔高度。

i）重合闸（特别采用三相重合闸时）间隔时间。

j）所计算线路的运行方式和典型潮流。

附 录 G

（资料性附录）

电能质量所需数据

G.1 非线性负荷接入系统的电能质量标准

非线性负荷接入系统的电能质量（包括谐波、电压波动、电压闪变、负序量等）计算分析，应按照 GB/T 14549、GB 12326、GB/T 15543 标准进行。

G.2 非线性负荷的用户提供的有关材料

计算分析非线性负荷（如钢厂电弧炉、电气化铁路牵引负荷、直流换流器等）接入系统，引起系统公共连接点 PCC（Point of Common Coupling）的电压波动、电压闪变、谐波指标、负序量应在允许值范围之内，方允许接入系统。要求有非线性负荷（如钢厂电弧炉、电气化铁路牵引负荷、直流换流器等）的用户提供以下基础数据和资料：

a）地区供电网全套数据（包括潮流及稳定数据、电气接线图等），公共连接点 PCC 最小及最大短路容量。

b）非线性负荷用户内部供电系统全套数据（包括电气接线图、正序阻抗等）：

——非线性负荷（如果是电弧炉，电弧炉台数，是交流炉还是直流炉）供电系统线路，降压变及电弧炉变的容量、变比、接线组别、短路电压比、短弧阻抗等；

——包括非线性负荷（如果是电力机车）供电系统线路、供电变、牵引变的类型（接线形式、阻抗匹配平衡变压器或单相变压器供电）容量、变比、短路电压比、变压器换相顺序等；

——两臂平均负荷、最大负荷（有功功率、无功功率、补偿前的功率因数、补偿后的功率因数要求）、两臂无功补偿容量；

——非线性负荷额定有功功率、额定无功功率、补偿前的功率因数、补偿后的功率因数要求、无功补偿容量、其他负荷等；

——非线性负荷典型频谱；

——滤波器配置方案等。

c）公共连接点的协议供电容量、背景谐波。

d）供电企业对各项指标（如：电压波动、谐波指标、负序电压等）的特殊要求。

附 录 H
（资料性附录）
电压稳定及中长期过程仿真计算所需数据

H.1 电压稳定及中长期过程仿真计算所需数据包括系统数据、重要机组低励及过励性能和负荷类型及动态负荷电压特性。其中除系统所需数据外，还需提供：

    a）有载调压变压器控制系统模型及参数。

    b）自动电压控制装置控制系统模型及参数。

    c）自动无功投切设备控制系统框图及参数。

    d）慢速动态元件（如锅炉、AGC、压水反应堆）特性及参数。

附 录 I
（资料性附录）
并网程序中的时间顺序

I.1 并网程序中的时间顺序参见表 I.1。

表 I.1　并网程序中的时间顺序

并网日前最少天数	应 完 成 的 工 作
	电网调度机构在收到拟并网方提出的厂站命名申请及站址正式资料的 15 日内，下发厂站的命名
90	新、改、扩建的发、输、变电工程首次并网 90 日前，拟并网方应向相应电网的电网调度机构提交本标准附录 A 所列资料，并报送并网运行申请书
	新、改、扩建的发、输、变电工程首次并网 90 日前，拟并网方应向电网调度机构提出一次设备命名、编号申请，提交正式资料
60	电网调度机构在收到申请和正式资料的 30 日内，以书面方式通报拟并网方将要安装的一次设备的接线图、编号及命名
55	电网调度机构应在收到并网申请书后 35 日内予以书面确认。如不符合规定要求，电网调度机构有权不予确认，但应书面通知不确认的理由
50	拟并网方在收到一次设备的接线图、编号及命名通报后如有异议，应于 10 日内以书面形式回复电网调度机构，否则应确认执行
35	拟并网方在收到并网确认通知后 20 日内，应按电网调度机构的要求编写并网报告，并与电网调度机构商定首次并网的具体时间和工作程序
30	电网调度机构在首次并网日 30 日前，向拟并网方提交并网起动调试的有关技术要求
	电网调度机构在首次并网日 30 日前向拟并网方提供通信电路运行方式单，双方共同完成通信系统的联调和开通工作
	在不违背相关法律及法规的前提下，首次并网日 30 日前电网使用者可从电网调度机构获得相关数据
20	电网调度机构应在首次并网日前 20 日内对电厂的并网报告予以书面确认

表 I.1（续）

并网日前最少天数	应完成的工作
7	在首次并网日 7 日前，双方共同完成调度自动化系统的联调
	需进行系统联合调试的，拟并网方应提前 7 日向电网调度机构提出书面申请，电网调度机构应于系统调试前一日批复
5	电网调度机构在首次并网日（或倒送电）5 日前向拟并网方提供继电保护定值单；涉及实测参数时，则在收到实测参数 5 日后，提供继电保护定值单
	首次并网日 5 日前，电网调度机构应组织认定本标准规定的拟并网方并网技术条件。当拟并网方不具备并网条件时，电网调度机构应拒绝其并网运行，并发出整改通知书，向其书面说明不能并网的理由。拟并网方应按有关规定要求进行整改，符合并网必备条件之后方可并网
0	并网日

继电保护和安全自动装置技术规程

GB/T 14285—2006

代替 GB 14285—1993

电力系统与数据通信卷

目　　次

前　　言

随着科学技术的发展和进步，我国数字式继电保护和安全自动装置已获得广泛应用，在科研、设计、制造、试验、施工和运行中已积累不少经验和教训，国际电工委员会（IEC）近年来颁布了一些量度继电器和保护装置的国际标准，为适应上述情况的变化，与时俱进，有必要对原国家标准 GB 14285—1993《继电保护和安全自动装置技术规程》中部分内容，如装置的性能指标、保护配置原则以及与之有关的二次回路和电磁兼容试验等进行补充和修改。

本标准修订是根据原国家质量技术监督局《关于印发 2000 年制、修订国家标准项目计划的通知》（质技局标发〔2000〕101 号）中第 15 项任务组织实施的。

本标准的附录 A、附录 B 均为规范性附录。

本标准由中国电力企业联合会提出。

本标准由全国量度继电器和保护设备标准化技术委员会静态继电保护装置分标准化技术委员会归口。

本标准主要起草单位：华东电力设计院、华北电力设计院、东北电力设计院、四川电力调度中心、国电南京自动化股份有限公司、国电自动化研究院、北京电力公司、国电东北电网公司、北京四方继保自动化股份有限公司、许继集团有限公司。

本标准主要起草人：冯匡一、袁季修、宋继成、李天华、高有权、王中元、韩绍钧、孙刚、张涛、郭效军、李瑞生。

本标准于 1993 年首次发布。

本标准自实施之日起代替 GB 14285—1993。

继电保护和安全自动装置技术规程

1 范围

本标准规定了电力系统继电保护和安全自动装置的科研、设计、制造、试验、施工和运行等有关部门共同遵守的基本准则。

本标准适用于 3kV 及以上电压电力系统中电力设备和线路的继电保护和安全自动装置。

2 规范性引用文件

下列文件中的条款通过本标准的引用而成为本标准的条款。凡是注日期的引用文件，其随后所有的修改单（不包括勘误的内容）或修订版均不适用于本标准，然而，鼓励根据本标准达成协议的各方研究是否可使用这些文件的最新版本。凡是不注日期的引用文件，其最新版本适用于本标准。

GB/T 7409.1～7409.3 同步电机励磁系统（GB/T 7409.1—1997，idt IEC 60034-16-1：1991，GB/T 7409.2—1997，idt IEC 60034-16-2：1991；GB/T 7409.3—1997）

GB/T 14598.9 电气继电器 第 22-3 部分：量度继电器和保护装置的电气骚扰试验 辐射电磁场骚扰试验（GB/T 14598.9—2002，IEC 60255-22-3：2000，IDT）

GB/T 14598.10 电气继电器 第 22 部分：量度继电器和保护装置的电气干扰试验 第 4 篇：快速瞬变干扰试验（GB/T 14598.10—1996，idt IEC 60255-22-4：1992）

GB/T 14598.13 量度继电器和保护装置的电气干扰试验 第 1 部分：1MHz 脉冲群干扰试验（GB/T 14598.13—1998，eqv IEC 60255-22-1：1988）

GB/T 14598.14 量度继电器和保护装置的电气干扰试验 第 2 部分：静电放电试验（GB/T 14598.14—1998，idt IEC 60255-22-2：1996）

GB 16847 保护用电流互感器暂态特性技术要求（GB 16847—1997，idt IEC 60044-6：1992）

DL/T 553 220kV～500kV 电力系统故障动态记录技术准则

DL/T 667 远动设备及系统 第 5 部分：传输规约 第 103 篇：继电保护设备信息接口配套标准（idt IEC 60870-5-103）

DL/T 723 电力系统安全稳定控制技术导则

DL 755 电力系统安全稳定导则

DL/T 866 电流互感器和电压互感器选择和计算导则

IEC 60044-7 互感器 第 7 部分：电子电压互感器

IEC 60044-8 互感器 第 8 部分：电子电流互感器

IEC 60255-24 电气继电器 第 24 部分：电力系统暂态数据交换（COMTRATE）一般格式

IEC 60255-26 量度继电器和保护设备 第 26 部分：量度继电器和保护设备的电磁兼容要求

3 总则

3.1 电力系统继电保护和安全自动装置的功能是在合理的电网结构前提下，保证电力系统和电力设备的安全运行。

3.2 继电保护和安全自动装置应符合可靠性、选择性、灵敏性和速动性的要求。当确定其配置和构成方案时，应综合考虑以下几个方面，并结合具体情况，处理好上述四性的关系：

    a）电力设备和电力网的结构特点和运行特点；

    b）故障出现的概率和可能造成的后果；

    c）电力系统的近期发展规划；

    d）相关专业的技术发展状况；

    e）经济上的合理性；

    f）国内和国外的经验。

3.3 继电保护和安全自动装置是保障电力系统安全、稳定运行不可或缺的重要设备。确定电力网结构、厂站主接线和运行方式时，必须与继电保护和安全自动装置的配置统筹考虑，合理安排。

继电保护和安全自动装置的配置要满足电力网结构和厂站主接线的要求，并考虑电力网和厂站运行方式的灵活性。

对导致继电保护和安全自动装置不能保证电力系统安全运行的电力网结构形式、厂站主接线形式、变压器接线方式和运行方式，应限制使用。

3.4 在确定继电保护和安全自动装置的配置方案时，应优先选用具有成熟运行经验的数字式装置。

3.5 应根据审定的电力系统设计或审定的系统接线图及要求，进行继电保护和安全自动装置的系统设计。在系统设计中，除新建部分外，还应包括对原有系统继电保护和安全自动装置不符合要求部分的改造方案。

为便于运行管理和有利于性能配合，同一电力网或同一厂站内的继电保护和安全自动装置的型式、品种不宜过多。

3.6 电力系统中，各电力设备和线路的原有继电保护和安全自动装置，凡不能满足技术和运行要求的，应逐步进行改造。

3.7 设计安装的继电保护和安全自动装置应与一次系统同步投运。

3.8 继电保护和安全自动装置的新产品，应按国家规定的要求和程序进行检测或鉴定，合格后，方可推广使用。设计、运行单位应积极创造条件支持新产品的试用。

4 继电保护

4.1 一般规定

4.1.1 保护分类

电力系统中的电力设备和线路，应装设短路故障和异常运行的保护装置。电力设备和线路短路故障的保护应有主保护和后备保护，必要时可增设辅助保护。

4.1.1.1 主保护

主保护是满足系统稳定和设备安全要求，能以最快速度有选择地切除被保护设备和线路故障的保护。

4.1.1.2 后备保护

后备保护是主保护或断路器拒动时，用以切除故障的保护。后备保护可分为远后备和近后备两种方式。

a）远后备是当主保护或断路器拒动时，由相邻电力设备或线路的保护实现后备。

b）近后备是当主保护拒动时，由该电力设备或线路的另一套保护实现后备的保护；当断路器拒动时，由断路器失灵保护来实现的后备保护。

4.1.1.3 辅助保护

辅助保护是为补充主保护和后备保护的性能或当主保护和后备保护退出运行而增设的简单保护。

4.1.1.4 异常运行保护

异常运行保护是反应被保护电力设备或线路异常运行状态的保护。

4.1.2 对继电保护性能的要求

继电保护装置应满足可靠性、选择性、灵敏性和速动性的要求。

4.1.2.1 可靠性

可靠性是指保护该动作时应动作，不该动作时不动作。

为保证可靠性，宜选用性能满足要求、原理尽可能简单的保护方案，应采用由可靠的硬件和软件构成的装置，并应具有必要的自动检测、闭锁、告警等措施，以及便于整定、调试和运行维护。

4.1.2.2 选择性

选择性是指首先由故障设备或线路本身的保护切除故障，当故障设备或线路本身的保护或断路器拒动时，才允许由相邻设备、线路的保护或断路器失灵保护切除故障。

为保证选择性，对相邻设备和线路有配合要求的保护和同一保护内有配合要求的两元件（如起动与跳闸元件、闭锁与动作元件），其灵敏系数及动作时间应相互配合。

当重合于本线路故障，或在非全相运行期间健全相又发生故障时，相邻元件的保护应保证选择性。在重合闸后加速的时间内以及单相重合闸过程中发生区外故障时，允许被加速的线路保护无选择性。

在某些条件下必须加速切除短路时，可使保护无选择动作，但必须采取补救措施，例如采用自动重合闸或备用电源自动投入来补救。

发电机、变压器保护与系统保护有配合要求时，也应满足选择性要求。

4.1.2.3 灵敏性

灵敏性是指在设备或线路的被保护范围内发生故障时，保护装置具有的正确动作能力的裕度，一般以灵敏系数来描述。灵敏系数应根据不利正常（含正常检修）运行方式和不利故障类型（仅考虑金属性短路和接地故障）计算。

各类短路保护的灵敏系数，不宜低于附录 A 中表 A.1 内所列数值。

4.1.2.4 速动性

速动性是指保护装置应能尽快地切除短路故障，其目的是提高系统稳定性，减轻故障设备和线路的损坏程度，缩小故障波及范围，提高自动重合闸和备用电源或备用设备自动投入的效果等。

4.1.3 制定保护配置方案时，对两种故障同时出现的稀有情况可仅保证切除故障。

4.1.4 在各类保护装置接于电流互感器二次绕组时，应考虑到既要消除保护死区，同时又要尽可能减轻电流互感器本身故障时所产生的影响。

4.1.5 当采用远后备方式时，在短路电流水平低且对电网不致造成影响的情况下（如变压器或电抗器后面发生短路，或电流助增作用很大的相邻线路上发生短路等），如果为了满足相邻线路保护区末端短路时的灵敏性要求，将使保护过分复杂或在技术上难以实现时，可以缩小后备保护作用的范围。必要时，可加设近后备保护。

4.1.6 电力设备或线路的保护装置，除预先规定的以外，都不应因系统振荡引起误动作。

4.1.7 使用于 220 kV～500 kV 电网的线路保护，其振荡闭锁应满足如下要求：

　　a) 系统发生全相或非全相振荡，保护装置不应误动作跳闸；

　　b) 系统在全相或非全相振荡过程中，被保护线路如发生各种类型的不对称故障，保护装置应有选择性地动作跳闸，纵联保护仍应快速动作；

　　c) 系统在全相振荡过程中发生三相故障，故障线路的保护装置应可靠动作跳闸，并允许带短延时。

4.1.8 有独立选相跳闸功能的线路保护装置发出的跳闸命令。应能直接传送至相关断路器的分相跳闸执行回路。

4.1.9 使用于单相重合闸线路的保护装置，应具有在单相跳闸后至重合前的两相运行过程中，健全相再故障时快速动作三相跳闸的保护功能。

4.1.10 技术上无特殊要求及无特殊情况时，保护装置中的零序电流方向元件应采用自产零序电压，不应接入电压互感器的开口三角电压。

4.1.11 保护装置在电压互感器二次回路一相、两相或三相同时断线、失压时，应发告警信号，并闭锁可能误动作的保护。

　　保护装置在电流互感器二次回路不正常或断线时，应发告警信号，除母线保护外，允许跳闸。

4.1.12 数字式保护装置，应满足下列要求：

4.1.12.1 宜将被保护设备或线路的主保护（包括纵、横联保护等）及后备保护综合在一整套装置内，共用直流电源输入回路及交流电压互感器和电流互感器的二次回路。该装置应能反应被保护设备或线路的各种故障及异常状态，并动作于跳闸或给出信号。

　　对仅配置一套主保护的设备，应采用主保护与后备保护相互独立的装置。

4.1.12.2 保护装置应尽可能根据输入的电流、电压量，自行判别系统运行状态的变化，减少外接相关的输入信号来执行其应完成的功能。

4.1.12.3 对适用于 110kV 及以上电压线路的保护装置，应具有测量故障点距离的功能。

　　故障测距的精度要求为：对金属性短路误差不大于线路全长的 ±3%。

4.1.12.4 对适用于 220kV 及以上电压线路的保护装置，应满足：

　　a) 除具有全线速动的纵联保护功能外，还应至少具有三段式相间、接地距离保护，反时限和/或定时限零序方向电流保护的后备保护功能；

　　b) 对有监视的保护通道，在系统正常情况下，通道发生故障或出现异常情况时，应发出告警信号；

　　c) 能适用于弱电源情况；

　　d) 在交流失压情况下，应具有在失压情况下自动投入的后备保护功能，并允许不保证选择性。

4.1.12.5 保护装置应具有在线自动检测功能，包括保护硬件损坏、功能失效和二次回路异常运行状态的自动检测。

自动检测必须是在线自动检测，不应由外部手段起动；并应实现完善的检测，做到只要不告警，装置就处于正常工作状态，但应防止误告警。

除出口继电器外，装置内的任一元件损坏时，装置不应误动作跳闸，自动检测回路应能发出告警或装置异常信号，并给出有关信息指明损坏元件的所在部位，在最不利情况下应能将故障定位至模块（插件）。

4.1.12.6 保护装置的定值应满足保护功能的要求，应尽可能做到简单、易整定；用于旁路保护或其他定值经常需要改变时，宜设置多套（一般不少于 8 套）可切换的定值。

4.1.12.7 保护装置必须具有故障记录功能，以记录保护的动作过程，为分析保护动作行为提供详细、全面的数据信息，但不要求代替专用的故障录波器。

保护装置故障记录的要求是：

a) 记录内容应为故障时的输入模拟量和开关量、输出开关量、动作元件、动作时间、返回时间、相别。

b) 应能保证发生故障时不丢失故障记录信息。

c) 应能保证在装置直流电源消失时，不丢失已记录信息。

4.1.12.8 保护装置应以时间顺序记录的方式记录正常运行的操作信息，如开关变位、开入量输入变位、压板切换、定值修改、定值区切换等，记录应保证充足的容量。

4.1.12.9 保护装置应能输出装置的自检信息及故障记录，后者应包括时间、动作事件报告、动作采样值数据报告、开入、开出和内部状态信息、定值报告等。装置应具有数字/图形输出功能及通用的输出接口。

4.1.12.10 时钟和时钟同步

a) 保护装置应设硬件时钟电路，装置失去直流电源时，硬件时钟应能正常工作。

b) 保护装置应配置与外部授时源的对时接口。

4.1.12.11 保护装置应配置能与自动化系统相连的通信接口，通信协议符合 DL/T 667 继电保护设备信息接口配套标准。并宜提供必要的功能软件，如通信及维护软件、定值整定辅助软件、故障记录分析软件、调试辅助软件等。

4.1.12.12 保护装置应具有独立的 DC/DC 变换器供内部回路使用的电源。拉、合装置直流电源或直流电压缓慢下降及上升时，装置不应误动作。直流消失时，应有输出触点以起动告警信号。直流电源恢复（包括缓慢恢复）时，变换器应能自起动。

4.1.12.13 保护装置不应要求其交、直流输入回路外接抗干扰元件来满足有关电磁兼容标准的要求。

4.1.12.14 保护装置的软件应设有安全防护措施，防止程序出现不符合要求的更改。

4.1.13 使用于 220 kV 及以上电压的电力设备非电量保护应相对独立，并具有独立的跳闸出口回路。

4.1.14 继电器和保护装置的直流工作电压，应保证在外部电源为 80%～115% 额定电压条件下可靠工作。

4.1.15 对 220 kV～500 kV 断路器三相不一致，应尽量采用断路器本体的三相不一致保护，而不再另外设置三相不一致保护；如断路器本身无三相不一致保护，则应为该断路器配置三相不一致保护。

4.1.16 跳闸出口应能自保持，直至断路器断开。自保持宜由断路器的操作回路来实现。

4.2 发电机保护

4.2.1 电压在 3 kV 及以上，容量在 600 MW 级及以下的发电机，应按本条的规定，对下列故障及异常运行状态，装设相应的保护。容量在 600 MW 级以上的发电机可参照执行。

    a）定子绕组相间短路；

    b）定子绕组接地；

    c）定子绕组匝间短路；

    d）发电机外部相间短路；

    e）定子绕组过电压；

    f）定子绕组过负荷；

    g）转子表层（负序）过负荷；

    h）励磁绕组过负荷；

    i）励磁回路接地；

    j）励磁电流异常下降或消失；

    k）定子铁芯过励磁；

    l）发电机逆功率；

    m）频率异常；

    n）失步；

    o）发电机突然加电压；

    p）发电机起停；

    q）其他故障和异常运行。

4.2.2 上述各项保护，宜根据故障和异常运行状态的性质及动力系统具体条件，按规定分别动作于：

    a）停机断开发电机断路器、灭磁，对汽轮发电机，还要关闭主汽门；对水轮发电机还要关闭导水翼。

    b）解列灭磁断开发电机断路器、灭磁，汽轮机甩负荷。

    c）解列断开发电机断路器，汽轮机甩负荷。

    d）减出力将原动机出力减到给定值。

    e）缩小故障影响范围例如断开预定的其他断路器。

    f）程序跳闸对汽轮发电机首先关闭主汽门，待逆功率继电器动作后，再跳发电机断路器并灭磁。对水轮发电机，首先将导水翼关到空载位置，再跳开发电机断路器并灭磁。

    g）减励磁将发电机励磁电流减至给定值。

    h）励磁切换将励磁电源由工作励磁电源系统切换到备用励磁电源系统。

    i）厂用电源切换由厂用工作电源供电切换到备用电源供电。

    j）分出口动作于单独回路。

    k）信号发出声光信号。

4.2.3 对发电机定子绕组及其引出线的相间短路故障，应按下列规定配置相应的保护作为发电机的主保护：

4.2.3.1 1MW 及以下单独运行的发电机，如中性点侧有引出线，则在中性点侧装设过电流保护，如中性点侧无引出线，则在发电机端装设低电压保护。

4.2.3.2 1MW 及以下与其他发电机或与电力系统并列运行的发电机，应在发电机端装设电流速断保护。如电流速断灵敏系数不符合要求，可装设纵联差动保护；对中性点侧没有引出线的发电机，可装设低压过流保护。

4.2.3.3 1MW以上的发电机，应装设纵联差动保护。

4.2.3.4 对100MW以下的发电机变压器组，当发电机与变压器之间有断路器时，发电机与变压器宜分别装设单独的纵联差动保护功能。

4.2.3.5 对100MW及以上发电机变压器组，应装设双重主保护，每一套主保护宜具有发电机纵联差动保护和变压器纵联差动保护功能。

4.2.3.6 在穿越性短路、穿越性励磁涌流及自同步或非同步合闸过程中，纵联差动保护应采取措施，减轻电流互感器饱和及剩磁的影响，提高保护动作可靠性。

4.2.3.7 纵联差动保护，应装设电流回路断线监视装置，断线后动作于信号。电流回路断线允许差动保护跳闸。

4.2.3.8 本条中规定装设的过电流保护、电流速断保护、低电压保护、低压过流和差动保护均应动作于停机。

4.2.4 发电机定子绕组的单相接地故障的保护应符合以下要求：

4.2.4.1 发电机定子绕组单相接地故障电流允许值按制造厂的规定值，如无制造厂提供的规定值可参照表1中所列数据。

表1 发电机定子绕组单相接地故障电流允许值

发电机额定电压（kV）	发电机额定容量（MW）		接地电流允许值（A）
6.3	≤50		4
10.5	汽轮发电机	50～100	3
	水轮发电机	10～100	
13.8～15.75	汽轮发电机	125～200	2[a]
	水轮发电机	40～225	
18～20	300～600		1

a 对氢冷发电机为2.5。

4.2.4.2 与母线直接连接的发电机：当单相接地故障电流（不考虑消弧线圈的补偿作用）大于允许值（参照表1）时，应装设有选择性的接地保护装置。

保护装置由装于机端的零序电流互感器和电流继电器构成。其动作电流按躲过不平衡电流和外部单相接地时发电机稳态电容电流整定。接地保护带时限动作于信号，但当消弧线圈退出运行或由于其他原因使残余电流大于接地电流允许值，应切换为动作于停机。

当未装接地保护，或装有接地保护但由于运行方式改变及灵敏系数不符合要求等原因不能动作时，可由单相接地监视装置动作于信号。

为了在发电机与系统并列前检查有无接地故障，保护装置应能监视发电机端零序电压值。

4.2.4.3 发电机变压器组：对100MW以下发电机，应装设保护区不小于90%的定子接地保护，对100MW及以上的发电机，应装设保护区为100%的定子接地保护。保护带时限动作于信号，必要时也可以动作于停机。

为检查发电机定子绕组和发电机回路的绝缘状况，保护装置应能监视发电机端零序电压值。

4.2.5 对发电机定子匝间短路，应按下列规定装设定子匝间保护：

4.2.5.1 对定子绕组为星形接线、每相有并联分支且中性点侧有分支引出端的发电机，应装设零序电流型横差保护或裂相横差保护、不完全纵差保护。

4.2.5.2 50MW 及以上发电机，当定子绕组为星形接线，中性点只有三个引出端子时，根据用户和制造厂的要求，也可装设专用的匝间短路保护。

4.2.6 对发电机外部相间短路故障和作为发电机主保护的后备，应按下列规定配置相应的保护，保护装置宜配置在发电机的中性点侧：

4.2.6.1 对于 1MW 及以下与其他发电机或与电力系统并列运行的发电机，应装设过电流保护。

4.2.6.2 1MW 以上的发电机，宜装设复合电压（包括负序电压及线电压）起动的过电流保护。灵敏度不满足要求时可增设负序过电流保护。

4.2.6.3 50MW 及以上的发电机，宜装设负序过电流保护和单元件低压起动过电流保护。

4.2.6.4 自并励（无串联变压器）发电机，宜采用带电流记忆（保持）的低压过电流保护。

4.2.6.5 并列运行的发电机和发电机变压器组的后备保护，对所连接母线的相间故障，应具有必要的灵敏系数，并不宜低于附录 A 中表 A.1 所列数值。

4.2.6.6 本条中规定装设的以上各项保护装置，宜带有二段时限，以较短的时限动作于缩小故障影响的范围或动作于解列，以较长的时限动作于停机。

4.2.6.7 对于按 4.2.8.2 和 4.2.9.2 规定装设了定子绕组反时限过负荷及反时限负序过负荷保护，且保护综合特性对发电机变压器组所连接高压母线的相间短路故障具有必要的灵敏系数，并满足时间配合要求，可不再装设 4.2.6.2 规定的后备保护。保护宜动作于停机。

4.2.7 对发电机定子绕组的异常过电压，应按下列规定装设过电压保护：

4.2.7.1 对水轮发电机，应装设过电压保护，其整定值根据定子绕组绝缘状况决定。过电压保护宜动作于解列灭磁。

4.2.7.2 对于 100MW 及以上的汽轮发电机，宜装设过电压保护，其整定值根据定子绕组绝缘状况决定。过电压保护宜动作于解列灭磁或程序跳闸。

4.2.8 对过负荷引起的发电机定子绕组过电流，应按下列规定装设定子绕组过负荷保护：

4.2.8.1 定子绕组非直接冷却的发电机，应装设定时限过负荷保护，保护接一相电流，带时限动作于信号。

4.2.8.2 定子绕组为直接冷却且过负荷能力较低（例如低于 1.5 倍、60s），过负荷保护由定时限和反时限两部分组成。

定时限部分：动作电流按在发电机长期允许的负荷电流下能可靠返回的条件整定，带时限动作于信号，在有条件时，可动作于自动减负荷。

反时限部分：动作特性按发电机定子绕组的过负荷能力确定，动作于停机。保护应反应电流变化时定子绕组的热积累过程。不考虑在灵敏系数和时限方面与其他相间短路保护相配合。

4.2.9 对不对称负荷、非全相运行及外部不对称短路引起的负序电流，应按下列规定装设发电机转子表层过负荷保护：

4.2.9.1 50MW 及以上 A 值（转子表层承受负序电流能力的常数）大于 10 的发电机，应装设定时限负序过负荷保护。保护与 4.2.6.3 的负序过电流保护组合在一起。保护的动作电流按躲过发电机长期允许的负序电流值和躲过最大负荷下负序电流滤过器的不平衡电流值整定，带时限动作于信号。

4.2.9.2 100MW 及以上 A 值小于 10 的发电机，应装设由定时限和反时限两部分组成的转子表层过负荷保护。

定时限部分：动作电流按发电机长期允许的负序电流值和躲过最大负荷下负序电流滤过器的不平衡电流值整定，带时限动作于信号。

反时限部分：动作特性按发电机承受短时负序电流的能力确定，动作于停机。保护应能反应电流变化时发电机转子的热积累过程。不考虑在灵敏系数和时限方面与其他相间短路保护相配合。

4.2.10 对励磁系统故障或强励时间过长的励磁绕组过负荷，100MW 及以上采用半导体励磁的发电机，应装设励磁绕组过负荷保护。

300MW 以下采用半导体励磁的发电机，可装设定时限励磁绕组过负荷保护，保护带时限动作于信号和降低励磁电流。

300MW 及以上的发电机其励磁绕组过负荷保护可由定时限和反时限两部分组成。

定时限部分：动作电流按正常运行最大励磁电流下能可靠返回的条件整定，带时限动作于信号和降低励磁电流。

反时限部分：动作特性按发电机励磁绕组的过负荷能力确定，并动作于解列灭磁或程序跳闸。保护应能反应电流变化时励磁绕组的热积累过程。

4.2.11 对 1MW 及以下发电机的转子一点接地故障，可装设定期检测装置。1MW 及以上的发电机应装设专用的转子一点接地保护装置延时动作于信号，宜减负荷平稳停机，有条件时可动作于程序跳闸。对旋转励磁的发电机宜装设一点接地故障定期检测装置。

4.2.12 对励磁电流异常下降或完全消失的失磁故障，应按下列规定装设失磁保护装置：

4.2.12.1 不允许失磁运行的发电机及失磁对电力系统有重大影响的发电机应装设专用的失磁保护。

4.2.12.2 对汽轮发电机，失磁保护宜瞬时或短延时动作于信号，有条件的机组可进行励磁切换。失磁后母线电压低于系统允许值时，带时限动作于解列。当发电机母线电压低于保证厂用电稳定运行要求的电压时，带时限动作于解列，并切换厂用电源。有条件的机组失磁保护也可动作于自动减出力。当减出力至发电机失磁允许负荷以下，其运行时间接近于失磁允许运行限时时，可动作于程序跳闸。

对水轮发电机，失磁保护应带时限动作于解列。

4.2.13 300MW 及以上发电机，应装设过励磁保护。保护装置可装设由低定值和高定值两部分组成的定时限过励磁保护或反时限过励磁保护，有条件时应优先装设反时限过励磁保护。

定时限过励磁保护：

——低定值部分：带时限动作于信号和降低励磁电流。

——高定值部分：动作于解列灭磁或程序跳闸。

反时限过励磁保护：反时限特性曲线由上限定时限、反时限、下限定时限三部分组成。上限定时限、反时限动作于解列灭磁，下限定时限动作于信号。

反时限的保护特性曲线应与发电机的允许过励磁能力相配合。

汽轮发电机装设了过励磁保护可不再装设过电压保护。

4.2.14 对发电机变电动机运行的异常运行方式，200MW 及以上的汽轮发电机，宜装设逆功率保护。对燃汽轮发电机，应装设逆功率保护。保护装置由灵敏的功率继电器构成，带时限动作于信号，经汽轮机允许的逆功率时间延时动作于解列。

4.2.15 对低于额定频率带负载运行的 300MW 及以上汽轮发电机，应装设低频率保护。保护动作于信号，并有累计时间显示。

对高于额定频率带负载运行的 100MW 及以上汽轮发电机或水轮发电机，应装设高频率保护。保护动作于解列灭磁或程序跳闸。

4.2.16 300MW 及以上发电机宜装设失步保护。在短路故障、系统同步振荡、电压回路断线等情况下，保护不应误动作。

通常保护动作于信号。当振荡中心在发电机变压器组内部，失步运行时间超过整定值或电流振荡次数超过规定值时，保护还动作于解列，并保证断路器断开时的电流不超过断路器允许开断电流。

4.2.17 对 300MW 及以上汽轮发电机，发电机励磁回路一点接地、发电机运行频率异常、励磁电流异常下降或消失等异常运行方式，保护动作于停机，宜采用程序跳闸方式。采用程序跳闸方式，由逆功率继电器作为闭锁元件。

4.2.18 对调相运行的水轮发电机，在调相运行期间有可能失去电源时，应装设解列保护，保护装置带时限动作于停机。

4.2.19 对于发电机起停过程中发生的故障、断路器断口闪络及发电机轴电流过大等故障和异常运行方式，可根据机组特点和电力系统运行要求，采取措施或增设相应保护。对 300MW 及以上机组宜装设突然加电压保护。

4.2.20 抽水蓄能发电机组应根据其机组容量和接线方式装设与水轮发电机相当的保护，且应能满足发电机、调相机或电动机运行不同运行方式的要求，并宜装设变频起动和发电机电制动停机需要的保护。

4.2.20.1 差动保护应采用同一套差动保护装置能满足发电机和电动机两种不同运行方式的保护方案。

4.2.20.2 应装设能满足发电机或电动机两种不同运行方式的定时限或反时限负序过电流保护。

4.2.20.3 应根据机组额定容量装设逆功率保护，并应在切换到抽水运行方式时自动退出逆功率保护。

4.2.20.4 应根据机组容量装设能满足发电机运行或电动机运行的失磁、失步保护。并由运行方式切换发电机运行或电动机运行方式下其保护的投退。

4.2.20.5 变频起动时宜闭锁可能由谐波引起误动的各种保护，起动结束时应自动解除其闭锁。

4.2.20.6 对发电机电制动停机，宜装设防止定子绕组端头短接接触不良的保护，保护可短延时动作于切断电制动励磁电流。电制动停机过程宜闭锁会发生误动的保护。

4.2.21 对于 100MW 及以上容量的发电机变压器组装设数字式保护时，除非电量保护外，应双重化配置。当断路器具有两组跳闸线圈时，两套保护宜分别动作于断路器的一组跳闸线圈。

4.2.22 对于 600MW 级及以上发电机组应装设双重化的电气量保护，对非电气量保护应根据主设备配套情况，有条件的也可进行双重化配置。

4.2.23 自并励发电机的励磁变压器宜采用电流速断保护作为主保护；过电流保护作为后备

保护。

对交流励磁发电机的主励磁机的短路故障宜在中性点侧的 TA 回路装设电流速断保护作为主保护，过电流保护作为后备保护。

4.3 电力变压器保护

4.3.1 对升压、降压、联络变压器的下列故障及异常运行状态，应按本条的规定装设相应的保护装置：

    a) 绕组及其引出线的相间短路和中性点直接接地或经小电阻接地侧的接地短路；

    b) 绕组的匝间短路；

    c) 外部相间短路引起的过电流；

    d) 中性点直接接地或经小电阻接地电力网中外部接地短路引起的过电流及中性点过电压；

    e) 过负荷；

    f) 过励磁；

    g) 中性点非有效接地侧的单相接地故障；

    h) 油面降低；

    i) 变压器油温、绕组温度过高及油箱压力过高和冷却系统故障。

4.3.2 0.4MVA 及以上车间内油浸式变压器和 0.8MVA 及以上油浸式变压器，均应装设瓦斯保护。

当壳内故障产生轻微瓦斯或油面下降时，应瞬时动作于信号；当壳内故障产生大量瓦斯时，应瞬时动作于断开变压器各侧断路器。

带负荷调压变压器充油调压开关，亦应装设瓦斯保护。

瓦斯保护应采取措施，防止因瓦斯继电器的引线故障、震动等引起瓦斯保护误动作。

4.3.3 对变压器的内部、套管及引出线的短路故障，按其容量及重要性的不同，应装设下列保护作为主保护，并瞬时动作于断开变压器的各侧断路器：

4.3.3.1 电压在 10kV 及以下、容量在 10MVA 及以下的变压器，采用电流速断保护。

4.3.3.2 电压在 10kV 以上、容量在 10MVA 及以上的变压器，采用纵差保护。对于电压为 10kV 的重要变压器，当电流速断保护灵敏度不符合要求时也可采用纵差保护。

4.3.3.3 电压为 220kV 及以上的变压器装设数字式保护时，除非电量保护外，应采用双重化保护配置。当断路器具有两组跳闸线圈时，两套保护宜分别动作于断路器的一组跳闸线圈。

4.3.4 纵联差动保护应满足下列要求：

    a) 应能躲过励磁涌流和外部短路产生的不平衡电流；

    b) 在变压器过励磁时不应误动作；

    c) 在电流回路断线时应发出断线信号，电流回路断线允许差动保护动作跳闸；

    d) 在正常情况下，纵联差动保护的保护范围应包括变压器套管和引出线，如不能包括引出线时，应采取快速切除故障的辅助措施。在设备检修等特殊情况下，允许差动保护短时利用变压器套管电流互感器，此时套管和引线故障由后备保护动作切除；如电网安全稳定运行有要求时，应将纵联差动保护切至旁路断路器的电流互感器。

4.3.5 对外部相间短路引起的变压器过电流，变压器应装设相间短路后备保护。保护带延时跳开相应的断路器。相间短路后备保护宜选用过电流保护、复合电压（负序电压和线间电压）起动的过电流保护或复合电流保护（负序电流和单相式电压起动的过电流保护）。

4.3.5.1　35kV～66kV 及以下中小容量的降压变压器，宜采用过电流保护。保护的整定值要考虑变压器可能出现的过负荷。

4.3.5.2　110kV～500kV 降压变压器、升压变压器和系统联络变压器，间间短路后备保护用过电流保护不能满足灵敏性要求时，宜采用复合电压起动的过电流保护或复合电流保护。

4.3.6　对降压变压器、升压变压器和系统联络变压器，根据各侧接线、连接的系统和电源情况的不同，应配置不同的相间短路后备保护，该保护宜考虑能反映电流互感器与断路器之间的故障。

4.3.6.1　单侧电源双绕组变压器和三绕组变压器，相间短路后备保护宜装于各侧。非电源侧保护带两段或三段时限，用第一时限断开本侧母联或分段断路器，缩小故障影响范围；用第二时限断开本侧断路器；用第三时限断开变压器各侧断路器。电源侧保护带一段时限，断开变压器各侧断路器。

4.3.6.2　两侧或三侧有电源的双绕组变压器和三绕组变压器，各侧相间短路后备保护可带两段或三段时限。为满足选择性的要求或为降低后备保护的动作时间，相间短路后备保护可带方向，方向宜指向各侧母线，但断开变压器各侧断路器的后备保护不带方向。

4.3.6.3　低压侧有分支，并接至分开运行母线段的降压变压器，除在电源侧装设保护外，还应在每个分支装设相间短路后备保护。

4.3.6.4　如变压器低压侧无专用母线保护，变压器高压侧相间短路后备保护，对低压侧母线相间短路灵敏度不够时，为提高切除低压侧母线故障的可靠性，可在变压器低压侧配置两套相间短路后备保护。该两套后备保护接至不同的电流互感器。

4.3.6.5　发电机变压器组，在变压器低压侧不另设相间短路后备保护，而利用装于发电机中性点侧的相间短路后备保护，作为高压侧外部、变压器和分支线相间短路后备保护。

4.3.6.6　相间后备保护对母线故障灵敏度应符合要求。为简化保护，当保护作为相邻线路的远后备时，可适当降低对保护灵敏度的要求。

4.3.7　与 110kV 及以上中性点直接接地电网连接的降压变压器、升压变压器和系统联络变压器，对外部单相接地短路引起的过电流，应装设接地短路后备保护，该保护宜考虑能反映电流互感器与断路器之间的接地故障。

4.3.7.1　在中性点直接接地的电网中，如变压器中性点直接接地运行，对单相接地引起的变压器过电流，应装设零序过电流保护，保护可由两段组成，其动作电流与相关线路零序过电流保护相配合。每段保护可设两个时限，并以较短时限动作于缩小故障影响范围，或动作于本侧断路器，以较长时限动作于断开变压器各侧断路器。

4.3.7.2　对 330kV、500kV 变压器，为降低零序过电流保护的动作时间和简化保护，高压侧零序一段只带一个时限，动作于断开变压器高压侧断路器；零序二段也只带一个时限，动作于断开变压器各侧断路器。

4.3.7.3　对自耦变压器和高、中压侧均直接接地的三绕组变压器，为满足选择性要求，可增设零序方向元件，方向宜指向各侧母线。

4.3.7.4　普通变压器的零序过电流保护，宜接到变压器中性点引出线回路的电流互感器；零序方向过电流保护宜接到高、中压侧三相电流互感器的零序回路；自耦变压器的零序过电流保护应接到高、中压侧三相电流互感器的零序回路。

4.3.7.5　对自耦变压器，为增加切除单相接地短路的可靠性，可在变压器中性点回路增设零序过电流保护。

4.3.7.6 为提高切除自耦变压器内部单相接地短路故障的可靠性，可增设只接入高、中压侧和公共绕组回路电流互感器的星形接线电流分相差动保护或零序差动保护。

4.3.8 在 110kV、220kV 中性点直接接地的电力网中，当低压侧有电源的变压器中性点可能接地运行或不接地运行时，对外部单相接地短路引起的过电流，以及对因失去接地中性点引起的变压器中性点电压升高，应按下列规定装设后备保护：

4.3.8.1 全绝缘变压器：应按 4.3.7.1 规定装设零序过电流保护，满足变压器中性点直接接地运行的要求。此外，应增设零序过电压保护，当变压器所连接的电力网失去接地中性点时，零序过电压保护经 0.3s～0.5s 时限动作断开变压器各侧断路器。

4.3.8.2 分级绝缘变压器：为限制此类变压器中性点不接地运行时可能出现的中性点过电压，在变压器中性点应装设放电间隙。此时应装设用于中性点直接接地和经放电间隙接地的两套零序过电流保护。此外，还应增设零序过电压保护。用于中性点直接接地运行的变压器按 4.3.7.1 的规定装设保护。用于经间隙接地的变压器，装设反应间隙放电的零序电流保护和零序过电压保护。当变压器所接的电力网失去接地中性点，又发生单相接地故障时，此电流电压保护动作，经 0.3s～0.5s 时限动作断开变压器各侧断路器。

4.3.9 10kV～66kV 系统专用接地变压器应按 4.3.3.1、4.3.3.2、4.3.5 各条的要求配置主保护和相间后备保护。对低电阻接地系统的接地变压器，还应配置零序过电流保护。零序过电流保护宜接于接地变压器中性点回路中的零序电流互感器。当专用接地变压器不经断路器直接接于变压器低压侧时，零序过电流保护宜有三个时限，第一时限断开低压侧母联或分段断路器，第二时限断开主变低压侧断路器，第三时限断开变压器各侧断路器。当专用接地变压器接于低压侧母线上，零序过电流保护宜有两个时限，第一时限断开母联或分段断路器，第二时限断开接地变压器断路器及主变压器各侧断路器。

4.3.10 一次侧接入 10kV 及以下非有效接地系统，绕组为星形——星形接线，低压侧中性点直接接地的变压器，对低压侧单相接地短路应装设下列保护之一：

　　a）在低压侧中性点回路装设零序过电流保护；

　　b）灵敏度满足要求时，利用高压侧的相间过电流保护，此时该保护应采用三相式，保护带时限断开变压器各侧。

4.3.11 0.4MVA 及以上数台并列运行的变压器和作为其他负荷备用电源的单台运行变压器，根据实际可能出现过负荷情况，应装设过负荷保护。自耦变压器和多绕组变压器，过负荷保护应能反应公共绕组及各侧过负荷的情况。

　　过负荷保护可为单相式，具有定时限或反时限的动作特性。对经常有人值班的厂、所过负荷保护动作于信号；在无经常值班人员的变电所，过负荷保护可动作跳闸或切除部分负荷。

4.3.12 对于高压侧为 330kV 及以上的变压器，为防止由于频率降低和/或电压升高引起变压器磁密过高而损坏变压器，应装设过励磁保护。保护应具有定时限或反时限特性并与被保护变压器的过励磁特性相配合。定时限保护由两段组成，低定值动作于信号，高定值动作于跳闸。

4.3.13 对变压器油温、绕组温度及油箱内压力升高超过允许值和冷却系统故障，应装设动作于跳闸或信号的装置。

4.3.14 变压器非电气量保护不应起动失灵保护。

4.4 3kV～10kV 线路保护

3kV～10kV 中性点非有效接地电力网的线路，对相间短路和单相接地应按本条规定装设相应的保护。

4.4.1 相间短路保护应按下列原则配置：

4.4.1.1 保护装置如由电流继电器构成，应接于两相电流互感器上，并在同一网路的所有线路上，均接于相同两相的电流互感器上。

4.4.1.2 保护应采用远后备方式。

4.4.1.3 如线路短路使发电厂厂用母线或重要用户母线电压低于额定电压的 60% 以及线路导线截面过小，不允许带时限切除短路时，应快速切除故障。

4.4.1.4 过电流保护的时限不大于 0.5s～0.7s，且没有 4.4.1.3 所列情况，或没有配合上要求时，可不装设瞬动的电流速断保护。

4.4.2 对相间短路，应按下列规定装设保护：

4.4.2.1 单侧电源线路

可装设两段过电流保护，第一段为不带时限的电流速断保护；第二段为带时限的过电流保护，保护可采用定时限或反时限特性。

带电抗器的线路，如其断路器不能切断电抗器前的短路，则不应装设电流速断保护。此时，应由母线保护或其他保护切除电抗器前的故障。

自发电厂母线引出的不带电抗器的线路，应装设无时限电流速断保护，其保护范围应保证切除所有使该母线残余电压低于额定电压 60% 的短路。为满足这一要求，必要时，保护可无选择性动作，并以自动重合闸或备用电源自动投入来补救。

保护装置仅装在线路的电源侧。

线路不应多级串联，以一级为宜，不应超过二级。

必要时，可配置光纤电流差动保护作为主保护，带时限的过电流保护为后备保护。

4.4.2.2 双侧电源线路

a）可装设带方向或不带方向的电流速断保护和过电流保护。

b）短线路、电缆线路、并联连接的电缆线路宜采用光纤电流差动保护作为主保护，带方向或不带方向的电流保护作为后备保护。

c）并列运行的平行线路。

尽可能不并列运行，当必须并列运行时，应配以光纤电流差动保护，带方向或不带方向的电流保护作后备保护。

4.4.2.3 环形网络的线路

3kV～10kV 不宜出现环形网络的运行方式，应开环运行。当必须以环形方式运行时，为简化保护，可采用故障时将环网自动解列而后恢复的方法，对于不宜解列的线路，可参照 4.4.2.2 的规定。

4.4.2.4 发电厂厂用电源线

发电厂厂用电源线（包括带电抗器的电源线），宜装设纵联差动保护和过电流保护。

4.4.3 对单相接地短路，应按下列规定装设保护：

4.4.3.1 在发电厂和变电所母线上，应装设单相接地监视装置。监视装置反应零序电压，动作于信号。

4.4.3.2 有条件安装零序电流互感器的线路，如电缆线路或经电缆引出的架空线路，当单相接地电流能满足保护的选择性和灵敏性要求时，应装设动作于信号的单相接地保护。如不能安装零序电流互感器，而单相接地保护能够躲过电流回路中的不平衡电流的影响，例如单相接地电流较大，或保护反应接地电流的暂态值等，也可将保护装置接于三相电流互感器构成的零序回路中。

4.4.3.3 在出线回路数不多，或难以装设选择性单相接地保护时，可用依次断开线路的方法，寻找故障线路。

4.4.3.4 根据人身和设备安全的要求，必要时，应装设动作于跳闸的单相接地保护。

4.4.4 对线路单相接地，可利用下列电流，构成有选择性的电流保护或功率方向保护：

    a）网络的自然电容电流；

    b）消弧线圈补偿后的残余电流，例如残余电流的有功分量或高次谐波分量；

    c）人工接地电流，但此电流应尽可能地限制在 10A～20A 以内；

    d）单相接地故障的暂态电流。

4.4.5 可能时常出现过负荷的电缆线路，应装设过负荷保护。保护宜带时限动作于信号，必要时可动作于跳闸。

4.4.6 3kV～10kV 经低电阻接地单侧电源单回线路，除配置相间故障保护外，还应配置零序电流保护。

4.4.6.1 零序电流构成方式：可用三相电流互感器组成零序电流滤过器，也可加装独立的零序电流互感器，视接地电阻阻值、接地电流和整定值大小而定。

4.4.6.2 应装设二段零序电流保护，第一段为零序电流速断保护，时限宜与相间速断保护相同，第二段为零序过电流保护，时限宜与相间过电流保护相同。若零序时限速断保护不能保证选择性需要时，也可以配置两套零序过电流保护。

4.5 35kV～66kV 线路保护

    35kV～66kV 中性点非有效接地电力网的线路，对相间短路和单相接地，应按本条的规定装设相应的保护。

4.5.1 对相间短路，保护应按下列原则配置：

4.5.1.1 保护装置采用远后备方式。

4.5.1.2 下列情况应快速切除故障：

    a）如线路短路，使发电厂厂用母线电压低于额定电压的 60％时；

    b）如切除线路故障时间长，可能导致线路失去热稳定时；

    c）城市配电网络的直馈线路，为保证供电质量需要时；

    d）与高压电网邻近的线路，如切除故障时间长，可能导致高压电网产生稳定问题时。

4.5.2 对相间短路，应按下列规定装设保护装置：

4.5.2.1 单侧电源线路

    可装设一段或两段式电流速断保护和过电流保护，必要时可增设复合电压闭锁元件。

    由几段线路串联的单侧电源线路及分支线路，如上述保护不能满足选择性、灵敏性和速动性的要求时，速断保护可无选择地动作，但应以自动重合闸来补救。此时，速断保护应躲开降压变压器低压母线的短路。

4.5.2.2 复杂网络的单回线路

    a）可装设一段或两段式电流速断保护和过电流保护，必要时，保护可增设复合电压闭锁元件和方向元件。如不满足选择性、灵敏性和速动性的要求或保护构成过于复杂时，宜采用距离保护。

b）电缆及架空短线路，如采用电流电压保护不能满足选择性、灵敏性和速动性要求时，宜采用光纤电流差动保护作为主保护，以带方向或不带方向的电流电压保护作为后备保护。

c）环形网络宜开环运行，并辅以重合闸和备用电源自动投入装置来增加供电可靠性。如必须环网运行，为了简化保护，可采用地先将网络自动解列而后恢复的方法。

4.5.2.3 平行线路

平行线路宜分列运行，如必须并列运行时，可根据其电压等级，重要程度和具体情况按下列方式之一装设保护，整定有困难时，允许双回线延时段保护之间的整定配合无选择性：

a）装设全线速动保护作为主保护，以阶段式距离保护作为后备保护；

b）装设有相继动作功能的阶段式距离保护作为主保护和后备保护。

4.5.3 中性点经低电阻接地的单侧电源线路装设一段或两段三相式电流保护，作为相间故障的主保护和后备保护；装设一段或两段零序电流保护，作为接地故障的主保护和后备保护。

串联供电的几段线路，在线路故障时，几段线路可以采用前加速的方式同时跳闸，并用顺序重合闸和备用电源自动投入装置来提高供电可靠性。

4.5.4 对中性点不接地或经消弧线圈接地线路的单相接地故障，保护的装设原则及构成方式按本规程4.4.3和4.4.4的规定执行。

4.5.5 可能出现过负荷的电缆线路或电缆与架空混合线路，应装设过负荷保护，保护宜带时限动作于信号，必要时可动作于跳闸。

4.6 110kV～220kV 线路保护

110kV～220kV 中性点直接接地电力网的线路，应按本条的规定装设反应相间短路和接地短路的保护。

4.6.1 110kV 线路保护

4.6.1.1 110kV 双侧电源线路符合下列条件之一时，应装设一套全线速动保护。

a）根据系统稳定要求有必要时；

b）线路发生三相短路，如使发电厂厂用母线电压低于允许值（一般为60%额定电压），且其他保护不能无时限和有选择地切除短路时；

c）如电力网的某些线路采用全线速动保护后，不仅改善本线路保护性能，而且能够改善整个电网保护的性能。

4.6.1.2 对多级串联或采用电缆的单侧电源线路，为满足快速性和选择性的要求，可装设全线速动保护作为主保护。

4.6.1.3 110kV 线路的后备保护宜采用远后备方式。

4.6.1.4 单侧电源线路，可装设阶段式相电流和零序电流保护，作为相间和接地故障的保护，如不能满足要求，则装设阶段式相间和接地距离保护，并辅之用于切除经电阻接地故障的一段零序电流保护。

4.6.1.5 双侧电源线路，可装设阶段式相间和接地距离保护，并辅之用于切除经电阻接地故障的一段零序电流保护。

4.6.1.6 对带分支的110kV 线路，可按4.6.5的规定执行。

4.6.2 220kV 线路保护

220kV 线路保护应按加强主保护简化后备保护的基本原则配置和整定。

a) 加强主保护是指全线速动保护的双重化配置，同时，要求每一套全线速动保护的功能完整，对全线路内发生的各种类型故障，均能快速动作切除故障。对于要求实现单相重合闸的线路，每套全线速动保护应具有选相功能。当线路在正常运行中发生不大于 100Ω 电阻的单相接地故障时，全线速动保护应有尽可能强的选相能力，并能正确动作跳闸。

b) 简化后备保护是指主保护双重化配置，同时，在每一套全线速动保护的功能完整的条件下，带延时的相间和接地Ⅱ，Ⅲ段保护（包括相间和接地距离保护、零序电流保护），允许与相邻线路和变压器的主保护配合，从而简化动作时间的配合整定。如双重化配置的主保护均有完善的距离后备保护，则可以不使用零序电流Ⅰ，Ⅱ段保护，仅保留用于切除经不大于 100Ω 电阻接地故障的一段定时限和/或反时限零序电流保护。

c) 线路主保护和后备保护的功能及作用。

能够快速有选择性地切除线路故障的全线速动保护以及不带时限的线路Ⅰ段保护都是线路的主保护。每一套全线速动保护对全线路内发生的各种类型故障均有完整的保护功能，两套全线速动保护可以互为近后备保护。线路Ⅱ段保护是全线速动保护的近后备保护。通常情况下，在线路保护工段范围外发生故障时，如其中一套全线速动保护拒动，应由另一套全线速动保护切除故障，特殊情况下，当两套全线速动保护均拒动时，如果可能，则由线路Ⅱ段保护切除故障，此时，允许相邻线路保护Ⅱ段失去选择性。线路Ⅲ段保护是本线路的延时近后备保护，同时尽可能作为相邻线路的远后备保护。

4.6.2.1 对 220kV 线路，为了有选择性地快速切除故障，防止电网事故扩大，保证电网安全、优质、经济运行，一般情况下，应按下列要求装设两套全线速动保护，在旁路断路器代线路运行时，至少应保留一套全线速动保护运行。

a) 两套全线速动保护的交流电流、电压回路和直流电源彼此独立。对双母线接线，两套保护可合用交流电压回路；

b) 每一套全线速动保护对全线路内发生的各种类型故障，均能快速动作切除故障；

c) 对要求实现单相重合闸的线路，两套全线速动保护应具有选相功能；

d) 两套主保护应分别动作于断路器的一组跳闸线圈；

e) 两套全线速动保护分别使用独立的远方信号传输设备。

f) 具有全线速动保护的线路，其主保护的整组动作时间应为：对近端故障：≤20ms；对远端故障：≤30ms（不包括通道时间）。

4.6.2.2 220kV 线路的后备保护宜采用近后备方式。但某些线路，如能实现远后备，则宜采用远后备，或同时采用远、近结合的后备方式。

4.6.2.3 对接地短路，应按下列规定之一装设后备保护。

对 220kV 线路，当接地电阻不大于 100Ω 时，保护应能可靠地切除故障。

a) 宜装设阶段式接地距离保护并辅之用于切除经电阻接地故障的一段定时限和/或反时限零序电流保护。

b) 可装设阶段式接地距离保护，阶段式零序电流保护或反时限零序电流保护，根据具体情况使用。

c) 为快速切除中长线路出口短路故障，在保护配置中宜有专门反应近端接地故障的辅助保护功能。

符合 4.6.2.1 规定时，除装设全线速动保护外，还应按本条的规定，装设接地后备保护和辅助保护。

4.6.2.4 对相间短路，应按下列规定装设保护装置：

a) 宜装设阶段式相间距离保护；

b) 为快速切除中长线路出口短路故障，在保护配置中宜有专门反应近端相间故障的辅助保护功能。

符合4.6.2.1规定时，除装设全线速动保护外，还应按本条的规定，装设相间短路后备保护和辅助保护。

4.6.3 对需要装设全线速动保护的电缆线路及架空短线路，宜采用光纤电流差动保护作为全线速动主保护。对中长线路，有条件时宜采用光纤电流差动保护作为全线速动主保护。接地和相间短路保护分别按4.6.2.3和4.6.2.4中的相应规定装设。

4.6.4 并列运行的平行线，宜装设与一般双侧电源线路相同的保护，对电网稳定影响较大的同杆双回线路，按4.7.5的规定执行。

4.6.5 不宜在电网的联络线上接入分支线路或分支变压器。对带分支的线路，可装设与不带分支时相同的保护，但应考虑下述特点，并采取必要的措施。

4.6.5.1 当线路有分支时，线路侧保护对线路分支上的故障，应首先满足速动性，对分支变压器故障，允许跳线路侧断路器。

4.6.5.2 如分支变压器低压侧有电源，还应对高压侧线路故障装设保护装置，有解列点的小电源侧按无电源处理，可不装设保护。

4.6.5.3 分支线路上当采用电力载波闭锁式纵联保护时，应按下列规定执行：

a) 不论分支侧有无电源，当纵联保护能躲开分支变压器的低压侧故障，并对线路及其分支上故障有足够灵敏度时，可不在分支侧另设纵联保护，但应装设高频阻波器。当不符合上述要求时，在分支侧可装设变压器低压侧故障起动的高频闭锁发信装置。当分支侧变压器低压侧有电源且须在分支侧快速切除故障时，宜在分支侧也装设纵联保护。

b) 母线差动保护和断路器位置触点，不应停发高频闭锁信号，以免线路对侧跳闸，使分支线与系统解列。

4.6.5.4 对并列运行的平行线上的平行分支，如有两台变压器，宜将变压器分接于每一分支上，且高、低压侧都不允许并列运行。

4.6.6 对各类双断路器接线方式的线路，其保护应按线路为单元装设，重合闸装置及失灵保护等应按断路器为单元装设。

4.6.7 电缆线路或电缆架空混合线路，应装设过负荷保护。保护宜动作于信号，必要时可动作于跳闸。

4.6.8 电气化铁路供电线路：采用三相电源对电铁负荷供电的线路，可装设与一般线路相同的保护。采用两相电源对电铁负荷供电的线路，可装设两段式距离、两段式电流保护。同时还应考虑下述特点，并采取必要的措施。

4.6.8.1 电气化铁路供电产生的不对称分量和冲击负荷可能会使线路保护装置频繁起动，必要时，可增设保护装置快速复归的回路。

4.6.8.2 电气化铁路供电在电网中造成的谐波分量可能导致线路保护装置误动，必要时，可增设谐波分量闭锁回路。

4.7 330kV～500kV 线路保护

4.7.1 330kV～500kV 线路对继电保护的配置和对装置技术性能的要求，除按4.6.2及

4.6.3 要求外，还应考虑下列问题：

    a) 线路输送功率大，稳定问题严重，要求保护动作快，可靠性高及选择性好；

    b) 线路采用大截面分裂导线、不完全换位及紧凑型线路所带来的影响；

    c) 长线路、重负荷，电流互感器变比大，二次电流小对保护装置的影响；

    d) 同杆并架双回线路发生跨线故障对两回线跳闸和重合闸的不同要求；

    e) 采用大容量发电机、变压器所带来的影响；

    f) 线路分布电容电流明显增大所带来的影响；

    g) 系统装设串联电容补偿和并联电抗器等设备所带来的影响；

    h) 交直流混合电网所带来的影响；

    i) 采用带气隙的电流互感器和电容式电压互感器，对电流、电压传变过程所带来的影响；

    j) 高频信号在长线路上传输时，衰耗较大及通道干扰电平较高所带来的影响以及采用光缆、微波迂回通道时所带来的影响。

4.7.2 330kV～500kV 线路，应按下列原则实现主保护双重化：

    a) 设置两套完整、独立的全线速动主保护；

    b) 两套全线速动保护的交流电流、电压回路，直流电源互相独立（对双母线接线，两套保护可合用交流电压回路）；

    c) 每一套全线速动保护对全线路内发生的各种类型故障，均能快速动作切除故障；

    d) 对要求实现单相重合闸的线路，两套全线速动保护应有选相功能，线路正常运行中发生接地电阻为 4.7.3c) 中规定数值的单相接地故障时，保护应有尽可能强的选相能力，并能正确动作跳闸；

    e) 每套全线速动保护应分别动作于断路器的一组跳闸线圈；

    f) 每套全线速动保护应分别使用互相独立的远方信号传输设备；

    g) 具有全线速动保护的线路，其主保护的整组动作时间应为：

        对近端故障：≤20ms；

        对远端故障：≤30ms（不包括通道传输时间）。

4.7.3 330kV～500kV 线路，应按下列原则设置后备保护：

    a) 采用近后备方式；

    b) 后备保护应能反应线路的各种类型故障；

    c) 接地后备保护应保证在接地电阻不大于下列数值时，有尽可能强的选相能力，并能正确动作跳闸：

        330kV 线路：150Ω；

        500kV 线路：300Ω。

    d) 为快速切除中长线路出口故障，在保护配置中宜有专门反应近端故障的辅助保护功能。

4.7.4 当 330kV～500kV 线路双重化的每套主保护装置都具有完善的后备保护时，可不再另设后备保护。只要其中一套主保护装置不具有后备保护时，则必须再设一套完整、独立的后备保护。

4.7.5 330kV～500kV 同杆并架线路发生跨线故障时，根据电网的具体情况，当发生跨线异名相瞬时故障允许双回线同时跳闸时，可装设与一般双侧电源线路相同的保护；对电网稳定影响较大的同杆并架线路，宜配置分相电流差动或其他具有跨线故障选相功能的全线速动保护，以减少同杆双回线路同时跳闸的可能性。

4.7.6 根据一次系统过电压要求装设过电压保护，保护的整定值和跳闸方式由一次系统确定。

过电压保护应测量保护安装处的电压，并作用于跳闸。当本侧断路器已断开而线路仍然过电压时，应通过发送远方跳闸信号跳线路对侧断路器。

4.7.7 装有串联补偿电容的 330kV～500kV 线路和相邻线路，应按 4.7.2 和 4.7.3 的规定装设线路主保护和后备保护，并应考虑下述特点对保护的影响，采取必要的措施防止不正确动作：

4.7.7.1 由于串联电容的影响可能引起故障电流、电压的反相；

4.7.7.2 故障时串联电容保护间隙的击穿情况；

4.7.7.3 电压互感器装设位置（在电容器的母线侧或线路侧）对保护装置工作的影响。

4.8 母线保护

4.8.1 对 220kV～500kV 母线，应装设快速有选择地切除故障的母线保护：

a）对一个半断路器接线，每组母线应装设两套母线保护；

b）对双母线、双母线分段等接线，为防止母线保护因检修退出失去保护，母线发生故障会危及系统稳定和使事故扩大时，宜装设两套母线保护。

4.8.2 对发电厂和变电所的 35kV～110kV 电压的母线，在下列情况下应装设专用的母线保护：

a）110kV 双母线；

b）110kV 单母线、重要发电厂或 110kV 以上重要变电所的 35kV～66kV 母线，需要快速切除母线上的故障时；

c）35kV～66kV 电力网中，主要变电所的 35kV～66kV 双母线或分段单母线需快速而有选择地切除一段或一组母线上的故障，以保证系统安全稳定运行和可靠供电。

4.8.3 对发电厂和主要变电所的 3kV～10kV 分段母线及并列运行的双母线，一般可由发电机和变压器的后备保护实现对母线的保护。在下列情况下，应装设专用母线保护：

a）须快速而有选择地切除一段或一组母线上的故障，以保证发电厂及电力网安全运行和重要负荷的可靠供电时；

b）当线路断路器不允许切除线路电抗器前的短路时。

4.8.4 对 3kV～10kV 分段母线宜采用不完全电流差动保护，保护装置仅接入有电源支路的电流。保护装置由两段组成，第一段采用无时限或带时限的电流速断保护，当灵敏系数不符合要求时，可采用电压闭锁电流速断保护；第二段采用过电流保护，当灵敏系数不符合要求时，可将一部分负荷较大的配电线路接入差动回路，以降低保护的起动电流。

4.8.5 专用母线保护应满足以下要求：

a）保护应能正确反应母线保护区内的各种类型故障，并动作于跳闸；

b）对各种类型区外故障，母线保护不应由于短路电流中的非周期分量引起电流互感器的暂态饱和而误动作；

c）对构成环路的各类母线（如一个半断路器接线、双母线分段接线等），保护不应因母线故障时流出母线的短路电流影响而拒动；

d）母线保护应能适应被保护母线的各种运行方式：

1) 应能在双母线分组或分段运行时，有选择性地切除故障母线；

2) 应能自动适应双母线连接元件运行位置的切换。切换过程中保护不应误动作，不应造成电流互感器的开路；切换过程中，母线发生故障，保护应能正确动作切除故障；切换过程中，区外发生故障，保护不应误动作；

3) 母线充电合闸于有故障的母线时，母线保护应能正确动作切除故障母线。

e) 双母线接线的母线保护，应设有电压闭锁元件。

1) 对数字式母线保护装置，可在起动出口继电器的逻辑中设置电压闭锁回路，而不在跳闸出口接点回路上串接电压闭锁触点；

2) 对非数字式母线保护装置电压闭锁接点应分别与跳闸出口触点串接。母联或分段断路器的跳闸回路可不经电压闭锁触点控制。

f) 双母线的母线保护，应保证：

1) 母联与分段断路器的跳闸出口时间不应大于线路及变压器断路器的跳闸出口时间。

2) 能可靠切除母联或分段断路器与电流互感器之间的故障。

g) 母线保护仅实现三相跳闸出口；且应允许接于本母线的断路器失灵保护共用其跳闸出口回路。

h) 母线保护动作后，除一个半断路器接线外，对不带分支且有纵联保护的线路，应采取措施，使对侧断路器能速动跳闸。

i) 母线保护应允许使用不同变比的电流互感器。

j) 当交流电流回路不正常或断线时应闭锁母线差动保护，并发出告警信号，对一个半断路器接线可以只发告警信号不闭锁母线差动保护。

k) 闭锁元件起动、直流消失、装置异常、保护动作跳闸应发出信号。此外，应具有起动遥信及事件记录触点。

4.8.6 在旁路断路器和兼作旁路的母联断路器或分段断路器上，应装设可代替线路保护的保护装置。在旁路断路器代替线路断路器期间，如必须保持线路纵联保护运行，可将该线路的一套纵联保护切换到旁路断路器上，或者采取其他措施，使旁路断路器仍有纵联保护在运行。

4.8.7 在母联或分段断路器上，宜配置相电流或零序电流保护，保护应具备可瞬时和延时跳闸的回路，作为母线充电保护，并兼作新线路投运时（母联或分段断路器与线路断路器串接）的辅助保护。

4.8.8 对各类双断路器接线方式，当双断路器所连接的线路或元件退出运行而双断路器之间仍连接运行时，应装设短引线保护以保护双断路器之间的连接线故障。

按照近后备方式，短引线保护应为互相独立的双重化配置。

4.9 断路器失灵保护

4.9.1 在220kV～500kV电力网中，以及110kV电力网的个别重要部分，应按下列原则装设一套断路器失灵保护：

a) 线路或电力设备的后备保护采用近后备方式；

b) 如断路器与电流互感器之间发生故障不能由该回路主保护切除形成保护死区，而其他线路或变压器后备保护切除又扩大停电范围，并引起严重后果时（必要时，可为该保护死区增设保护，以快速切除该故障）；

c) 对220kV～500kV分相操作的断路器，可仅考虑断路器单相拒动的情况。

4.9.2 断路器失灵保护的起动应符合下列要求:

4.9.2.1 为提高动作可靠性,必须同时具备下列条件,断路器失灵保护方可起动:

a) 故障线路或电力设备能瞬时复归的出口继电器动作后不返回(故障切除后,起动失灵的保护出口返回时间应不大于30ms);

b) 断路器未断开的判别元件动作后不返回。若主设备保护出口继电器返回时间不符合要求时,判别元件应双重化。

4.9.2.2 失灵保护的判别元件一般应为相电流元件;发电机变压器组或变压器断路器失灵保护的判别元件应采用零序电流元件或负序电流元件。判别元件的动作时间和返回时间均不应大于20ms。

4.9.3 失灵保护动作时间应按下述原则整定:

4.9.3.1 一个半断路器接线的失灵保护应瞬时再次动作于本断路器的两组跳闸线圈跳闸,再经一时限动作于断开其他相邻断路器。

4.9.3.2 单、双母线的失灵保护,视系统保护配置的具体情况,可以较短时限动作于断开与拒动断路器相关的母联及分段断路器,再经一时限动作于断开与拒动断路器连接在同一母线上的所有有源支路的断路器;也可仅经一时限动作于断开与拒动断路器连接在同一母线上的所有有源支路的断路器;变压器断路器的失灵保护还应动作于断开变压器接有电源一侧的断路器。

4.9.4 失灵保护装设闭锁元件的原则是:

4.9.4.1 一个半断路器接线的失灵保护不装设闭锁元件。

4.9.4.2 有专用跳闸出口回路的单母线及双母线断路器失灵保护应装设闭锁元件。

4.9.4.3 与母差保护共用跳闸出口回路的失灵保护不装设独立的闭锁元件,应共用母差保护的闭锁元件,闭锁元件的灵敏度应按失灵保护的要求整定;对数字式保护,闭锁元件的灵敏度宜按母线及线路的不同要求分别整定。

4.9.4.4 设有闭锁元件的,闭锁原则同4.8.5e)。

4.9.4.5 发电机、变压器及高压电抗器断路器的失灵保护,为防止闭锁元件灵敏度不足应采取相应措施或不设闭锁回路。

4.9.5 双母线的失灵保护应能自动适应连接元件运行位置的切换。

4.9.6 失灵保护动作跳闸应满足下列要求:

4.9.6.1 对具有双跳闸线圈的相邻断路器,应同时动作于两组跳闸回路。

4.9.6.2 对远方跳对侧断路器的,宜利用两个传输通道传送跳闸命令。

4.9.6.3 应闭锁重合闸。

4.10 远方跳闸保护

4.10.1 一般情况下220kV～500kV线路,下列故障应传送跳闸命令,使相关线路对侧断路器跳闸切除故障:

a) 一个半断路器接线的断路器失灵保护动作;

b) 高压侧无断路器的线路并联电抗器保护动作;

c) 线路过电压保护动作;

d) 线路变压器组的变压器保护动作;

e) 线路串联补偿电容器的保护动作且电容器旁路断路器拒动或电容器平台故障。

4.10.2 对采用近后备方式的,远方跳闸方式应双重化。

4.10.3 传送跳闸命令的通道，可结合工程具体情况选取：

    a）光缆通道；

    b）微波通道；

    c）电力线载波通道；

    d）控制电缆通道；

    e）其他混合通道。

    一般宜复用线路保护的通道来传送跳闸命令，有条件时，优先选用光缆通道。

4.10.4 为提高远方跳闸的安全性，防止误动作，对采用非数字通道的，执行端应设置故障判别元件。对采用数字通道的，执行端可不设置故障判别元件。

4.10.5 可以作为就地故障判别元件起动量的有：低电流、过电流、负序电流、零序电流、低功率、负序电压、低电压、过电压等。就地故障判别元件应保证对其所保护的相邻线路或电力设备故障有足够灵敏度。

4.10.6 远方跳闸保护的出口跳闸回路应独立于线路保护跳闸回路。

4.10.7 远方跳闸应闭锁重合闸。

4.11 电力电容器组保护

4.11.1 对 3kV 及以上的并联补偿电容器组的下列故障及异常运行方式，应按本条规定装设相应的保护：

    a）电容器组和断路器之间连接线短路；

    b）电容器内部故障及其引出线短路；

    c）电容器组中，某一故障电容器切除后所引起剩余电容器的过电压；

    d）电容器组的单相接地故障；

    e）电容器组过电压；

    f）所连接的母线失压；

    g）中性点不接地的电容器组，各组对中性点的单相短路。

4.11.2 对电容器组和断路器之间连接线的短路，可装设带有短时限的电流速断和过流保护，动作于跳闸。速断保护的动作电流，按最小运行方式下，电容器端部引线发生两相短路时有足够灵敏系数整定，保护的动作时限应防止在出现电容器充电涌流时误动作。过流保护的动作电流，按电容器组长期允许的最大工作电流整定。

4.11.3 对电容器内部故障及其引出线的短路，宜对每台电容器分别装设专用的保护熔断器，熔丝的额定电流可为电容器额定电流的 1.5～2.0 倍。

4.11.4 当电容器组中的故障电容器被切除到一定数量后，引起剩余电容器端电压超过110％额定电压时，保护应将整组电容器断开。为此，可采用下列保护之一：

    a）中性点不接地单星形接线电容器组，可装设中性点电压不平衡保护；

    b）中性点接地单星形接线电容器组，可装设中性点电流不平衡保护；

    c）中性点不接地双星形接线电容器组，可装设中性点间电流或电压不平衡保护；

    d）中性点接地双星形接线电容器组，可装设反应中性点回路电流差的不平衡保护；

    e）电压差动保护；

    f）单星形接线的电容器组，可采用开口三角电压保护。

    电容器组台数的选择及其保护配置时，应考虑不平衡保护有足够的灵敏度，当切除部分故障电容器后，引起剩余电容器的过电压小于或等于额定电压的 105％时，应发出信号；过电压超过额定电压的 110%时，应动作于跳闸。

不平衡保护动作应带有短延时，防止电容器组合闸、断路器三相合闸不同步、外部故障等情况下误动作，延时可取 0.5s。

4.11.5 对电容器组的单相接地故障，可参照 4.4.3 的规定装设保护，但安装在绝缘支架上的电容器组，可不再装设单相接地保护。

4.11.6 对电容器组，应装设过电压保护，带时限动作于信号或跳闸。

4.11.7 电容器应设置失压保护，当母线失压时，带时限切除所有接在母线上的电容器。

4.11.8 高压并联电容器宜装设过负荷保护，带时限动作于信号或跳闸。

4.11.9 串联电容补偿装置，应装设反应下列故障及异常情况的保护：

a）电容器组保护：

1）不平衡电流保护；

2）过负荷保护。

保护应延时告警、经或不经延时动作于三相永久旁路电容器组。

b）MOV（金属氧化物非线性电阻）保护：

1）过温度保护；

2）过电流保护；

3）能量保护。

保护应动作于触发故障相 GAP（间隙），并根据故障情况，单相或三相暂时旁路电容器组。

c）旁路断路器保护：

1）断路器三相不一致保护，经延时三相永久旁路电容器组；

2）断路器失灵保护，经短延时跳开线路两侧断路器。

d）GAP（间隙）保护：

1）GAP 自触发保护；

2）GAP 延时触发保护；

3）GAP 拒触发保护；

4）GAP 长时间导通保护。

保护应动作于三相永久旁路电容器组。

e）平台保护：

反应串联补偿电容器对平台短路故障，保护动作于三相永久旁路电容器组。

f）对可控串联电容补偿装置，还应装设下列保护：

1）可控硅回路过负荷保护；

2）可控阀及相控电抗器故障保护；

3）可控硅触发回路和冷却系统故障保护。

保护动作于三相永久旁路电容器组。

4.12 并联电抗器保护

4.12.1 对油浸式并联电抗器的下列故障及异常运行方式，应装设相应的保护：

a）线圈的单相接地和匝间短路及其引出线的相间短路和单相接地短路；

b）油面降低；

c）油温度升高和冷却系统故障；

d) 过负荷。

4.12.2 当并联电抗器油箱内部产生大量瓦斯时，瓦斯保护应动作于跳闸，当产生轻微瓦斯或油面下降时，瓦斯保护应动作于信号。

4.12.3 对油浸式并联电抗器内部及其引出线的相间和单相接地短路，应按下列规定装设相应的保护：

4.12.3.1 66kV及以下并联电抗器，应装设电流速断保护，瞬时动作于跳闸。

4.12.3.2 220kV～500kV并联电抗器，除非电量保护，保护应双重化配置。

4.12.3.3 纵联差动保护应瞬时动作于跳闸。

4.12.3.4 作为速断保护和差动保护的后备，应装设过电流保护，保护整定值按躲过最大负荷电流整定，保护带时限动作于跳闸。

4.12.3.5 220kV～500kV并联电抗器，应装设匝间短路保护，保护宜不带时限动作于跳闸。

4.12.4 对220kV～500kV并联电抗器，当电源电压升高并引起并联电抗器过负荷时，应装设过负荷保护，保护带时限动作于信号。

4.12.5 对于并联电抗器油温度升高和冷却系统故障，应装设动作于信号或带时限动作于跳闸的保护装置。

4.12.6 接于并联电抗器中性点的接地电抗器，应装设瓦斯保护。当产生大量瓦斯时，保护应动作于跳闸，当产生轻微瓦斯或油面下降时，保护应动作于信号。

对三相不对称等原因引起的接地电抗器过负荷，宜装设过负荷保护，保护带时限动作于信号。

4.12.7 330kV～500kV线路并联电抗器的保护在无专用断路器时，其动作除断开线路的本侧断路器外还应起动远方跳闸装置，断开线路对侧断路器。

4.12.8 66kV及以下干式并联电抗器应装设电流速断保护作电抗器绕组及引线相间短路的主保护；过电流保护作为相间短路的后备保护；零序过电压保护作为单相接地保护，动作于信号。

4.13 异步电动机和同步电动机保护

4.13.1 电压为3kV及以上的异步电动机和同步电动机，对下列故障及异常运行方式，应装设相应的保护：

a) 定子绕组相间短路；

b) 定子绕组单相接地；

c) 定子绕组过负荷；

d) 定子绕组低电压；

e) 同步电动机失步；

f) 同步电动机失磁；

g) 同步电动机出现非同步冲击电流；

h) 相电流不平衡及断相。

4.13.2 对电动机的定子绕组及其引出线的相间短路故障，应按下列规定装设相应的保护：

4.13.2.1 2MW以下的电动机，装设电流速断保护，保护宜采用两相式。

4.13.2.2 2MW及以上的电动机，或2MW以下，但电流速断保护灵敏系数不符合要求时，可装设纵联差动保护。纵联差动保护应防止在电动机自起动过程中误动作。

4.13.2.3 上述保护应动作于跳闸，对于有自动灭磁装置的同步电动机保护还应动作于灭磁。

4.13.3 对单相接地，当接地电流大于 5A 时，应装设单相接地保护。

单相接地电流为 10A 及以上时，保护动作于跳闸；单相接地电流为 10A 以下时，保护可动作于跳闸，也可动作于信号。

4.13.4 下列电动机应装设过负荷保护：

a）运行过程中易发生过负荷的电动机，保护应根据负荷特性，带时限动作于信号或跳闸。

b）起动或自起动困难，需要防止起动或自起动时间过长的电动机，保护动作于跳闸。

4.13.5 下列电动机应装设低电压保护，保护应动作于跳闸：

a）当电源电压短时降低或短时中断后又恢复时，为保证重要电动机自起动而需要断开的次要电动机；

b）当电源电压短时降低或中断后，不允许或不需要自起动的电动机；

c）需要自起动，但为保证人身和设备安全，在电源电压长时间消失后，须从电力网中自动断开的电动机；

d）属 I 类负荷并装有自动投入装置的备用机械的电动机。

4.13.6 2MW 及以上电动机，为反应电动机相电流的不平衡，也作为短路故障的主保护的后备保护，可装设负序过流保护，保护动作于信号或跳闸。

4.13.7 对同步电动机失步，应装设失步保护，保护带时限动作，对于重要电动机，动作于再同步控制回路，不能再同步或不需要再同步的电动机，则应动作于跳闸。

4.13.8 对于负荷变动大的同步电动机，当用反应定子过负荷的失步保护时，应增设失磁保护。失磁保护带时限动作于跳闸。

4.13.9 对不允许非同步冲击的同步电动机，应装设防止电源中断再恢复时造成非同步冲击的保护。

保护应确保在电源恢复前动作。重要电动机的保护，宜动作于再同步控制回路。不能再同步或不需要再同步的电动机，保护应动作于跳闸。

4.14 直流输电系统保护

直流输电系统的控制与保护可以是统一构成的，其中保护部分的功能应满足本条的要求。

4.14.1 直流输电系统保护应覆盖的区域或设备包括：

a）交流滤波器、并联电容器和并联电抗器及交流滤波器组的母线；

b）换流变压器及其交流引线；

c）换流阀及其交流连线；

d）直流极母线；

e）中性母线；

f）平波电抗器；

g）直流滤波器；

h）切换各种运行方式的转换开关、隔离开关及连接线；

i）双极的中性母线与接地极引线的连接区域；

j）接地极引线；

k）直流线路。

4.14.2 直流输电系统保护应能反应如下故障：

a）交流滤波器组/并联电容器组母线上的各种短路故障、过电压；

b）交流滤波器组/并联电容器组的电容器故障，电阻、电感的故障或过载，内部的各种短路，以及元器件参数的改变等；

c）换流变压器及其引线的各种故障（参考变压器保护的有关章节），直流系统对变压器的影响，如直流偏磁；

d）换流器（含整流和逆变）的故障，包括交流连线的接地或相间短路故障、换流器桥短路、过应力（如过压、触发角过大、过热）、丢失触发脉冲或误触发、换相失败等；

e）换流阀故障，包括可控硅元件、阀均压阻尼回路、触发元件、阀基电子回路等；

f）极母线及其相关设备的接地故障及直流过电压；

g）中性母线开路、接地故障、中性母线上的开关故障；

h）直流输电线的金属性接地、高阻接地故障、开路、与其他直流线路或交流线路碰接的故障；

i）金属返回线开路、接地故障；

j）直流滤波器的电容器故障、其他内部元件的故障或过载、滤波器内部接地以及元器件参数的改变等；

k）平波电抗器故障；

l）接地极引线开路、接地故障以及过载；

m）双极的接地极母线与接地极引线的连接区域的接地故障；

n）切换各种运行方式的转换开关和隔离开关的故障；

o）交流系统发生功率振荡或次同步振荡，且直流控制不足以抑制其发展时；

p）由换流母线或交流系统短路等交流系统故障及直流甩负荷，如，逆变站甩掉全部负荷等扰动引起的直流系统过压；

q）直流控制系统故障时以及交流系统故障对直流系统产生的扰动，如产生谐波、功率反转等；

r）并联电抗器的各种故障。

4.14.3 直流输电系统保护设计原则

4.14.3.1 每一保护区应与相邻保护电路的保护区重叠，不能存在保护死区。

4.14.3.2 每一个设备或保护区应具有两套独立的保护，分别使用不同的测量器件、通道、电源和出口，并宜采用不同的构成原理，互为备用。保护的配置应能检测到所有会对设备和运行产生危害的情况。

4.14.3.3 保护应在最短的时间内将故障设备或故障区切除，使故障设备迅速退出运行，并尽可能对相关系统的影响减至最小。

4.14.3.4 保护应能既适用于整流运行，也能适用于逆变运行。

4.14.3.5 由保护起动的故障控制顺序可以通过换流站间的通信系统来优化故障清除后的恢复过程，使故障持续时间最短和系统恢复时间最短。

当换流站间通信系统中断时，如直流系统发生故障，保护应能将系统的扰动减至最小，使设备免受过应力，保证系统安全。

4.14.3.6 直流两个极的保护应完全独立。直流保护的设计应使双极停运率减至最小。

4.14.3.7 应保证在所有条件和运行方式下，直流控制、直流保护及交流保护之间的正确配合，并使故障清除及故障清除后协调恢复得到最优的处理。

4.14.3.8 直流保护与直流控制的功能和参数应正确地协调配合。保护应首先借助直流控制系统的能力去抑制故障的发展，改善直流系统的暂态性能，减少直流系统的停运。

4.14.3.9 所有的保护应具有完备的自检功能。站内工程师应能在系统运行过程中对未投运的备用系统的任何保护功能进行检测，并能对保护的定值进行修改。

4.14.3.10 保护应在硬件、软件上便于系统运行和进行维护。

4.14.3.11 保护应具有数字通信接口，便于系统联网监视、信息共享及远方调度中心控制、查看及监视。

4.14.3.12 直流保护与直流控制的相互配合较多，其间的联系宜采用可靠的数字通信方式。

4.14.3.13 直流保护系统内部应具有完善的故障录波功能，至少要记录保护所使用测点的原始值（未经运算处理）、保护的输出量。

4.14.3.14 直流保护系统宜配置相对独立的数字通道至对站，两极之间的保护通信通道应独立。

5 安全自动装置

5.1 一般规定

5.1.1 在电力系统中，应按照 DL 755 和 DL/T 723 标准的要求，装设安全自动装置，以防止系统稳定破坏或事故扩大，造成大面积停电，或对重要用户的供电长时间中断。

5.1.2 电力系统安全自动装置，是指在电力网中发生故障或出现异常运行时，为确保电网安全与稳定运行，起控制作用的自动装置。如自动重合闸、备用电源或备用设备自动投入、自动切负荷、低频和低压自动减载、电厂事故减出力、切机、电气制动、水轮发电机自起动和调相改发电、抽水蓄能机组由抽水改发电、自动解列、失步解列及自动调节励磁等。

5.1.3 安全自动装置应满足可靠性、选择性、灵敏性和速动性的要求。

5.1.3.1 可靠性是指装置该动作时应动作，不该动作时不动作。为保证可靠性，装置应简单可靠，具备必要的检测和监视措施，便于运行维护。

5.1.3.2 选择性是指安全自动装置应根据事故的特点，按预期的要求实现其控制作用。

5.1.3.3 灵敏性是指安全自动装置的起动和判别元件，在故障和异常运行时能可靠起动和进行正确判断的功能。

5.1.3.4 速动性是指维持系统稳定的自动装置要尽快动作，限制事故影响，应在保证选择性前提下尽快动作的性能。

5.2 自动重合闸

5.2.1 自动重合闸装置应按下列规定装设：

a）3kV 及以上的架空线路及电缆与架空混合线路，在具有断路器的条件下，如用电设备允许且无备用电源自动投入时，应装设自动重合闸装置；

b）旁路断路器与兼作旁路的母线联络断路器，应装设自动重合闸装置；

c）必要时母线故障可采用母线自动重合闸装置。

5.2.2 自动重合闸装置应符合下列基本要求：

a）自动重合闸装置可由保护起动和/或断路器控制状态与位置不对应起动；

b）用控制开关或通过遥控装置将断路器断开，或将断路器投于故障线路上并随即由保护将其断开时，自动重合闸装置均不应动作；

c）在任何情况下（包括装置本身的元件损坏，以及重合闸输出触点的粘住），自动重合闸装置的动作次数应符合预先的规定（如一次重合闸只应动作一次）；

d）自动重合闸装置动作后，应能经整定的时间后自动复归；

e）自动重合闸装置，应能在重合闸后加速继电保护的动作。必要时，可在重合闸前加速继电保护动作；

f）自动重合闸装置应具有接收外来闭锁信号的功能。

5.2.3 自动重合闸装置的动作时限应符合下列要求：

5.2.3.1 对单侧电源线路上的三相重合闸装置，其时限应大于下列时间：

a）故障点灭弧时间（计及负荷侧电动机反馈对灭弧时间的影响）及周围介质去游离时间；

b）断路器及操作机构准备好再次动作的时间。

5.2.3.2 对双侧电源线路上的三相重合闸装置及单相重合闸装置，其动作时限除应考虑5.2.3.1要求外，还应考虑：

a）线路两侧继电保护以不同时限切除故障的可能性；

b）故障点潜供电流对灭弧时间的影响。

5.2.3.3 电力系统稳定的要求。

5.2.4 110kV 及以下单侧电源线路的自动重合闸装置，按下列规定装设：

5.2.4.1 采用三相一次重合闸方式。

5.2.4.2 当断路器断流容量允许时，下列线路可采用两次重合闸方式：

a）无经常值班人员变电所引出的无遥控的单回线；

b）给重要负荷供电，且无备用电源的单回线。

5.2.4.3 由几段串联线路构成的电力网，为了补救速动保护无选择性动作，可采用带前加速的重合闸或顺序重合闸方式。

5.2.5 110kV 及以下双侧电源线路的自动重合闸装置，按下列规定装设：

5.2.5.1 并列运行的发电厂或电力系统之间，具有四条以上联系的线路或三条紧密联系的线路，可采用不检查同步的三相自动重合闸方式。

5.2.5.2 并列运行的发电厂或电力系统之间，具有两条联系的线路或三条联系不紧密的线路，可采用同步检定和无电压检定的三相重合闸方式。

5.2.5.3 双侧电源的单回线路，可采用下列重合闸方式。

a）解列重合闸方式，即将一侧电源解列，另一侧装设线路无电压检定的重合闸方式；

b）当水电厂条件许可时，可采用自同步重合闸方式；

c）为避免非同步重合及两侧电源均重合于故障线路上，可采用一侧无电压检定，另一侧采用同步检定的重合闸方式。

5.2.6 220kV～500kV 线路应根据电力网结构和线路的特点采用下列重合闸方式：

a）对 220kV 单侧电源线路，采用不检查同步的三相重合闸方式；

b）对 220kV 线路，当满足本标准5.2.5.1有关采用三相重合闸方式的规定时，可采用不检查同步的三相自动重合闸方式；

c）对 220kV 线路，当满足本标准5.2.5.2有关采用三相重合闸方式的规定，且电力系统稳定要求能满足时，可采用检查同步的三相自动重合闸方式；

d) 对不符合上述条件的 220kV 线路，应采用单相重合闸方式；

e) 对 330kV～500kV 线路，一般情况下应采用单相重合闸方式；

f) 对可能发生跨线故障的 330kV～500kV 同杆并架双回线路，如输送容量较大，且为了提高电力系统安全稳定运行水平，可考虑采用按相自动重合闸方式。

注：上述三相重合闸方式也包括仅在单相故障时的三相重合闸。

5.2.7 在带有分支的线路上使用单相重合闸装置时，分支侧的自动重合闸装置采用下列方式：

5.2.7.1 分支处无电源方式：

a) 分支处变压器中性点接地时，装设零序电流起动的低电压选相的单相重合闸装置。重合后，不再跳闸。

b) 分支处变压器中性点不接地，但所带负荷较大时，装设零序电压起动的低电压选相的单相重合闸装置。重合后，不再跳闸。当负荷较小时，不装设重合闸装置，也不跳闸。

如分支处无高压电压互感器，可在变压器（中性点不接地）中性点处装设一个电压互感器，当线路接地时，由零序电压保护起动，跳开变压器低压侧三相断路器，重合后，不再跳闸。

5.2.7.2 分支处有电源方式：

a) 如分支处电源不大，可用简单的保护将电源解列后，按 5.2.7.1 规定处理；

b) 如分支处电源较大，则在分支处装设单相重合闸装置。

5.2.8 当采用单相重合闸装置时，应考虑下列问题，并采取相应措施：

a) 重合闸过程中出现的非全相运行状态，如引起本线路或其他线路的保护装置误动作时，应采取措施予以防止；

b) 如电力系统不允许长期非全相运行，为防止断路器一相断开后，由于单相重合闸装置拒绝合闸而造成非全相运行，应具有断开三相的措施，并应保证选择性。

5.2.9 当装有同步调相机和大型同步电动机时，线路重合闸方式及动作时限的选择，宜按双侧电源线路的规定执行。

5.2.10 5.6MVA 及以上低压侧不带电源的单组降压变压器，如其电源侧装有断路器和过电流保护，且变压器断开后将使重要用电设备断电，可装设变压器重合闸装置。当变压器内部故障，瓦斯或差动（或电流速断）保护动作应将重合闸闭锁。

5.2.11 当变电所的母线上设有专用的母线保护，必要时，可采用母线重合闸，当重合于永久性故障时，母线保护应能可靠动作切除故障。

5.2.12 重合闸应按断路器配置。

5.2.13 当一组断路器设置有两套重合闸装置（例如线路的两套保护装置均有重合闸功能）且同时投运时，应有措施保证线路故障后仍仅实现一次重合闸。

5.2.14 使用于电厂出口线路的重合闸装置，应有措施防止重合于永久性故障，以减少对发电机可能造成的冲击。

5.3 备用电源自动投入

5.3.1 在下列情况下，应装设备用电源的自动投入装置（以下简称自动投入装置）：

a) 具有备用电源的发电厂厂用电源和变电所所用电源；

b) 由双电源供电，其中一个电源经常断开作为备用的电源；

c) 降压变电所内有备用变压器或有互为备用的电源；

d）有备用机组的某些重要辅机。

5.3.2 自动投入装置的功能设计应符合下列要求：

a）除发电厂备用电源快速切换外，应保证在工作电源或设备断开后，才投入备用电源或设备；

b）工作电源或设备上的电压，不论何种原因消失，除有闭锁信号外，自动投入装置均应动作；

c）自动投入装置应保证只动作一次。

5.3.3 发电厂用备用电源自动投入装置，除5.3.2的规定外，还应符合下列要求：

5.3.3.1 当一个备用电源同时作为几个工作电源的备用时，如备用电源已代替一个工作电源后，另一工作电源又被断开，必要时，自动投入装置仍能动作。

5.3.3.2 有两个备用电源的情况下，当两个备用电源为两个彼此独立的备用系统时，应装设各自独立的自动投入装置；当任一备用电源能作为全厂各工作电源的备用时，自动投入装置应使任一备用电源能对全厂各工作电源实行自动投入。

5.3.3.3 自动投入装置在条件可能时，宜采用带有检定同步的快速切换方式，并采用带有母线残压闭锁的慢速切换方式及长延时切换方式作为后备；条件不允许时，可仅采用带有母线残压闭锁的慢速切换方式及长延时切换方式。

5.3.3.4 当厂用母线速动保护动作、工作电源分支保护动作或工作电源由手动或分散控制系统（DCS）跳闸时，应闭锁备用电源自动投入。

5.3.4 应校核备用电源或备用设备自动投入时过负荷及电动机自起动的情况，如过负荷超过允许限度或不能保证自起动时，应有自动投入装置动作时自动减负荷的措施。

5.3.5 当自动投入装置动作时，如备用电源或设备投于故障，应有保护加速跳闸。

5.4　暂态稳定控制及失步解列

5.4.1 为保证电力系统在发生故障情况下的稳定运行，应依据 DL 755 及 DL/T 723 标准的规定，在系统中根据电网结构、运行特点及实际条件配置防止暂态稳定破坏的控制装置。

5.4.1.1 设计和配置系统稳定控制装置时，应对电力系统进行必要的安全稳定计算以确定适当的稳定控制方案、控制装置的控制策略或逻辑。控制策略可以由离线计算确定，有条件时，可以由装置在线计算定时更新控制策略。

5.4.1.2 稳定控制装置应根据实际需要进行配置，优先采用就地判据的分散式装置，根据电网需要，也可采用多个厂站稳定控制装置及站间通道组成的分布式区域稳定控制系统，尽量避免采用过分庞大复杂的控制系统。

5.4.1.3 稳定控制系统应采用模块化结构，以便于适应不同的功能需要，并能适应电网发展的扩充要求。

5.4.2 对稳定控制装置的主要技术性能要求：

a）装置在系统中出现扰动时，如出现不对称分量，线路电流、电压或功率突变等，应能可靠起动；

b）装置宜由接入的电气量正确判别本厂站线路、主变或机组的运行状态；

c）装置的动作速度和控制内容应能满足稳定控制的有效性；

d）装置应有能与厂站自动化系统和/或调度中心相关管理系统通信，能实现就地和远方查询故障和装置信息、修改定值等；

e）装置应具有自检、整组检查试验、显示、事件记录、数据记录、打印等功能。

5.4.3 为防止暂态稳定破坏，可根据系统具体情况采用以下控制措施：

    a）对功率过剩地区采用发电机快速减出力、切除部分发电机或投入动态电阻制动等；

    b）对功率短缺地区采用切除部分负荷（含抽水运行的蓄能机组）等；

    c）励磁紧急控制，串联及并联电容装置的强行补偿，切除并联电抗器和高压直流输电紧急调制等；

    d）在预定地点将某些局部电网解列以保持主网稳定。

5.4.4 当电力系统稳定破坏出现失步状态时，应根据系统的具体情况采取消除失步振荡的控制措施。

5.4.4.1 为消除失步振荡，应装设失步解列控制装置，在预先安排的输电断面，将系统解列为各自保持同步的区域。

5.4.4.2 对于局部系统，如经验算或试验可能拉入同步、短时失步运行及再同步不会导致严重损失负荷、损坏设备和系统稳定进一步破坏，则可采用再同步控制，使失步的系统恢复同步运行。送端孤立的大型发电厂，在失步时应优先切除部分机组，以利其他机组再同步。

5.5 频率和电压异常紧急控制

5.5.1 电力系统中应设置限制频率降低的控制装置，以便在各种可能的扰动下失去部分电源（如切除发电机、系统解列等）而引起频率降低时，将频率降低限制在短时允许范围内，并使频率在允许时间内恢复至长时间允许值。

5.5.1.1 低频减负荷是限制频率降低的基本措施，电力系统低频减负荷装置的配置及其所断开负荷的容量，应根据系统最不利运行方式下发生事故时，整个系统或其各部分实际可能发生的最大功率缺额来确定。自动低频减负荷装置的类型和性能如下：

    a）快速动作的基本段，应按频率分为若干级，动作延时不宜超过 0.2s。装置的频率整定值应根据系统的具体条件、大型火电机组的安全运行要求，以及由装置本身的特性等因素决定。提高最高一级的动作频率值，有利于抑制频率下降幅度，但一般不宜超过 49.2Hz；

    b）延时较长的后备段，可按时间分为若干级，起动频率不宜低于基本的最高动作频率。装置最小动作时间可为 10s～15s，级差不宜小于 10s。

5.5.1.2 为限制频率降低，有条件时应首先将处于抽水状态的蓄能机组切除或改为发电工况，并起动系统中的备用电源，如旋转备用机组增发功率、调相运行机组改为发电运行方式、自动起动水电机组和燃气轮机组等。切除抽水蓄能机组和起动备用电源的动作频率可为 49.5Hz 左右。

5.5.1.3 当事故扰动引起地区大量失去电源（如 20% 以上），低频减负荷不能有效防止频率严重下降时，应采用集中切除某些负荷的措施，以防止频率过度降低。集中切负荷的判据应反应受电联络线跳闸、大机组跳闸等，并按功率分挡联切负荷。

5.5.1.4 为了在系统频率降低时，减轻弱互联系统的相互影响，以及为了保证发电厂厂用电和其他重要用户的供电安全，在系统的适当地点应设置低频解列控制。

5.5.2 由于某种原因（联络线事故跳闸、失步解列等）有可能与主网解列的有功功率过剩的独立系统，特别是以水电为主并带有火电机组的系统，应设置自动限制频率升高的控制装置，保证电力系统：

    a）频率升高不致达到汽轮机危急保安器的动作频率；

    b）频率升高数值及持续时间不应超过汽轮机组（汽轮机叶片）特性允许的范围。

限制频率升高控制装置可采用切除发电机或系统解列，例如将火电厂及与其大致平衡的负荷一起与系统其他部分解列。

5.5.3 为防止电力系统出现扰动后，无功功率欠缺或不平衡，某些节点的电压降到不允许的数值，甚至可能出现电压崩溃，应设置自动限制电压降低的紧急控制装置。

5.5.3.1 限制电压降低控制装置作用于增发无功功率（如发电机、调相机的强励，电容补偿装置强行补偿等）或减少无功功率需求（如切除并联电抗器，切除负荷等）。

5.5.3.2 低电压减负荷控制作为自动限制电压降低和防止电压崩溃的重要措施，应根据无功功率和电压水平的分析结果在系统中妥善配置。低电压减负荷控制装置反应于电压降低及其持续时间，装置可按动作电压及时间分为若干级，装置应在短路、自动重合闸及备用电源自动投入期间可靠不动作。

5.5.3.3 电力系统故障导致主网电压降低，在故障清除后主网电压不能及时恢复时，应闭锁供电变压器的带负荷自动切换抽头装置（OLTC）。

5.5.4 为防止电力系统出现扰动后，某些节点无功功率过剩而引起工频电压升高的数值及持续时间超过允许值，应设置自动防止电压升高的紧急控制。

5.5.4.1 限制电压升高控制装置应根据输电线路工频过电压保护的要求，装设于 330kV 及以上线路，也可装设于长距离 220kV 线路上。

5.5.4.2 对于具有大量电缆线路的配电变电站，如突然失去负荷导致不允许的母线电压升高时，宜设置限制电压升高的装置。

5.5.4.3 限制电压升高控制装置的动作时间可分为几段，例如：第 1 段投入并联电抗器，第 2 段切除其充电功率引起电压升高的线路。

5.6 自动调节励磁

5.6.1 发电机均应装设自动调节励磁装置。自动调节励磁装置应具备下列功能：

a）励磁系统的电流和电压不大于 1.1 倍额定值的工况下，其设备和导体应能连续运行，励磁系统的短时过励磁时间应按照发电机励磁绕组允许的过负荷能力和发电机允许的过励磁特性限定。

b）在电力系统发生故障时，根据系统要求提供必要的强行励磁倍数，强励时间应不小于 10s。

c）在正常运行情况下，按恒机端电压方式运行。

d）在并列运行发电机之间，按给定要求分配无功负荷。

e）根据电力系统稳定要求加装电力系统稳定器（PSS）或其他有利于稳定的辅助控制。PSS 应配备必要的保护和限制器，并有必要的信号输入和输出接口。

f）具有过励限制、低励磁限制、励磁过电流反时限制和 V/F 限制等功能。

5.6.2 对发电机自动电压调节器及其控制的励磁系统性能应符合 GB/T 7409.1～7409.3 的规定，还应满足下列要求：

a）大型发电机的自动电压调节器应具有下列性能：

1）应有两个独立的自动通道；

2）宜能实现与自动准同步装置（ASS）、数字式电液调节器（DEH）和分布式汽机控制系统（DCS）之间的通信；

3）应附有过励、低励、励磁过电流反时限制和 V/F 限制及保护装置，最低励磁限制的动作应能先于励磁自动切换和失磁保护的动作；

4) 应设有测量电压回路断相、触发脉冲丢失和强励时的就地和远方信号；

5) 电压回路断相时应闭锁强励。

b) 励磁系统的自动电压调节器应配备励磁系统接地的自动检测器。

5.6.3 水轮发电机的自动调节励磁装置，应能限制由于转速升高引起的过电压。当需大量降低励磁时，自动调节励磁装置应能快速减磁，否则应增设单独快速减磁装置。

5.6.4 发电机的自动调节励磁装置，应接到两组不同的机端电压互感器上，即励磁专用电压互感器和仪用测量电压互感器。

5.6.5 带冲击负荷的同步电动机，宜装设自动调节励磁装置，不带冲击负荷的大型同步电动机，也可装设自动调节励磁装置。

5.7 自动灭磁

5.7.1 自动灭磁装置应具有灭磁功能，并根据需要具备过电压保护功能。

5.7.2 在最严重的状态下灭磁时，发电机转子过电压不应超过发电机转子额定励磁电压的3～5倍。

5.7.3 当灭磁电阻采用线性电阻时，灭磁电阻值可为磁场电阻热态值的2～3倍。

5.7.4 转子过电压保护应简单可靠，动作电压应高于灭磁时的过电压值、低于发电机转子励磁额定电压的5～7倍。

5.7.5 同步电动机的自动灭磁装置应符合的要求，与同类型发电机相同。

5.8 故障记录及故障信息管理

5.8.1 为了分析电力系统事故和安全自动装置在事故过程中的动作情况，以及为迅速判定线路故障点的位置，在主要发电厂、220kV 及以上变电所和 110kV 重要变电所应装设专用故障记录装置。单机容量为 200MW 及以上的发电机或发电机变压器组应装设专用故障记录装置。

5.8.2 故障记录装置的构成，可以是集中式的，也可以是分散式的。

5.8.3 故障记录装置除应满足 DL/T 553 标准的规定外，还应满足下列技术要求：

5.8.3.1 分散式故障记录装置应由故障录波主站和数字数据采集单元（DAU）组成。DAU 应将故障记录传送给故障录波主站。

5.8.3.2 故障记录装置应具备外部起动的接入回路，每一 DAU 应能将起动信息传送给其他 DAU。

5.8.3.3 分散式故障记录装置的录波主站容量应能适应该厂站远期扩建的 DAU 的接入及故障分析处理。

5.8.3.4 故障记录装置应有必要的信号指示灯及告警信号输出接点。

5.8.3.5 故障记录装置应具有软件分析、输出电流、电压、有功、无功、频率、波形和故障测距的数据。

5.8.3.6 故障记录装置与调度端主站的通信宜采用专用数据网传送。

5.8.3.7 故障记录装置的远传功能除应满足数据传送要求外，还应满足：

a) 能以主动及被动方式、自动及人工方式传送数据；

b) 能实现远方起动录波；

c) 能实现远方修改定值及有关参数。

5.8.3.8 故障记录装置应能接收外部同步时钟信号（如 GPS 的 IRIG-B 时钟同步信号）进行同步的功能，全网故障录波系统的时钟误差应不大于 1ms，装置内部时钟 24h 误差应不大于±5s。

5.8.3.9 故障记录装置记录的数据输出格式应符合 IEC 60255-24 标准。

5.8.4 为使调度端能全面、准确、实时地了解系统事故过程中继电保护装置的动作行为，应逐步建立继电保护及故障信息管理系统。

5.8.4.1 继电保护及故障信息管理系统功能要求：

　　a）系统能自动直接接收直调厂、站的故障录波信息和继电保护运行信息；

　　b）能对直调厂、站的保护装置、故障录波装置进行分类查询、管理和报告提取等操作；

　　c）能够进行波形分析、相序相量分析、谐波分析、测距、参数修改等；

　　d）利用双端测距软件准确判断故障点，给出巡线范围；

　　e）利用录波信息分析电网运行状态及继电保护装置动作行为，提出分析报告；

　　f）子站端系统主要是完成数据收集和分类检出等工作，以提供调度端对数据分析的原始数据和事件记录量。

5.8.4.2 故障信息传送原则要求：

　　a）全网的故障信息，必须在时间上同步。在每一事件报告中应标定事件发生的时间；

　　b）传送的所有信息，均应采用标准规约。

6 对相关回路及设备的要求

6.1 二次回路

6.1.1 本条适用于与继电保护和安全自动装置有关的二次回路。

6.1.2 二次回路的工作电压不宜超过 250V，最高不应超过 500V。

6.1.3 互感器二次回路连接的负荷，不应超过继电保护和安全自动装置工作准确等级所规定的负荷范围。

6.1.4 发电厂和变电所，应采用铜芯的控制电缆和绝缘导线。在绝缘可能受到油浸蚀的地方，应采用耐油绝缘导线。

6.1.5 按机械强度要求，控制电缆或绝缘导线的芯线最小截面，强电控制回路，不应小于 1.5mm²，屏、柜内导线的芯线截面应不小于 1.0mm²；弱电控制回路，不应小于 0.5mm²。

　　电缆芯线截面的选择还应符合下列要求：

　　a）电流回路：应使电流互感器的工作准确等级符合继电保护和安全自动装置的要求。无可靠依据时，可按断路器的断流容量确定最大短路电流；

　　b）电压回路：当全部继电保护和安全自动装置动作时（考虑到电网发展，电压互感器的负荷最大时），电压互感器到继电保护和安全自动装置屏的电缆压降不应超过额定电压的 3%；

　　c）操作回路：在最大负荷下，电源引出端到断路器分、合闸线圈的电压降，不应超过额定电压的 10%。

6.1.6 安装在干燥房间里的保护屏、柜、开关柜的二次回路，可采用无护层的绝缘导线，在表面经防腐处理的金属屏上直敷布线。

6.1.7 当控制电缆的敷设长度超过制造长度，或由于屏、柜的搬迁而使原有电缆长度不够时，或更换电缆的故障段时，可用焊接法连接电缆（通过大电流的应紧固连接，在连接处应设连接盒），也可经屏上的端子排连接。

6.1.8 控制电缆宜采用多芯电缆，应尽可能减少电缆根数。

在同一根电缆中不宜有不同安装单位的电缆芯。

对双重化保护的电流回路、电压回路、直流电源回路、双跳闸绕组的控制回路等，两套系统不应合用一根多芯电缆。

6.1.9 保护和控制设备的直流电源、交流电流、电压及信号引入回路应采用屏蔽电缆。

6.1.10 在安装各种设备、断路器和隔离开关的连锁接点、端子排和接地线时，应能在不断开 3kV 及以上一次线的情况下，保证在二次回路端子排上安全地工作。

6.1.11 发电厂和变电所中重要设备和线路的继电保护和自动装置，应有经常监视操作电源的装置。各断路器的跳闸回路，重要设备和线路的断路器合闸回路，以及装有自动重合装置的断路器合闸回路，应装设回路完整性的监视装置。

监视装置可发出光信号或声光信号，或通过自动化系统向远方传送信号。

6.1.12 在可能出现操作过电压的二次回路中，应采取降低操作过电压的措施，例如对电感大的线圈并联消弧回路。

6.1.13 在有振动的地方，应采取防止导线接头松脱和继电器、装置误动作的措施。

6.1.14 屏、柜和屏、柜上设备的前面和后面，应有必要的标志，标明其所属安装单位及用途。屏、柜上的设备，在布置上应使各安装单位分开，不应互相交叉。

6.1.15 试验部件、连接片、切换片，安装中心线离地面不宜低于 300mm。

6.1.16 电流互感器的二次回路不宜进行切换。当需要切换时，应采取防止开路的措施。

6.1.17 保护和自动装置均宜采用柜式结构。

6.2 电流互感器及电压互感器

6.2.1 保护用电流互感器的要求

6.2.1.1 保护用电流互感器的准确性能应符合 DL/T 866 的有关规定。

6.2.1.2 电流互感器带实际二次负荷在稳态短路电流下的准确限值系数或励磁特性（含饱和拐点）应能满足所接保护装置动作可靠性的要求。

6.2.1.3 电流互感器在短路电流含有非周期分量的暂态过程中和存在剩磁的条件下，可能使其严重饱和而导致很大的暂态误差。在选择保护用电流互感器时，应根据所用保护装置的特性和暂态饱和可能引起的后果等因素，慎重确定互感器暂态影响的对策。必要时应选择能适应暂态要求的 TP 类电流互感器，其特性应符合 GB 16847 的要求。如保护装置具有减轻互感器暂态饱和影响的功能，可按保护装置的要求选用适当的电流互感器。

a) 330kV 及以上系统保护、高压侧为 330kV 及以上的变压器和 300MW 及以上的发电机变压器组差动保护用电流互感器宜采用 TPY 电流互感器。互感器在短路暂态过程中误差应不超过规定值。

b) 220kV 系统保护、高压侧为 220kV 的变压器和 100MW 级～200MW 级的发电机变压器组差动保护用电流互感器可采用 P 类、PR 类或 PX 类电流互感器。互感器可按稳态短路条件进行计算选择，为减轻可能发生的暂态饱和影响宜具有适当暂态系数。220kV 系统的暂态系数不宜低于 2，100MW 级～200MW 级机组外部故障的暂态系数不宜低于 10。

c) 110kV 及以下系统保护用电流互感器可采用 P 类电流互感器。

d) 母线保护用电流互感器可按保护装置的要求或按稳态短路条件选用。

6.2.1.4 保护用电流互感器的配置及二次绕组的分配应尽量避免主保护出现死区。按近后备原则配置的两套主保护应分别接入互感器的不同二次绕组。

6.2.2　保护用电压互感器的要求

6.2.2.1　保护用电压互感器应能在电力系统故障时将一次电压准确传变至二次侧，传变误差及暂态响应应符合 DL/T 866 的有关规定。电磁式电压互感器应避免出现铁磁谐振。

6.2.2.2　电压互感器的二次输出额定容量及实际负荷应在保证互感器准确等级的范围内。

6.2.2.3　双断路器接线按近后备原则配备的两套主保护，应分别接入电压互感器的不同二次绕组；对双母线接线按近后备原则配置的两套主保护，可以合用电压互感器的同一二次绕组。

6.2.2.4　电压互感器的一次侧隔离开关断开后，其二次回路应有防止电压反馈的措施。对电压及功率调节装置的交流电压回路，应采取措施，防止电压互感器一次或二次侧断线时，发生误强励或误调节。

6.2.2.5　在电压互感器二次回路中，除开口三角线圈和另有规定者（例如自动调整励磁装置）外，应装设自动开关或熔断器。接有距离保护时，宜装设自动开关。

6.2.3　互感器的安全接地

6.2.3.1　电流互感器的二次回路必须有且只能有一点接地，一般在端子箱经端子排接地。但对于有几组电流互感器连接在一起的保护装置，如母差保护、各种双断路器主接线的保护等，则应在保护屏上经端子排接地。

6.2.3.2　电压互感器的二次回路只允许有一点接地，接地点宜设在控制室内。独立的、与其他互感器无电联系的电压互感器也可在开关场实现一点接地。为保证接地可靠，各电压互感器的中性线不得接有可能断开的开关或熔断器等。

6.2.3.3　已在控制室一点接地的电压互感器二次线圈，必要时，可在开关场将二次线圈中性点经放电间隙或氧化锌阀片接地，应经常维护检查防止出现两点接地的情况。

6.2.3.4　来自电压互感器二次的四根开关场引出线中的零线和电压互感器三次的两根开关场引出线中的 N 线必须分开，不得共用。

6.2.4　电子式互感器

6.2.4.1　数字式保护可采用低电平输出的电子式互感器，如采用磁—光效应、空心线圈或带铁芯线圈等低电平输出的电子式电流互感器，采用电—光效应或分压原理等低电平输出的电子式电压互感器。电子式互感器的额定参数、准确等级和有关性能应符合 IEC 60044-7 和 IEC 60044-8 的要求。

6.2.4.2　电子式互感器一般采用数字量输出。数字量输出的格式及通信协议应符合有关国际标准。

6.3　直流电源

6.3.1　继电保护和安全自动装置的直流电源，电压纹波系数应不大于 2%，最低电压不低于额定电压的 85%，最高电压不高于额定电压的 110%。

6.3.2　对装置的直流熔断器或自动开关及相关回路配置的基本要求应不出现寄生回路，并增强保护功能的冗余度。

6.3.2.1　装置电源的直流熔断器或自动开关的配置应满足如下要求：

　　a）采用近后备原则，装置双重化配置时，两套装置应有不同的电源供电，并分别设有专用的直流熔断器或自动开关。

b）由一套装置控制多组断路器（例如母线保护、变压器差动保护、发电机差动保护、各种双断路器接线方式的线路保护等）时，保护装置与每一断路器的操作回路应分别由专用的直流熔断器或自动开关供电。

c）有两组跳闸线圈的断路器，其每一跳闸回路应分别由专用的直流熔断器或自动开关供电。

d）单断路器接线的线路保护装置可与断路器操作回路合用直流熔断器或自动开关，也可分别使用独立的直流熔断器或自动开关。

e）采用远后备原则配置保护时，其所有保护装置，以及断路器操作回路等，可仅由一组直流熔断器或自动开关供电。

6.3.2.2 信号回路应由专用的直流熔断器或自动开关供电，不得与其他回路混用。

6.3.3 由不同熔断器或自动开关供电的两套保护装置的直流逻辑回路间不允许有任何电的联系。

6.3.4 每一套独立的保护装置应设有直流电源消失的报警回路。

6.3.5 上、下级直流熔断器或自动开关之间应有选择性。

6.4 保护与厂站自动化系统的配合及接口

6.4.1 应用于厂站自动化系统中的数字式保护装置功能应相对独立，并应具有数字通信接口能与厂站自动化系统通信，具体要求如下：

a）数字式保护装置及其出口回路应不依赖于厂、站自动化系统能独立运行；

b）数字式保护装置逻辑判断回路所需的各种输入量应直接接入保护装置，不宜经厂、站自动化系统及其通信网转接。

6.4.2 与厂、站自动化系统通信的数字式保护装置应能送出或接收以下类型的信息：

a）装置的识别信息、安装位置信息；

b）开关量输入（例如断路器位置、保护投入压板等）；

c）异常信号（包括装置本身的异常和外部回路的异常）；

d）故障信息（故障记录、内部逻辑量的事件顺序记录）；

e）模拟量测量值；

f）装置的定值及定值区号；

g）自动化系统的有关控制信息和断路器跳合闸命令、时钟对时命令等。

6.4.3 数字式保护装置与厂、站自动化系统的通信协议应符合 DL/T 667 的规定。

厂站内的继电保护信息应能传送至调度端。可在厂、站自动化系统站控层设置继电保护工作站，实现对保护装置信息管理的功能。

6.5 电磁兼容

6.5.1 发电厂和变电所的电磁环境

继电保护和安全自动装置应满足有关电磁兼容标准，使其能承受所在发电厂和变电所内下列电磁干扰引起的后果：

a）高压电路开、合操作或绝缘击穿、闪络引起的高频暂态电流和电压；

b）故障电流引起的地电位升高和高频暂态；

c）雷击脉冲引起的地电位升高和高频暂态；

d）工频磁场对电子设备的干扰；

e）低压电路开、合操作引起的电快速瞬变；

f）静电放电；

g）无线电发射装置产生的电磁场。

上述各项干扰电平与变电所电压等级、发射源与感受设备的相对位置、接地网特性、外壳和电缆屏蔽特性及接地方式等因素有关，应根据干扰的具体特点和数值适当确定设备的抗扰度要求和采取必要的减缓措施。

6.5.2 装置的抗扰度要求

保护和安全自动装置与外部电磁环境的特定界面接口称为端口，见图1，含电源端口、输入端口、输出端口、通信端口、外壳端口和功能接地端口。

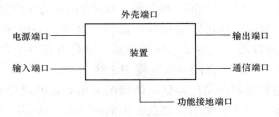

图1 设备端口示意图

装置各端口对有关的电磁干扰如射频电磁场及其引起的传导干扰、快速瞬变、1MHz脉冲群、浪涌、静电放电、直流中断和工频干扰等的抗扰度要求，应符合IEC 60255-26标准及有关国家标准的要求，装置对各类电磁干扰的抗扰度试验标准参见附录B表B.1～表B.5。

6.5.3 电磁干扰的减缓措施

6.5.3.1 应根据电磁环境的具体情况，采用接地、屏蔽、限幅、隔离及适当布线等措施，以减缓电磁干扰，满足保护设备的抗扰度要求。

6.5.3.2 为人身和设备安全及电磁兼容要求，在发电厂和变电所的开关场内及建筑物外，应设置符合有关标准要求的直接接地网。对继电保护及有关设备，为减缓高频电磁干扰的耦合，应在有关场所设置符合下列要求的等电位接地网。

a）装设静态保护和控制装置的屏柜地面下宜用截面不小于100mm^{2}的接地铜排直接连接构成等电位接地母线。接地母线应首末可靠连接成环网，并用截面不小于50mm^2、不少于4根铜排与厂、站的接地网直接连接。

b）静态保护和控制装置的屏柜下部应设有截面不小于100mm^{2}的接地铜排。屏柜上装置的接地端子应用截面不小于4mm^{2}的多股铜线和接地铜排相连。接地铜排应用截面不小于50mm^{2}的铜排与地面下的等电位接地母线相连。

6.5.3.3 控制电缆应具有必要的屏蔽措施并妥善接地。

a）在电缆敷设时，应充分利用自然屏蔽物的屏蔽作用。必要时，可与保护用电缆平行设置专用屏蔽线。

b）屏蔽电缆的屏蔽层应在开关场和控制室内两端接地。在控制室内屏蔽层宜在保护屏上接于屏柜内的接地铜排；在开关场屏蔽层应在与高压设备有一定距离的端子箱接地。互感器每相二次回路经两芯屏蔽电缆从高压箱体引至端子箱，该电缆屏蔽层在高压箱体和端子箱两端接地。

c）电力线载波用同轴电缆屏蔽层应在两端分别接地，并紧靠同轴电缆敷设截面不小于100mm^{2}两端接地的铜导线。

d）传送音频信号应采用屏蔽双绞线，其屏蔽层应在两端接地。

e) 传送数字信号的保护与通信设备间的距离大于 50m 时，应采用光缆。

f) 对于低频、低电平模拟信号的电缆，如热电偶用电缆，屏蔽层必须在最不平衡端或电路本身接地处一点接地。

g) 对于双层屏蔽电缆，内屏蔽应一端接地，外屏蔽应两端接地。

6.5.3.4 电缆及导线的布线应符合下列要求：

a) 交流和直流回路不应合用同一根电缆。

b) 强电和弱电回路不应合用一根电缆。

c) 保护用电缆与电力电缆不应同层敷设。

d) 交流电流和交流电压不应合用同一根电缆。双重化配置的保护设备不应合用同一根电缆。

e) 保护用电缆敷设路径，尽可能避开高压母线及高频暂态电流的入地点，如避雷器和避雷针的接地点、并联电容器、电容式电压互感器、结合电容及电容式套管等设备。

f) 与保护连接的同一回路应在同一根电缆中走线。

6.5.3.5 保护输入回路和电源回路应根据具体情况采用必要的减缓电磁干扰措施。

a) 保护的输入、输出回路应使用空触点、光耦或隔离变压器隔离。

b) 直流电压在 110V 及以上的中间继电器应在线圈端子上并联电容或反向二极管作为消弧回路，在电容及二极管上都必须串入数百欧的低值电阻，以防止电容或二极管短路时将中间继电器线圈短接。二极管反向击穿电压不宜低于 1000V。

6.6 断路器及隔离开关

6.6.1 220kV 及以上电压的断路器应具有双跳闸线圈。

6.6.2 220kV 及以上电压分相操作的断路器应附有三相不一致（非全相）保护回路。三相不一致保护动作时间应为 0.5s～4.0s 可调，以躲开单相重合闸动作周期。

6.6.3 各级电压的断路器应尽量附有防止跳跃的回路。采用串联自保持时，接入跳合闸回路的自保持线圈，其动作电流不应大于额定跳合闸电流的 50%，线圈压降小于额定值的 5%。

6.6.4 各类气压或油（液）压断路器应具有下列输出触点供保护装置及信号回路用：

a) 合闸压力常开、常闭触点（最好还有重合闸压力常开、常闭触点）；

b) 跳闸压力常开、常闭触点；

c) 压力异常常开、常闭触点。

6.6.5 断路器应有足够数量的、动作逻辑正确、接触可靠的辅助触点供保护装置使用。辅助触点与主触头的动作时间差不大于 10ms。

6.6.6 隔离开关应有足够数量的、动作逻辑正确、接触可靠的辅助触点供保护装置使用。

6.7 继电保护和安全自动装置通道

6.7.1 继电保护和安全自动装置的通道应根据电力系统通信网条件，与通信专业协商，合理安排。

6.7.2 装置的通道一般采用下列传输媒介：

a) 光纤（不宜采用自承式光缆及缠绕式光缆）；

b) 微波；

c) 电力线载波；

d) 导引线电缆。

具有光纤通道的线路，应优先采用光纤作为传送信息的通道。

6.7.3 按双重化原则配置的保护和安全自动装置，传送信息的通道按以下原则考虑：

6.7.3.1 两套装置的通道应互相独立，且通道及加工设备的电源也应互相独立。

6.7.3.2 具有光纤通道的线路，两套装置宜均采用光纤通道传送信息，对短线路宜分别使用专用光纤芯；对中长线路，宜分别独立使用 2Mb/s 口，还宜分别使用独立的光端机。具有光纤迂回通道时，两套装置宜使用不同的光纤通道。

对双回线路，但仅其中一回线路有光纤通道且按上述原则采用光纤通道传送信息外，另一回线路传送信息的通道宜采用下列方式：

a）如同杆并架双回线，两套装置均采用光纤通道传送信息，并分别使用不同的光纤芯或 PCM 终端；

b）如非同杆并架双回线，其一套装置采用另一回线路的光纤通道，另一套装置采用其他通道，如电力线载波、微波或光纤的其他迂回通道等。

6.7.3.3 当两套装置均采用微波通道时，宜使用两条不同路由的微波通道，在不具备两条路由条件而仅有一条微波通道时，应使用不同的 PCM 终端，或其中一套装置采用电力线载波传送信息。

6.7.3.4 当两套装置均采用电力线载波通道传送信息时，应由不同的载波机、远方信号传输装置或远方跳闸装置传送信息。

6.7.4 当采用电力线载波通道传送允许式命令信号时应采用相—相耦合方式；传送闭锁信号时，可采用相—地耦合方式。

6.7.5 有条件时，传输系统安全稳定控制信息的通道可与传输保护信息的通道合用。

6.7.6 传输信息的通道设备应满足传输时间、可靠性的要求。其传输时间应符合下列要求：

a）传输线路纵联保护信息的数字式通道传输时间应不大于 12ms；点对点的数字式通道传输时间应不大于 5ms；

b）传输线路纵联保护信息的模拟式通道传输时间，对允许式应不大于 15ms；对采用专用信号传输设备的闭锁式应不大于 5ms；

c）系统安全稳定控制信息的通道传输时间应根据实际控制要求确定。原则上应尽可能的快。点对点传输时，传输时间要求应与线路纵联保护相同。

6.7.7 信息传输接收装置在对侧发信信号消失后收信输出的返回时间应不大于通道传输时间。

附 录 A
（规范性附录）
短路保护的最小灵敏系数

表 A.1 短路保护的最小灵敏系数

保护分类	保护类型	组成元件	灵敏系数	备注
主保护	带方向和不带方向的电流保护或电压保护	电流元件和电压元件	1.3～1.5	200km 以上线路，不小于 1.3；（50～200）km 线路，不小于 1.4；50km 以下线路，不小于 1.5
		零序或负序方向元件	1.5	

165

保护分类	保护类型	组成元件		灵敏系数	备注
主保护	距离保护	起动元件	负序和零序增量或负序分量元件、相电流突变量元件	4	距离保护第三段动作区末端故障，大于 1.5
			电流和阻抗元件	1.5	线路末端短路电流应为阻抗元件精确工作电流 1.5 倍以上。200km 以上线路，不小于 1.3；50～200km 线路，不小于 1.4；50km 以下线路，不小于 1.5
		距离元件		1.3～1.5	
	平行线路的横联差动方向保护和电流平衡保护	电流和电压起动元件		2.0	线路两侧均未断开前，其中一侧保护按线路中点短路计算
				1.5	线路一侧断开后，另一侧保护按对侧短路计算
		零序方向元件		2.0	线路两侧均未断开前，其中一侧保护按线路中点短路计算
				1.5	线路一侧断开后，另一侧保护按对侧短路计算
	线路纵联保护	跳闸元件		2.0	
		对高阻接地故障的测量元件		1.5	个别情况下，为 1.3
	发电机、变压器、电动机纵差保护	差电流元件的起动电流		1.5	
	母线的完全电流差动保护	差电流元件的起动电流		1.5	
	母线的不完全电流差动保护	差电流元件		1.5	
	发电机、变压器、线路和电动机的电流速断保护	电流元件		1.5	按保护安装处短路计算
后备保护	远后备保护	电流、电压和阻抗元件		1.2	按相邻电力设备和线路末端短路计算（短路电流应为阻抗元件精确工作电流 1.5 倍以上），可考虑相继动作
		零序或负序方向元件		1.5	
	近后备保护	电流、电压和阻抗元件		1.3	按线路末端短路计算
		负序或零序方向元件		2.0	
辅助保护	电流速断保护			1.2	按正常运行方式保护安装处短路计算

注：1. 主保护的灵敏系数除表中注出者外，均按被保护线路（设备）末端短路计算。
2. 保护装置如反应故障时增长的量，其灵敏系数为金属性短路计算值与保护整定值之比；如反应故障时减少的量，则为保护整定值与金属性短路计算值之比。
3. 各种类型的保护中，接于全电流和全电压的方向元件的灵敏系数不作规定。
4. 本表内未包括的其他类型的保护，其灵敏系数另作规定。

附　录　B

（规范性附录）

保护装置抗扰度试验要求

保护装置应能承受表 B.1～B.5 的抗扰度试验，试验后仍应能满足相关设备的性能规范要求。

B.1　外壳端口抗扰度试验（如表 B.1）

表 B.1　外壳端口抗扰度试验

序号	电磁干扰类型	试验规范	单　位	参照标准	
				国际标准	国家标准
1.1	射频电磁场	80-1000	MHz	IEC 60255-22-3	GB/T 14598.9
		10	V/m 非调制，rms		
	调幅	80	％AM（1kHz）		
1.2	静电放电			IEC 60255-22-2	
	接触	6	kV（放电电压）		GB/T 14598.14
	空气	8	kV（放电电压）		

B.2　电源端口抗扰度试验（如表 B.2）

表 B.2　电源端口抗扰度试验

序号	电磁干扰类型	试验规范		单　位	参照标准	
					国际标准	国家标准
2.1	射频场引起的传导干扰		0.15-80	MHz	IEC 60255-22-6	
			10	V 非调制，rms		
			150	Ω 电源阻抗		
	调幅		80	％ AM（1kHz）		
2.2	快速瞬变		5/50	ns T_R/T_H	IEC 60255-22-4	GB/T 14598.10
	A 级		4	kV 峰值		
			2.5	kHz 重复频率		
	B 级		2	kV 峰值		
			5	kHz 重复频率		
2.3	1MHz 脉冲群	0.1	1	MHz 频率	IEC 60255-22-1	GB/T 14598.13
		75	75	ns T_R		
		≥40	400	Hz 重复频率		
		200	200	Ω 电源阻抗		
	差模	1	1	kV 峰值		
	共模	2.5	2.5	kV 峰值		
2.4	浪涌		1.2/50（8/20）	μs T_R/T_H 电压（电流）	IEC 60255-22-5	
			2	Ω 电源阻抗		
	线对线		0.5、1	kV 放电电压		
			0	Ω 耦合电阻		
			18	μF 耦合电容		
			0.5、1、2	kV 放电电压		
	线对地		10	Ω 耦合电阻		
			9	μF 耦合电容		

序号	电磁干扰类型	试验规范		单 位	参照标准	
					国际标准	国家标准
2.5	直流电压中断		100	％降低	IEC 60255-11	GB/T 8367
			5、10、20			
			50、100、200	ms 中断时间		

B.3 通信端口抗扰度试验（如表 B.3）

表 B.3 通信端口抗扰度试验

序号	电磁干扰类型	试验规范		单 位	参照标准	
					国际标准	国家标准
3.1	射频场引起的传导干扰		0.15-80	MHz	IEC 60255-22-6	
			10	V 非调制，rms		
			150	Ω 电源阻抗		
	调幅		80	% AM（1kHz）		
3.2	快速瞬变		5/50	ns T_R/T_H	IEC 60255-22-4	GB/T 14598.10
	A 级		2	kV 峰值		
			5	kHz 重复频率		
	B 级		1	kV 峰值		
			5	kHz 重复频率		
3.3	1MHz 脉冲群	0.1	1	MHz 频率	IEC 60255-22-1	GB/T 14598.13
		75	75	ns T_R		
		≥40	400	Hz 重复频率		
		200	200	Ω 电源阻抗		
	差模	0	0	kV 峰值		
	共模	1	1	kV 峰值		
3.4	浪涌		1.2/50	μs T_R/T_H 电压	IEC 60255-22-5	
			8/20	μs T_R/T_H 电流		
			2	Ω 电源阻抗		
	线对地		0.5、1	kV 放电电压		
			0	Ω 耦合电阻		
			0	μF 耦合电容		

B.4 输入和输出端口抗扰度试验（如表 B.4）

表 B.4 输入和输出端口抗扰度试验

序号	电磁干扰类型	试验规范		单 位	参照标准	
					国际标准	国家标准
4.1	射频场引起的传导干扰		0.15～80	MHz	IEC 60255-22-6	
			10	V 非调制，rms		
			150	Ω 电源阻抗		
	调幅		80	% AM（1kHz）		
4.2	快速瞬变		5/50	ns T_R/T_H	IEC 60255-22-4	GB/T 14598.10
	A 级		4	kV 峰值		
			2.5	kHz 重复频率		
	B 级		2	kV 峰值		
			5	kHz 重复频率		

序号	电磁干扰类型	试验规范		单 位	参照标准	
					国际标准	国家标准
4.3	1MHz 脉冲群	0.1	1	MHz 频率	IEC 60255-22-1	GB/T 14598.13
		75	75	ns T_R		
		≥40	400	Hz 重复频率		
		200	200	Ω 电源阻抗		
	差模	1	1	kV 峰值		
	共模	2.5	2.5	kV 峰值		
4.4	浪涌	1.2/50 (8/20)		μs T_R/T_H 电压(电流)	IEC 60255-22-5	
		2		Ω 电源阻抗		
	线对线	0.5、1		kV 放电电压		
		40		Ω 耦合电阻		
		0.5		μF 耦合电容		
	线对地	0.5、1、2		kV 放电电压		
		40		Ω 耦合电阻		
		0.5		μF 耦合电容		
4.5	工频干扰				IEC 60255-22-7	
	A 级 差模	150		V（rms）		
		100		Ω 耦合电阻		
		0.1		μF 耦合电容		
	A 级 共模	300		V（rms）		
		220		Ω 耦合电阻		
		0.47		μF 耦合电容		
	B 级 差模	100		V（rms）		
		100		Ω 耦合电阻		
		0.047		μF 耦合电容		
	B 级 共模	300		V（rms）		
		220		Ω 耦合电阻		
		0.47		μF 耦合电容		

B.5 功能接地端口抗扰度试验（如表 B.5）

表 B.5 功能接地端口抗扰度试验

序号	电磁干扰类型	试验规范	单 位	参照标准	
				国际标准	国家标准
5.1	射频场引起的传导干扰	0.15～80	MHz	IEC 60255-22-6	
		10	V 非调制，rms		
		150	Ω 电源阻抗		
	调幅	80	% AM（1kHz）		
5.2	快速瞬变	5/50	ns T_R/T_H	IEC 60255-22-4	GB/T 14598.10
	A 级	4	kV 峰值		
		2.5	kHz 重复频率		
	B 级	2	kV 峰值		
		5	kHz 重复频率		

电力系统继电保护及安全自动装置运行评价规程

DL/T 623—2010

代替 DL/T 623—1997

目　次

前　言

本标准对 DL/T 623—1997《电力系统继电保护及安全自动装置运行评价规程》进行修订。

本标准明确了继电保护的运行评价原则，为总结和提高继电保护的运行管理、产品研发和制造以及设计、基建水平提供技术标准和依据。

本次修订与原标准相比主要有以下区别：

——从综合评价、责任部门评价和运行分析评价三个方面评价继电保护运行情况；

——规定所有的继电保护动作行为均应进行评价（新开发挂网试运行半年以内的继电保护以及因系统调试需要设置的临时保护除外），继电保护动作评价按照保护动作的实际效果进行评价；

——增加了对线路故障测距装置的动作评价要求；

——增加了对继电保护全过程管理涉及的各部门、各环节的责任评价指标；

——将元件保护的动作情况按所接入电压等级分别归入相应电压等级进行评价；

——将继电保护运行评价范围按电压等级分为两大类：220kV 及以上系统继电保护装置和 110kV 及以下系统继电保护装置；省级及以上的调度机构分析评价 220kV 及以上系统继电保护运行情况，省级以下的调度机构分析评价 110kV 及以下系统继电保护运行情况。

本标准由中国电力企业联合会提出。

本标准由全国电网运行与控制标准化技术委员会归口。

本标准主要起草单位：华中电力调度通信中心、中国电力科学研究院、国家电力调度通信中心、中国南方电网电力调度通信中心、西北电力调度通信中心、山西省电力公司电力调度中心、四川省电力公司调度中心、辽宁电力调度通信中心、安徽电力调度通信中心。

本标准主要起草人：柳焕章、沈晓凡、舒治淮、马锁明、章激扬、杨军、粟小华、刘彦梅、李天华、邱金辉、曹凯丽。

本标准代替的 DL/T 623—1997 于 1997 年 10 月 22 日首次发布，本次为第一次修订。

本标准在执行过程中的意见或建议反馈至中国电力企业联合会标准化管理中心（北京市白广路二条 1 号，100761）。

电力系统继电保护及安全自动装置运行评价规程

1 范围

本标准规定了电力系统继电保护及安全自动装置（简称继电保护）的运行评价方法。

本标准适用于接入电网运行的 220kV 及以上继电保护的运行评价，110kV 及以下继电保护的运行评价可参照执行。

2 规范性引用文件

下列文件对于本文件的应用是必不可少的。凡是注日期的引用文件，仅注日期的版本适用于本文件。凡是不注日期的引用文件，其最新版本（包括所有的修改单）适用于本文件。

GB/T 14285—2006 继电保护和安全自动装置技术规程

3 术语和定义

下列术语和定义适用于本标准。

3.1 事件 event

指电力设备的故障或继电保护的不正确动作，是继电保护动作评价的基本单元。

4 总则

4.1 继电保护运行评价体系

4.1.1 继电保护评价按照综合评价、责任部门评价和运行分析评价三个评价体系实施。

4.1.2 综合评价体系针对继电保护动作的实际效果进行评价。继电保护最终的动作行为应满足可靠、快速、灵敏、有选择地切除故障的要求，保障电网安全。

4.1.3 责任部门评价体系针对继电保护全过程管理涉及的各部门、各环节的责任进行评价。

4.1.4 运行分析评价体系针对继电保护运行效果进行评价。侧重分析继电保护缺陷、异常退出等运行情况。

4.2 继电保护运行评价范围

4.2.1 以下继电保护的动作行为纳入运行评价范围：

a）线路（含电缆）、母线、变压器、发电机、电抗器、断路器、电容器和电动机等的保护装置；

b）电力系统故障录波及测距装置；

c）电力系统安全自动装置（简称安自装置）。

4.2.2 继电保护责任范围包括以下设施和环节（现场各专业运行维护职责范围的界定按相应规程、规定等执行）：

a）继电保护装置本体：包括继电保护装置硬件（装置内部各继电器、元件、端子排及回路）和软件（原理、程序、版本）；

b）交流电流、电压回路：供继电保护装置使用的自交流电流、电压互感器二次绕组的接线端子或接线柱接至继电保护装置间的全部连线，包括电缆、导线、接线端子、试验部件、电压切换回路等；

c）开关量输入、输出回路；

d）继电保护通道：保护装置至保护与通信专业运行维护分界点；

e）直流回路：自直流电源分配屏至断路器汇控柜（箱）间供继电保护用的全部回路；

f）其他相关设备。

4.3 直流输电系统继电保护的动作评价

直流输电系统继电保护的动作评价另行规定。

4.4 继电保护动作评价工作的分级管理

继电保护动作评价可按调度管辖范围进行评价，也可分别按调度管辖范围和检修维护范围进行评价。

省（自治区、直辖市）级及以上调度机构评价所管辖范围内 220kV 及以上系统继电保护，省（自治区、直辖市）级以下调度机构评价所管辖范围内 110kV 及以下系统继电保护；对于主网架为 110kV 的省级电网，其 110kV 系统继电保护由省级调度机构评价。

4.5 继电保护分类

4.5.1 继电保护按保护装置、故障录波及测距装置和安自装置分类评价。

4.5.2 保护装置包括：

a）全部保护装置：指 110kV 及以下系统保护装置、220kV 及以上系统保护装置的总和；

b）110kV 及以下系统保护装置：接入 110kV 及以下电压的线路（含电缆）、母线、变压器、发电机、电抗器、电容器、电动机、直接接在发电机变压器组的高压厂用变压器的保护装置以及自动重合闸装置；

c）220kV 及以上系统保护装置：接入 220kV 及以上电压的线路（含电缆）、变压器（不包括厂用变压器）、发电机（含发电机变压器组）、电抗器、电容器、电动机和断路器的保护装置以及自动重合闸装置、远方跳闸装置；

d）220kV 系统保护装置：接入 220kV 电压的线路（含电缆）、母线、变压器、发电机（含发电机变压器组）、电抗器、电容器和断路器的继电保护装置以及自动重合闸装置、远方跳闸装置；

e）500kV（330kV）系统保护装置：接入 500kV（330kV）电压的线路、母线、变压器、发电机（含发电机变压器组）、电抗器、电容器和断路器的保护装置以及自动重合闸装置、远方跳闸装置；

f）1000kV（750kV）系统保护装置：接入 1000kV（750kV）电压的线路、母线、变压器、发电机（含发电机变压器组）、电抗器、电容器和断路器的保护装置以及自动重合闸装置、远方跳闸装置。

4.5.3 故障录波及测距装置指全部故障录波装置和故障测距装置。

4.5.4 安自装置包括各类解列、切机、切负荷等就地或远方安全自动装置，按频率（电压）自动减负荷装置、备用电源自动投入装置。安自装置不分电压等级。

5 继电保护评价体系

5.1 综合评价体系

5.1.1 继电保护正确动作率

5.1.1.1 继电保护正确动作率是指继电保护正确动作次数与继电保护动作总次数的百分比。继电保护正确动作率按事件评价继电保护的动作后果。继电保护正确动作率的计算方法为：

$$继电保护正确动作率 = \frac{继电保护正确动作次数}{继电保护总动作次数} \times 100\% \qquad (1)$$

继电保护动作总次数包括继电保护正确动作次数、误动次数和拒动次数。

5.1.1.2 评价继电保护正确动作率时，继电保护的动作次数按事件评价：

a) 单次故障认定为 1 个事件；

b) 线路故障及重合闸过程（包括重合于永久性故障）认定为 1 个事件；

c) 对安全自动装置，1 次电网事故（无论故障形态简单或复杂）认定为 1 个事件；

d) 系统无故障，继电保护发生不正确动作，认定为 1 个事件。

5.1.1.3 评价继电保护正确动作率时，可以以继电保护装置为单位进行评价，也可以以继电保护装置内含的保护功能为单位进行评价，两者可选其一。

在以继电保护装置内含的保护功能为单位进行评价时，对于 1 个事件，以继电保护装置内含各保护功能为对象评价动作次数，保护功能正确动作，评价继电保护正确动作 1 次；保护功能拒动，评价继电保护拒动 1 次；保护功能误动（含系统无故障保护功能动作），评价继电保护误动 1 次。

在以继电保护装置为单位评价继电保护正确动作率时，继电保护的动作次数按事件评价，一般 1 个事件 1 台继电保护装置只评价动作 1 次。

对 1 个事件，继电保护正确动作，评价继电保护正确动作 1 次；继电保护拒动，评价继电保护拒动 1 次；继电保护误动（含无故障继电保护动作），评价继电保护误动 1 次；若在事件过程中主保护应动而未动，由后备保护动作切除故障，则主保护应评价不正确动作（拒动）1 次，后备保护评价正确动作 1 次。

5.1.1.4 对于线路故障，1 个事件可分为故障切除、重合闸重合以及重合于永久性故障再切除 3 个过程，每个过程对相关继电保护装置的动作行为分别进行评价。

5.1.1.5 双重化配置的两台继电保护分别评价。

5.1.2 故障快速切除率

故障快速切除率是指电力系统中的线路、母线、变压器、发电机、电抗器等设备发生故障时，由该设备的主保护切除故障的比例。故障快速切除率的计算为：

$$故障快速切除率 = \frac{主保护动作快速切除故障次数}{总故障次数} \times 100\% \qquad (2)$$

5.1.3 线路重合成功率

线路的重合成功率是指线路重合闸及断路器的联合运行符合预定功能和恢复线路输送负荷的能力。线路重合成功率的计算为：

$$线路重合成功率 = \frac{线路重合成功次数}{线路应重合次数} \times 100\% \qquad (3)$$

线路应重合次数指线路跳闸后应该重合的次数。

5.1.4 继电保护直接责任导致的重、特大电网事故次数

由于继电保护直接责任导致的重、特大电网事故动作次数。

5.2 责任部门评价体系

责任部门评价体系评价继电保护全过程管理涉及的制造、设计、基建、维护检修、调度运行、值班运行及其他专业部门责任造成的继电保护不正确动作。

不正确动作次数按责任部门分别评价。

责任部门不正确动作率的计算为：

$$责任部门不正确动作率 = \frac{各责任部门不正确动作次数}{总不正确动作次数} \times 100\% \tag{4}$$

5.3 运行分析评价体系

5.3.1 继电保护百台不正确动作次数

继电保护百台不正确动作次数的计算为：

$$继电保护百台不正确动作次数 = \frac{评价周期中继电保护不正确动作次数}{评价周期中继电保护总台数} \times 100 \tag{5}$$

继电保护百台不正确动作次数单位为次/（百台·评价周期）。

评价周期内继电保护总台数按评价周期末在运继电保护台数计算。

5.3.2 主保护投运率

主保护投运率的评价范围包括：线路纵联保护、变压器差动保护、母线差动保护、高压电抗器差动保护。主保护投运率是指主保护投入电网处于运行状态的时间与评价周期时间的百分比。主保护投运率的计算为：

$$主保护投运率 = \left(1 - \frac{主保护停运时间}{主保护应投运时间}\right) \times 100\% \tag{6}$$

主保护应投运时间和主保护停运时间单位为 h。

主保护停运时间是指主保护退出运行的时间（因计划性检修而停运的时间除外），评价周期时间为年初至评价截止日的小时数。

5.3.3 继电保护故障率

继电保护故障率是指继电保护由于装置硬件损坏和软件错误等原因造成继电保护故障次数与继电保护总台数之比。继电保护故障率的计算为：

$$继电保护故障率 = \frac{评价周期中继电保护故障次数}{评价周期中继电保护总台数} \times 100\% \tag{7}$$

继电保护故障率单位为次/（百台·评价周期）。

继电保护故障次数的计算方法：凡由于继电保护元器件损坏、工艺质量和软件问题、绝缘损坏、抗干扰性能差等造成继电保护异常退出运行的，均评价为继电保护故障 1 次。

5.3.4 继电保护故障停运率

继电保护故障停运率是指为处理继电保护缺陷或故障而退出运行的时间与继电保护应投运时间之百分比。继电保护故障停运率的计算为：

$$继电保护故障停运率 = \frac{继电保护停运时间}{继电保护投运时间} \times 100\% \tag{8}$$

继电保护应投运时间指评价周期时间内扣除因计划性检修而停运的时间，评价周期时间单位为台·h。

5.4 录波完好率及故障测距动作良好率

故障录波装置的录波完好率是指故障录波装置在系统异常工况及故障情况下起动录波完

好次数与故障录波装置应起动录波次数之百分比。录波完好率的计算为：

$$录波完好率 = \frac{故障录波装置录波完好次数}{故障录波装置应评价次数} \times 100\% \qquad (9)$$

保护装置内置的故障录波功能不在评价范围之内。

故障测距装置的动作良好率是指故障测距装置在线路发生故障情况下起动测距，并能够得到有效故障点位置的次数与故障测距装置应起动测距次数之百分比。故障测距动作良好率的计算为：

$$故障测距动作良好率 = \frac{测距装置动作良好次数}{故障测距装置应评价次数} \times 100\% \qquad (10)$$

5.5 安自装置的评价

安自装置的评价重在描述其事件、装置的动作过程和所起的作用。根据安自装置动作情况是否符合预定功能和动作要求，评价为正确动作、拒动或误动。

安自装置的评价可参照保护装置的评价方法，并进一步制定符合安自装置特点的评价方法。

6 继电保护动作记录与评价

6.1 动作评价原则

6.1.1 凡接入电网运行的继电保护的动作行为都应进行记录与评价。

6.1.2 继电保护在运行中，其动作行为应满足 GB/T 14285—2006 中 4.1.2 的要求。

6.1.3 继电保护的动作评价按照继电保护动作结果界定"正确动作"与"不正确动作"，其中不正确动作包括"误动"和"拒动"。每次故障以后，继电保护的动作是否正确，应参照继电保护动作信号（或信息记录）及故障录波图，对故障过程综合分析给予评价。

6.1.4 继电保护的动作按 5.1～5.3 三个评价体系进行分析评价。

6.1.5 线路纵联保护按两侧分别进行评价。

6.1.6 远方跳闸装置按两侧分别进行评价。

6.1.7 变压器纵差、重瓦斯保护及各侧后备保护按高压侧归类评价。

6.1.8 发电机变压器组单元的继电保护按发电机保护评价。

6.1.9 错误地投、停继电保护造成的继电保护不正确动作应进行分析评价。

6.1.10 继电保护的动作虽不完全符合消除电力系统故障或改善异常运行情况的要求，但由于某些特殊原因，事先列有方案，经总工程师批准，并报上级主管部门备案，认为此情况是允许的，视具体情况做具体分析，但造成电网重大事故者仍应评价。

6.2 继电保护"正确动作"的评价方法

6.2.1 被保护设备发生故障或异常、符合系统运行和继电保护设计要求的保护正常动作，应评价为"正确动作"。

6.2.2 在电力系统故障（接地、短路或断线）或异常运行（过负荷、振荡、低频率、低电压、发电机失磁等）时，继电保护的动作能有效地消除故障或使异常运行情况得以改善，应评价为"正确动作"。

6.2.3 双母线接线母线故障，母差保护动作，利用线路纵联保护促使其对侧断路器跳闸，消除故障，母差保护和线路两侧纵联保护应分别评价为"正确动作"。

6.2.4 双母线接线母线故障，母差保护动作，由于母联断路器拒跳，由母联失灵保护消除母线故障，母差保护和母联失灵保护应分别评价为"正确动作"。

6.2.5 双母线接线母线故障，母差保护动作，断路器拒跳，利用变压器保护跳各侧，消除故障，母差保护和变压器保护应分别评价为"正确动作"。

6.2.6 继电保护正确动作，断路器拒跳，继电保护应评价为"正确动作"。

6.3 继电保护"不正确动作"的评价方法

6.3.1 被保护设备发生故障或异常，保护应动而未动（拒动），以及被保护设备无故障或异常情况下的保护动作（误动），应评价为"不正确动作"。

6.3.2 在电力系统发生故障或异常运行时，继电保护应动而未动作，应评价为"不正确动作（拒动）"。

6.3.3 在电力系统发生故障或异常运行时，继电保护不应动而误动作，应评价为"不正确动作（误动）"。

6.3.4 在电力系统正常运行情况下，继电保护误动作跳闸，应评价为"不正确动作（误动）"。

6.3.5 线路纵联保护在原理上是由线路两侧的设备共同构成一整套保护装置，若保护装置的不正确动作是因一侧设备的不正确状态引起的，引起不正确动作的一侧应评价为"不正确动作"，另一侧不再评价；若两侧设备均有问题，则两侧应分别评价为"不正确动作"。

6.3.6 不同的保护装置因同一原因造成的不正确动作，应分别评价为"不正确动作"。

6.3.7 同一保护装置因同一原因在 24h 内发生多次不正确动作，按 1 次不正确动作评价，超过 24h 的不正确动作，应分别评价。

6.4 特殊情况的评价

如遇下列情况，继电保护的动作可不计入动作总次数中，但对其动作行为仍应进行分析评价：

　　a）厂家新开发挂网试运行的继电保护，在投入跳闸试运行期间（不超过半年），因设计原理、制造质量等非运行部门责任原因而发生不正确动作，事前经过主管部门的同意；

　　b）因系统调试需要设置的临时保护，调试中临时保护的动作。

6.5 线路重合闸动作的评价

6.5.1 重合闸装置的动作情况单独进行评价，其动作次数计入保护装置动作总次数中。重合闸装置动作行为的评价与保护装置评价原则一致。

6.5.2 下列情况重合闸的动作不予评价：

　　a）由于继电保护选相不正确致重合闸未动作，该继电保护的动作行为评价为不正确动作，重合闸不予评价；

　　b）连续性故障使重合闸充电不满未动作，则重合闸不予评价。

6.5.3 线路重合成功次数按下述方法计算：

　　a）单侧投重合闸的线路，若单侧重合成功，则线路重合成功次数为 1 次；

　　b）两侧（或多侧）投重合闸线路，若两侧（或多侧）均重合成功，则线路重合成功次数为 1 次；若一侧拒合（或重合不成功），则线路重合成功次数为 0 次；

　　c）重合闸停用以及因为系统要求或继电保护设计要求不允许重合的均不列入重合成功率评价。

6.6 故障录波及测距装置的评价

6.6.1 与故障元件直接连接的故障录波装置和接入故障线路的测距装置必须进行评价。

6.6.2 故障录波所记录时间与故障时间吻合、数据准确、波形清晰完整、标记正确、开关量清楚、与故障过程相符，应评价为"录波完好"。完好的录波可作为故障分析的依据。

6.6.3 在线路故障时，测距装置能自动或手动得到有效的故障点位置应评价为"动作良好"。

6.6.4 故障录波装置录波不完好、故障测距装置得不到测距结果必须说明原因及状况。

6.6.5 故障录波及测距装置的动作次数单独计算，不计入保护装置动作的总次数中。

6.7 安自装置的评价

6.7.1 安自装置的动作应根据是否符合电网安全稳定运行所提的要求进行评价。

6.7.2 评价安自装置时，按事件评价，1 个事件安全自动装置只评价 1 次。例如：发生系统故障，无论故障形态简单复杂，均计算为 1 个事件。双重化配置的 2 台安自装置分别评价。

6.7.3 安自装置按台评价动作次数，不计入保护装置动作的总次数中。

7 责任单位的评价

7.1 制造部门

制造部门责任的不正确动作包括以下原因：

a) 制造质量不良：指运行部门在调试、维护过程中无法发现或处理的继电保护元件质量问题（如中间继电器线圈断线、元器件损坏、时间继电器机构不灵活、虚焊、插件质量不良以及装配不良等）；

b) 装置硬件设计不当；

c) 图纸资料不全、不准确：指由于制造部门未能及时向运行部门交付继电保护的图纸和资料或所交付的图纸和资料不完整、不准确；

d) 软件原理问题；

e) 未执行反事故技术措施规定；

f) 其他。

7.2 设计部门

设计部门责任的不正确动作包括以下原因：

a) 回路接线设计不合理：指设计回路不合理，如存在寄生回路，元件参数选择不当等；

b) 未执行反事故技术措施规定；

c) 设计图纸不标准、不规范，图纸不全，不正确；

d) 其他。

7.3 基建部门

基建部门责任的不正确动作包括以下原因：

a) 误碰：误碰、误接运行的继电保护设备、回路，误试验等直接造成的误动作；

b) 误接线：指设备投产后运行部门在设备验收时无法发现的接线错误；

c) 图纸、资料移交不全；

d) 安装调试不良：设备投产一年内，安装调试质量不良；

e）参数不准：没有实测参数或实测参数不准；

f）其他。

7.4 维护检修部门

维护检修部门责任的不正确动作包括以下原因：

a）误碰，包括：

1）误碰、误接运行的保护设备、回路；

2）误将交流试验电源通入运行的保护装置；

3）继电保护在没有断开跳闸线（连接片）的情况下作业。

b）误接线，包括：

1）未按拟定的接线方式接线（例如未按图纸接线，拆线后未恢复或图纸有明显的错误等）；

2）电流或电压回路相别、极性接错；

3）未恢复断开的电流、电压互感器回路、直流回路的连线和连接片；

4）直流回路接线错误。

c）误整定，包括：

1）未按电力系统运行方式的要求执行整定值；

2）整定值设置错误。

d）调试质量不良，包括：

1）调试质量没有达到装置应有的技术性能要求；

2）继电器机械部分调试质量不良；

3）电流互感器饱和特性不良，变比错误；

4）现场交代错误；

5）继电保护屏上电压、电流互感器回路、直流回路接线、端子、插头接触不良；

6）检验项目不全。

e）检修维护不良：检修维护不良指没有及时发现和处理继电保护存在的缺陷、应发现并应及时解决却没有及时去做（例如：绝缘老化、接地等）所引起的继电保护不正确动作，包括：

1）继电保护运行规定错误；

2）软件版本使用错误；

3）超过检验周期；

4）端子箱端子接线不良；

5）电缆芯断线和绝缘不良；

6）继电保护用通道衰耗不符合要求；

7）气体继电器进水、渗油。

f）未执行反事故技术措施规定。

g）其他。

7.5 调度运行部门

调度运行部门责任的不正确动作包括以下原因：

a）整定计算错误，包括：

1）使用参数错误；

2）继电保护定值计算错误；

3）电力系统运行方式改变后，未对继电保护定值进行调整。

b）调度人员未按继电保护运行规程规定，误发投、停保护的命令。

c）未执行反事故技术措施规定。

7.6 值班运行部门

值班运行部门责任的不正确动作包括以下原因：

a）误碰（如清扫不慎、用力过猛等）。

b）误操作，其中包括：

1）未按规定投、停继电保护；

2）继电保护投错位置；

3）误变更整定值；

4）误切换、误投连接片。

c）运行维护不良，包括：

1）直流电源及其回路维护不良（电压过高、过低，波纹系数超标，熔断器使用不当）；

2）熔断器或连接片接触不良；

3）未按运行规程处理继电保护异常。

7.7 其他专业、部门

7.7.1 其他专业、部门包括试验部门、通信部门、生技部门、领导人员以及其他非保护专业部门。

7.7.2 其他专业、部门的不正确动作包括以下原因：

a）直流电源、电压互感器、电流互感器、耦合电容器等检修不良；

b）交、直流混接；

c）直流接地；

d）隔离开关、断路器辅助触点等接触不良；

e）变压器油管堵塞，未经运行值班人员同意在变压器（包括备用变压器）上工作引起气体继电器误动跳闸；

f）电缆、端子箱、气体继电器等维护不良，防水、防油措施不当；

g）通信通道（光纤、微波、载波）不良，通信频率分配不当等引起继电保护不正确动作；

h）非保护专业人员（高压、仪表、远动、计算机等专业人员）在电压、电流互感器回路中作业，实测参数不正确等引起的继电保护不正确动作；

i）继电保护超期服役，因未对装置功能、性能能否满足电网安全稳定要求进行研究、不制定更新改造计划等而引起的继电保护不正确动作；

j）有关领导人员错误决定或未认真履行领导责任造成的继电保护不正确动作。

7.8 自然灾害

由于地震、火灾、水灾、冰灾等天灾及外力破坏引起的继电保护不正确动作。

7.9 原因不明

当继电保护发生不正确动作后，必须对不正确动作的继电保护进行调查、试验、分析，以确定发生不正确动作的原因和责任部门，若经过调查、试验、分析仍不能确定不正确动作原因，则需写出调查报告，经本单位总工程师同意，并报上级主管部门认可，才能定为"原因不明"。

8 继电保护不正确动作原因及故障环节（或部位）分类

继电保护不正确动作原因及故障环节包括：

a) 误碰；

b) 误操作；

c) 误整定；

d) 误接线；

e) 调试不良；

f) 装置制造质量不良；

g) 原理缺陷；

h) 软件问题；

i) 未执行反事故技术措施规定；

j) 干扰影响；

k) 绝缘老化、设备陈旧；

l) 外力破坏；

m) 供继电保护使用的交流电流、电压互感器的二次绕组；

n) 交流电流、电压回路故障：自互感器二次绕组的端子排接至保护装置间的全部连线，包括电缆、导线、接线端子、试验部件、电压切换回路等；

o) 直流回路故障；

p) 纵联保护通道：保护装置用光纤、载波、微波、导引线等通道；

q) 纵联保护通道加工设备；

r) 纵联保护通信接口；

s) 原因不明；

t) 其他。

9 线路重合不成功原因分类

线路重合不成功包括：

a) 永久故障：重合于永久性故障跳三相。

b) 开关合闸不成功，其中包括：

1) 合闸回路断线；

2) 开关拒合；

3) 防跳继电器失灵多次重合；

4) 回路设计或接线错误。

c) 重合闸未动作，其中包括：

1) 重合闸装置故障；

2) 单重方式，单相故障误跳三相不重合。

d) 检同期失败（三相重合闸）：

1) 起动重合闸的保护拒动；

2) 重合闸充电不满未重合。

e）其他。

10 保护装置分类

10.1 保护装置的分类

10.1.1 按被保护设备分为：线路保护、母线保护、变压器保护、发电机（发电机变压器组）保护、并联电抗器保护、电容器保护、断路器保护、短引线保护、其他保护。

10.1.2 按保护功能分为：主保护、后备保护、辅助保护、异常运行保护、其他保护以及安自装置。

10.2 线路保护

线路保护包括：

a）线路主保护，包括全线速动保护以及不带时限的线路Ⅰ段保护；

b）线路后备保护，包括接地距离保护、相间距离保护、相电流保护、零序电流保护；

c）其他保护。

10.3 母线保护

母线保护包括：

a）母线主保护包括差动保护；

b）集中配置的失灵保护；

c）其他保护。

10.4 变压器保护

变压器保护包括：

a）变压器主保护，包括重瓦斯保护、差动保护等；

b）变压器后备保护，包括阻抗保护、相电流保护、零序电流保护、间隙接地保护（零序电流电压、零序电流保护）；

c）变压器异常保护，包括过负荷保护、过励磁保护、过电压保护；

d）其他保护。

10.5 发电机保护

发电机保护包括：

a）发电机主保护，包括纵差保护、不完全纵差保护、裂相横差保护、横差保护、定子接地保护、匝间保护以及发电机变压器组纵差保护；

b）发电机后备保护，包括相电流保护、负序电流保护；

c）发电机辅助保护，包括断口闪络保护、误上电保护、启停机保护；

d）发电机异常保护，包括过负荷保护、过电压保护、过励磁保护、频率保护、失磁保护、失步保护、逆功率保护、转子接地保护；

e）其他保护。

10.6 并联电抗器保护

并联电抗器保护包括：

a）并联电抗器主保护，包括差动保护、重瓦斯保护、匝间保护；

b）并联电抗器后备保护，包括相电流保护、零序电流保护。

10.7 断路器保护

断路器保护包括：

184

a）失灵保护；

b）充电保护、死区保护、非全相保护；

c）其他保护。

10.8 电容器保护

电容器保护包括：

a）电容器主保护，包括电流速断保护、限时电流速断保护、过电流保护；

b）电容器后备保护，包括过电压保护、低电压保护。

10.9 重合闸

重合闸包括：

a）单相重合闸；

b）三相重合闸；

c）综合重合闸。

10.10 短引线保护

短引线保护装置。

10.11 过电压及远方跳闸保护

过电压及远方跳闸保护装置。

10.12 电动机保护

电动机保护装置。

10.13 故障录波及测距装置

故障录波及测距装置包括：

a）故障录波器；

b）故障测距装置。

10.14 安自装置

安自装置包括：

a）解列装置：振荡解列、低压解列、过负荷解列、低频解列、功角超值解列；

b）就地安自装置：就地切机、就地切负荷；

c）远方安自装置：远方切机、远方切负荷、综合稳定装置；

d）减负荷装置：低频减载、低压减载、过负荷减载；

e）备用电源自动投入。

10.15 其他设备保护

其他未列入上述各种保护的继电保护装置。

11 电力系统一次设备故障分类

11.1 线路故障包括：

a）单相接地（含高阻接地）；

b）两相短路接地；

c）两相短路；

d）三相短路；

e）断线及接地；

f）发展性故障（包括转换性故障、两点或多点接地）；

g）同杆并架多回线跨线故障［包括同名相短路接地、异名相短路接地、三相短路接地（倒杆）］。

11.2 母线故障包括：

a）单相接地；

b）两相短路接地；

c）两相短路；

d）三相短路；

e）发展性故障；

f）多条母线同时故障。

11.3 变压器故障包括：

a）相间接地故障；

b）匝间故障；

c）套管故障；

d）分接开关故障；

e）非变压器本体故障（指差动保护范围内的断路器、电流互感器、电压互感器、隔离开关、外部引线等的单相接地、两相短路接地、两相短路、三相短路等故障）。

11.4 高压电抗器故障包括：

a）铁芯故障；

b）相间接地故障；

c）匝间故障；

d）套管故障；

e）非电抗器本体故障（指差动保护范围内的电流互感器、隔离开关、外部引线等的单相接地、两相短路接地、两相短路、三相短路等故障）。

11.5 发电机故障包括：

a）相间故障；

b）定子匝间短路；

c）铁芯故障；

d）内部引线故障；

e）定子绕组开路；

f）定子接地；

g）转子接地；

h）异常故障（指发电机发生失磁、过电压、过励磁、过负荷、失步、频率变化等事故中的任何一种造成保护装置动作跳闸的故障）；

i）非发电机本体故障［指差动保护范围内、发电机变压器组差动保护范围内的断路器、电流互感器、电压互感器、隔离开关、外部引线（封闭母线）等的单相接地、两相接地、两相短路、三相短路、接地等故障］。

11.6 电容器故障包括：

a）电容器损坏；

b）电容间连线放电或接触不良；

c）外力或外物引起短路。

12 继电保护运行评价管理

12.1 继电保护的动作分析和运行评价的分级管理

12.1.1 各发电厂、供电企业应对所管辖的全部继电保护运行情况进行综合分析。

12.1.2 网、省（自治区、直辖市）电力公司对直接调度、管辖范围内 220kV 及以上系统继电保护进行具体分析评价，对本网 110kV 及以下系统继电保护运行情况只进行综合评价。

12.1.3 国家电力调度通信中心（简称国调中心）、中国南方电网电力调度通信中心（简称南网总调）对直接调度范围内 220kV 及以上系统继电保护运行情况进行分析评价，并在各网、省（自治区、直辖市）电力公司评价分析的基础上，综合有关的分析评价数据，以 220kV 及以上系统为重点对管辖范围内 220kV 及以上系统继电保护进行综合分析评价。

12.2 对继电保护动作情况的动作分析和评价实施

各级继电保护专业管理部门，应对其所管辖的继电保护的运行及动作情况，按表 A.1 和表 A.2 的内容认真地进行动作分析和评价，要求对每一次动作都应写明时间、地点、保护型号、继电保护发生不正确动作时的不正确动作原因（必要时画图说明）、责任单位、投运日期及责任分析。

12.3 对编制继电保护运行情况月、半年、年分析评价工作的要求

12.3.1 发电厂、供电企业继电保护专业部门，应每月将本单位的继电保护运行情况及情况简述经认真分析评价，于下月第 3 个工作日前，按表 A.1～表 A.19 汇总上报网、省（自治区、直辖市）电力公司继电保护专业管理部门。

12.3.2 网、省（自治区、直辖市）电力公司继电保护专业管理部门对 220kV 及以上系统继电保护运行情况应进行认真分析评价，每月做数据汇总简报，于下月第 5 个工作日前按管辖关系报送国调中心或南网总调，半年做一次分析评价报告，上半年分析报告于 8 月中旬以前按管辖关系报送国调中心或南网总调，下半年分析报告可与年报合并上报。

12.4 对继电保护运行情况年报的要求

12.4.1 每年 1 月 15 日前，发电厂、供电企业继电保护专业部门将上年度的继电保护运行情况报网、省（自治区、直辖市）电力公司继电保护专业管理部门。

12.4.2 每年 1 月 20 日前，省（自治区、直辖市）电力公司继电保护专业管理部门将上年度的继电保护运行情况以统计分析程序形成的格式文件报送网公司继电保护专业管理部门。

12.4.3 每年 1 月 25 日前，各网公司的继电保护专业管理部门将上年度的继电保护运行情况（含所管辖省、自治区、直辖市公司）以统计分析程序形成的格式文件按管辖关系报送国调中心或南网总调。

12.4.4 每年 2 月 28 日前，各网、省（自治区、直辖市）继电保护专业管理部门将上年度继电保护运行情况总结按管辖关系报送国调中心或南网总调，同时各省（自治区、直辖市）公司还应将总结报送网公司。

12.4.5 年报的内容及要求如下：

a）按 12.2 的要求填写全年运行中的继电保护动作情况；

b）电子表格应与报告中的评价数据一致，如有变动应在 3 月 15 日前按管辖关系通知国调中心或南网总调；

c）继电保护运行评价常用的表格格式见表 A.1～表 A.19。

12.5 重大事故及时上报

因继电保护问题引起或扩大的电力系统重大事故，网、省（自治区、直辖市）电力公司应及时将继电保护事故分析报告按管辖关系报送国调中心或南网总调。

附　录　A
（规范性附录）

评 价 分 析 报 表

A.1 继电保护和安全自动装置动作记录月报表见表 A.1。

表 A.1　继电保护和安全自动装置动作记录月报表（基层单位月报表）

报表单位：　　　　　　　　　　　　　　　　　　月份：　填报日期：　　　年　月　日

编号	时间	保护安装地点	电压等级	故障及保护动作情况简述	被保护设备名称	保护型号	生产厂家	保护版本号	通道类型	装置动作评价	不正确动作责任分析	责任部门

填表人：　　　　　　　　　　审校：　　　　　　　　　　批准人：

A.2 继电保护装置故障及退出运行情况月报表见表 A.2。

表 A.2　继电保护装置故障及退出运行情况月报表（基层单位报表）

报表单位：　　　　　　　　　　　　　　　　　　月份：　填报日期：　　　年　月　日

编号	保护型号	保护名称	制造厂家	装置故障或异常退出运行情况		
				故障或异常次数	退出运行时间（h）	故障或异常原因
注：纵联保护因对侧原因而停运也包括在退出运行时间内。						

填表人：　　　　　　　　　　审校：　　　　　　　　　　批准人：

A.3 220kV 及以上系统快速切除故障率分析表见表 A.3。

表 A.3　220kV 及以上系统快速切除故障率分析表

报表单位：　　　　　　　　　　　　　　　　　　　　　　　　时间：　　　年　　月　　日

单　位	线　路			发电机、变压器、电抗器			母　线			合　计		
	故障次数	快速切除故障次数	快速切除率%	故障次数	快速切除故障次数	快速切除率%	故障次数	快速切除故障次数	快速切除率%	故障总次数	快速切除故障次数	快速切除率%
总　计												

A.4 220kV 及以上线路重合成功率分析表详见表 A.4。

表 A.4　220kV 及以上线路重合成功率分析表

报表单位：　　　　　　　　　　　　　　　　　　　　　　　　时间：　　　年　　月　　日

项　目	220kV 系统				500kV（330kV）系统				1000kV（750kV）系统				小计
	单重	三重	综重	其他	单重	三重	综重	其他	单重	三重	综重	其他	
装有重合闸线路故障次数													
装有重合闸线路越级跳闸次数													
装有重合闸线路误断开次数													
线路应重合总次数													
线路重合成功次数													
线路重合不成功次数													
线路重合成功率（％）													
重合不成功原因													

A.5 220kV 及以上系统各类设备继电保护运行分析评价表见表 A.5。

表 A.5　220kV 及以上系统各类设备继电保护运行分析评价表

报表单位：　　　　　　　　　　　　　　　　　　　　　　　时间：　　　年　　月　　日

单位	线路保护			母线保护			变压器保护			发电机保护			电抗器保护			断路器保护			短引线保护			过电压及远方跳闸装置			其他保护			合计		
	动作次数	不正确次数	正确率%	动作次数	不正确次数	正确率%	动作次数	不正确次数	正确率%	动作次数	不正确次数	正确率%	动作次数	不正确次数	正确率%	动作次数	不正确次数	正确率%	动作次数	不正确次数	正确率%	动作次数	不正确次数	正确率%	动作次数	不正确次数	正确率%	动作次数	不正确次数	正确率%
总计																														

A.6 220kV 及以上系统线路、重合闸断路器、短引线和过电压及远方跳闸保护不正确动作分析表见表 A.6。

**表 A.6　220kV 及以上系统线路、重合闸断路器、短引线和
过电压及远方跳闸保护不正确动作分析表**

报表单位：　　　　　　　　　　　　　　　　　　　　　　　时间：　　　年　　月　　日

项目		线 路 保 护									重 合 闸				断路器保护	短引线保护	过电压及远方跳闸保护	合计
		主 保 护						后备保护	其他保护	小计	单相重合闸	三相重合闸	综合重合闸	小计				
		载波通道	微波通道	光纤通道	纵联小计	横差保护	Ⅰ段保护											
不正确动作次数	误动																	
	拒动																	
不正确动作原因																		

190

A.7 220kV 及以上系统变压器保护不正确动作分析表见表 A.7。

表 A.7 220kV 及以上系统变压器保护不正确动作分析表

报表单位：　　　　　　　　　　　　　　　　　　　　　　时间：　　年　　月　　日

项目		主保护		后备保护				异常保护			其他保护	合计
		差动保护	重瓦斯保护	阻抗保护	相电流保护	零序电流保护	间隙接地保护	过负荷保护	过励磁保护	过电压保护		
不正确动作次数	误动											
	拒动											
不正确动作原因												

A.8 220kV 及以上系统发电机保护不正确动作分析表见表 A.8。

表 A.8 220kV 及以上系统发电机保护不正确动作分析表

报表单位：　　　　　　　　　　　　　　　　　　　　　　时间：　　年　　月　　日

项目		主保护						后备保护	辅助保护			异常保护								其他保护	合计
		纵差保护	不完全纵差	裂相横差	横差保护	定子接地保护	匝间保护	发电机－变压器组纵差	相电流保护	负序电流保护	断口闪络保护	误上电保护	启停机保护	过负荷保护	过电压保护	过励磁保护	频率保护	失磁保护	失步保护	逆功率保护	转子接地保护		
不正确动作次数	误动																						
	拒动																						
不正确动作原因																							

A.9 220kV 及以上系统母线、并联电抗器保护不正确动作分析表见表 A.9。

表 A.9 220kV 及以上系统母线、并联电抗器保护不正确动作分析表

报表单位：　　　　　　　　　　　　　　　　　　　　　时间：　　年　　月　　日

项　目		母线保护				并联电抗器保护						其他设备			
		差动保护	集中失灵保护	其他保护	小计	差动保护	重瓦斯保护	匝间保护	相电流保护	零序电流保护	小计	电动机保护	电容器保护	其他保护	小计
不正确动作次数	误动														
	拒动														
不正确动作原因															

A.10 继电保护不正确动作责任分析表见表 A.10。

表 A.10 继电保护不正确动作责任分析表

报表单位：　　　　　　　　　　　　　　　　　　　　　时间：　　年　　月　　日

项　目		220kV 及以上系统	220kV 系统	500kV（330kV）系统	1000kV（750kV）系统
不正确动作次数	误动				
	拒动				
维护检修部门	误碰				
	误接线				
	误整定				
	调试质量不良				
	检修维护不良				
	未执行反事故技术措施规定				
	其他				
调度运行部门	整定计算错误				
	未按规定投、停保护				
	未执行反事故技术措施规定				
值班运行部门	误碰				
	误操作				
	运行维护不良				

表 A.10（续）

项　目		220kV 及以上系统	220kV 系统	500kV（330kV）系统	1000kV（750kV）系统
设计部门	回路接线设计不合理				
	未执行反事故技术措施规定				
	设计图纸不标准，不规范				
	其他				
制造部门	制造质量不良				
	硬件设计不当				
	资料图纸不全、不准确				
	软件原理问题				
	未执行反事故技术措施规定				
	其他				
基建部门	误碰				
	误接线				
	图纸、资料移交不全				
	安装调试不良				
	参数不准				
	其他				
其他专业部门	试验部门责任				
	通信部门责任				
	生技部门责任				
	领导人员责任				
	其他非保护专业部门责任				
自然灾害					
原因不明					

A.11 制造部门责任造成继电保护不正确动作表（总计）见表 A.11。

表 A.11　制造部门责任造成继电保护不正确动作表（总计）

报表单位：　　　　　　　　　　　　　　　　　　　　　时间：　　　年　　月　　日

制　造　厂　家	不正确动作次数		占制造部门不正确动作总次数的比例（％）
	误　动	拒　动	

A. 12 220kV 及以上系统继电保护故障率分析表见表 A. 12。

表 A. 12　220kV 及以上系统继电保护故障率分析表

报表单位：　　　　　　　　　　　　　　　　　　　　　　时间：　　年　　月　　日

保护型号	生产厂家	线路保护			母线保护			变压器保护			发电机保护			电抗器保护			断路器保护			短引线保护			过电压及远方跳闸装置			其他保护		
		总台数	故障次数	故障率%	总台数	故障次数	故障率%	总台数	故障次数	故障率%	总台数	故障次数	故障率%	总台数	故障次数	故障率%	总台数	故障次数	故障率%	总台数	故障次数	故障率%	总台数	故障次数	故障率%	总台数	故障次数	故障率%

A. 13 220kV 及以上系统继电保护投运率分析表见表 A. 13。

表 A. 13　220kV 及以上系统继电保护投运率分析表

报表单位：　　　　　　　　　　　　　　　　　　　　　　时间：　　年　　月　　日

单位	线路保护		母线保护		变压器保护		发电机保护		电抗器保护		断路器保护		短引线保护		过电压及远方跳闸装置		其他保护	
	总台数	装置异常退出时间	装置投运率%	总台数	装置异常退出时间	装置投运率%	总台数	装置异常退出时间	装置投运率%	总台数	装置异常退出时间	装置投运率%	总台数	装置异常退出时间	装置投运率%	总台数	装置异常退出时间	装置投运率%	总台数	装置异常退出时间	装置投运率%	总台数	装置异常退出时间	装置投运率%	总台数	装置异常退出时间	装置投运率%
总计																		

A.14 220kV 及以上系统一次设备故障率分析表见表 A.14。

表 A.14　220kV 及以上系统一次设备故障率分析表

报表单位：　　　　　　　　　　　　　　　　　　　　时间：　　　年　月　日

设备	故障率有关数据	220kV	500kV（330kV）	1000kV（750kV）
线路	线路条数			
	线路总长度　km			
	故障次数			
	故障率 故障次数/（百千米·年）			
母线	母线条数			
	故障母线条数			
	故障次数			
	故障率 故障次数/（百条·年）			
变压器	变压器总台数			
	故障变压器台数			
	故障次数			
	故障率 故障次数/（百台·年）			
高压电抗器	高压电抗器总台数			
	故障电抗器台数			
	故障次数			
	故障率 故障次数/（百台·年）			
发电机	发电机总台数			
	故障发电机台数			
	故障次数			
	故障率 故障次数/（百台·年）			
电容器	电容器总台数			
	故障电容器台数			
	故障次数			
	故障率 故障次数/（百台·年）			

A.15 220kV 及以上系统一次设备故障类型分析表见表 A.15。

表 A.15　220kV 及以上系统一次设备故障类型分析表

报表单位：　　　　　　　　　　　　　　　　　　　　时间：　　　年　月　日

设备	故障类型	220kV	500kV（330kV）	1000kV（750kV）
线路	单相接地（含高阻接地）			
	两相短路接地			
	两相短路			
	三相短路			

设备	故 障 类 型	220kV	500kV（330kV）	1000kV（750kV）
线路	断线及接地			
	发展性故障（包括转换性故障、两点或多点接地）			
	同杆并架多回线跨线故障			
母线	单相接地			
	两相短路接地			
	两相短路			
	三相短路			
	发展性故障			
	多条母线同时故障			
变压器	相间接地故障			
	匝间故障			
	套管故障			
	分接开关故障			
	非变压器本体故障			
高压电抗器	铁芯故障			
	相间接地故障			
	匝间故障			
	套管故障			
	非电抗器本体故障			
发电机	相间故障			
	定子匝间短路			
	铁芯故障			
	内部引线故障			
	定子绕组开路			
	定子接地			
	转子接地			
	异常故障			
	非发电机本体故障			
电容器	电容器损坏			
	电容间连线放电或接触不良			
	外力或外物引起短路			

A.16 220kV及以上系统继电保护运行评价汇总表见表 A.16。

表 A.16 220kV及以上系统继电保护运行评价汇总表

报表单位：　　　　　　　　　　　　　　　　　　　　　　　　　时间：　　　年　　月　　日

单位	220kV及以上系统			500kV（330kV）系统			1000kV（750kV）系统			220kV及以上系统元件保护			220kV及以上故障录波及故障测距		
	动作次数	不正确次数	正确率%	动作次数	不正确次数	正确率%	动作次数	不正确次数	正确率%	动作次数	不正确次数	正确率%	录波测距次数	完好次数	完好率%
总计															

A.17 220kV及以上系统继电保护百台不正确动作汇总表见表 A.17。

表 A.17 220kV及以上系统继电保护百台不正确动作汇总表

报表单位：　　　　　　　　　　　　　　　　　　　　　　　　　时间：　　　年　　月　　日

单位	220kV及以上系统			500kV（330kV）系统			1000kV（750kV）系统			220kV及以上系统元件保护		
	保护台数	不正确动作次数	不正确动作率次/百台	保护台数	不正确动作次数	不正确动作率次/百台	保护台数	不正确动作次数	不正确动作率次/百台	保护台数	不正确动作次数	不正确动作率次/百台
总计												

A.18 故障录波及故障测距装置动作分析表见表 A.18。

表 A.18 故障录波及故障测距装置动作分析表

报表单位：　　　　　　　　　　　　　　　　　　　　　　　　　时间：　　　年　　月　　日

项　目		全部装置	220kV 系统	500kV（330kV）系统	1000kV（750kV）系统
装置总台数					
应评价次数					
录波测距完好次数					
录波测距完好率　%					
录波测距不成功原因分析	录波测距装置问题				
	回路问题				
	其他				

A.19 电力系统安全自动装置评价分析表见表 A.19。

表 A.19 电力系统安全自动装置评价分析表

报表单位：　　　　　　　　　　　　　　　　　　　　　　时间：　　　年　　月　　日

项目		解列装置					就地安全自动装置		远方安全自动装置			减负荷装置			备用电源自动投入	共计
		振荡解列	低压解列	过负荷解列	低频解列	功角超值解列	就地切机	就地切负荷	远方切机	远方切负荷	综合稳定装置	低频减载	低压减载	过负荷减载		
装置动作总次数																
装置正确动作（完好）次数																
装置不正确动作次数	拒动																
	误动																
不正确动作原因																

198

继电保护和电网安全自动装置检验规程

DL/T 995—2006

电力系统与数据通信卷

目　　次

前　　言

本标准是根据《国家发展改革委办公厅关于印发 2004 年行业标准项目计划的通知》（发改办工业〔2004〕872 号）安排制定的。

本标准在制定过程中，总结了我国继电保护及电网安全自动装置运行、维护和现场检验的经验，特别是反映了大量使用微机型保护装置的特点，汲取了继电保护管理及运行维护单位的意见，在原水利电力部 87 水电电生字第 108 号文颁发执行的《继电保护及电网安全自动装置检验条例》的基础上补充、修改、完善，形成本标准。

本标准的附录 A 为资料性附录，附录 B、附录 C、附录 D 为规范性附录。

本标准由中国电力企业联合会提出。

本标准由电力行业继电保护标准化委员会归口并解释。

本标准主要起草单位：华北电网有限公司、华北电力科学研究院有限责任公司、国家电力调度通信中心、南京南瑞继保电气有限公司、江苏省电力试验研究院有限公司、重庆电力调度通信中心、河北邢台供电公司、北京四方继保自动化有限公司、长春超高压局、国电南京自动化股份有限公司。

本标准主要起草人：牛四清、李群炬、马锁明、赵希才、周栋骥、黄林、康勇、秦应力、李金龙。

继电保护和电网安全自动装置检验规程

1 范围

本标准规定了电力系统继电保护和电网安全自动装置及其二次回路接线（以下简称装置）检验的周期、内容及要求。

本标准适用于电网企业、并网运行发电企业及用户负责继电保护运行维护和管理的单位。有关规划设计、研究制造、安装调试单位及部门均应遵守本标准。

2 规范性引用文件

下列文件中的条款通过本标准的引用而成为本标准的条款。凡是注日期的引用文件，其随后所有的修改单（不包括勘误的内容）或修订版均不适用于本标准，然而，鼓励根据本标准达成协议的各方研究是否可使用这些文件的最新版本。凡是不注日期的引用文件，其最新版本适用于本标准。

GB/T 7261—2000 继电器及装置基本试验方法

GB/T 14285—2006 继电保护及安全自动装置技术规程

DL/T 527—2002 静态继电保护装置逆变电源技术条件

3 总则

3.1 本标准是继电保护及电网安全自动装置在检验过程中应遵守的基本原则。

3.2 本标准中的电网安全自动装置，是指在电力网中发生故障或出现异常运行时，为确保电网安全与稳定运行，起控制作用的自动装置，如自动重合闸、备用电源或备用设备自动投入、自动切负荷、低频和低压自动减载、电厂事故减出力、切机等。

3.3 110kV 及以上电压等级电力系统中电力设备及线路的微机型继电保护和电网安全自动装置，必须按照本标准进行检验。对于其他电压等级或非微机型继电保护装置可参照执行。

3.4 各级继电保护管理及运行维护部门，应根据当地电网具体情况并结合一次设备的检修合理地安排年、季、月的保护装置检验计划。相关调度部门应予支持配合，并作统筹安排。

3.5 装置检验工作应制定标准化的作业指导书及实施方案，其内容应符合本标准。

3.6 检验用仪器、仪表的准确级及技术特性应符合要求，并应定期校验。

3.7 微机型装置的检验，应充分利用其"自检"功能，着重检验"自检"功能无法检测的项目。

4 检验种类及周期

4.1 检验种类

检验分为三种：

a）新安装装置的验收检验；

b）运行中装置的定期检验（简称定期检验）；

c）运行中装置的补充检验（简称补充检验）。

4.1.1 新安装装置的验收检验。

新安装装置的验收检验，在下列情况进行：

a) 当新安装的一次设备投入运行时；

b) 当在现有的一次设备上投入新安装的装置时。

4.1.2 运行中装置的定期检验。

定期检验分为三种：

a) 全部检验；

b) 部分检验；

c) 用装置进行断路器跳、合闸试验。

全部检验和部分检验的项目见附录 A、附录 B、附录 C、附录 D。

4.1.3 运行中装置的补充检验。

补充检验分为五种：

a) 对运行中的装置进行较大的更改或增设新的回路后的检验；

b) 检修或更换一次设备后的检验；

c) 运行中发现异常情况后的检验；

d) 事故后检验；

e) 已投运行的装置停电一年及以上，再次投入运行时的检验。

4.2 定期检验的内容与周期

4.2.1 定期检验应根据本标准所规定的周期、项目及各级主管部门批准执行的标准化作业指导书的内容进行。

4.2.2 定期检验周期计划的制定应综合考虑所辖设备的电压等级及工况，按本标准要求的周期、项目进行。在一般情况下，定期检验应尽可能配合在一次设备停电检修期间进行。220kV 电压等级及以上继电保护装置的全部检验及部分检验周期见表 1 和表 2。电网安全自动装置的定期检验参照微机型继电保护装置的定期检验周期进行。

4.2.3 制定部分检验周期计划时，装置的运行维护部门可视装置的电压等级、制造质量、运行工况、运行环境与条件，适当缩短检验周期、增加检验项目。

a) 新安装装置投运后一年内必须进行第一次全部检验。在装置第二次全部检验后，若发现装置运行情况较差或已暴露出了需予以监督的缺陷，可考虑适当缩短部分检验周期，并有目的、有重点地选择检验项目。

b) 110kV 电压等级的微机型装置宜每 2～4 年进行一次部分检验，每 6 年进行一次全部检验；非微机型装置参照 220kV 及以上电压等级同类装置的检验周期。

c) 利用装置进行断路器的跳、合闸试验宜与一次设备检修结合进行。必要时，可进行补充检验。

表 1　全部检验周期表

编号	设备类型	全部检验周期（年）	定义范围说明
1	微机型装置	6	包括装置引入端子外的交、直流及操作回路以及涉及的辅助继电器、操作机构的辅助触点、直流控制回路的自动开关等
2	非微机型装置	4	
3	保护专用光纤通道，复用光纤或微波连接通道	6	指站端保护装置连接用光纤通道及光电转换装置
4	保护用载波通道的设备（包含与通信复用、电网安全自动装置合用且由其他部门负责维护的设备）	6	涉及如下相应的设备：高频电缆、结合滤波器、差接网络、分频器

表 2 部 分 检 验 周 期 表

编号	设备类型	部分检验周期（年）	定义范围说明
1	微机型装置	2～3	包括装置引入端子外的交、直流及操作回路以及涉及的辅助继电器、操作机构的辅助触点、直流控制回路的自动开关等
2	非微机型装置	1	
3	保护专用光纤通道，复用光纤或微波连接通道	2～3	指光头擦拭、收信裕度测试等
4	保护用载波通道的加工设备（包含与通信复用、电网安全自动装置合用且由其他部门负责维护的设备）	2～3	指传输衰耗、收信裕度测试等

4.2.4 母线差动保护、断路器失灵保护及电网安全自动装置中投切发电机组、切除负荷、切除线路或变压器的跳合断路器试验，允许用导通方法分别证实至每个断路器接线的正确性。

4.3 补充检验的内容

4.3.1 因检修或更换一次设备（断路器、电流和电压互感器等）所进行的检验，应由基层单位继电保护部门根据一次设备检修（更换）的性质，确定其检验项目。

4.3.2 运行中的装置经过较大的更改或装置的二次回路变动后，均应由基层单位继电保护部门进行检验，并按其工作性质，确定其检验项目。

4.3.3 凡装置发生异常或装置不正确动作且原因不明时，均应由基层单位继电保护部门根据事故情况，有目的地拟定具体检验项目及检验顺序，尽快进行事故后检验。检验工作结束后，应及时提出报告，按设备调度管辖权限上报备查。

4.4 检验管理

4.4.1 对试运行的新型装置（指未经省、部级鉴定的产品），必须进行全面的检查试验，并经网（省）公司继电保护运行管理部门审查。

4.4.2 由于制造质量不良，不能满足运行要求的装置，应由制造厂负责解决，并向上级主管部门报告。

4.4.3 装置出现普遍性问题后，制造厂有义务向运行主管部门及时通报，并提出预防性措施。

5 检验工作应具备的条件

5.1 仪器、仪表的基本要求与配置

5.1.1 装置检验所使用的仪器、仪表必须经过检验合格，并应满足 GB/T 7261—2000 中的规定。定值检验所使用的仪器、仪表的准确级应不低于 0.5 级。

5.1.2 220kV 及以上变电站如需调试载波通道应配置高频振荡器和选取频表。220kV 及以上变电站或集控站应配置一套至少可同时输出三相电流、四相电压的微机成套试验仪及试验线等工具。

5.1.3 继电保护班组应至少配置以下仪器、仪表：

指针式电压、电流表，数字式电压、电流表，钳形电流表，相位表，毫秒计，电桥等；500V、1000V 及 2500V 兆欧表；可记忆示波器；载波通道测试所需的高频振荡器和选频表、

无感电阻、可变衰耗器等；微机成套试验仪。

建议配置便携式录波器（波形记录仪）、模拟断路器。

如需调试纵联电流差动保护宜配置：GPS对时天线和选用可对时触发的微机成套试验仪。

需要调试光纤纵联通道时应配置：光源、光功率计、误码仪、可变光衰耗器等仪器。

5.2 检验前的准备工作

5.2.1 在现场进行检验工作前，应认真了解被检验装置的一次设备情况及其相邻的一、二次设备情况，及与运行设备关联部分的详细情况，据此制定在检验工作全过程中确保系统安全运行的技术措施。

5.2.2 应具备与实际状况一致的图纸、上次检验的记录、最新定值通知单、标准化作业指导书、合格的仪器仪表、备品备件、工具和连接导线等。

5.2.3 规定有接地端的测试仪表，在现场进行检验时，不允许直接接到直流电源回路中，以防止发生直流电源接地的现象。

5.2.4 对新安装装置的验收检验，应先进行如下的准备工作：

a) 了解设备的一次接线及投入运行后可能出现的运行方式和设备投入运行的方案，该方案应包括投入初期的临时继电保护方式。

b) 检查装置的原理接线图（设计图）及与之相符合的二次回路安装图，电缆敷设图，电缆编号图，断路器操动机构图，电流、电压互感器端子箱图及二次回路分线箱图等全部图纸以及成套保护、自动装置的原理和技术说明书及断路器操动机构说明书，电流、电压互感器的出厂试验报告等。以上技术资料应齐全、正确。若新装置由基建部门负责调试，生产部门继电保护验收人员验收全套技术资料之后，再验收技术报告。

c) 根据设计图纸，到现场核对所有装置的安装位置是否正确。

5.2.5 对装置的整定试验，应按有关继电保护部门提供的定值通知单进行。工作负责人应熟知定值通知单的内容，核对所给的定值是否齐全，所使用的电流、电压互感器的变比值是否与现场实际情况相符合（不应仅限于定值单中设定功能的验证）。

5.2.6 继电保护检验人员在运行设备上进行检验工作时，必须事先取得发电厂或变电站运行人员的同意，遵照电业安全工作相关规定履行工作许可手续，并在运行人员利用专用的连接片将装置的所有出口回路断开之后，才能进行检验工作。

5.2.7 检验现场应提供安全可靠的检修试验电源，禁止从运行设备上接取试验电源。

5.2.8 检查装设保护和通信设备的室内的所有金属结构及设备外壳均应连接于等电位地网。

5.2.9 检查装设静态保护和控制装置屏柜下部接地铜排已可靠连接于等电位地网。

5.2.10 检查等电位接地网与厂、站主接地网紧密连接。

6 现场检验

6.1 电流、电压互感器的检验

6.1.1 新安装电流、电压互感器及其回路的验收检验。

检查电流、电压互感器的铭牌参数是否完整，出厂合格证及试验资料是否齐全。如缺乏上述数据时，应由有关制造厂或基建、生产单位的试验部门提供下列试验资料：

a) 所有绕组的极性；

b) 所有绕组及其抽头的变比；

c) 电压互感器在各使用容量下的准确级；

d) 电流互感器各绕组的准确级（级别）、容量及内部安装位置；

e) 二次绕组的直流电阻（各抽头）；

f) 电流互感器各绕组的伏安特性。

6.1.2 电流、电压互感器安装竣工后，继电保护检验人员应进行下列检查：

6.1.2.1 电流、电压互感器的变比、容量、准确级必须符合设计要求。

6.1.2.2 测试互感器各绕组间的极性关系，核对铭牌上的极性标识是否正确。检查互感器各次绕组的连接方式及其极性关系是否与设计符合，相别标识是否正确。

6.1.2.3 有条件时，自电流互感器的一次分相通入电流，检查工作抽头的变比及回路是否正确（发、变组保护所使用的外附互感器、变压器套管互感器的极性与变比检验可在发电机做短路试验时进行）。

6.1.2.4 自电流互感器的二次端子箱处向负载端通入交流电流，测定回路的压降，计算电流回路每相与中性线及相间的阻抗（二次回路负担）。将所测得的阻抗值按保护的具体工作条件和制造厂家提供的出厂资料来验算是否符合互感器10％误差的要求。

6.2 二次回路检验

6.2.1 在被保护设备的断路器、电流互感器以及电压回路与其他单元设备的回路完全断开后方可进行。

6.2.2 电流互感器二次回路检查。

a) 检查电流互感器二次绕组所有二次接线的正确性及端子排引线螺钉压接的可靠性。

b) 检查电流二次回路的接地点与接地状况，电流互感器的二次回路必须分别且只能有一点接地；由几组电流互感器二次组合的电流回路，应在有直接电气连接处一点接地。

6.2.3 电压互感器二次回路检查。

6.2.3.1 检查电压互感器二次、三次绕组的所有二次回路接线的正确性及端子排引线螺钉压接的可靠性。

6.2.3.2 经控制室中性线小母线（N600）连通的几组电压互感器二次回路，只应在控制室将 N600 一点接地，各电压互感器二次中性点在开关场的接地点应断开；为保证接地可靠，各电压互感器的中性线不得接有可能断开的熔断器（自动开关）或接触器等。独立的、与其他互感器二次回路没有直接电气联系的二次回路，可以在控制室也可以在开关场实现一点接地。来自电压互感器二次回路的 4 根开关场引入线和互感器三次回路的 2（3）根开关场引入线必须分开，不得共用。

6.2.3.3 检查电压互感器二次中性点在开关场的金属氧化物避雷器的安装是否符合规定。

6.2.3.4 检查电压互感器二次回路中所有熔断器（自动开关）的装设地点、熔断（脱扣）电流是否合适（自动开关的脱扣电流需通过试验确定）、质量是否良好，能否保证选择性，自动开关线圈阻抗值是否合适。

6.2.3.5 检查串联在电压回路中的熔断器（自动开关）、隔离开关及切换设备触点接触的可靠性。

6.2.3.6 测量电压回路自互感器引出端子到配电屏电压母线的每相直流电阻，并计算电压互感器在额定容量下的压降，其值不应超过额定电压的3％。

6.2.4 二次回路绝缘检查。

在对二次回路进行绝缘检查前，必须确认被保护设备的断路器、电流互感器全部停电，交流电压回路已在电压切换把手或分线箱处与其他回路断开，并与其他回路隔离完好后，才允许进行。

在进行绝缘测试时，应注意：

a）试验线连接要紧固；

b）每进行一项绝缘试验后，须将试验回路对地放电；

c）对母线差动保护、断路器失灵保护及电网安全自动装置，如果不可能出现被保护的所有设备都同时停电的机会时，其绝缘电阻的检验只能分段进行，即哪一个被保护单元停电，就测定这个单元所属回路的绝缘电阻。

6.2.4.1 进行新安装装置验收试验时，从保护屏柜的端子排处将所有外部引入的回路及电缆全部断开，分别将电流、电压、直流控制、信号回路的所有端子各自连接在一起，用 1000V 兆欧表测量绝缘电阻，其阻值均应大于 $10M\Omega$ 的回路如下：

a）各回路对地；

b）各回路相互间。

6.2.4.2 定期检验时，在保护屏柜的端子排处将所有电流、电压、直流控制回路的端子的外部接线拆开，并将电压、电流回路的接地点拆开，用 1000V 兆欧表测量回路对地的绝缘电阻，其绝缘电阻应大于 $1M\Omega$。

6.2.4.3 对使用触点输出的信号回路，用 1000V 兆欧表测量电缆每芯对地及对其他各芯间的绝缘电阻，其绝缘电阻应不小于 $1M\Omega$。定期检验只测量芯线对地的绝缘电阻。

6.2.4.4 对采用金属氧化物避雷器接地的电压互感器的二次回路，需检查其接线的正确性及金属氧化物避雷器的工频放电电压。

定期检查时可用兆欧表检验金属氧化物避雷器的工作状态是否正常。一般当用 1000V 兆欧表时，金属氧化物避雷器不应击穿；而用 2500V 兆欧表时，则应可靠击穿。

6.2.5 新安装二次回路的验收检验。

a）对回路的所有部件进行观察、清扫与必要的检修及调整。所述部件包括：与装置有关的操作把手、按钮、插头、灯座、位置指示继电器、中央信号装置及这些部件回路中端子排、电缆、熔断器等。

b）利用导通法依次经过所有中间接线端子，检查由互感器引出端子箱到操作屏柜、保护屏柜、自动装置屏柜或至分线箱的电缆回路及电缆芯的标号，并检查电缆簿的填写是否正确。

c）当设备新投入或接入新回路时，核对熔断器（和自动开关）的额定电流是否与设计相符或与所接入的负荷相适应，并满足上下级之间的配合。

d）检查屏柜上的设备及端子排上内部、外部连线的接线应正确，接触应牢靠，标号应完整准确，且应与图纸和运行规程相符合。检查电缆终端和沿电缆敷设路线上的电缆标牌是否正确完整，并应与设计相符。

e）检验直流回路确实没有寄生回路存在。检验时应根据回路设计的具体情况，用分别断开回路的一些可能在运行中断开（如熔断器、指示灯等）的设备及使回路中某些触点闭合的方法来检验。

每一套独立的装置，均应有专用于直接到直流熔断器正负极电源的专用端子对，这一套保护的全部直流回路包括跳闸出口继电器的线圈回路，都必须且只能从这一对专用端子取得直流的正、负电源。

f) 信号回路及设备可不进行单独的检验。

6.2.6 断路器、隔离开关及二次回路的检验：

a) 断路器及隔离开关中的一切与装置二次回路有关的调整试验工作，均由管辖断路器、隔离开关的有关人员负责进行。继电保护检验人员应了解掌握有关设备的技术性能及其调试结果，并负责检验自保护屏柜引至断路器（包括隔离开关）二次回路端子排处有关电缆线连接的正确性及螺钉压接的可靠性。

b) 继电保护人员还应了解以下内容：

1) 断路器的跳闸线圈及合闸线圈的电气回路接线方式（包括防止断路器跳跃回路、三相不一致回路等措施）；

2) 与保护回路有关的辅助触点的开、闭情况，切换时间，构成方式及触点容量；

3) 断路器二次操作回路中的气压、液压及弹簧压力等监视回路的工作方式；

4) 断路器二次回路接线图；

5) 断路器跳闸及合闸线圈的电阻值及在额定电压下的跳、合闸电流；

6) 断路器跳闸电压及合闸电压，其值应满足相关规程的规定；

7) 断路器的跳闸时间、合闸时间以及合闸时三相触头不同时闭合的最大时间差，应不大于规定值。

6.2.7 新安装或经更改的电流、电压回路，应直接利用工作电压检查电压二次回路，利用负荷电流检查电流二次回路接线的正确性。

6.3 屏柜及装置检验

6.3.1 检验时须注意如下问题以避免装置内部元器件损坏：

a) 断开保护装置的电源后才允许插、拔插件，且必须有防止因静电损坏插件的措施。

b) 调试过程中发现有问题要先找原因，不要频繁更换芯片。必须更换芯片时，要用专用起拔器。应注意芯片插入的方向，插入芯片后需经第二人检查无误后，方可通电检验或使用。

c) 检验中尽量不使用烙铁，如元件损坏等必须在现场进行焊接时，要用内热式带接地线烙铁或烙铁断电后再焊接。所替换的元件必须使用制造厂确认的合格产品。

d) 用具有交流电源的电子仪器（如示波器、频率计等）测量电路参数时，电子仪器测量端子与电源侧绝缘必须良好，仪器外壳应与保护装置在同一点接地。

6.3.2 装置外部检查。

a) 装置的实际构成情况，如装置的配置、装置的型号、额定参数（直流电源额定电压、交流额定电流、电压等），是否与设计相符合。

b) 主要设备、辅助设备的工艺质量，以及导线与端子采用材料的质量。

装置内部的所有焊接点、插件接触的牢靠性等属于制造工艺质量的问题，主要依靠制造厂负责保证产品质量。进行新安装装置的检验时，试验人员只作抽查。

c) 屏柜上的标志应正确完整清晰，并与图纸和运行规程相符。

d) 检查安装在装置输入回路和电源回路的减缓电磁干扰器件和措施应符合相关标准和制造厂的技术要求。在装置检验的全过程应保持这些减缓电磁干扰器件和措施处于良好状态。

e) 应将保护屏柜上不参与正常运行的连接片取下，或采取其他防止误投的措施。

f) 定期检验的主要检查项目：

1）检查装置内、外部是否清洁无积尘；清扫电路板及屏柜内端子排上的灰尘。

2）检查装置的小开关、拨轮及按钮是否良好；显示屏是否清晰，文字清楚。

3）检查各插件印刷电路板是否有损伤或变形，连线是否连接好。

4）检查各插件上元件是否焊接良好，芯片是否插紧。

5）检查各插件上变换器、继电器是否固定好，有无松动。

6）检查装置横端子排螺丝是否拧紧，后板配线连接是否良好。

7）按照装置技术说明书描述的方法，根据实际需要，检查、设定并记录装置插件内的选择跳线和拨动开关的位置。

6.3.3 绝缘试验：

a）仅在新安装装置的验收检验时进行绝缘试验。

b）按照装置技术说明书的要求拔出插件。

c）在保护屏柜端子排内侧分别短接交流电压回路端子、交流电流回路端子、直流电源回路端子、跳闸和合闸回路端子、开关量输入回路端子、厂站自动化系统接口回路端子及信号回路端子。

d）断开与其他保护的弱电联系回路。

e）将打印机与装置连接断开。

f）装置内所有互感器的屏蔽层应可靠接地。在测量某一组回路对地绝缘电阻时，应将其他各组回路都接地。

g）用 500V 兆欧表测量绝缘电阻值，要求阻值均大于 20MΩ。测试后，应将各回路对地放电。

6.3.4 上电检查：

a）打开装置电源，装置应能正常工作。

b）按照装置技术说明书描述的方法，检查并记录装置的硬件和软件版本号、校验码等信息。

c）校对时钟。

6.3.5 逆变电源检查：

6.3.5.1 对于微机型装置，要求插入全部插件。

6.3.5.2 有检测条件时，应测量逆变电源的各级输出电压值，测量结果应符合 DL/T 527—2002。

定期检验时只测量额定电压下的各级输出电压的数值，必要时测量外部直流电源在最高和最低电压下的保护电源各级输出电压的数值。

6.3.5.3 直流电源缓慢上升时的自起动性能检验建议采用以下方法：合上装置逆变电源插件上的电源开关，试验直流电源由零缓慢上升至 80% 额定电压值，此时逆变电源插件面板上的电源指示灯应亮。固定试验直流电源为 80% 额定电压值，拉合直流开关，逆变电源应可靠起动。

6.3.5.4 定期检验时还应检查逆变电源是否达到 DL/T 527—2002 所规定的使用年限。

6.3.6 开关量输入回路检验。

a）新安装装置的验收检验时：

1）在保护屏柜端子排处，按照装置技术说明书规定的试验方法，对所有引入端子排的开关量输入回路依次加入激励量，观察装置的行为。

2）按照装置技术说明书所规定的试验方法，分别接通、断开连接片及转动把手，观察装置的行为。

b）全部检验时，仅对已投入使用的开关量输入回路依次加入激励量，观察装置的行为。

c）部分检验时，可随装置的整组试验一并进行。

6.3.7 输出触点及输出信号检查。

a）新安装装置的验收检验时：在装置屏柜端子排处，按照装置技术说明书书规定的试验方法，依次观察装置所有输出触点及输出信号的通断状态。

b）全部检验时，在装置屏柜端子排处，按照装置技术说明书规定的试验方法，依次观察装置已投入使用的输出触点及输出信号的通断状态。

c）部分检验时，可随装置的整组试验一并进行。

6.3.8 在 6.3.6、6.3.7 检验项目中，如果几种保护共用一组出口连接片或共用同一告警信号时，应将几种保护分别传动到出口连接片和保护屏柜端子排。如果几种保护共用同一开入量，应将此开入量分别传动至各种保护。

6.3.9 模数变换系统检验。

a）检验零点漂移：

进行本项目检验时，要求装置不输入交流电流、电压量。

观察装置在一段时间内的零漂值满足装置技术条件的规定。

b）各电流、电压输入的幅值和相应精度检验：

1）新安装装置的验收检验时，按照装置技术说明书规定的试验方法，分别输入不同幅值和相位的电流、电压量，观察装置的采样值满足装置技术条件的规定。

2）全部检验时，可仅分别输入不同幅值的电流、电压量。

3）部分检验时，可仅分别输入额定电流、电压量。

6.4 整定值的整定及检验

6.4.1 整定值的整定及检验是指将装置各有关元件的动作值及动作时间按照定值通知单进行整定后的试验。该项试验在屏柜上每一元件检验完毕之后才可进行。具体的试验项目、方法、要求视构成原理而异，一般须遵守如下原则：

a）每一套保护应单独进行整定检验。试验接线回路中的交、直流电源及时间测量连线均应直接接到被试保护屏柜的端子排上。交流电压、电流试验接线的相对极性关系应与实际运行接线中电压、电流互感器接到屏柜上的相对相位关系（折算到一次侧的相位关系）完全一致。

b）在整定检验时，除所通入的交流电流、电压为模拟故障值并断开断路器的跳、合闸回路外，整套装置应处于与实际运行情况完全一致的条件下，而不得在试验过程中人为地予以改变。

c）装置整定的动作时间为自向保护屏柜通入模拟故障分量（电流、电压或电流及电压）至保护动作向断路器发出跳闸脉冲的全部时间。

d）电气特性的检验项目和内容应根据检验的性质，装置的具体构成方式和动作原理拟定。

检验装置的特性时，在原则上应符合实际运行条件，并满足实际运行的要求。每一检验项目都应有明确的目的，或为运行所必须，或用以判别元件、装置是否处于良好状态和发现可能存在的缺陷等。

6.4.2 在定期检验及新安装装置的验收检验时，整定检验要求如下：

a）新安装装置的验收检验时，应按照定值通知单上的整定项目，依据装置技术说明书或制造厂推荐的试验方法，对保护的每一功能元件进行逐一检验。

b）在全部检验时，对于由不同原理构成的保护元件只需任选一种进行检查。建议对主保护的整定项目进行检查，后备保护如相间Ⅰ、Ⅱ、Ⅲ段阻抗保护只需选取任一整定项目进行检查。

c）部分检验时，可结合装置的整组试验一并进行。

6.5 纵联保护通道检验

6.5.1 对于载波通道的检查项目如下：

a）继电保护专用载波通道中的阻波器、结合滤波器、高频电缆等设备的试验项目与电力线载波通信规定的相一致。与通信合用通道的试验工作由通信部门负责，其通道的整组试验特性除满足通信本身要求外，也应满足继电保护安全运行的有关要求。

在全部检验时，只进行结合滤波器、高频电缆的相关试验。

b）投入结合设备的接地刀闸，将结合设备的一次（高压）侧断开，并将接地点拆除之后，用1000V兆欧表分别测量结合滤波器二次侧（包括高频电缆）及一次侧对地的绝缘电阻及一、二次间的绝缘电阻。

c）测定载波通道传输衰耗。部分检验时，可以简单地以测量接收电平的方法代替（对侧发信机发出满功率的连续高频信号），将接收电平与最近一次通道传输衰耗试验中所测量到的接收电平相比较，其差若大于3dB时，则须进一步检查通道传输衰耗值变化的原因。

d）对于专用收发信机，在新投入运行及在通道中更换了（增加或减少）个别设备后，所进行的传输衰耗试验的结果，应保证收信机接收对端信号时的通道裕量不低于8.686dB，否则保护不允许投入运行。

6.5.2 对于光纤及微波通道的检查项目如下：

a）对于光纤及微波通道可以采用自环的方式检查光纤通道是否完好。

b）对于与光纤及微波通道相连的保护用附属接口设备应对其继电器输出触点、电源和接口设备的接地情况进行检查。

c）通信专业应对光纤及微波通道的误码率和传输时间进行检查，指标应满足GB/T 14285—2006的要求。

d）对于利用专用光纤及微波通道传输保护信息的远方传输设备，应对其发信电平、收信灵敏电平进行测试，并保证通道的裕度满足运行要求。

6.5.3 传输远方跳闸信号的通道，在新安装或更换设备后应测试其通道传输时间。采用允许式信号的纵联保护，除了测试通道传输时间，还应测试"允许跳闸"信号的返回时间。

6.5.4 继电保护利用通信设备传送保护信息的通道（包括复用载波机及其通道），还应检查各端子排接线的正确性、可靠性。继电保护装置与通信设备之间的连接（继电保护利用通信设备传送保护信息的通道）应有电气隔离，并检查各端子排接线的正确性和可靠性。

6.6 操作箱检验

6.6.1 操作箱检验应注意：

a）进行每一项试验时，试验人员须准备详细的试验方案，尽量减少断路器的操作次数。

b）对分相操作断路器，应逐相传动防止断路器跳跃回路。

c）对于操作箱中的出口继电器，还应进行动作电压范围的检验，其值应在55％～70％额定电压之间。对于其他逻辑回路的继电器，应满足80％额定电压下可靠动作。

6.6.2 操作箱的检验根据厂家调试说明书并结合现场情况进行，并重点检验下列元件及回路的正确性：

a）防止断路器跳跃回路和三相不一致回路。

如果使用断路器本体的防止断路器跳跃回路和三相不一致回路，则检查操作箱的相关回路是否满足运行要求。

b）交流电压的切换回路。

c）合闸回路、跳闸1回路及跳闸2回路的接线正确性，并保证各回路之间不存在寄生回路。

6.6.3 新建及重大改造设备需利用操作箱对断路器进行下列传动试验：

a）断路器就地分闸、合闸传动。

b）断路器远方分闸、合闸传动。

c）防止断路器跳跃回路传动。

d）断路器三相不一致回路传动。

e）断路器操作闭锁功能检查。

f）断路器操作油压或空气压力继电器、SF_6密度继电器及弹簧压力等触点的检查。检查各级压力继电器触点输出是否正确。检查压力低闭锁合闸、闭锁重合闸、闭锁跳闸等功能是否正确。

g）断路器辅助触点检查，远方、就地方式功能检查。

h）在使用操作箱的防止断路器跳跃回路时，应检验串联接入跳合闸回路的自保持线圈，其动作电流不应大于额定跳合闸电流的50％，线圈压降小于额定值的5％。

i）所有断路器信号检查。

6.6.4 操作箱定期检验时可结合装置的整组试验一并进行。

6.7 整组试验

6.7.1 装置在做完每一套单独保护（元件）的整定检验后，需要将同一被保护设备的所有保护装置连在一起进行整组的检查试验，以校验各装置在故障及重合闸过程中的动作情况和保护回路设计正确性及其调试质量。

6.7.2 若同一被保护设备的各套保护装置皆接于同一电流互感器二次回路，则按回路的实际接线，自电流互感器引进的第一套保护屏柜的端子排上接入试验电流、电压，以检验各套保护相互间的动作关系是否正确；如果同一被保护设备的各套保护装置分别接于不同的电流回路时，则应临时将各套保护的电流回路串联后进行整组试验。

6.7.3 新安装装置的验收检验或全部检验时，需要先进行每一套保护（指几种保护共用一组出口的保护总称）带模拟断路器（或带实际断路器或采用其他手段）的整组试验。

每一套保护传动完成后，还需模拟各种故障，用所有保护带实际断路器进行整组试验。

6.7.4 新安装装置或回路经更改后的整组试验由基建单位负责时，生产部门继电保护验收人员应参加试验，了解掌握试验情况。

6.7.5 部分检验时，只需用保护带实际断路器进行整组试验。

6.7.6 整组试验包括如下内容：

a) 整组试验时应检查各保护之间的配合、装置动作行为、断路器动作行为、保护起动故障录波信号、调度自动化系统信号、中央信号、监控信息等正确无误。

b) 借助于传输通道实现的纵联保护、远方跳闸等的整组试验，应与传输通道的检验一同进行。必要时，可与线路对侧的相应保护配合一起进行模拟区内、区外故障时保护动作行为的试验。

c) 对装设有综合重合闸装置的线路，应检查各保护及重合闸装置间的相互动作情况与设计相符合。

为减少断路器的跳合次数，试验时，应以模拟断路器代替实际的断路器。使用模拟断路器时宜从操作箱出口接入，并与装置、试验器构成闭环。

d) 将装置及重合闸装置接到实际的断路器回路中，进行必要的跳、合闸试验，以检验各有关跳、合闸回路、防止断路器跳跃回路、重合闸停用回路及气（液）压闭锁等相关回路动作的正确性。检查每一相的电流、电压及断路器跳合闸回路的相别是否一致。

e) 在进行整组试验时，还应检验断路器、合闸线圈的压降不小于额定值的 90%。

6.7.7 对母线差动保护、失灵保护及电网安全自动装置的整组试验，可只在新建变电所投产时进行。

定期检验时允许用导通的方法证实到每一断路器接线的正确性。一般情况下，母线差动保护、失灵保护及电网安全自动装置回路设计及接线的正确性，要根据每一项检验结果（尤其是电流互感器的极性关系）及保护本身的相互动作检验结果来判断。

变电站扩建变压器、线路或回路发生变动，有条件时应利用母线差动保护、失灵保护及电网安全自动装置传动到断路器。

6.7.8 对设有可靠稳压装置的厂站直流系统，经确认稳压性能可靠后，进行整组试验时，应按额定电压进行。

6.7.9 在整组试验中着重检查如下问题：

a) 各套保护间的电压、电流回路的相别及极性是否一致。

b) 在同一类型的故障下，应该同时动作并发出跳闸脉冲的保护，在模拟短路故障中是否均能动作，其信号指示是否正确。

c) 有两个线圈以上的直流继电器的极性连接是否正确，对于用电流起动（或保持）的回路，其动作（或保持）性能是否可靠。

d) 所有相互间存在闭锁关系的回路，其性能是否与设计符合。

e) 所有在运行中需要由运行值班员操作的把手及连接片的连线、名称、位置标号是否正确，在运行过程中与这些设备有关的名称、使用条件是否一致。

f) 中央信号装置的动作及有关光字、音响信号指示是否正确。

g) 各套保护在直流电源正常及异常状态下（自端子排处断开其中一套保护的负电源等）是否存在寄生回路。

h) 断路器跳、合闸回路的可靠性，其中装设单相重合闸的线路，验证电压、电流、断路器回路相别的一致性及与断路器跳合闸回路相连的所有信号指示回路的正确性。对于有双跳闸线圈的断路器，应检查两跳闸接线的极性是否一致。

i) 自动重合闸是否能确实保证按规定的方式动作并保证不发生多次重合情况。

6.7.10 整组试验结束后应在恢复接线前测量交流回路的直流电阻。工作负责人应在继电保护记录中注明哪些保护可以投入运行，哪些保护需要利用负荷电流及工作电压进行检验以后才能正式投入运行。

7 与厂站自动化系统、继电保护及故障信息管理系统的配合检验

7.1 检验前的准备

7.1.1 检验人员在与厂站自动化系统、继电保护及故障信息管理系统的配合检验前应熟悉图纸，并了解各传输量的具体定义并与厂站自动化系统、继电保护及故障信息管理系统的信息表进行核对。

7.1.2 现场应制定配合检验的传动方案。

7.1.3 定期检验时，可结合整组试验一并进行。

7.2 重点检查项目

7.2.1 对于厂站自动化系统：各种继电保护的动作信息和告警信息的回路正确性及名称的正确性。

7.2.2 对于继电保护及故障信息管理系统：各种继电保护的动作信息、告警信息、保护状态信息、录波信息及定值信息的传输正确性。

8 装置投运

8.1 投入运行前的准备工作

8.1.1 现场工作结束后，工作负责人应检查试验记录有无漏试项目，核对装置的整定值是否与定值通知单相符，试验数据、试验结论是否完整正确。盖好所有装置及辅助设备的盖子，对必要的元件采取防尘措施。

8.1.2 拆除在检验时使用的试验设备、仪表及一切连接线，清扫现场，所有被拆动的或临时接入的连接线应全部恢复正常，所有信号装置应全部复归。

8.1.3 清除试验过程中微机装置及故障录波器产生的故障报告、告警记录等所有报告。

8.1.4 填写继电保护工作记录，将主要检验项目和传动步骤、整组试验结果及结论、定值通知单执行情况详细记载于内，对变动部分及设备缺陷、运行注意事项应加以说明，并修改运行人员所保存的有关图纸资料。向运行负责人交代检验结果，并写明该装置是否可以投入运行。最后办理工作票结束手续。

8.1.5 运行人员在将装置投入前，必须根据信号灯指示或者用高内阻电压表以一端对地测端子电压的方法检查并证实被检验的继电保护及安全自动装置确实未给出跳闸或合闸脉冲，才允许将装置的连接片接到投入的位置。

8.1.6 检验人员应在规定期间内提出书面报告，主管部门技术负责人应详细审核，如发现不妥且足以危害保护安全运行时，应根据具体情况采取必要的措施。

8.2 用一次电流及工作电压的检验

8.2.1 对新安装的装置，各有关部门需分别完成下列各项工作后，才允许进行本章所列的试验工作：

  a）符合实际情况的图纸与装置的技术说明及现场使用说明。

  b）运行中需由运行值班员操作的连接片、电源开关、操作把手等的名称、用途、操作方法等应在现场使用说明中详细注明。

8.2.2 对新安装的或设备回路有较大变动的装置，在投入运行以前，必须用一次电流及工作电压加以检验和判定：

a) 对接入电流、电压的相互相位、极性有严格要求的装置（如带方向的电流保护、距离保护等），其相别、相位关系以及所保护的方向是否正确。

b) 电流差动保护（母线、发电机、变压器的差动保护、线路纵联差动保护及横差保护等）接到保护回路中的各组电流回路的相对极性关系及变比是否正确。

c) 利用相序滤过器构成的保护所接入的电流（电压）的相序是否正确、滤过器的调整是否合适。

d) 每组电流互感器（包括备用绕组）的接线是否正确，回路连线是否牢靠。

定期检验时，如果设备回路没有变动（未更换一次设备电缆、辅助变流器等），只需用简单的方法判明曾被拆动的二次回路接线确实恢复正常（如对差动保护测量其差电流、用电压表测量继电器电压端子上的电压等）即可。

8.2.3 用一次电流与工作电压检验，一般需要进行如下项目：

a) 测量电压、电流的幅值及相位关系。

b) 对使用电压互感器三次电压或零序电流互感器电流的装置，应利用一次电流与工作电压向装置中的相应元件通入模拟的故障量或改变被检查元件的试验接线方式，以判明装置接线的正确性。

由于整组试验中已判明同一回路中各保护元件间的相位关系是正确的，因此该项检验在同一回路中只须选取其中一个元件进行检验即可。

c) 测量电流差动保护各组电流互感器的相位及差动回路中的差电流（或差电压），以判明差动回路接线的正确性及电流变比补偿回路的正确性。所有差动保护（母线、变压器、发电机的纵、横差等）在投入运行前，除测定相回路和差回路外，还必须测量各中性线的不平衡电流、电压，以保证装置和二次回路接线的正确性。

d) 检查相序滤过器不平衡输出的数值，应满足装置的技术条件。

e) 对高频相差保护、导引线保护，须进行所在线路两侧电流电压相别、相位一致性的检验。

f) 对导引线保护，须以一次负荷电流判定导引线极性连接的正确性。

8.2.4 对变压器差动保护，需要用在全电压下投入变压器的方法检验保护能否躲开励磁涌流的影响。

8.2.5 对发电机差动保护，应在发电机投入前进行的短路试验过程中，测量差动回路的差电流，以判明电流回路极性的正确性。

8.2.6 对零序方向元件的电流及电压回路连接正确性的检验要求和方法，应由专门的检验规程规定。

对使用非自产零序电压、电流的并联高压电抗器保护、变压器中性点保护等，在正常运行条件下无法利用一次电流、电压测试时，应与调度部门协调，创造条件进行利用工作电压检查电压二次回路，利用负荷电流检查电流二次回路接线的正确性。

8.2.7 装置未经本章所述的检验，不能正式投入运行。对于新安装变压器，在变压器充电前，应将其差动保护投入使用。在一次设备运行正常且带负荷之后，再由试验人员利用负荷电流检查差动回路的正确性。

8.2.8 对用一次电流及工作电压进行的检验结果，必须按当时的负荷情况加以分析，拟订预期的检验结果，凡所得结果与预期的不一致时，应进行认真细致的分析，查找确实原因，不允许随意改动保护回路的接线。

8.2.9 纵联保护需要在线路带电运行情况下检验载波通道的衰减及通道裕量，以测定载波通道运行的可靠性。

8.2.10 建议使用钳形电流表检查流过保护二次电缆屏蔽层的电流，以确定 100mm² 铜排是否有效起到抗干扰的作用，当检测不到电流时，应检查屏蔽层是否良好接地。

注：抗干扰措施是保障微机保护安全运行的一个重要环节，在设备投运或是服役前应认真检查。

附 录 A
（资料性附录）
各种功能继电器的全部、部分检验项目

A.1 极化继电器的检验

A.1.1 对极化继电器，其全部检验项目如下：

a) 测定线圈电阻，其值与标准值相差不大于 10%。

b) 用 500V 兆欧表测定继电器动作前及动作后触点对铁芯的绝缘。

c) 动作电流与返回电流的检验，其新安装装置的验收检验分别用外接的直流电源及实际回路中的整流输出电源进行，定期检验只在实际回路中进行测量，或以整组动作值（例如包括负序滤过器的电流）代替。

继电器的动作安匝及返回系数应符合制造厂的规定。对有多组线圈的，应分别测量每一组线圈的动作电流。

对有平衡性要求的两组线圈，应按反极性串联连接后通入电流，以检验其平衡度。

d) 作外部检查，以观察触点应无烧损现象。

A.1.2 对极化继电器，其部分检验项目如下：

a) 测定线圈电阻，其值与标准值相差不大于 10%。

b) 动作电流与返回电流的检验，定期检验可只在实际回路中进行测量，或以整组动作值（例如包括负序滤过器的电流）代替。

对有多组线圈的应分别测量每一组线圈的动作电流。

c) 进行外部检查，以观察触点应无烧损现象。

A.2 机电型时间继电器的检验

A.2.1 对机电型时间继电器，其全部检验项目如下：

a) 测量线圈的直流电阻。

b) 动作电压与返回电压试验，其部分检验可用 80% 额定电压的整组试验代替。

c) 最大、最小及中间刻度下的动作时间校核、时间标度误差及动作离散值应不超出技术说明规定的范围。

d) 整定点的动作时间及离散值的测定，可在装置整定试验时进行。

A.2.2 对机电型时间继电器，其部分检验项目如下：

a) 测量线圈的直流电阻。

b) 动作电压与返回电压试验，其部分检验可用 80% 额定电压的整组试验代替。

c) 整定点的动作时间及离散值的测定，可在装置整定试验时进行。

A.3 电流（电压）继电器的检验

A.3.1 对电流（电压）继电器，其全部检验项目如下：

a) 动作标度在最大、最小、中间三个位置时的动作与返回值。

b）整定点的动作与返回值。

c）对电流继电器，通以 1.05 倍动作电流及保护装设处可能出现的最大短路电流检验其动作及复归的可靠性（设有限幅特性的继电器，其最大电流值可适当降低）。

d）对低电压及低电流继电器，应分别加入最高运行电压或通入最大负荷电流，检验其有无抖动现象。

e）对反时限的感应型继电器，应录取最小标度值及整定值时的电流—时间特性曲线。定期检验只核对整定值下的特性曲线。

A.3.2 对电流（电压）继电器，其部分检验项目如下：

a）整定点的动作与返回值。

b）对反时限的感应型继电器，应核对整定值下的特性曲线。

A.4 电流平衡继电器的检验

A.4.1 对电流平衡继电器，其全部检验项目如下：

a）制动电流、制动电压分别为零值及额定值时的动作电流及返回电流。

b）动作线圈与制动线圈的相互极性关系。

c）录取制动特性曲线时，做其中一组曲线的两、三点，以作核对。

d）按实际运行条件，模拟制动回路电流突然消失、动作回路电流成倍增大的情况下，观察继电器触点有无抖动现象。

A.4.2 对电流平衡继电器，其部分检验项目如下：

制动电流、制动电压分别为零值及额定值时的动作电流及返回电流。

A.5 功率方向继电器的检验

A.5.1 对功率方向继电器，其全部检验项目如下：

a）检验继电器电流及电压潜动，不允许出现动作方向的潜动，但允许存在不大的非动作方向（反向）的潜动。

b）检验继电器的动作区并校核电流、电压线圈极性标识的正确性和灵敏角，且应与技术说明书一致。

c）在最大灵敏角下或在与之相差不超过 20°的情况下，测定继电器的最小动作伏安及最低动作电压。

d）测定电流、电压相位在 0°、60°两点的动作伏安，校核动作特性的稳定性。部分检验时，只测定 0°时的动作伏安。

e）测定 2 倍、4 倍动作伏安下的动作时间。

f）检查在正、反方向可能出现的最大短路容量时，触点的动作情况。

A.5.2 对功率方向继电器，其部分检验项目如下：

a）检验继电器电流及电压的潜动，不允许出现动作方向的潜动，但允许存在不大的非动作方向（反向）的潜动。

b）检验继电器的动作区和灵敏角。

c）测定电流、电压相位在 0°的动作伏安，校核动作特性的稳定性。

A.6 对带饱和变流器的电流继电器（差动继电器）的检验

A.6.1 对带饱和变流器的电流继电器（差动继电器），其全部检验项目如下：

a）测量饱和变流器一、二次绕组的绝缘电阻及二次绕组对地的绝缘电阻。

b）执行元件动作电流的检验。

c) 饱和变流器一次绕组的安匝与二次绕组的电压特性曲线（电流自零值到电压饱和值）。

d) 校核一次绕组在各定值（抽头）下的动作安匝。

e) 如设有均衡（补偿）绕组而实际又使用时，则需校核均衡绕组与工作绕组极性标号的正确性及补偿匝数的准确性。

f) 测定整定匝数下的动作电流与返回电流（核对是否符合其动作安匝）及执行元件线圈两端的动作电压。

g) 对具有制动特性的继电器，检验制动与动作电流在不同相位下的制动特性。录取电流制动特性曲线时，检验两电流相位相同时特性曲线中的两、三点，以核对特性的稳定性。

h) 通入 4 倍动作电流（安匝），检验执行元件的端子电压，其值应为动作值的 1.3～1.4 倍，并观察触点工作的可靠性。

i) 测定 2 倍动作安匝时的动作时间。

A.6.2 对带饱和变流器的电流继电器（差动继电器），其部分检验项目如下：

a) 测量饱和变流器一、二次绕组的绝缘电阻及二次绕组对地的绝缘电阻。

b) 执行元件动作电流的检验。

c) 饱和变流器一次绕组的安匝与二次绕组的电压特性曲线（电流自零值增加到绕组电压饱和为止）。

d) 校核一次绕组在定值（抽头）下的动作安匝。

e) 测定整定匝数下的动作电流与返回电流（核对是否符合其动作安匝）及执行元件线圈两端的动作电压。

f) 通入 4 倍动作电流（安匝），检验执行元件的端子电压，其值应为动作值的 1.3～1.4 倍，并观察触点工作的可靠性。

A.7 电流方向继电器（用作母线差动保护中的电流相位比较继电器属于此类）的检验

A.7.1 对电流方向继电器（用作母线差动保护中的电流相位比较继电器属于此类），其全部检验项目如下：

a) 测定继电器中各互感器各绕组间的绝缘电阻及二次绕组对地的绝缘电阻。

b) 执行元件动作性能的检验。

c) 分别向每一电流线圈通入可能的最大短路电流，以检查是否有潜动（允许略有非动作方向的潜动）。

d) 检验继电器两个电流线圈的电流相位特性。分别在 5A（1A）及可能最大的短路电流下进行，其动作范围不超过 180°，此时应确定两电流线圈的相互极性。

注意检验不同动作方向的两个执行元件不应出现同时动作的区域。新安装装置检验时，尚应于动作边缘区附近突然通入、断开正反方向的最大电流，观察继电器的暂态行为。

e) 在最大灵敏角下，测定当其中一个线圈通入 5A（1A），另一线圈的最小动作电流，并测两倍最小动作电流时的动作时间。

f) 同时通入两相位同相（或 180°）的最大短路电流，检验执行元件工作的可靠性，当突然断开其中一个回路的电流时，处于非动作状态的执行元件不应出现任何抖动的现象。

A.7.2 对电流方向继电器（用作母线差动保护中的电流相位比较继电器属于此类），其部分检验项目如下：

a) 测定继电器中各互感器各绕组间的绝缘电阻及二次绕组对地的绝缘电阻。

b）检验继电器整组动作值。

c）在最大灵敏角下，测定当其中一个线圈通入 5A（1A），另一线圈的最小动作电流，并测两倍最小动作电流时的动作时间。

A.8 方向阻抗继电器的检验

A.8.1 对方向阻抗继电器，其全部检验项目如下：

a）测量所有隔离互感器（与二次回路没有直接的联系）二次与一次绕组及二次绕组与互感器铁芯的绝缘电阻。

b）整定变压器各抽头变比的正确性检验。

c）电抗变压器的互感阻抗（绝对值及阻抗角）的调整与检验，并录取一次电流与二次电压的特性曲线（一次匝数最多的抽头）。

检验各整定抽头互感阻抗比例关系的正确性。

d）执行元件的检验。

e）极化回路调谐元件的检验与调整，并测定其分布电压及回路阻抗角。

f）检验电流、电压回路的潜动。

g）调整、测录最大灵敏角及其动作阻抗与返回阻抗，并以固定电压的方法检验与最大灵敏角相差 60° 时的动作阻抗，以判定动作阻抗圆的性能。新安装装置试验需测录每隔 30° 的动作阻抗圆特性。

检验接入第三相电压后对最大灵敏角及动作阻抗的影响（除特殊说明外，对阻抗元件本身的特性检验均以不接入第三相电压为准），对于定值按躲负荷阻抗整定的方向阻抗继电器，按固定 90％ 额定电压做动作阻抗特性圆试验。

h）检验继电器在整定阻抗角下的暂态性能是否良好。

i）在整定阻抗角（整定变压器在 100％ 位置及整定值位置）下，校核静态的最小动作电流及最小精确工作电流。

j）检验 2 倍精确工作电流及最大短路电流下的记忆作用及记忆时间。

k）检验 2 倍精确工作电流下，90％、70％、50％ 动作阻抗的动作时间。

l）测定整定点的动作阻抗与返回阻抗。

m）测定整定点的最小动作电压。

A.8.2 对方向阻抗继电器，其部分检验项目如下：

a）测量所有隔离互感器（与二次回路没有直接的联系）二次与一次绕组及二次绕组与互感器铁芯的绝缘电阻。

b）检验 2 倍精确工作电流及最大短路电流下的记忆作用及记忆时间。

c）测定整定点的动作阻抗与返回阻抗。

d）测定整定点的最小动作电压。

A.9 偏移特性的阻抗继电器的检验

A.9.1 对偏移特性的阻抗继电器，其全部检验项目如下：

a）同方向阻抗继电器 A.8.1 的 a）～d）的检验项目。

b）测录继电器的 $Z_{op} = f(\Phi)$ 阻抗圆特性，确定最大、最小动作阻抗，并计算其偏移度。

c）检验在最大动作阻抗值下的暂态性能是否良好。

d）在最大动作阻抗值下测定稳态的 $Z_{op} = f(I)$ 特性，并确定最小精确工作电流。新安装装置检验分别在互感器接入匝数最多的位置及整定位置下进行，定期检验只校核整定位置的最小精确工作电流。

  e）检验 2 倍精确工作电流下，90％、70％、50％动作阻抗的动作时间。

  f）测定整定点的动作阻抗与返回阻抗。

  g）测定整定点的最小动作电流。

A.9.2 对偏移特性的阻抗继电器，其部分检验项目如下：

  a）测定整定点的动作阻抗与返回阻抗。

  b）测定整定点的最小动作电流。

A.10 频率继电器的检验

A.10.1 对频率继电器，其全部检验项目如下：

  a）调整或校验继电器内的调谐回路，并测量各元件的分布电压。

  b）执行元件检验。

  c）校核最大、最小、中间刻度的动作频率与返回频率。

  d）对数字型继电器，检验各整定位置是否与技术说明书一致。

  e）整定动作频率，并录取输入电压在 0.5～1.1 倍额定电压下的动作频率特性 $Z_{op}=f（U）$。

  f）如继电器装设地点冬季无取暖设备或夏季无良好的通风设备，其温度变化超过继电器保证误差范围时，应在室温变化较大的时期内，复核继电器受温度变化影响的动作特性，如离散值超过规定值应采取相应的措施。

A.10.2 对频率继电器，其部分检验项目如下：

  a）整定动作频率，并录取输入电压在 0.5～1.1 倍额定电压下的动作频率特性 $Z_{op}=f（U）$。

  b）如继电器装设地点冬季无取暖设备或夏季无良好的通风设备，其温度变化超过继电器保证误差范围时，应在室温变化较大的时期内，复核继电器受温度变化影响的动作特性，如离散值超过规定值，应采取相应的措施。

A.11 三相自动重合闸继电器的检验

A.11.1 对三相自动重合闸继电器，其全部检验项目如下：

  a）各直流继电器的检验。

  b）充电时间的检验。

  c）只进行一次重合的可靠性检验。

  d）停用重合闸回路的可靠性检验。

A.11.2 对三相自动重合闸继电器，其部分检验项目如下：

  a）各直流继电器的检验。

  b）充电时间的检验。

  c）只进行一次重合的可靠性检验。

  d）停用重合闸回路的可靠性检验。

A.12 负序电流滤过器的检验

A.12.1 对负序电流滤过器，其全部检验项目如下：

  a）测定电流二次回路有隔离回路的所有互感器二次绕组与一次绕组及二次绕组对铁芯的绝缘。对铁芯绝缘的测定，用 1000V 兆欧表进行。

  b）调整滤过器内的电感、电阻或电容的数值，并利用单相电源的方法调试滤过器的平衡度，使在 5A（1A）时的离散值为最小。

c) 检验最大短路电流下的输出电压（电流），校核接于输出回路中的各元件是否保证可靠工作。

d) 测定"滤过器—继电器"的整组动作特性，确定其动作值与返回值。

e) 在被保护设备负荷电流不低于40%额定电流下，测定滤过器的不平衡输出，其值应小于执行元件的返回值。

A.12.2 对负序电流滤过器，其部分检验项目如下：

测定"滤过器—继电器"的整组动作特性，确定其动作值与返回值。

A.13 正序或负序电压滤过器的检验

A.13.1 对正序或负序电压滤过器，其全部检验项目如下：

a) 调整滤过器的电容及电阻值，并用单相电源方法，调整滤过器的对称性。

b) 测定"滤过器—继电器"组的整组动作特性，确定一次的动作值与返回值。

c) 检验输入最大负序（正序）电压时的输出电压（电流）值，并校核回路各元件工作的可靠性。

d) 在实际电压回路中测定负序滤过器的不平衡输出（正序滤过器则以反相序电压接入），以确定滤过器调整的正确性。

A.13.2 对正序或负序电压滤过器，其部分检验项目如下：

a) 测定"滤过器—继电器"组的整组动作特性，确定一次的动作值与返回值。

b) 在实际电压回路中测定负序滤过器的不平衡输出（正序滤过器则以反相序电压接入），以确定滤过器调整的正确性。

A.14 正序或负序电流复式滤过器的检验

A.14.1 对负序、正序电流复式滤过器（$I_1 \pm kI_2$），其全部检验项目如下：

a) 测定与电流二次回路存在隔离回路的互感器的一、二次绕组及二次绕组对铁芯（地）的绝缘电阻。

b) 调整、检验滤过器的电感、电阻，并以单相电源方法调整滤过器输入电流与输出电压的关系及其"k"值。测定输入电流与输出电压的关系。

c) 检验滤过器一次电流（I）与输出电压（U）的相位关系，并作出 $U = f(I)$ 的变动范围（如保护回路设计对相位有要求时），试验用单相电源，电流由零值变到最大短路电流值。

d) 检验最大短路电流（两相短路时的）下的最大输出电压（设有限幅或稳压措施的，最大试验电流可适当降低），并校核输出回路各元件工作的可靠性。

e) 在实际回路中，利用三相负荷电流测量滤过器的输出值，并在同一负荷电流下，将输入电流相序反接，测量其负序输出值，以所得结果校核滤过器的"k"值。若二次输出接有稳压回路，该试验应在稳压回路未工作的条件下进行。

A.14.2 对负序、正序电流复式滤过器（$I_1 \pm kI_2$），其余部分检验项目如下：

a) 调整、检验滤过器的电感、电阻，并以单相电源方法调整滤过器输入电流与输出电压的关系。

b) 在实际回路中，利用三相负荷电流测量滤过器的输出值，并在同一负荷电流下，将输入电流相序反接，测量其负序输出值，以所得结果校核滤过器的"k"值。若二次输出接有稳压回路，该试验应在稳压回路未工作的条件下进行。

A.15 负序功率方向继电器的检验

A.15.1 对负序功率方向继电器，其全部检验项目如下：

a) 负序电流、电压滤过器的检验按 A.13.1、A.14.1 所列的项目进行。

b) 分别测定电压、电流滤过器一次输入与二次输出的相位角。

c) 执行元件的检验。

d) 检验整套保护一次侧负荷电压与电流的动作区，并确定其最大的灵敏角。

e) 在与最大灵敏角相差不大于 20°的条件下，测定继电器一次侧起动伏安、返回伏安、最小动作电压及动作电流。

f) 测定输入伏安与动作时间的特性，由动作伏安的 1.5 倍开始到动作时间稳定为止，测录特性曲线 3～4 点数据即可。

A.15.2 对负序功率方向继电器，其部分检验项目如下：

a) 负序电流、电压滤过器的检验按 A.13.2、A.14.2 所列的项目进行。

b) 执行元件的检验。

c) 在与最大灵敏角相差不大于 20°的条件下，测定继电器一次侧起动伏安、返回伏安、最小动作电压及动作电流。

A.16 静态继电器的检验

A.16.1 对静态继电器，其全部检验项目如下：

a) 对于静态继电器，除需按各元件的基本检验项目进行外，尚需进行 b)～f) 的项目检验。

b) 保护所用逆变电源及逆变回路工作正确性及可靠性的检验。

c) 检查设计及制造部门提出的抗干扰措施的实施情况。

d) 各指定测试点工作电位或工作电流正确性的测定。

e) 各逻辑回路工作性能的检验。

f) 时间元件及延时元件工作时限的测定。

A.16.2 对静态继电器，其部分检验项目如下：

a) 对于静态继电器，除需按各元件的基本检验项目进行外，尚需进行 b)～e) 的项目检验。

b) 保护所用逆变电源及逆变回路工作正确性及可靠性的检验。

c) 各指定测试点工作电位或工作电流正确性的测定。

d) 各逻辑回路工作性能的检验。

e) 时间元件及延时元件工作时限的测定。

A.17 气体继电器的检验

对气体继电器其检验项目如下：

a) 加压，试验继电器的严密性。

b) 检查继电器机械情况及触点工作情况。

c) 检验触点的绝缘（耐压）。

d) 检查继电器对油流速的定值。

e) 检查在变压器上的安装情况。

f) 检查电缆接线盒的质量及防油、防潮措施的可靠性。

g）用打气筒或空气压缩器将空气打入继电器，检查其动作情况，如果有条件，亦可用按动探针的方法进行。

h）对装设于强制冷却变压器中的继电器，应检查当循环油泵起动与停止时，以及在冷却系统油管切换时所引起的油流冲击与变压器振动等各种运行工况时，继电器是否会误动作。

i）当变压器新投入、大小修或定期检查时，应由管理一次设备的运行人员检查呼吸器是否良好，阀门内是否积有空气，管道的截面有无改变。

继电保护人员应在此期间测定继电器触点间及全部引出端子对地的绝缘。

A.18　辅助变流器的检验

A.18.1　对辅助变流器，其全部检验项目如下：

a）测定绕组间及绕组对铁芯的绝缘。

b）测定绕组的极性。

c）录制工作抽头下的励磁特性曲线及短路阻抗，并验算所接入的负担在最大短路电流下是否能保证比值误差不超过5％。

d）检验额定电流下的变比。

A.18.2　对辅助变流器，其部分检验项目如下：

a）测定绕组间及绕组对铁芯的绝缘。

b）录制工作抽头下的励磁特性曲线及短路阻抗。

c）检验工作抽头在额定电流下的变比。

A.19　导引线继电器的检验

A.19.1　对导引线继电器，其全部检验项目如下：

a）综合变流器或电流滤过器及隔离（或绝缘）变压器接线正确性的检验。

b）绝缘试验：

1）用1000V兆欧表测量电流输入回路对地及用2500V兆欧表测量综合变流器一、二次绕组间及接导引线一侧的绕组（以后该侧均简称二次侧）对地的绝缘。

2）综合变流器及隔离变压器二次侧绕组对输入侧绕组和对铁芯的绝缘耐压试验。对用于小电流接地系统的继电器，耐压值为5000V；用于大电流接地系统的，则为15000V。当导引线输入端接有综合电抗器时，可按5000V考虑。

与二次侧直接相连接的所有设备及连接线（包括端子排，但不包括导引电缆线），一并参与耐压试验。

c）执行元件电气性能检验。

d）继电器单相及相间分别通入试验电流，在整定位置校核每一种试验情况下最灵敏的动作电流值与返回电流值，对用于小电流接地系统的继电器，则做两种相间通电试验。

e）检验继电器输入电流与二次侧输出电压的电流—电压特性，以判别回路中所有稳定（或稳流）元件（如非线性电阻等）工作是否正常。可只检查特性曲线3～4数据（包括稳压元件工作之前与稳压之后），并检查是否与原试验记录一致。

f）检验隔离变压器的变比。

g）对于制造厂要求配对出厂的继电器，需要将两侧的继电器送到同一试验地点，校验继电器所采用的稳压（或稳流）元件工作性能的一致性。

该项试验主要是考核继电器在穿越性故障时工作的安全性，一般是以继电器的电流动作特性的试验来考核。

　　h）根据导引电缆的实测电阻值，整定继电器内部参数。

　　按单电源供电的方式，模拟校验继电器在区内故障时两侧继电器的动作电流及返回电流。定期检验只做动作值的校核。

　　i）在现场实际接线条件下，进行继电器的制动特性及相位特性试验，并以此判定继电器工作的安全性。

A.19.2　对导引线继电器，其部分检验项目如下：

　　a）继电器单相及相间通入试验电流，在整定位置校核每一种试验情况下最灵敏的动作电流值与返回电流值。对用于小电流接地系统的继电器，则做两种相间通电试验。

　　b）检验继电器输入电流与二次侧输出电压的电流—电压特性，以判别回路中所有稳定（或稳流）元件（如非线性电阻等）工作是否正常。可只检查特性曲线3～4点数据（包括稳压元件工作之前与稳压工作之后）并检查是否与原试验记录一致。

　　c）根据导引电缆的实测电阻值，整定继电器内部参数。

　　按单电源供电的方式，模拟校验继电器在区内故障时两侧继电器的动作电流及返回电流。定期检验只做动作值的校核。

　　d）在现场实际接线条件下，进行继电器的制动特性及相位特性试验，并以此判定继电器工作的安全性。

附　录　B

（规范性附录）

各种继电保护装置的全部、部分检验项目

B.1　电磁型保护的检验

B.1.1　对电磁型保护，除需按各元件的基本检验项目进行外，尚需进行下列项目检验：

　　a）外观检查。

　　b）回路的绝缘检查（仅对停电元件）。

　　c）各逻辑回路、以及有配合关系的回路之间的工作性能的检验。

　　d）定值测定、时间元件及延时元件工作时限的测定。

　　e）各输出回路工作性能的检验。

　　f）检验各信号回路正常。

　　g）保护装置的整组试验及整组动作时间的测定。

B.1.2　对电磁型保护，其部分检验项目如下：

　　对于电磁型保护装置，除需按各元件的基本检验项目进行外，尚需进行下列项目检验。

　　a）外观检查。

　　b）回路的绝缘检查（仅对停电元件）。

　　c）各逻辑回路、以及有配合关系的回路之间的工作性能的检验。

　　d）各输出回路工作性能的检验。

　　e）定值测定。

　　f）保护装置的整组试验及整组动作时间的测定。

B.2　晶体管型、集成电路型保护的检验

B.2.1　对于晶体管型、集成电路型保护装置，除需按各元件的基本检验项目进行外，尚需进行下列项目检验：

  a）外观检查。

  b）回路的绝缘检查（仅对停电元件）。

  c）保护所用逆变电源及逆变回路工作正确性及可靠性的检验。

  d）检查设计及制造厂提出的抗干扰措施的实施情况。

  e）检验回路中各规定测试点的工作参数。

  f）各逻辑回路以及有配合关系的回路之间工作性能的检验。

  g）定值测定、时间元件及延时元件工作时限的测定。

  h）各开关量输入回路工作性能的检验。

  i）各输出回路工作性能的检验。

  j）检验装置信号回路正常。

  k）装置的整组试验。

B.3 微机型保护的检验

微机型保护的全部、部分检验项目参见表 B.1。

表 B.1 微机型保护全部、部分检验项目表

序号	检验项目	新安装	全部检验	部分检验	技术条件及检验方法	全部、部分检验项目的检验方法
1	检验前准备工作	√	√	√	5.2	5.2.1、5.2.2、5.2.4～5.2.6
2	回路检验	—	—	—	6.1、6.2	—
3	电流、电压互感器检验	√			6.1	定期检验不做
4	回路检验	√	√	√	6.2	6.2.1～6.2.3
5	二次回路绝缘检查	√	√	√	6.2.4	6.2.4
6	屏柜及装置检验	—	—	—	6.3	—
7	外观检查	√	√	√	6.3.2	6.3.2.5、6.3.2.6
8	绝缘试验	√			6.3.3	定期检验不做
9	上电检查	√	√	√	6.3.4	6.3.4
10	逆变电源检查	√	√	√	6.3.5	6.3.5.1、6.3.5.2、6.3.5.4
11	开关量输入回路检查	√	√	√	6.3.6	6.3.6.2～6.3.6.3
12	输出触点及输出信号检查	√	√	√	6.3.7	6.3.7.2～6.3.7.3
13	模数变换系统检验	√	√	√	6.3.9	6.3.9.2
14	整定值的整定及检验	√	√	√	6.4	6.4.2.2～6.4.2.3
15	纵联保护通道检验	√	√	√	6.5	6.5.1.1、6.5.1.3、6.5.2.2、6.5.4
16	操作箱检验	√	√	√	6.6	6.6.4
17	整组试验	√	√	√	6.7	6.7
18	与厂站自动化系统、继电保护及故障信息管理系统配合检验	√	√	√	7	7.1.3
19	装置投运	√	√	√	8	8.1

B.4 继电保护专用电力线载波收发信机的检验

B.4.1 对继电保护专用电力线载波专用收发信机，其全部检验项目如下：

a) 外回路绝缘电阻测定。

b) 外观检查。

c) 附属仪表和其他指示信号的检验。

d) 检验回路中各规定测试点的工作参数。

e) 检验机内各调谐槽路调谐频率的正确性。

f) 测试发信振荡频率。

g) 发信输出功率及输出波形的检测。

h) 检验通道监测回路工作应正常。

i) 收信机收信灵敏度的检测，可与高频通道的检测同时进行。

j) 对用于相差高频保护的发信机要检验其完全操作的最低电压值，高频方波信号的宽度及各级方波的形状无畸变现象。

k) 检验发信、收信回路应不存在寄生振荡。

l) 检验发信输出在不发信时的残压应符合规定。

B.4.2 对继电保护专用电力线载波专用收发信机，其部分检验项目如下：

a) 外回路绝缘电阻测定。

b) 外观检查。

c) 测试发信工作频率的正确性。

d) 收发信机发信电平、收信电平及灵敏起动电平的测定。

e) 检验通道监测回路工作应正常。

f) 收信机收信灵敏度的检测，可与高频通道的检测同时进行。

B.5 保护专用光纤接口装置的检验

B.5.1 对保护专用光纤接口装置，其全部检验项目如下：

a) 附属仪表和其他指示信号的检验及外观检查。

b) 装置继电器输出触点、装置接地及其电源检查。

c) 模拟光纤通道的各种工况，检验机内各输出触点的动作情况。

d) 检验通道监测回路和告警回路。

B.5.2 对保护专用光纤接口装置，其部分检验项目如下：

a) 外观检查。

b) 装置继电器输出触点、装置接地及其电源检查。

c) 检验通道监测回路和告警回路。

附　录　C
（规范性附录）
各种电网安全自动装置的全部、部分检验项目

C.1 微机型区域安全稳定控制系统（装置）检验项目

C.1.1 区域安全稳定控制系统（装置）全部检验项目：

a) 外观检查。

b) 交流回路的绝缘检查（仅对停电元件）。

c）上电检查（时钟、保护程序的版本号、校验码等程序正确性及控制策略表逻辑、功能的检查）。

　　d）逆变电源工作正确性及可靠性的检验。

　　e）检查设计及制造部门提出的抗干扰措施的实施情况。

　　f）数据采集回路正确性、准确性的测定。

　　g）各开出、开入回路工作性能的检验。

　　h）检验各信号回路正常。

　　i）外部通信通道及回路检查，命令传输正确性和可靠性检查。

　　j）装置整组试验（允许用导通方法分别证实到每个断路器接线的正确性）。

　　k）远传信息及远方控制功能联合试验。

　　l）核对定值、检查控制策略。

C.1.2 区域安全稳定控制系统（装置）部分检验项目：

　　a）外观检查。

　　b）交流回路的绝缘检查（仅对停电元件）。

　　c）上电检查（时钟、保护程序的版本号、校验码等程序正确性及控制策略表逻辑、功能的检查）。

　　d）逆变电源工作正确性及可靠性的检验。

　　e）数据采集回路正确性、准确性的测定。

　　f）外部通信通道及回路检查。

　　g）装置整组试验（允许用导通方法分别证实到每个断路器接线的正确性）。

　　h）核对定值、检查控制策略。

C.2　微机型失步（振荡）列、过频切机（解列）、低频切负荷（解列）、低压切负荷（解列）及备用电源自动投入装置检验项目

C.2.1 微机型失步（振荡）解列、过频切机（解列）、低频切负荷（解列）、低压切负荷（解列）及备用电源自动投入装置全部检验项目：

　　a）外观检查。

　　b）交流回路的绝缘检查（仅对停电元件）。

　　c）上电检查（时钟、保护程序的版本号、校验码等程序正确性及完整性的检查）。

　　d）逆变电源工作正确性及可靠性的检验。

　　e）检查设计及制造部门提出的抗干扰措施的实施情况。

　　f）数据采集回路正确性、准确性的测定。

　　g）各开出、开入回路工作性能的检验。

　　h）检验各信号回路正常。

　　i）装置整组动作时间的测定。

　　j）装置整组试验（允许用导通方法分别证实到每个断路器接线的正确性）。

　　k）核对定值。

C.2.2 微机型失步（振荡）解列、过频切机（解列）、低频切负荷（解列）、低压切负荷（解列）及备用电源自动投入装置部分检验项目：

　　a）外观检查。

　　b）交流回路的绝缘检查（仅对停电元件）。

c）上电检查（时钟、保护程序的版本号、校验码等程序正确性及完整性的检查）。

d）逆变电源工作正确性及可靠性的检验。

e）数据采集回路正确性、准确性的测定。

f）装置整组试验（允许用导通方法分别证实到每个断路器接线的正确性）。

g）核对定值。

附　录　D

（规范性附录）

厂站自动化系统、继电保护及故障信息管理系统的全部、部分检验项目

D.1　厂站自动化系统中的各种测量、控制装置的检验项目

D.1.1　对厂站自动化系统中的各种测量、控制装置，其全部检验项目如下：

a）外观检查。

b）交流回路的绝缘检查（仅对停电元件）。

c）上电检查（时钟、保护程序的版本号、校验码等程序正确性及完整性的检查）。

d）所用稳压电源及稳压回路工作正确性及可靠性的检验。

e）检查设计及制造部门提出的抗干扰措施的实施情况。

f）数据采集回路各采样值、计算值正确性的测定。

g）各开入、开出回路工作性能的检验。

h）各逻辑回路（手合、同期）工作性能的检验。

i）时间元件及延时元件工作时限的测定。

j）装置网络地址及设置的检查。

k）至监控系统和调度自动化系统的通信和网络功能的检验。

l）各种告警信号的完好性。

D.1.2　厂站自动化系统中的各种测量、控制装置，其部分检验项目如下：

a）外观检查。

b）交流回路的绝缘检查（仅对停电元件）。

c）所用稳压电源及稳压回路工作正确性及可靠性的检验。

d）上电检查（时钟、保护程序的版本号、校验码等程序正确性及完整性的检查）。

e）数据采集回路各采样值、计算值正确性的测定。

f）各开入、开出回路工作性能的检验。

g）各逻辑回路（手合、同期）工作性能的检验。

h）时间元件及延时元件工作时限的测定。

i）装置网络地址及设置的检查。

j）至监控系统和调度自动化系统的通信和网络功能的检验。

k）各种告警信号的完好性。

D.2　厂站自动化系统的监控后台的检验

D.2.1　对厂站自动化系统的监控后台，其全部检验项目如下：

a）所用稳压电源和不间断电源工作正确性及可靠性的检验。

b）所用计算机及其外围设备的工作正确性及可靠性的检验。

c）检查设计及制造部门提出的抗干扰措施的实施情况。

d）监控软件的版本号、校验码等程序正确性及完整性的检验。

e）监控系统后台机与系统中各测量、控制、保护装置的通信和网络功能的检验。

f）监控系统数据库的正确性及完备性的检查。

g）各种数字、模拟信号及其计算值的正确性及完备性的检查。

h）监控系统实时监控程序各种功能（遥控操作、防误闭锁、权限设置、信号复归等）的正确性及完备性的检查。

i）各种实时监控信息的分类、合并及重要程度排序的正确性及完备性检查。

j）监控系统其他各子系统（报表、趋势分析等）的正确性及完备性检查。

k）监控系统与调度自动化系统的通信和网络功能的检验。

l）监控系统上送调度自动化系统的信息内容的正确性及完备性检查。

m）监控系统各种告警信号的完好性。

n）对监控系统的系统备份和数据备份检查。

D.2.2 对厂站自动化系统的监控后台，其部分检验项目如下：

a）监控软件的版本号、校验码等程序正确性及完整性的检验。

b）监控系统后台机与系统中各测量、控制、保护装置的通信和网络功能的检验。

c）监控系统数据库的正确性及完备性的检查。

d）各种数字、模拟信号及其计算值的正确性及完备性的检查。

e）监控系统实时监控程序各种功能（遥控操作、防误闭锁、权限设置、信号复归等）的正确性及完备性的检查。

f）监控系统与调度自动化系统的通信和网络功能的检验。

g）监控系统各种告警信号的完好性。

h）对监控系统的系统备份和数据备份检查。

D.3 继电保护及故障信息管理系统的检验

D.3.1 对于继电保护及故障信息管理系统，其全部检验项目如下：

a）所用稳压电源和不间断电源工作正确性及可靠性的检验。

b）所用计算机及其外围设备的工作正确性及可靠性的检验。

c）检查设计及制造部门提出的抗干扰措施的实施情况。

d）继电保护及故障信息管理系统软件的版本号、校验码等程序正确性及完整性的检验。

e）继电保护及故障信息管理系统与系统中各保护装置的通信和网络功能的检验。

f）继电保护及故障信息管理系统数据库的正确性及完备性的检查。

g）各种保护信息的分类、合并及重要程度排序的正确性及完备性检查。

h）继电保护及故障信息管理系统其他各子系统（定值检查、录波分析等）的正确性及完备性检查。

i）继电保护及故障信息管理系统与厂站自动化系统、调度自动化系统或管理信息系统的通信和网络功能的检验。

j）继电保护及故障信息管理系统上送厂站自动化系统、调度自动化系统或管理信息系统的信息内容的正确性及完备性检查。

k）系统备份和数据备份。

D.3.2 对于继电保护及故障信息管理系统，其部分检验项目如下：

a）系统软件的版本号、校验码等程序正确性及完整性的检验。

b）继电保护及故障信息管理系统与系统中各保护装置的通信和网络功能的检验。

c）各种继电保护及故障信息管理系统数据库的正确性及完备性的检查。

d）继电保护及故障信息管理系统其他各子系统（定值检查、录波分析等）的正确性及完备性检查。

e）继电保护及故障信息管理系统与厂站自动化系统、调度自动化系统或管理信息系统的通信和网络功能的检验。

f）对保护信息采集系统的系统备份和数据备份。

参 考 文 献

GB/T 15145—2001　微机线路保护装置通用技术条件

GB/T 15147—2001　电力系统安全自动装置设计技术规定

GB/T 14598—1998　电气继电器

GB 50150—1991　电气装置安装工程电气设备交接试验标准

DL 408—1991　电业安全工作规程（发电厂和变电所电气部分）

DL/T 478—2001　静态继电保护及安全自动装置通用技术条件

DL/T 587—1996　微机继电保护装置运行管理规程

DL/T 624—1997　继电保护微机型试验装置技术条件

DL/T 671—1999　微机发电机变压器组保护装置通用技术条件

DL/T 670—1999　微机母线保护装置通用技术条件

DL/T 769—2001　电力系统微机继电保护技术导则

DL/T 770—2001　微机变压器保护装置通用技术条件

DL/T 5136—2001　火力发电厂、变电所二次接线设计技术规程

微机继电保护装置运行管理规程

DL/T 587—2007

代替 DL/T 587—1996

电力系统与数据通信卷

目　　次

前　言

本标准是根据《国家发改委办公厅关于下达 2004 年行业标准项目计划的通知》（发改办工业〔2004〕872 号）的安排，对 DL/T 587—1996 的修订。

DL/T 587—1996 实施 11 年来，微机继电保护装置在各个电压等级的电力系统中得到了更加广泛的应用，在科研、设计、制造、试验、施工和运行中积累了很多经验和教训，近年来国家颁布了一些继电保护国家标准和电力行业标准，为了适应这种变化，有必要对原电力行业标准 DL/T 587—1996《微机继电保护装置运行管理规程》进行相应的修改。

本标准与 DL/T 587—1996 相比，有以下一些主要变化：

——增加了微机继电保护装置软件管理方面的内容；

——增加了控制微机继电保护装置定值变化的几种方式，以适应无人值守变电站的要求；

——增加了微机继电保护选型方面的内容。

本标准的附录 A 为规范性附录。

本标准实施后代替 DL/T 587—1996。

本标准由中国电力企业联合会标准化中心提出。

本标准由电力行业继电保护标准化委员会归口并解释。

本标准起草单位：东北电网有限公司、江苏省电力调度通信中心、国家电力调度通信中心。

本标准主要起草人：孙刚、薛建伟、陶家琪、余荣云、舒治淮、孙正伟、鲍斌。

本标准于 1996 年 1 月 8 日首次发布，本次为第一次修订。

本标准在执行过程中的意见或建议反馈至中国电力企业联合会标准化中心（北京市白广路二条 1 号，100761）。

微机继电保护装置运行管理规程

1 范围

本标准规定了微机继电保护装置在技术管理、检验管理、运行管理和职责分工等方面的要求。

本标准适用于10kV及以上电力系统中电力主设备和线路的微机继电保护装置。

2 规范性引用文件

下列文件中的条款通过本标准的引用而成为本标准的条款。凡是注日期的引用文件，其随后所有的修改单（不包括勘误的内容）或修订版均不适用于本标准，然而，鼓励根据本标准达成协议的各方研究是否可使用这些文件的最新版本。凡是不注日期的引用文件，其最新版本适用于本标准。

GB/T 14285　继电保护和安全自动装置技术规程

GB/T 14598.9　电气继电器　第22-3部分：量度继电器和保护装置的电气骚扰试验　辐射电磁场骚扰试验（GB/T 14598.9—2002，IEC 60255-22-3：2000，IDT）

GB/T 14598.10　电气继电器　第22部分：量度继电器和保护装置的电气干扰试验第4篇：快速瞬变干扰试验（GB/T 14598.10—2007，IEC 60255-22-4：2002，IDT）

GB/T 14598.13　量度继电器和保护装置的电气干扰试验　第1部分：1MHz脉冲群干扰试验（GB/T 14598.13—1998，IEC 60255-22-1：1996，IDT）

GB/T 14598.14　量度继电器和保护装置的电气干扰试验　第2部分：静电放电试验（GB/T 14598.14—1998，IEC 60255-22-2：1996，IDT）

GB/T 14598.16　电气继电器　第25部分：量度继电器和保护装置的电磁发射试验（GB/T 14598.16—2002，IEC 60255-25：2000，IDT）

GB/T 14598.17　电气继电器　第22-6部分：量度继电器和保护装置的电气骚扰试验—射频场感应的传导骚扰的抗扰度（GB/T 14598.17—2005，IEC 60255-22-6：2001，IDT）

GB/T 14598.18　电气继电器　第22-5部分：量度继电器和保护装置的电气骚扰试验—浪涌抗扰度试验（GB/T 14598.18—2007，IEC 60255-22-5：2002，IDT）

GB/T 14598.19　电气继电器　第22-7部分：量度继电器和保护装置的电气骚扰试验—工频抗扰度试验（GB/T 14598.19—2007，IEC 60255-22-7：2003，IDT）

DL/T 478—2001　静态继电保护及安全自动装置通用技术条件

DL/T 559　220kV～750kV电网继电保护装置运行整定规程

DL/T 584　3kV～110kV电网继电保护装置运行整定规程

DL/T 623　电力系统继电保护及安全自动装置运行评价规程

DL/T 667　远动设备及系统　第5部分：传输规约　第103篇：继电保护设备信息接口配套标准（DL/T 667—1999，IEC 60870-5-103：1997，IDT）

DL/T 995　继电保护和电网安全自动装置检验规程

DL/T 860（所有部分）变电站通信网络和系统〔DL/T 860，IEC 60850（所有部分），

IDT]

3 总则

3.1 为加强微机继电保护装置的运行管理工作,保证微机继电保护装置可靠工作,实现电力系统的安全稳定运行,特制定本标准。

3.2 微机继电保护装置的运行管理工作应统一领导、分级管理。

3.3 调度运行人员、现场运行人员和继电保护人员在微机继电保护装置的运行管理工作中均应以本标准为依据,规划、设计、施工、科研、制造等工作也应满足本标准有关章节的要求。

3.4 从事微机继电保护专业工作的人员,应具有中专及以上文化水平。从事 220kV 及以上线路、母线、变压器或 200MW 及以上机组的微机继电保护专业工作的人员,应具有大专及以上文化水平,并保持相对稳定。应定期对继电保护专业人员、运行人员和专业领导进行培训。

3.5 下列人员应熟悉本标准:

3.5.1 各级电网调度机构的运行人员、继电保护人员及专业领导。

3.5.2 供电企业、输电企业和发电企业的继电保护班长、继电保护专责工程师、继电保护整定计算和检验维护人员。

3.5.3 供电企业、输电企业和发电企业的变电所电气运行值班人员、电气专责工程师。

3.5.4 供电企业、输电企业和发电企业主管继电保护工作的领导。

3.5.5 供电企业、输电企业和发电企业主管运行、基建、电气试验和电气检修的领导。

3.6 电网企业、供电企业、输电企业和发电企业应依据本标准制定直接管辖范围内具体装置的运行规程,其中应对一些特殊要求做出补充,并结合本标准同时使用。

3.7 对于安装在开关柜中 10kV～66kV 微机继电保护装置,要求环境温度在－5℃～45℃范围内,最大相对湿度不应超过 95%。微机继电保护装置室内月最大相对湿度不应超过75%,应防止灰尘和不良气体侵入。微机继电保护装置室内环境温度应在 5℃～30℃范围内,若超过此范围应装设空调。对微机继电保护装置的要求按 DL/T 478—2001 中的 4.1.1执行。

3.8 微机继电保护装置的使用年限一般不低于 12 年,对于运行不稳定、工作环境恶劣的微机继电保护装置可根据运行情况适当缩短使用年限。

4 职责分工

4.1 省级及以上电网调度机构的继电保护部门。

4.1.1 负责直接管辖范围内微机继电保护装置的配置、整定计算和运行管理。

4.1.2 负责所辖电网各种类型微机继电保护装置的技术管理。

4.1.3 贯彻执行有关微机继电保护装置规程、标准和规定,结合具体情况,为所辖电网调度人员制定、修订微机继电保护装置调度运行规程,组织制定、修订所辖电网内使用的微机继电保护装置检验规程和微机继电保护标准化作业指导书。

4.1.4 负责所辖电网微机继电保护装置的动作统计、分析和评价工作。负责对微机继电保护装置不正确动作造成的重大事故或典型事故进行调查,及时下发改进措施和事故通报。

4.1.5 统一管理直接管辖范围内微机继电保护装置的程序版本,及时将对电网安全运行有较大影响的微机保护装置软件缺陷和软件升级情况通报有关下级继电保护部门。

4.1.6 负责对所辖电网调度人员进行有关微机继电保护装置运行方面的培训工作，负责组织对所辖电网现场继电保护人员进行微机继电保护装置的技术培训。

4.1.7 负责组织直接管辖范围内微机继电保护装置的组柜（屏）典型设计工作。

4.1.8 积极慎重推广微机继电保护新技术。

4.1.9 提出提高继电保护运行管理水平的建议。

4.2 供电企业、输电企业和发电企业继电保护部门。

4.2.1 负责微机继电保护装置的日常维护、定期检验、输入定值和新装置投产验收工作。

4.2.2 按地区调度及发电厂管辖范围，定期编制微机继电保护装置整定方案和处理日常运行工作。

4.2.3 贯彻执行有关微机继电保护装置规程、标准和规定，负责为地区调度及现场运行人员编写微机继电保护装置调度运行规程和现场运行规程。制定、修订直接管辖范围内微机继电保护标准化作业书。

4.2.4 统一管理直接管辖范围内微机继电保护装置的程序版本，及时将微机保护装置软件缺陷报告上级继电保护部门。

4.2.5 负责对现场运行人员和地区调度人员进行有关微机继电保护装置的培训。

4.2.6 微机继电保护装置发生不正确动作时，应调查不正确动作原因，并提出改进措施。

4.2.7 熟悉微机继电保护装置原理及二次回路，负责微机继电保护装置的异常处理。

4.2.8 了解变电站自动化系统中微机继电保护装置的有关内容。

4.2.9 提出提高继电保护运行管理水平的建议。

4.3 调度运行人员。

4.3.1 了解微机继电保护装置的原理。

4.3.2 批准和监督直接管辖范围内的各种微机继电保护装置的正确使用与运行。

4.3.3 处理事故或系统运行方式改变时，微机继电保护装置使用方式的变更应按有关规程、规定执行。

4.3.4 在系统发生事故或其他异常情况时，调度人员应根据断路器及微机继电保护装置的动作情况处理事故，做好记录，及时通知有关人员。根据短路电流曲线或微机继电保护装置的测距结果，给出巡线范围，及时通知有关单位。

4.3.5 参加微机继电保护装置调度运行规程的审核。

4.3.6 提出提高继电保护运行管理水平的建议。

4.4 现场运行人员。

4.4.1 了解微机继电保护装置的原理及二次回路。

4.4.2 现场运行人员应掌握微机继电保护装置的校对时钟、显示（打印）采样值、显示（打印）定值、复制报告、使用打印机以及按规定的方法切换各套定值、停投保护等操作。

4.4.3 负责与调度人员核对微机继电保护装置的定值通知单，进行微机继电保护装置的投入、停用等操作。

4.4.4 负责记录并向主管调度汇报微机继电保护装置（包括投入试运行的微机继电保护装置）和有关设备的信号指示（显示）及打印报告等情况。

4.4.5 执行有关微机继电保护装置规程和规定。

4.4.6 掌握微机继电保护装置显示（打印）信息的含义。

4.4.7 根据主管调度命令，对已输入微机继电保护装置内的各套定值，用规定的方法切换各套定值。

4.4.8 在改变微机继电保护装置的定值或接线时，要有主管调度的定值及回路变更通知单（或有批准的图样）方允许工作。

4.4.9 对微机继电保护装置和有关设备进行巡视。

4.4.10 提出提高继电保护运行管理水平的建议。

5 运行管理

5.1 各级继电保护部门应统一规定直接管辖范围内的微机继电保护装置名称，装置中各保护段的名称和作用。

5.2 现场运行人员应定期核对微机继电保护装置的各相交流电流、各相交流电压、零序电流（电压）、差电流、外部开关量变位和时钟，并做好记录，核对周期不应超过一个月。

5.3 微机继电保护装置在运行中需要切换已固化好的成套定值时，由现场运行人员按规定的方法改变定值，此时不必停用微机继电保护装置，但应立即显示（打印）新定值，并与主管调度核对定值单。

5.4 微机继电保护装置动作（跳闸或重合闸）后，现场运行人员应按要求作好记录和复归信号，将动作情况和测距结果立即向主管调度汇报，并打印故障报告。未打印出故障报告之前，现场人员不得自行进行装置试验。

5.5 现场运行人员应保证打印报告的连续性，严禁乱撕、乱放打印纸，妥善保管打印报告，并及时移交继电保护人员。无打印操作时，应将打印机防尘盖盖好，并推入盘内。现场运行人员应定期检查打印纸是否充足、字迹是否清晰，负责加装打印纸及更换打印机色带。

5.6 微机继电保护装置出现异常时，当值运行人员应根据该装置的现场运行规程进行处理，并立即向主管调度汇报，及时通知继电保护人员。

5.7 在下列情况下应停用整套微机继电保护装置：

　　a）微机继电保护装置使用的交流电压、交流电流、开关量输入、开关量输出回路作业；

　　b）装置内部作业；

　　c）继电保护人员输入定值影响装置运行时。

5.8 带纵联保护的微机线路保护装置如需停用直流电源，应在两侧纵联保护停用后，才允许停直流电源。

5.9 时钟：

　　a）微机继电保护装置和继电保护信息管理系统应经 GPS 对时，同一变电站的微机继电保护装置和继电保护信息管理系统应采用同一时钟源。

　　b）现场运行人员每天巡视时应核对微机继电保护装置和继电保护信息管理系统的时钟。

　　c）运行中的微机继电保护装置和继电保护信息管理系统电源恢复后，若不能保证时钟准确，运行人员应校对时钟。

5.10 远方更改微机继电保护装置定值或操作微机继电保护装置时，应根据现场有关运行规定进行操作，并有保密、监控措施和自动记录功能。

5.11 若微机线路保护装置和收发信机均有远方起动回路，只能投入一套远方起动回路，应优先采用微机线路保护装置的远方起动回路。

5.12 微机继电保护装置投产 1 周内，运行维护单位应将微机继电保护软件版本、定值回执单报定值单下发单位。

5.13 微机继电保护装置插件出现异常时，继电保护人员应用备用插件更换异常插件，更换备用插件后应对整套保护装置进行必要的检验。

5.14 对于微机继电保护装置投入运行后发生的第一次区内、外故障，继电保护人员应通过分析微机继电保护装置的实际测量值来确认交流电压、交流电流回路和相关动作逻辑是否正常。既要分析相位，也要分析幅值。

5.15 继电保护复用通信通道。

5.15.1 各级继电保护部门和通信部门应明确继电保护复用通信通道的管辖范围和维护界面，防止因通信专业与保护专业职责不清造成继电保护装置不能正常运行或不正确动作。

5.15.2 各级继电保护部门和通信部门应统一规定管辖范围内的继电保护与通信专业复用通道的名称。

5.15.3 若通信人员在通道设备上工作影响继电保护装置的正常运行，作业前通信人员应填写工作票，经相关调度批准后，通信人员方可进行工作。

5.15.4 通信部门应定期对与微机继电保护装置正常运行密切相关的光电转换接口、接插部件、PCM（或 2M）板、光端机、通信电源的通信设备的运行状况进行检查，可结合微机继电保护装置的定期检验同时进行，确保微机继电保护装置通信通道正常。光纤通道要有监视运行通道的手段，并能判定出现的异常是由保护还是由通信设备引起。

5.15.5 继电保护复用的载波机有计数器时，现场运行人员要每天检查一次计数器，发现计数器变化时，应立即向上级调度汇报，并通知继电保护专业人员。

6 技术管理

6.1 为了便于运行管理和装置检验，同一单位（或部门）直接管辖范围内的微机继电保护装置型号不宜过多。

6.2 微机继电保护装置投运时，应具备如下的技术文件：

　　a）竣工原理图、安装图、设计说明、电缆清册等设计资料；

　　b）制造厂商提供的装置说明书、保护柜（屏）电原理图、装置电原理图、故障检测手册、合格证明和出厂试验报告等技术文件；

　　c）新安装检验报告和验收报告；

　　d）微机继电保护装置定值通知单；

　　e）制造厂商提供的软件逻辑框图和有效软件版本说明；

　　f）微机继电保护装置的专用检验规程或制造厂商保护装置调试大纲。

6.3 运行资料（如微机继电保护装置的缺陷记录、装置动作及异常时的打印报告、检验报告、软件版本和 6.2 所列的技术文件等）应由专人管理，并保持齐全、准确。

6.4 运行中的装置作改进时，应有书面改进方案，按管辖范围经继电保护主管部门批准后方允许进行。改进后应做相应的试验，及时修改图样资料并做好记录。

6.5 各级继电保护部门对直接管辖的微机继电保护装置应统一规定检验报告的格式。对检验报告的要求见附录 A。

6.6 各级继电保护部门应按照 DL/T 623 对所管辖的各类（型）微机继电保护装置的动作情况进行统计分析，并对装置本身进行评价。对不正确的动作应分析原因，提出改进对策，并及时报主管部门。

6.7 微机继电保护装置的软件管理。

6.7.1 各级继电保护部门是管辖范围内微机继电保护装置的软件版本管理的归口部门，负责对管辖范围内软件版本的统一管理，建立微机继电保护装置档案，记录各装置的软件版本、校验码和程序形成时间。并网电厂涉及电网安全的母线、线路和断路器失灵等微机保护装置的软件版本应归相应电网调度机构继电保护部门统一管理。

6.7.2 一条线路两端的同一型号微机纵联保护的软件版本应相同。如无特殊要求，同一电网内同型号微机保护装置的软件版本应相同。

6.7.3 运行或即将投入运行的微机继电保护装置的内部逻辑不得随意更改。确有必要对保护装置软件升级时，应由微机继电保护装置制造单位向相应继电保护运行管理部门提供保护软件升级说明，经相应继电保护运行管理部门同意后方可更改。改动后应进行相应的现场检验，并做好记录。未经相应继电保护运行管理部门同意，不应进行微机继电保护装置软件升级工作。

6.7.4 凡涉及微机继电保护功能的软件升级，应通过相应继电保护运行管理部门认可的动模和静模试验后方可投入运行。

6.7.5 每年继电保护部门应向有关运行维护单位和制造厂商发布一次管辖范围内的微机继电保护装置软件版本号。

6.8 投入运行的微机继电保护装置应设有专责维护人员，建立完善的岗位责任制。

6.9 各级继电保护部门应结合所辖电网实际情况，制定直接管辖范围内微机继电保护装置的配置及选型原则，统一所辖电网微机继电保护装置原理接线图。10kV～110kV 电力系统微机继电保护装置应有供电企业、发电厂应用的经验总结，经省级及以上电网调度机构复核并同意后，方可在区域（省）电网中推广应用。

6.10 微机继电保护装置选型。

6.10.1 应选用经电力行业认可的检测机构检测合格的微机继电保护装置。

6.10.2 应优先选用原理成熟、技术先进、制造质量可靠，并在国内同等或更高的电压等级有成功运行经验的微机继电保护装置。

6.10.3 选择微机继电保护装置时，应充分考虑技术因素所占的比重。

6.10.4 选择微机继电保护装置时，在本电网的运行业绩应作为重要的技术指标予以考虑。

6.10.5 同一厂站内同类型微机继电保护装置宜选用同一型号，以利于运行人员操作、维护校验和备品备件的管理。

6.10.6 要充分考虑制造厂商的技术力量、质保体系和售后服务情况。

6.11 交流、直流输电系统保护装置配置原则按照 GB/T 14285 执行。

6.12 微机保护双重化配置应满足以下要求：

a) 双重化配置的线路、变压器和单元制接线方式的发变组应使用主、后一体化的保护装置。对非单元制接线或特殊接线方式的发电机—变压器组则应根据主设备的一次接线方式，按双重化的要求进行保护配置。

b) 每套完整、独立的保护装置应能处理可能发生的所有类型的故障。两套保护之间不应有任何电气联系，当一套保护退出时不应影响另一套保护的运行。

c) 两套主保护的交流电压回路应分别接入电压互感器的不同二次绕组（对双母线接线，两套保护可合用交流电压回路）。两套主保护的电流回路应分别取自电流互感器互相独立的二次绕组（铁芯），并合理分配电流互感器二次绕组。分配接入保护的互感器二次绕组时，还应特别注意避免运行中一套保护退出时可能出现的电流互感器内部故障死区问题。

d) 双重化配置保护装置的直流电源应取自不同蓄电池组供电的直流母线段。

e) 两套保护的跳闸回路应与断路器的两个跳闸线圈分别一一对应。

f) 双重化的线路保护应配置两套独立的通信设备（含复用光纤通道、独立光芯、微波、载波等通道及加工设备等），两套通信设备应分别使用独立的电源。

g) 双重化配置保护与其他保护、设备配合的回路（例如断路器和隔离开关的辅助触点、辅助变流器等）应遵循相互独立的原则。

6.13 直流输电系统保护应做到既不拒动，也不误动。在不能兼顾防止保护误动和拒动时，保护配置应以防止拒动为主。

6.14 直流输电系统故障时直流输电系统保护应充分利用直流输电控制系统，尽快停运、隔离故障系统或设备。

6.15 备用插件的管理。

6.15.1 运行维护单位应储备必要的备用插件，备用插件宜与微机继电保护装置同时采购。备用插件应视同运行设备，保证其可用性。储存有集成电路芯片的备用插件，应有防止静电措施。

6.15.2 每年 12 月底，各运行维护单位应向上级单位报备用插件的清单，并向有关部门提出下一年备用插件需求计划。

6.15.3 备用插件应由运行维护单位保管。

6.16 继电保护信息管理系统应工作在第Ⅱ安全区。

6.17 对于无人值班的变电站，应制定远方更改微机继电保护装置定值或操作微机继电保护装置的规定。

6.18 继电保护部门应组织制定继电保护故障信息处理系统技术规范，建立健全主站系统、子站系统及相应通道的运行和维护制度。

7 检验管理

7.1 微机继电保护装置检验时，应认真执行 DL/T 995 及有关微机继电保护装置检验规程、反事故措施和现场工作保安规定。

7.2 对微机继电保护装置进行计划性检验前，应编制继电保护标准化作业书，检验期间认真执行继电保护标准化作业书，不应为赶工期减少检验项目和简化安全措施。

7.3 进行微机继电保护装置的检验时，应充分利用其自检功能，主要检验自检功能无法检测的项目。

7.4 新安装、全部和部分检验的重点应放在微机继电保护装置的外部接线和二次回路。

7.5 微机继电保护装置检验工作宜与被保护的一次设备检修同时进行。

7.6 对运行中的微机继电保护装置外部回路接线或内部逻辑进行改动工作后，应做相应的试验，确认接线及逻辑回路正确后，才能投入运行。

7.7 根据系统各母线处最大、最小阻抗，核对微机继电保护装置的线性度能否满足系统的要求。

7.8 逆变电源的检查按照 DL/T 995 的规定执行。

7.9 微机继电保护装置检验应做好记录，检验完毕后应向运行人员交待有关事项，及时整理检验报告，保留好原始记录。

7.10 检验所用仪器、仪表应由检验人员专人管理，特别应注意防潮、防振。仪器、仪表应保证误差在规定范围内。使用前应熟悉其性能和操作方法，使用高级精密仪器一般应有人监护。

8 对制造厂商的要求

8.1 设计硬件时应考虑可靠性、可维护性和可扩展性。软件版本的升级不应变更硬件。

8.2 软件应按功能划分，做到标准化、模块化，并便于功能的扩充。对现场的信息参数应便于现场修改。软件版本的升级不宜改变定值。具有录波功能的微机继电保护装置，其模拟量的数据文件，应能转化成标准格式输出（如 COMTRADE）。

8.3 微机继电保护装置应用中文显示（打印）信息，信息应简洁、明了、规范。

8.4 微机继电保护装置应设有在线自动检测。在微机继电保护装置中微机部分任一元件损坏（包括 CPU）时都应发出装置异常信息，并在必要时自动闭锁相应的保护。但对保护装置的出口回路的设计，应以简单可靠为主，不宜为了实现对出口回路的完全自检而在此回路增加可能降低可靠性的元件。

8.5 微机继电保护装置在断开直流电源时不应丢失故障信息和自检信息。

8.6 对于同一型号微机继电保护装置的停用段应规定统一的整定符号。

8.7 应向用户提供与实际装置相符的微机继电保护装置中文技术手册和用户手册，并提供微机继电保护装置各定值项的含义和整定原则。

8.8 控制微机继电保护装置定值变化应有以下几种方式：

a）应有多重访问级别，每个级别有不同的密码。典型的是有一个大多数用户可以访问的只读级，改变定值用更高的级别。

b）定值变化应有事件顺序记录，当定值变化时应有报警。

c）具有多个定值组，允许运行人员在微机保护装置运行中将定值切换到预先核实的定值组，但不允许单个参数变化，此时不需停用保护。

d）远方修改定值工作应考虑经必要的软、硬件控制措施，保证只在修改定值时短时开放此功能。

8.9 每面微机继电保护柜（屏）出厂前，应整柜（屏）做整组试验。

8.10 为提高集成电路芯片接触的可靠性，宜将所有集成电路芯片直接焊在印刷板上（存放程序的芯片可以除外）。

8.11 微机继电保护装置应使用工业级及以上的芯片、电容器和其他元器件，并经严格筛选。

8.12 制造厂商应保证微机继电保护装置内部变换器（如电流变换器、电压变换器、电抗变压器等）在工作范围内的线性度。

8.13 微机继电保护装置抗御 1MHz 脉冲群干扰、静电放电干扰、辐射电磁场骚扰、快速瞬变干扰、浪涌干扰、射频场感应的传导骚扰、工频干扰和电磁发射干扰能力应满足 GB/T 14598.13、GB/T 14598.14、GB/T 14598.9、GB/T 14598.10、GB/T 14598.16、GB/T 14598.17、GB/T 14598.18、GB/T 14598.19 的要求。

8.14 微机继电保护装置的所有输出端子不应与其弱电系统（指 CPU 的电源系统）有电的联系。

8.15 微机继电保护装置应设有自恢复电路，在因干扰而造成程序走死时，应能通过自恢复电路恢复正常工作。

8.16 引至微机继电保护装置的空触点，应经光电隔离后进入微机继电保护装置。

8.17 微机继电保护装置中的零序电压应采用自产零序电压。

8.18 开关量输入回路应直接使用微机继电保护装置的直流电源，光耦导通动作电压应在额定直流电源电压的 55%～70% 范围内。

8.19 110kV 及以上电力系统的微机线路保护装置应具有测量故障点距离的功能。

8.20 变电站自动化系统中的微机继电保护装置功能应相对独立，当后台机或网络系统出现故障时，不应影响微机继电保护装置的正常运行。

8.21 微机继电保护装置应保证在中央信号回路发生短路时不会误动。

8.22 时钟和时钟同步。

8.22.1 微机继电保护装置和继电保护信息管理系统应设硬件时钟电路，装置失去直流电源时，硬件时钟应能正常工作。

8.22.2 微机继电保护装置和继电保护信息管理系统应配置与外部授时源对时的接口。

8.22.3 微机继电保护装置和继电保护信息管理系统与 GPS 时钟失去同步时，应给出告警信息。

8.23 制造厂商在供货时应明确软件版本、校验码和程序生成时间。软件版本的变更应由制造厂商向运行管理部门提供书面资料，书面资料应说明软件变更原因、解决方案、动模试验、静模试验验证结论，并有制造厂商主管技术的副总经理（或总工程师）签字。

8.24 制造厂商应保证微机继电保护装置使用年限内备用插件的供应。至少在微机继电保护装置停产前一年应书面通知用户，微机继电保护装置停产后制造厂商应保留 7 年备用插件。

8.25 制造厂商应在微机继电保护使用说明书中标明使用年限，使用年限不应小于 15 年。对于微机继电保护装置中的逆变电源模件应单独标明使用年限。

8.26 制造厂商应提供微机继电保护装置软件版本的唯一标识。

8.27 制造厂商应有微机继电保护最终用户清单，以便于售后服务。

8.28 微机继电保护装置应能够输出装置的自检信息及故障记录，以记录保护的动作过程，为分析保护动作行为提供详细、全面的数据信息，但不要求代替专用的故障录波器。

微机继电保护装置故障记录和输出的要求是：

a）记录内容应包括故障时的输入模拟量（各相电流、各相电压、零序电流和零序电压）、输入开关量、输出开关量、动作元件、动作时间、返回时间、相别、内部状态信息和保护定值，装置应具有数字/图形输出功能及通用的输出接口，并实现就地打印。

b）应保证发生故障时不丢失故障记录信息。微机保护动作跳闸后，若再发生多次频繁起动，起动报告数据不能冲掉跳闸报告数据。

8.29 微机继电保护装置应以时间顺序记录的方式记录正常运行的操作信息，如断路器变位、开入量输入变位、连接片切换、定值修改、定值区切换等，记录应保证充足的容量。

8.30 微机继电保护装置与厂站自动化系统的配合及接口。

8.30.1 应用于厂站自动化系统中的微机保护装置功能应相对独立，具有与厂站自动化系统进行通信的接口，具体要求如下：

a）微机继电保护装置及其出口回路不应依赖于厂、站自动化系统，并能独立运行。

b）微机继电保护装置逻辑判断回路所需的各种输入量应直接接入保护装置，不宜经厂、站自动化系统及其通信网转接。

c）微机继电保护装置应具有 2 个及以上的通信接口，能满足同时与继电保护信息管理系统和监控系统通信的要求。

8.30.2 与厂、站自动化系统通信的微机保护装置应能送出或接收以下类型的信息：

a）装置的识别信息、安装位置信息。

b）开关量输入（例如断路器位置、保护投入连接片等）。

c）异常信号（包括装置本身的异常和外部回路的异常）。

d）故障信息（故障记录、内部逻辑量的事件顺序记录）。

e）模拟量测量值。

f）装置的定值及定值区号。

g）自动化系统的有关控制信息和断路器跳合闸命令、时钟对时命令等。

8.30.3 微机保护装置与厂、站自动化系统（继电保护信息管理系统）的通信协议应符合 DL/T 667 或 DL/T 860 标准的规定。

8.31 微机继电保护装置和继电保护信息管理系统的软件应设有安全防护措施，防止程序出现不符合要求的更改。

8.32 直流输电系统保护功能不宜依赖两端换流站之间的通信，应采取措施防止一端换流器故障引起另一端换流器的保护动作。

8.33 直流输电系统保护的功能参数应便于修改。

8.34 使用载波通道的微机纵联保护装置应显示（打印）出收发信机收信继电器（或载波机跳频继电器）触点的动作情况。

8.35 微机线路分相电流差动保护装置发送和接收的信息应具有装置标志字。

8.36 对闭锁式微机线路纵联保护，"其他保护停信"回路应直接接入微机继电保护装置，而不应接入收发信机。

8.37 微机变压器、发电机变压器组和母线差动保护装置应具有在正常运行中显示差动电流、制动电流和差动电流超限报警的功能。

8.38 微机变压器保护装置所用的电流互感器二次宜采用Y形接线，其相位补偿和电流补偿系数应由软件实现。

8.39 微机母线保护装置不应使用外部辅助变流器，该装置宜能自动识别母线运行方式。

8.40 断路器失灵起动微机母差保护直接跳闸的回路在开关量设计时宜设置双开关量输入。

9 对设计单位的要求

9.1 一条线路两端同一对纵联保护宜采用相同型号的微机纵联保护装置。

9.2 同一种微机继电保护装置的组柜（屏）方案不宜过多。

9.3 组柜（屏）设计方面应注意：

9.3.1 微机线路保护柜（屏）端子排排列应便于继电保护人员作业，端子排应按照功能进行分块。

9.3.2 微机继电保护柜（屏）下部应设有截面不小于 $100mm^2$ 的接地铜排。柜（屏）上装置的接地端子应用截面不小于 $4mm^2$ 的多股铜线和柜（屏）内的接地铜排相连。接地铜排应用截面不小于 $50mm^2$ 的铜缆与保护室内的等电位接地网相连。

9.3.3 与微机继电保护装置出口继电器触点连接的中间继电器线圈两端应并联消除过电压

回路。

9.4 微机继电保护屏宜用柜式结构。

9.5 用于微机继电保护装置的电流、电压和信号触点引入线，应采用屏蔽电缆，屏蔽层在开关场和控制室同时接地。

9.6 微机型继电保护装置柜（屏）内的交流供电电源（照明、打印机和调制解调器）的中性线（零线）不应接入等电位接地网。

9.7 设计单位在提供工程竣工图的同时应提供可供修改的 CAD 文件光盘或 U 盘。

9.8 竣工草图由安装、调试单位提供并经运行单位确认后，由建设单位送交设计单位，作为绘制竣工图的依据。调试和运行单位应对提供的竣工草图与现场实际接线的一致性负责，设计单位应对完成的竣工图与竣工草图的一致性负责。

9.9 220kV 及以上电压等级变压器的断路器失灵时，除应跳开失灵断路器相邻的全部断路器外，还应跳开本变压器连接其他电源侧的断路器。

9.10 微机线路分相电流差动保护应采用同一路由收发、往返延时一致的通道。

9.11 传输允许命令信号的继电保护复用接口设备，动作和返回不应带有展宽时间。

9.12 微机继电保护装置使用的直流系统电压纹波系数应不大于 2%，最低电压不应低于额定电压的 85%，最高电压不应高于额定电压的 110%。

9.13 厂站内的继电保护信息应能传送至调度端。

9.14 直流输电系统保护与控制系统之间应设置便于断开的断开点。

10　工程管理

10.1　规划、设计部门在编制系统发展规划，进行系统设计和确定厂、站一次接线时，应听取继电保护专业管理部门的意见，统筹考虑继电保护装置的技术性能和使用条件，对导致微机继电保护装置不能保证电力系统安全运行的电力网结构形式、厂站主接线形式、变压器接线方式和运行方式，应限制使用。

10.2　新建、扩建、技改工程继电保护设计中，应从整个系统统筹考虑继电保护的发展变化，严格执行继电保护专业管理部门制定的有关微机继电保护装置选型管理规定与配置原则。

10.3　继电保护设备订货合同中的技术要求应明确微机保护软件版本。制造厂商提供的微机保护装置软件版本及说明书，应与订货合同中的技术要求一致。

10.4　新微机继电保护装置投入运行前，应按照继电保护部门下发的微机保护软件版本通知，核对微机保护装置软件版本，并将核对结果上报继电保护部门。

10.5　对新安装的微机继电保护装置进行验收时，应以订货合同、技术协议、设计图样和技术说明书等有关规定为依据，按有关规程和规定进行调试，并按定值通知单进行整定。检验整定完毕，并经验收合格后方允许投入运行。

10.6　新设备投入运行前，基建单位应按继电保护竣工验收有关规定，与运行单位进行图样资料、仪器仪表、调试专用工具、备品备件和试验报告等移交工作。

10.7　新建、扩建、改建工程使用的微机继电保护装置，发现质量不合格的，应由制造厂商负责处理。

10.8　对于基建、技改工程，应配置必要的继电保护试验设备和专用工具。

10.9　对于基建、技改工程，应以保证设计、调试和验收质量为前提，合理制定工期，严格执行相关技术标准、规程、规定和反事故措施，不得为赶工期减少调试项目，降低调试质量。验收单位应制定详细的验收标准和合理的验收时间。

10.10 在基建验收时，应按相关规程要求，检验线路和主设备的所有保护之间的相互配合关系，对线路纵联保护还应与线路对侧保护进行一一对应的联动试验，并有针对性地检查各套保护与跳闸连接片的唯一对应关系。

10.11 微机继电保护装置的新产品，应按国家规定的要求和程序进行检测或鉴定，合格后方可推广使用。检测报告应注明被检测微机保护装置的软件版本、校验码和程序形成时间。

10.12 新建工程投运时，微机继电保护装置应与一次设备同步投产。

11 定值管理

11.1 各级继电保护部门应根据 DL/T 559 的规定制定本电网使用的 220kV～750kV 微机继电保护装置整定计算原则。

11.2 各供电企业应根据 DL/T 584 的规定制定本电网使用的 3kV～110kV 微机继电保护装置整定计算原则。

11.3 对定值通知单规定如下：

11.3.1 现场微机继电保护装置定值的变更，应按定值通知单的要求执行，并依照规定日期完成。如根据一次系统运行方式的变化，需要变更运行中保护装置的整定值时，应在定值通知单上说明。

11.3.2 旁路代送线路：

　　a) 旁路保护各段定值与被代送线路保护各段定值应相同。

　　b) 旁路断路器的微机保护型号与线路微机保护型号相同且两者电流互感器变比亦相同，旁路断路器代送该线路时，使用该线路本身型号相同的微机保护定值，否则，使用旁路断路器专用于代送线路的微机保护定值。

11.3.3 对定值通知单的控制字宜给出具体数值。为了便于运行管理，各级继电保护部门对直接管辖范围内的每种微机继电保护装置中每个控制字的选择应尽量统一，不宜太多。

11.3.4 定值通知单应有计算人、审核人签字并加盖"继电保护专用章"方能有效。定值通知单应按年度编号，注明签发日期、限定执行日期和作废的定值通知单号等，在无效的定值通知单上加盖"作废"章。

11.3.5 定值通知单宜一式四份，其中下发定值通知单的继电保护部门自存 1 份、调度 1 份、运行单位 2 份（现场及继电保护专业各 1 份）。新安装保护装置投入运行后，施工单位应将定值通知单移交给运行单位。运行单位接到定值通知单后，应在限定日期内执行完毕，并在继电保护记事簿上写出书面交待，将"定值单回执"寄回发定值通知单单位。

11.3.6 定值变更后，由现场运行人员与上级调度人员按调度运行规程的相关规定核对无误后方可投入运行。调度人员和现场运行人员应在各自的定值通知单上签字和注明执行时间。

11.4 66kV 及以上系统微机继电保护装置整定计算所需的电力主设备及线路的参数，应使用实测参数值。新投运的电力主设备及线路的实测参数应于投运前 1 个月，由运行单位统一归口提交负责整定计算的继电保护部门。

附 录 A

（规范性附录）

检 验 报 告 要 求

检验应有完整、正规的检验报告，检验报告的内容一般应包括下列各项：

A.1 被试设备的名称、型号、制造厂商、出厂日期、出厂编号、软件版本号、装置的额定值。

A.2 检验类别（新安装检验、全部检验、部分检验、事故后检验）。

A.3 检验项目名称。

A.4 检验条件和检验工况。

A.5 检验结果及缺陷处理情况。

A.6 有关说明及结论。

A.7 使用的主要仪器、仪表的型号和出厂编号。

A.8 检验日期。

A.9 检验单位的试验负责人和试验人员名单。

A.10 试验负责人签字。

电力调度自动化系统运行管理规程

DL/T 516—2006

代替 DL 516—1993

目　次

前　言

本标准是根据《国家发展改革委办公厅关于印发 2005 年行业标准项目计划的通知》（发改办工业〔2005〕739 号）的安排，对 DL 516—1993《电网调度自动化系统运行管理规程》的修订。

随着我国电网调度自动化应用领域的不断拓展和应用水平的不断提高、电力体制改革的进一步深化，DL 516—1993 中多处内容已不能适应新形势发展的要求，迫切需要修订，以指导新时期全国电网调度自动化系统的运行管理工作。

本次修订充分考虑了电网调度自动化相关技术的发展和电力市场运营等系统的建设、运行维护，广泛征求了全国调度系统、发电企业、运行和设计单位的意见。本标准与 DL 516—1993 相比较主要有如下变化：

——对子站的主要设备和主站的主要系统进行了补充；

——职责分工一章改为运行管理职责，并对相关机构的职责进行了合并；

——新增了厂站信息参数管理的内容；

——新增了 AGC 运行管理的内容；

——新增了 EMS 应用软件功能应用要求。

为了与正在修订的《电网调度管理条例》相适应，将本标准名称改为《电力调度自动化系统运行管理规程》。

电力调度自动化系统包含的内容比较广泛，本标准重点对其通用部分进行了规定。一些新建成的系统，如电力市场运营系统、电力系统实时动态监测系统等，由于只在部分单位投运，缺少运行经验，因此，本规程未对其提出更详细的要求。为保证电力调度自动化系统新增应用功能的正常运行，各主管单位可结合本网的实际情况，制定相应的运行管理规程（规定）。

本标准实施后代替 DL 516—1993。

本标准的附录 A、附录 B、附录 C 是规范性附录。

本标准的附录 D 是资料性附录。

本标准由中国电力企业联合会提出。

本标准由电力行业电网运行与控制标准化委员会归口并负责解释。

本标准主要起草单位：国家电力调度通信中心、华东电力调度交易中心。

本标准主要起草人：石俊杰、曹茂昇、王永福、王忠仁、高伏英、潘勇伟、卢长燕。

本标准首次发布时间：1993 年 6 月 22 日。本次为第一次修订。

电力调度自动化系统运行管理规程

1 范围

本标准规定了电力调度自动化系统的组成及其设备的运行管理、检验管理、技术管理，规定了各级电力调度自动化系统运行管理和维护部门的职责分工以及数据传输通道的管理等。

本标准适用于电力系统各调度、运行、维护、设计、制造、建设单位及发电企业。

2 规范性引用文件

下列文件中的条款通过本标准的引用而成为本标准的条款。凡是注日期的引用文件，其随后所有的修改单（不包括刊物的内容）或修订版均不适用于本标准，然而，鼓励根据本标准达成协议的各方研究是否可使用这些文件的最新版本。凡是不注日期的引用文件，其最新版本适用于本标准。

DL 408　电业安全工作规程（发电厂和变电所电气部分）

DL/T 410　电工测量变送器运行管理规程

DL/T 630　交流采样远动终端技术条件

DL/T 5003　电力系统调度自动化设计技术规程

国家电力监管委员会令（第4号）电力生产事故调查暂行规定

国家电力监管委员会令（第5号）电力二次系统安全防护规定

3 总则

3.1 电力调度自动化系统（以下简称自动化系统）是电力系统的重要组成部分，是确保电力系统安全、优质、经济运行和电力市场运营的基础设施，是提高电力系统运行水平的重要技术手段。为加强和规范自动化系统管理，保证系统安全、稳定、可靠运行，制定本规程。

3.2 自动化系统由主站系统、子站设备和数据传输通道构成。

3.3 主站的主要系统包括：

a）数据采集与监控（SCADA）系统/能量管理系统（EMS）的主站系统/调度员培训仿真（DTS）系统；

b）电力调度数据网络主站系统；

c）电能量计量系统主站系统；

d）电力市场运营系统主站系统；

e）水调自动化系统主站系统（含卫星云图）；

f）电力系统实时动态稳定监测系统主站系统；

g）调度生产管理系统（DMIS）；

h）配电管理系统（DMS）主站系统；

i）电力二次系统安全防护系统主站系统；

j）主站系统相关辅助系统（调度模拟屏、大屏幕设备，GPS卫星时钟、电网频率采集装置、运行值班报警系统、远动通道检测和配线柜、专用的 UPS 电源及配电柜等）。

3.4 子站的主要设备包括：

    a）远动终端设备（RTU）的主机、远动通信工作站；

    b）配电网自动化系统远方终端；

    c）与远动信息采集有关的变送器、交流采样测控单元（包括站控层及间隔层设备）、功率总加器及相应的二次测量回路；

    d）接入电能量计量系统的关口计量表计及专用计量屏（柜）、电能量远方终端；

    e）电力调度数据网络接入设备和二次系统安全防护设备（包括路由器、数据接口转换器、交换机或集线器、安全防护装置等）；

    f）相量测量装置（PMU）；

    g）发电侧报价终端；

    h）水情测报设备及其相关接口；

    i）向子站自动化系统设备供电的专用电源设备及其连接电缆（包括不间断电源、直流电源及配电柜）、专用空调设备；

    j）专用的 GPS 卫星授时装置；

    k）远动通道专用测试仪及通道防雷保护器；

    l）与保护设备、变电站计算机监控系统、电厂监控或分散控制系统（DCS）、通信系统等的接口设备；

    m）子站设备间及其到通信设备配线架端子间的专用连接电缆；

    n）远动信号转接屏、遥控继电器屏、遥调接口等。

3.5 各级电力调度交易机构和电力调度机构（以下统称调度机构）应设置相应的自动化系统运行管理部门（以下简称自动化管理部门），发电企业及变电站[1]的运行维护单位[2]应设置负责子站设备运行维护的部门及专职（责）人员，并按职责定岗定编。对地区偏远的枢纽变电站，可以在站内设置自动化系统运行维护人员。

3.6 RTU 主机、配电网自动化系统远方终端、电能量远方终端、各类电工测量变送器、交流采样测控装置、PMU、关口电能表、安全防护装置等设备，应取得国家有资质的电力设备检测部门颁发的质量检测合格证后方可使用。

4 管理职责

4.1 自动化管理部门对有调度关系的发电企业、变电站自动化系统运行维护部门实行专业技术归口管理。各自动化管理和运行维护部门之间应相互配合、紧密合作。

4.2 调度机构自动化管理部门的职责：

    a）负责本电网自动化系统运行的归口管理和技术指导工作；

    b）负责制定调度管辖范围内自动化系统的运行、检验的规程、规定；

    c）负责本调度机构主站系统的建设和安全运行、维护；

    d）参加调度管辖范围内新建和改（扩）建发电厂/变电站（以下简称厂站）子站设备各阶段的设计审查、招评标和验收等工作，并负责认定其与自动化系统相关的重要技术

  1）这里所指的变电站包括开关站、换流站等。

  2）这里所指的运行维护单位包括地调、超高压局（公司、管理处）、变电运行工区等。

性能；

    e）监督调度管辖范围内新建和改（扩）建厂站子站设备与厂站一次设备同步投入运行；

    f）参加审核调度管辖范围内子站设备年度更新改造项目；

    g）审批调度管辖范围内子站设备的年度定检计划和临检申请，编制主站系统的技术改造和大修计划；

    h）负责调度管辖范围内自动化系统运行情况的统计分析；

    i）参加本电网自动化系统重大故障的调查和分析；

    j）组织本电网和调度管辖厂站自动化系统的技术交流、人员培训等工作；

    k）保证向有关调度传送信息的正确性和可靠性。

4.3 发电厂、变电站自动化系统和设备运行维护部门职责

    a）贯彻执行国家、电力行业和上级颁发的各项规程、标准、导则、规定等；

    b）参加运行维护范围内新建和改（扩）建厂站子站设备各阶段的设计、招评标等工作；

    c）负责或参加运行维护范围内新建和改（扩）建厂站子站设备的安装、投运前的调试和验收，并参加培训；

    d）编制运行维护范围内子站设备的现场运行规程及使用说明；

    e）负责运行维护范围内子站设备的安全防护工作；

    f）提出运行维护范围内子站设备临时检修（临检）申请并负责实施；

    g）编制运行维护范围内子站设备年度更新改造工程计划并负责实施；

    h）负责运行维护范围内子站设备的运行维护、定期检验和运行统计分析并按期上报；

    i）参加有调度管辖权调度机构组织的自动化系统技术培训和交流；

    j）保证向有关调度传送信息的准确性、实时性和可靠性；

    k）完成有调度管辖权调度机构布置的有关工作。

5 运行管理

5.1 现场管理制度和人员要求

5.1.1 自动化管理部门和厂站运行维护部门应制定相应的自动化系统的运行管理制度，内容应包括：运行值班和交接班、机房管理、设备和功能停复役管理、缺陷管理、安全管理、新设备移交运行管理等。

5.1.2 投入运行的自动化系统和设备均应明确专责维护人员，建立完善的岗位责任制。

5.1.3 自动化管理部门人员设置要求：

    a）应设自动化运行值班人员，负责调度管辖范围内自动化系统和设备的日常运行工作；

    b）应设系统管理员和网络管理员，负责主站系统的系统管理和网络管理；

    c）应用软件功能已投入实际应用的调度机构，应设应用软件专责管理员，负责应用软件的日常运行维护工作；

    d）自动发电控制（AGC）功能投入实际应用的调度机构，应设 AGC 专责管理员，负责 AGC 功能的调试、运行维护管理及统计分析等工作；

    e）各单位在设置 b）～d）类人员时应考虑备用，满足各系统运行维护需要。

5.1.4 厂站应设立或明确自动化运行维护人员，负责本侧运行设备的日常巡视检查、故障处理、运行日志记录、信息定期核对等。

5.1.5 运行维护、值班人员必须经过专业培训及考试，合格后方可上岗。脱离岗位半年以上者，上岗前应重新进行考核。新设备投入运行前，必须对运行值班人员和专责维护人员进行技术培训和技术考核。

5.2 运行维护要求

5.2.1 运行维护和值班人员应严格执行相关的运行管理制度，保持自动化系统设备机房和周围环境的整齐清洁；在处理自动化系统故障、进行重要测试或操作时，原则上不得进行运行值班人员交接班。

5.2.2 自动化系统的专责人员应定期对自动化系统和设备进行巡视、检查、测试和记录，定期核对自动化信息的准确性，发现异常情况及时处理，做好记录并按有关规定要求进行汇报。

5.2.3 主站在进行系统的运行维护时，如可能会影响到向调度员提供的自动化信息时，自动化值班人员应提前通知值班调度员，获得准许并办理有关手续后方可进行；如可能会影响到向相关调度机构传送的自动化信息时，应提前通知相关调度机构自动化值班人员并办理有关手续后方可进行。

5.2.4 厂站在进行有关工作时，如可能会影响到向相关调度机构传送的自动化信息时，应按规定提前通知对其有调度管辖权的调度机构自动化值班人员，自动化值班人员应及时通知值班调度员，获得准许并办理有关手续后方可进行。

5.2.5 子站设备运行维护部门应保证设备的正常运行及信息的完整性和正确性，发现故障或接到设备故障通知后，应立即进行处理，并及时报对其有调度管辖权的调度机构自动化值班人员。事后应详细记录故障现象、原因及处理过程，必要时写出分析报告，并报对其有调度管辖权的调度机构自动化管理部门备案。

5.2.6 厂站应建立设备的台账（卡）、运行日志和设备缺陷、测试数据等记录。每月做好运行统计和分析，按时向对其有调度管辖权的调度机构自动化管理部门填报运行维护设备的运行月报。

5.2.7 由于一次系统的变更（如厂站设备的增、减，主接线变更，互感器变比改变等），需修改相应的画面和数据库等内容时，应以经过批准的书面通知为准。

5.2.8 厂站未经对其有调度管辖权的调度机构自动化管理部门的同意，不得在子站设备及其二次回路上工作和操作，但按规定由运行人员操作的开关、按钮及保险器等不在此限。

5.2.9 为保证自动化系统的正常维修，及时排除故障，有关自动化管理部门和厂站运行维护部门应配有必要的交通工具和通信工具，厂站运行维护部门应视需要配备自动化专用的仪器、仪表、工具、备品、备件等。

5.2.10 各类电工测量变送器和仪表、交流采样测控装置、电能计量装置须按 DL/T 410 和 DL/T 630 的检验规定进行检定。

5.2.11 凡属对运行中的自动化系统、设备、数据网络配置、软件或数据库等作重大修改，均应经过技术论证，提出书面改进方案，经主管领导批准和相关调度机构确认后方可实施。技术改进后的设备和软件应经过 3～6 个月的试运行，验收合格后方可正式投入运行，同时对相关技术人员进行培训。

5.2.12 凡参与电网 AGC 调整的机组（发电厂），在新机组投产前和机组大修后，必须经过对其有调度管辖权的调度机构组织进行的系统联合测试。测试前，发电厂应向调度机构提出进行系统联合测试的申请，并提供机组（发电厂）有关现场试验报告；系统联合测试合格后，由调度机构以书面形式通知发电厂。

5.2.13 凡参加 AGC 运行的单位必须保证其设备的正常投入，除紧急情况外，未经调度许可不得将投入 AGC 运行的机组（发电厂）擅自退出运行或修改参数。

5.3 检修管理

5.3.1 自动化系统和设备的检修分为计划检修、临时检修和故障检修。计划检修是指对其结构进行更改、软硬件升级、大修等工作；临时检修是指对其运行中出现的异常或缺陷进行处理的工作；故障检修是指对其运行中出现影响系统正常运行的故障进行处理的工作。

5.3.2 自动化系统和设备的年度检修计划应与一次设备的检修计划一同编制和上报。对其有调度管辖权的调度机构自动化管理部门负责进行审核和批复；主站系统由其自动化管理部门提出并报本调度机构的领导审核批准。

5.3.3 子站设备的计划检修由计划检修部门至少在 2 个工作日前提出书面申请（参考格式见附录 D 的表 D.1），报对其有调度管辖权的调度机构自动化管理部门批准后方可实施。

5.3.4 子站设备的临时检修应至少在工作前 4h 按照附录 D 的表 D.1 填写自动化系统设备停运申请单，报对其有调度管辖权的调度机构自动化值班人员，经批准后方可实施。

5.3.5 子站设备发生故障后，运行维护人员应立即与对其有调度管辖权的调度机构自动化值班人员取得联系，报告故障情况、影响范围，提出检修工作申请，在得到同意后方可进行工作。情况紧急时，可先进行处理，处理完毕后尽快将故障处理情况报以上调度机构自动化管理部门。

5.3.6 设备检修工作开始前，应与对其有调度管辖权的调度机构自动化值班人员联系，得到确认后方可工作。设备恢复运行后，应及时通知以上调度机构的自动化值班人员，并记录和报告设备处理情况，取得认可后方可离开现场。

5.3.7 厂站一次设备退出运行或处于备用、检修状态时，其子站设备（含 AGC 执行装置）均不得停电或退出运行，有特殊情况确需停电或退出运行时，需提前 2 个工作日按 5.3.3 条规定办理设备停运申请。

5.3.8 主站系统的计划检修由自动化部门至少在 2 个工作日前提出书面申请，经本单位其他部门会签并办理有关手续后方可进行；如可能会影响到向相关调度机构传送的自动化信息时，应提前通知相关调度机构自动化值班人员。

5.3.9 主站系统的临时检修由自动化部门至少在工作前 4h 提出书面申请，经本单位其他部门会签并办理有关手续后方可进行，必要时应经过主管领导批准；如可能会影响到向相关调度机构传送的自动化信息时，应提前通知相关调度机构自动化值班人员。

5.3.10 主站系统的故障检修，由自动化值班人员及时通知本单位相关部门并办理有关手续后方可进行，必要时应报告主管领导；如影响到向相关调度机构传送的自动化信息时，应及时通知相关调度机构自动化值班人员。

5.3.11 各调度机构的自动化管理部门和负责运行维护部门应针对自动化系统和设备可能出现的故障，制定相应的应急方案和处理流程。

5.4 投运和退役管理

5.4.1 厂站向调度传输自动化实时信息内容执行 DL/T 5003 和调度运行的要求。

5.4.2 子站设备应与一次系统同时设计、同时建设、同时验收、同时投入使用。

5.4.3 厂站新安装的子站设备或软件功能投入正式运行前，要经过 3 个月至半年的试运行期；在试运行期间，工程建设管理部门应将有关技术资料，包括功能技术规范、竣工验收报告、投运设备清单等提供给相关调度机构和厂站运行维护机构，并经对其有调度管辖权的调度机构书面批准后方能投入正式运行。

5.4.4 新投产机组的 AGC 功能应在机组移交商业运行时同时投入使用。

5.4.5 新研制的产品（设备），必须经过技术鉴定后方可投入试运行，试运行期限为半年至 1 年，转入正式运行的规定同 5.4.3 条。

5.4.6 新设备投运前，工程建设管理部门应组织对新设备运行维护人员的技术培训。

5.4.7 子站设备永久退出运行，应事先由其维护单位向对其有调度管辖权的调度机构自动化管理部门提出书面申请，经批准后方可进行。一发多收的设备，应经有关调度协商后再作决定。

5.4.8 子站新设备投入运行前或旧设备永久退出运行，自动化管理部门应及时书面通知通信部门以便安排接入或退出相应的通道。

5.4.9 主站系统投入运行或旧设备永久退出运行，应履行相应的手续。

6 检验管理

6.1 自动化系统和设备应按照相应检验规程或技术规定进行检验工作，设备的检验分为三种：

    a）新安装设备的验收检验；

    b）运行中设备的定期检验；

    c）运行中设备的补充检验。

6.2 新安装自动化系统和设备的验收检验按有关技术规定进行。自动化系统的安全防护按《电力二次系统安全防护规定》的要求进行。

6.3 运行中自动化系统和设备的定期检验分为全部和部分检验，其检验周期和检验内容应根据各设备的要求和实际运行状况在相应的现场专用规程中规定。

6.4 运行中自动化系统和设备的补充检验分为经过改进后的检验和运行中出现故障或异常后的检验。

6.5 与一次设备相关的子站设备（如变送器、测控单元、电气遥控和 AGC 遥调回路、相量测量装置、电能量远方终端等）的检验时间应尽可能结合一次设备的检修进行，并配合发电机组、变压器、输电线路、断路器、隔离开关的检修，检查相应的测量回路和测量准确度、信号电缆及接线端子，并做遥信和遥控的联动试验。

6.6 自动化系统和设备的检验应由设备的专责人负责。检验前应做充分准备，如图纸资料、备品备件、测试仪器、测试记录、检修工具等均应齐备，明确检验的内容和要求，在批准的时间内完成检验工作。

6.7 在对运行中自动化系统和设备进行检验时，须遵守 DL 408 中发电厂和变电站电气部分的有关规定和专用检验规程的有关规定。

6.8 自动化系统和设备经检验合格并确认内部和外部接线均已恢复后方可投运，并通知有关人员。要及时整理记录，写出检验技术报告，修改有关图纸资料，使其与设备实际相符，并上报相关的自动化管理部门核备。

6.9 厂站一次设备检修时，如影响自动化系统的正常运行，应将相应的遥信信号退出运行，但不得随意将相应的变送器退出运行。一次设备检修完成后，应检查相应的自动化设备或装置恢复正常及输入输出回路的正确性，同时应通知对其有调度管辖权的调度机构自动化值班人员，经确认无误后方可投入运行。

7 技术管理

7.1 资料管理

7.1.1 新安装的自动化系统和设备必须具备的技术资料：

a) 设计单位提供已校正的设计资料（竣工原理图、竣工安装图、技术说明书、远动信息参数表、设备和电缆清册等）；

b) 制造厂提供的技术资料（设备和软件的技术说明书、操作手册、软件备份、设备合格证明、质量检测证明、软件使用许可证和出厂试验报告等）；

c) 工程负责单位提供的工程资料（合同中的技术规范书、设计联络和工程协调会议纪要、工厂验收报告、现场施工调试方案、调整试验报告、遥测信息准确度和遥信信息正确性及响应时间测试记录等）。

7.1.2 正式运行的自动化系统和设备应具备下列图纸资料：

a) 设备的专用检验规程，相关的运行管理规定、办法；

b) 设计单位提供的设计资料；

c) 符合实际情况的现场安装接线图、原理图和现场调试、测试记录；

d) 设备投入试运行和正式运行的书面批准文件；

e) 试制或改进的自动化系统设备应有经批准的试制报告或设备改进报告；

f) 各类设备运行记录（如运行日志、现场检测记录、定检或临检报告等）；

g) 设备故障和处理记录（如设备缺陷记录簿）；

h) 相关部门间使用的变更通知单和整定通知单；

i) 软件资料，如程序框图、文本及说明书、软件介质及软件维护记录簿等。

7.1.3 运行资料、光和磁记录介质等应由专人管理，应保持齐全、准确，要建立技术资料目录及借阅制度。

7.2 厂站信息参数管理

7.2.1 信息参数主要有：

a) 一次设备编号的信息名称；

b) 电压和电流互感器的变比；

c) 变送器或交流采样的输入/输出范围、计算出的遥测满度值及量纲；

d) 遥测扫描周期和越阈值；

e) 信号的动合/动断触点、信号触点抗抖动的滤波时间设定值；

f) 事件顺序记录（SOE）的选择设定；

g) 机组（电厂）AGC遥调信号的输出范围和满度值；

h) 电能量计量装置的参数费率、时段、读写密码、通信号码；

i) 厂站调度数据网络接入设备和安全设备的IP地址和信息传输地址等；

j) 向有关调度传输数据的方式、通信规约、数据序位表等参数。

7.2.2 如果7.2.1中a）～c）的参数发生变化，厂站自动化运行维护部门应提前书面通知相关自动化管理部门；d）～j）参数的设置和修改，应根据有调度管辖权调度机构自动化管理部门的要求在现场进行。

7.3 通过计算机通信传输的数据应带有数据有效/无效等质量标志。

7.4 电网AGC的控制方式、控制参数应由有关电网企业统一规定，各有关部门执行。

7.5 自动化系统的安全防护应执行国家、电力行业的有关规定。

7.6 根据《电力生产事故调查暂行规定》的有关规定，并考虑到国内自动化系统的实用水平，对自动化系统的事故评定作如下规定：

　　a）由于自动化系统原因使电网发生《电力生产事故调查暂行规定》中所列事故条款之一者，应定为自动化系统事故，处理程序按照《电力生产事故调查暂行规定》中有关要求办理。

　　b）主站系统故障导致自动化系统主要功能失效，对电力调度生产造成直接影响的，地、县调系统：连续失效时间超过 24h 者，应定为障碍；省调及以上系统：连续失效时间超过 4h 者，定为障碍。调度数据网络故障按其影响程度分为如下等级：核心、骨干节点路由设备故障导致主要功能失效达 24h，定为障碍；多个核心、骨干节点故障导致网络瘫痪，定为障碍。

　　c）子站设备主要功能连续故障停止运行时间超过 48h 者，应定为障碍。故障停止运行时间指从对其有调度管辖权的调度机构自动化值班人员发出故障通知时算起，到故障消除、恢复使用时止。对经常无自动化运行维护人员的偏远变电站，统计故障停运时间的限额可增加 24h。

7.7 遥测的总准确度应不低于 1.0 级，即从变送器入口（采用交流采样方式的应从交流采样测控单元的入口）至调度显示终端的总误差以引用误差表示的值不大于＋1.0%，且不小于－1.0%。

7.8 自动化系统有关运行指标和计算公式见附录 A、附录 B 和附录 C。

8　数据传输通道的管理

8.1 自动化系统数据传输通道（以下简称自动化通道），主要指自动化系统专用的电力调度数据网络、专线、电话拨号等通道。

8.2 发电厂、变电站基建竣工投运时，自动化通道应保证同步建成投运。

8.3 电力调度数据网络通道和远动专线通道与通信专业的维护界面以远动设备屏柜内的接线端子划分，两个专业应分工负责，密切配合。

8.4 应保证自动化通道的传输质量和可靠性满足自动化系统的要求。通信人员需要中断自动化通道时，应按有关规定事先取得自动化管理部门的同意后方能执行；当通信运行管理部门发现自动化通道发生异常时，应立即通知相关自动化值班人员并及时处理。

8.5 自动化通道由通信运行部门按照通信电路的有关规定和自动化系统运行的要求进行维护、管理、统计和故障评价。

8.6 为保证实时信息的可靠传输，自动化管理部门应定期测试自动化通道的比特差错率。测试中，比特差错率越出极限值，应会同通信人员及时进行处理，以满足数据传输的要求。

8.7 自动化通道质量的有关要求：

8.7.1 远动专线通道发送电平应符合通信设备的规定，在信噪比不小于 17dB 的条件下，其入口接收工作电平应为－15dBm～－5dBm。

8.7.2 远动专线通道比特差错率的极限值规定如表 1 所示。

表 1　比特差错率的极限值

传输速率　bit/s		300，600，1200
极限值	问答式	5×10^{-5}
	循环式	1×10^{-4}

8.7.3 计算机数据通信模拟通道传输速率一般为 1200bit/s、2400bit/s、4800bit/s、9600bit/s；数字通道传输速率一般为 $N\cdot64\text{Kbit/s}$、$N\cdot2\text{Mbit/s}$、155Mbit/s 等。

8.7.4 通信专业应为调度数据网络提供可靠并满足质量要求的数据通道，网络通道带宽为 $N\cdot2\text{Mbit/s}$ 或 155Mbit/s。

8.7.5 基于光纤的 SDH 通道，比特差错率要求小于 10^{-9}；基于微波的 SDH 通道，比特差错率要求小于 10^{-8}；基于微波的 PDH 通道，比特差错率要求小于 10^{-6}。

附 录 A
（规范性附录）
省级及以上电力调度自动化系统有关运行指标

A.1 SCADA 部分

a) 数据通信系统月可用率≥98%；

b) 子站设备[1]月可用率≥99%；

c) 数据传输通道月可用率≥98%；

d) 数据网络通道月可用率≥99%；

e) 遥测月合格率≥98%；

f) 事故遥信年动作正确率≥99%；

g) 计算机系统月可用率≥99.8%。

A.2 AGC 部分

a) 调度范围内 AGC 机组可调容量占统调装机容量不小于15%；

b) AGC 功能年投运率≥80%，争取90%；

c) AGC 控制年合格率：

1) 按 $A1/A2$ 标准进行评价的电网：

——AGC 模式为定频率控制方式（FFC），电网频率维持在 50 ± 0.1Hz 的年合格率 ≥98%；

——AGC 模式为定交换功率（FTC），AGC 控制年合格率≥98%；

——AGC 模式为联络线频率偏差控制（TBC）模式，$A1$（ACE 在固定 10min 内应至少过零一次）≥90%；$A2$（ACE10min 平均值≤L_D）≥90%。

2) 按 $CPS1/CPS2$ 标准进行评价的电网：

——$CPS1$≥100%；

——$CPS2$≥90%。

A.3 应用软件部分

a) 状态估计：

1) 每月计算次数≥8000；

2) 状态估计覆盖率≥95%；

3) 状态估计月可用率≥90%，争取95%；

4) 遥测估计合格率≥90%，争取95%（遥测估计值误差有功≤2%、无功≤3%、电压≤2%）；

---

[1] 这里子站设备是指 RTU 主机、远动通信工作站。附录 B、附录 C 中所指的子站设备与此含义相同。

5）单次状态估计计算时间≤30s，争取15s。

　b）调度员潮流：

1）每天计算次数≥1；

2）调度员潮流月合格率≥90%，争取95%；

3）调度员潮流计算结果误差≤2.5%，争取1.5%；

4）单次潮流计算时间≤30s，争取10s。

　c）负荷预测：

1）每天24点或48点或96点；

2）日负荷预测月运行率≥96%，争取99%；

3）日负荷预测月准确率：

最大用电负荷高于10000MW的电网≥97.5%，争取98%；最大用电负荷高于5000MW的电网≥95.5%，争取97%；最大用电负荷低于5000MW的电网≥94.5%，争取96%。

4）最高和最低负荷预测月准确率：

最大用电负荷高于10000MW的电网≥97.5%，争取99%；

最大用电负荷高于5000MW的电网≥95.5%，争取97%；

最大用电负荷低于5000MW的电网≥94.5%，争取96%。

附　录　B

（规范性附录）

地县级电力调度自动化系统有关运行指标

B.1　SCADA部分

　a）数据通信系统月可用率≥96%；

　b）子站设备月可用率≥98%；

　c）数据传输通道月可用率≥97%；

　d）数据网络通道月可用率≥98%；

　e）遥测月合格率≥97%；

　f）月遥控拒动率≤2%；

　g）年遥控误动作率≤0.01%；

　h）事故遥信年动作正确率≥98%；

　i）计算机系统月可用率：单机系统≥95%，双机系统≥99.8%。

B.2　应用软件部分（此部分功能和指标均为可选要求）

　a）状态估计：

1）每月计算次数≥8000；

2）状态估计覆盖率≥95%；

3）状态估计月可用率≥90%，争取95%；

4）遥测估计合格率≥90%，争取95%（遥测估计值误差有功≤2%、无功≤3%、电压≤2%）；

5）单次状态估计计算时间≤30s，争取15s。

　b）调度员潮流：

1) 每天计算次数≥1；

2) 调度员潮流月合格率≥90％，争取95％；

3) 调度员潮流计算结果误差≤2.5％，争取1.5％；

4) 单次潮流计算时间≤30s，争取10s。

c) 负荷预测：

1) 每天24点或48点或96点。

2) 日负荷预测月运行率≥96％，争取99％。

3) 日负荷预测月准确率：

最大用电负荷高于5000MW的电网≥95.5％，争取97％；

最大用电负荷低于5000MW的电网≥94.5％，争取96％。

附　录　C

（规范性附录）

电力调度自动化系统有关运行指标计算公式

C.1　数据通信系统月可用率（A_{TX}）

$$A_{TX} = \frac{全月日历总小时数 - (各套数据通信系统停用小时数 \div 数据通信系统总套数)}{全月日历总小时数} \times 100\%$$

(C.1)

注：式中各套数据通信系统停用小时数应包括子站RTU的主机、远动通信工作站、配电网自动化系统远方终端、通道、电源、主站通信接口设备故障及各类检修或其他原因导致的数据通信系统失效的小时数。

C.2　子站设备月可用率（A_{ZZ}）

$$A_{ZZ} = \frac{全月日历总小时数 - 子站设备月停用小时数}{全月日历总小时数} \times 100\%$$
(C.2)

注：式中子站设备月停用小时数包括子站RTU的主机、远动通信工作站故障停运的时间和由于网络接入设备、电源及各类检修或其他原因造成子站设备停运的时间。

C.3　数据传输通道月可用率（A_{YDTD}）

$$A_{YDTD} = \frac{全月日历小时数 \times 条数 - \sum 每条数据传输通道停用小时数}{全月日历小时数 \times 条数} \times 100\%$$
(C.3)

注：式中每条数据传输通道停用小时数包括通道故障、检修及其他由于通道原因导致该套系统失效的时间。

C.4　数据网络通道月可用率（A_{WLTD}）

$$A_{WLTD} = \frac{全月日历小时数 \times 条数 - \sum 每条数据网络通道停用小时数}{全月日历小时数 \times 条数} \times 100\%$$
(C.4)

注：式中每条数据网络通道停用小时数包括网络通道、设备及其接口故障、检修和其他由于网络通道原因导致该套系统失效的时间。

C.5　遥测月合格率（R_{YC}）

$$R_{YC} = \frac{全月日历小时数 \times 遥测总路数 - \sum 每路遥测月不合格小时数}{全月日历总小时数 \times 遥测总路数} \times 100\%$$
(C.5)

注：每路遥测月不合格小时数是指从发现不合格时起，到校正合格时为止的小时数；某路遥测的总准确度不能满足规定要求时，应视为不合格。

C.6　月遥控拒动率（R_{YK}）

$$R_{YK} = \frac{当月遥控拒动总次数}{当月遥控操作总次数} \times 100\%$$
(C.6)

C.7　年遥控误动作率（E_{YK}）

$$E_{YK} = \frac{年遥控误动作总次数}{年遥控操作总次数} \times 100\% \tag{C.7}$$

C.8　事故遥信年动作正确率（R_{YX}）

$$R_{YX} = \frac{年事故遥信正确动作次数}{年事故遥信动作次数} \times 100\% \tag{C.8}$$

注1：事故遥信动作次数是指电力系统发生事故时，管辖范围内的事故遥信正确动作与误动、拒动次数的总和，非事故时的遥信误动和拒动均不作统计；

注2：事故时遥信动作只统计断路器跳闸，对重合闸成功和操作解列的断路器动作不作为事故断路器动作统计，对重合闸不成功的以最后一次断路器跳闸作为事故断路器动作统计；

注3：根据"调度日志"事故断路器动作记录与遥信动作打印记录核对进行统计。

C.9　计算机系统月可用率（A_{JSJ}）

$$A_{JSJ} = \frac{全月日历总小时数 - 计算机系统月停用小时数}{全月日历总小时数} \times 100\% \tag{C.9}$$

注1：计算机系统月停用小时数＝$T_1 + T_2$；

注2：T_1是指在线主机或前置机因故障或切机退出运行时，备用机未能及时在线，而造成计算机系统停用的时间；

注3：T_2是指由于计算机系统软件的故障或进程停止，造成计算机系统功能破坏所持续的时间。

C.10　AGC年投运率（A_{AGC}）

$$A_{AGC} = \frac{全年 AGC 功能投运小时数}{全年日历总小时数} \times 100\% \tag{C.10}$$

注：全年 AGC 功能投运小时数是指系统 AGC 功能投入，同时有 AGC 机组或电厂投入系统闭环控制的时间。

C.11　AGC控制年合格率（R_{AGC}）

a）适用于按 $A1$、$A2$ 标准进行评价的电网：

$$R_{AGC} = \frac{全年 AGC 功能投运小时数 - 全年 ACE 不合格小时数}{全年 AGC 功能投运小时数} \times 100\% \tag{C.11}$$

注1：$ACE = (P_{实际} - P_{计划}) - 10B(f_{实际} - f_{基准})$，$f_{基准}$为区域的基准频率，一般取 50Hz，$B$是某一控制区域设定的频率响应偏差系数，此值为负数，单位是 MW/0.1Hz；

注2：AGC模式为定频率控制方式（FFC）时，全年 ACE 不合格小时数是指 AGC 功能投入时，其连续超过规定值 1min 的累计时间；

注3：AGC模式为联络线频率偏差控制（TBC）模式时，全年 ACE 不合格小时数是指以每 10min 作为一个统计周期的 ACE 平均值大于规定值 L_d 的累计时间。

b）适用于按 $CPS1$、$CPS2$ 标准进行评价的电网：

1） $$CPS1 = (2 - CF) \times 100\% = \left[2 - \frac{\sum(ACE_{min}\Delta f_{min})}{-10Bn\varepsilon_1^2} \right] \times 100\% \tag{C.12}$$

注1：ε_1为互联电网对给定年的频率偏差（实际频率与给定基准频率之差）1min 平均值的均方根的控制目标值，频率的采样周期为 1s。

注2：B为控制区域的频率响应偏差系数，此值为负数，单位是 MW/0.1Hz。

注3：ACE_{min}为某一控制区域 ACE 的 1min 平均值，ACE 的计算周期应与数据的采样周期保持一致，通常取 2s～5s。

注4：Δf_{min}为某一控制区域实际频率与给定基准频率偏差的 1min 平均值。

注5：n是统计时段的分钟数。

2） $CPS2$：要求 $|ACE_{10min,avg}| \leqslant L_{10}$

$$CPS2 合格率 = \frac{ACE_{10min,avg} 合格点数}{统计区间总点数} \times 100\% \tag{C.13}$$

注1：$ACE_{10min,avg}$为某一控制区域 ACE 的 10min 平均值，该周期也可根据各互联电网的实际情况确定，时间确定后，相关参数应作相应调整。

注 2：$L_{10} = 1.65\varepsilon_{10}\sqrt{(-10B_s) \times (-10B_i)}$。

注 3：ε_{10} 为互联电网对给定年的频率偏差（实际频率与给定基准频率之差）10min 平均值的均方根的控制目标值。

注 4：B_i 为某一控制区域的频率响应偏差系数，此值为负，单位是 MW/0.1Hz。

注 5：B_s 为互联电网所有控制区域的频率响应偏差系数之和，此值为负，单位是 MW/0.1Hz。

C.12 状态估计覆盖率

$$\text{状态估计覆盖率} = \frac{\text{调度管辖范围内可估计的厂站数}}{\text{调度管辖范围内实际厂站数}} \times 100\% \tag{C.14}$$

C.13 状态估计月可用率（A_{ZT}）

$$A_{ZT} = \frac{\text{状态估计全月收敛次数}}{\text{状态估计全月计算总次数}} \times 100\% \tag{C.15}$$

C.14 遥测估计合格率（R_{YCGJ}）

$$R_{YCGJ} = \frac{\text{遥测估计合格点数}}{\text{遥测总点数}} \times 100\% \tag{C.16}$$

注 1：遥测总点数是指调度管辖范围内的遥测点总数。

注 2：遥测估计合格点数是指遥测数据估计值误差（有功≤2%、无功≤3%、电压≤2%）的点数，其中：遥测数据估计值误差＝｜估计值－量测值｜/量测类型基准值×100%。

注 3：为计算方便，量测类型基准值规定为：

1）对于线路有功、无功：500kV 电压等级取 1082MVA；330kV 电压等级取 686MVA；220kV 电压等级取 305MVA；110kV 电压等级取 114MVA；66kV 电压等级取 69.7MVA。

2）500kV 电压等级取 600kV，330kV 电压等级取 396kV，220kV 电压等级取 264kV，110kV 电压等级取 132kV，66kV 电压等级取 79.2kV。

3）发电机取其视在功率。

C.15 调度员潮流月合格率（R_{CL}）

$$R_{CL} = \frac{\text{月潮流计算收敛次数}}{\text{月潮流计算总次数}} \times 100\% \tag{C.17}$$

C.16 调度员潮流计算结果误差（E_{CL}）

$$E_{CL} = \sqrt{\frac{1}{n}\sum_{i=1}^{n}E_i^2} \times 100\% \tag{C.18}$$

式中：n——有潮流计算结果的遥测（有功、无功、电压）总点数；

$$E_i = \frac{\left|\begin{matrix}\text{模拟操作潮流计算结果} - \text{实际操作后量测值}\\ \text{（有功、无功、电压）} \quad \text{（或状态估计值）}\end{matrix}\right|}{\text{量测值的基准值}} \times 100\% \tag{C.19}$$

C.17 日负荷预测月运行率（A_{FH}）

$$A_{FH} = \frac{\text{负荷预测天数}}{\text{全月日历天数}} \times 100\% \tag{C.20}$$

C.18 日负荷预测月准确率（Z_{FH}）

$$Z_{FH} = \frac{1}{N}\sum_{i=1}^{N}\left(1 - \sqrt{\frac{1}{n}\sum_{i=1}^{n}E_i^2}\right) \times 100\% \tag{C.21}$$

式中：N——全月日历天数；

n——日负荷预测总点数；

E_i——某一点的相对误差，计算公式为 $\dfrac{|\text{负荷预测值} - \text{负荷实际值}|}{\text{负荷实际值}} \times 100\%$。

C.19 日最高/低负荷预测月准确率（Z_{GDFH}）

$$Z_{GDFH} = \frac{\sum\limits_{i=1}^{N}(B_{1i} + B_{2i})}{2N} \times 100\% \tag{C.22}$$

式中：N——全月日历天数；

B_{1i}——（1－|日实际最高负荷－预测最高负荷|/日实际最高负荷)×100％，为某日最高负荷预测准确率；

B_{2i}——（1－|日实际最低负荷－预测最低负荷|/日实际最低负荷)×100％，为某日最低负荷预测准确率。

附　录　D

（资料性附录）

附　表

表 D.1　电力调度自动化系统（设备）检修及停、复役申请表（参考式样）

编号：

申请单位：		申请人：	
联系电话：		传真号码：	
申请工作时间：　　年 月 日 时 分 至 　年 月 日 时 分			
工作内容及影响范围： 申请单位负责人签字： 年 月 日			
会签部门：			
会签意见： 			
相关调度意见：			
自动化部门意见：			
批准停役时间：　　年 月 日 时 分 至 　年 月 日 时 分			批准领导：
需通知的相关调度：			
自动化通知人：			
实际工作时间：　　年 月 日 时 分 至 　年 月 日 时 分			
工作完成及业务影响情况： 自动化值班员签字： 年 月 日			
工作完成情况汇报人：		当值调度员：	
备注：			

表 D.2 省级及以上电力调度自动化系统月（季）报格式（参考样式）

填表单位：　　　　填表日期：　　　　填表人：　　　　审核人：　　　　联系电话：

年第　季度电力调度自动化系统运行情况统计

	子站设备可用率%	数据通信系统可用率%	计算机系统可用率%	事故时遥信反应		AGC		AGC控制		备注
				正确个次	错误个次	投运时间	投运率%	合格时间	合格率%	
月										
月										
月										
季统计										

年第　季度电力调度自动化系统停运情况分类统计

序号	厂站及单位名称	数据通信系统停运情况分类								计算机系统停运情况分类					
		远动套数	子站设备故障修试时间	电源中断时间	通道中断时间	线路停电时间	故障修试时间	其他停运时间	总计时间	单套平均故障时间	主机系统故障时间	前置系统故障时间	人机会话设备故障	电源中断时间	软硬件维护时间	其他故障	总计时间

年第　季度 EMS 应用软件基本功能运行情况统计表

序号	单　位	状态估计可用率%	遥测估计合格率%	调度员潮流合格率%	负荷预测			备注
					运行率%	月准确率%	最高/最低负荷预测准确率%	

264

电气装置安装工程电气设备交接试验标准

GB 50150—2006

电力系统与数据通信卷

目　次

前　言

本标准是根据建设部《关于印发〈2002～2003 年度工程建设国家标准制定、修订计划〉的通知》（建标〔2003〕102 号）的要求，由国网北京电力建设研究院会同有关单位，在《电气装置安装工程　电气设备交接试验标准》GB 50150—91 的基础上修订的。

本标准共分 27 章和 7 个附录，主要内容包括：总则；术语；同步发电机及调相机；直流电机；中频发电机；交流电动机；电力变压器；电抗器及消弧线圈；互感器；油断路器；空气及磁吹断路器；真空断路器；六氟化硫断路器；六氟化硫封闭式组合电器；隔离开关、负荷开关及高压熔断器；套管；悬式绝缘子和支柱绝缘子；电力电缆线路；电容器；绝缘油和 SF_6 气体；避雷器；电除尘器；二次回路；1kV 及以下电压等级配电装置和馈电线路；1kV 以上架空电力线路；接地装置；低压电器。

与原标准相比较，本标准增加了如下内容：

（1）术语；

（2）对进口设备进行交接试验其标准的执行原则；

（3）发电机定子绕组端部固有振动频率测试及模态分析；

注：《大型汽轮发电机定子绕组端部动态特性的测量及评定——绕组端部固有振动频率测试及模态分析》DL/T 735—2000。

（4）气体绝缘变压器的试验项目及变压器有载调压切换装置的检查和试验项目；

（5）互感器、断路器、电除尘器的部分试验项目及试验标准；

（6）电力电缆线路的交流耐压试验及交叉互联系统试验；

（7）接地装置的试验项目及接地阻抗值的规定。

（8）增加了四个附录：变压器局部放电试验方法；电流互感器保护级励磁曲线测量方法；电力电缆线路交叉互联系统试验方法和要求；特殊试验项目。

本标准以黑体字标志的条文为强制性条文，必须严格执行。

本标准由建设部负责管理和对强制性条文的解释。由国网北京电力建设研究院负责具体技术内容的解释。

在本标准执行过程中，请各单位结合工程实践，认真总结经验，如发现需要修改或补充之处，请将意见和建议寄国网北京电力建设研究院（地址：北京市宣武区南滨河路 33 号，电话：010—63424285）。

本标准主编单位、参编单位和主要起草人：

主 编 单 位：国网北京电力建设研究院

参 编 单 位：安徽省电力科学研究院
　　　　　　　　东北电业管理局第二工程公司
　　　　　　　　中国电力科学研究院
　　　　　　　　武汉高压研究所
　　　　　　　　华北电力科学研究院
　　　　　　　　辽宁省电力科学研究院

广东省输变电公司

广东省电力试验研究所

江苏省送变电公司

天津电力建设公司

山东电力建设一公司

广西送变电建设公司

主要起草人：郭守贤　孙关福　陈发宇　姚森敬　白亚民

杨荣凯　王　恒　韩洪刚　徐　斌　张　诚

王晓琪　葛占雨　刘志良　尹志民

电气装置安装工程电气设备交接试验标准

1 总则

1.0.1 为适应电气装置安装工程电气设备交接试验的需要，促进电气设备交接试验新技术的推广和应用，制定本标准。

1.0.2 本标准适用于500kV及以下电压等级新安装的、按照国家相关出厂试验标准试验合格的电气设备交接试验。本标准不适用于安装在煤矿井下或其他有爆炸危险场所的电气设备。

1.0.3 继电保护、自动、远动、通讯、测量、整流装置以及电气设备的机械部分等的交接试验，应分别按有关标准或规范的规定进行。

1.0.4 电气设备应按照本标准进行交流耐压试验，但对110kV及以上电压等级的电气设备，当本标准条款没有规定时，可不进行交流耐压试验。

交流耐压试验时加至试验标准电压后的持续时间，无特殊说明时，应为1min。

耐压试验电压值以额定电压的倍数计算时，发电机和电动机应按铭牌额定电压计算，电缆可按本标准第18章规定的方法计算。

非标准电压等级的电气设备，其交流耐压试验电压值，当没有规定时，可根据本标准规定的相邻电压等级按比例采用插入法计算。

进行绝缘试验时，除制造厂装配的成套设备外，宜将连接在一起的各种设备分离开来单独试验。同一试验标准的设备可以连在一起试验。为便于现场试验工作，已有出厂试验记录的同一电压等级不同试验标准的电气设备，在单独试验有困难时，也可以连在一起进行试验。试验标准应采用连接的各种设备中的最低标准。

油浸式变压器及电抗器的绝缘试验应在充满合格油，静置一定时间，待气泡消除后方可进行。静置时间按制造厂要求执行，当制造厂无规定时，电压等级为500kV的，须静置72h以上；220～330kV的，须48h以上；110kV及以下的，须24h以上。

1.0.5 进行电气绝缘的测量和试验时，当只有个别项目达不到本标准的规定时，则应根据全面的试验记录进行综合判断，经综合判断认为可以投入运行者，可以投入运行。

1.0.6 当电气设备的额定电压与实际使用的额定工作电压不同时，应按下列规定确定试验电压的标准：

1 采用额定电压较高的电气设备在于加强绝缘时，应按照设备的额定电压的试验标准进行；

2 采用较高电压等级的电气设备在于满足产品通用性及机械强度的要求时，可以按照设备实际使用的额定工作电压的试验标准进行；

3 采用较高电压等级的电气设备在于满足高海拔地区要求时，应在安装地点按实际使用的额定工作电压的试验标准进行。

1.0.7 在进行与温度及湿度有关的各种试验时，应同时测量被试物周围的温度及湿度。绝缘试验应在良好天气且被试物及仪器周围温度不宜低于5℃，空气相对湿度不宜高于80%的条件下进行。对不满足上述温度、湿度条件情况下测得的试验数据，应进行综合分析，以判断电气设备是否可以投入运行。

试验时，应注意环境温度的影响，对油浸式变压器、电抗器及消弧线圈，应以被试物上层油温作为测试温度。

本标准中规定的常温范围为 10℃～40℃。

1.0.8 本标准中所列的绝缘电阻测量，应使用 60s 的绝缘电阻值；吸收比的测量应使用 60s 与 15s 绝缘电阻值的比值；极化指数应为 10min 与 1min 的绝缘电阻值的比值。

1.0.9 多绕组设备进行绝缘试验时，非被试绕组应予短路接地。

1.0.10 测量绝缘电阻时，采用兆欧表的电压等级，在本标准未作特殊规定时，应按下列规定执行：

1 100V 以下的电气设备或回路，采用 250V 50MΩ 及以上兆欧表；

2 500V 以下至 100V 的电气设备或回路，采用 500V 100MΩ 及以上兆欧表；

3 3000V 以下至 500V 的电气设备或回路，采用 1000V 2000MΩ 及以上兆欧表；

4 10000V 以下至 3000V 的电气设备或回路，采用 2500V 10000MΩ 及以上兆欧表；

5 10000V 及以上的电气设备或回路，采用 2500V 或 5000V 10000MΩ 及以上兆欧表；

6 用于极化指数测量时，兆欧表短路电流不应低于 2mA。

1.0.11 本标准的高压试验方法，应按国家现行标准《高电压试验技术 第一部分 一般试验要求》GB/T 16927.1、《高电压试验技术 第二部分 测量系统》GB/T 16927.2、《现场绝缘试验实施导则》DL/T 474.1～5 及相关设备标准的规定进行。

1.0.12 对进口设备的交接试验，应按合同规定的标准执行。但在签订设备合同时应注意，其相同试验项目的试验标准，不得低于本标准的规定。

1.0.13 对技术难度大、需要特殊的试验设备、应由具备相应资质和试验能力的单位进行的试验项目，被列为特殊试验项目。特殊试验项目见附录 G。

2 术语

2.0.1 电力变压器 power transformer

具有两个或多个绕组的静止设备，为了传输电能，在同一频率下，通过电磁感应将一个系统的交流电压和电流转换为另一系统的电压和电流，通常这些电流和电压的值是不同的。

2.0.2 油浸式变压器 oil-immersed type transformer

铁芯和绕组都浸入油中的变压器。

2.0.3 干式变压器 dry-type transformer

铁芯和绕组都不浸入绝缘液体中的变压器。

2.0.4 中性点端子 neutral terminal

对三相变压器或由单相变压器组成的三相组，指连接星形联结或曲折型联结公共点（中性点）的端子，对单相变压器指连接网络中性点的端子。

2.0.5 绕组 winding

构成与变压器标注的某一电压值相对应的电气线路的一组线匝。

2.0.6 分接 tapping

在带分接绕组的变压器中，该绕组的每一个分接连接，均表示该分接的绕组，有一确定值的有效匝数，也表示该分接绕组与任何其他匝数不变的绕组间有一确定值的匝数比。

2.0.7 变压器绕组的分级绝缘 non-uniform insulation of atransformer winding

271

变压器绕组的中性点端子直接或间接接地时，其中性点端子的绝缘水平比线路端子所规定的要低。

2.0.8 变压器绕组的全绝缘 uniform insulation of a trans-former winding

所有变压器绕组与端子相连接的出线端都具有相同的额定绝缘水平。

2.0.9 并联电抗器 shunt inductor

并联连接在系统上的电抗器，主要用于补偿电容电流。

2.0.10 消弧线圈 arc-suppression coil

接于系统中性点和大地之间的单相电抗器，用以补偿因系统发生单相接地故障引起的接地电容电流。

2.0.11 互感器 instrument transformer

是指电流互感器、电磁电压互感器、电容式电压互感器和组合互感器（包括单相组合互感器和三相组合互感器）的统称。由于组合互感器是以电流互感器和电磁式电压互感器组合而成，相关试验参照电流互感器和电压互感器项目。

2.0.12 电压互感器 voltage transformer

包括电磁式电压互感器和电容式电压互感器，如果不特别说明，电压互感器通常指电磁式电压互感器。

2.0.13 接地极 grounding electrode

埋入地中并直接与大地接触的金属导体。

2.0.14 接地线 grounding conductor

电气装置、设施的接地端子与接地极连接用的金属导电部分。

2.0.15 接地装置 grounding connection

接地线和接地极的总和。

2.0.16 接地网 grounding grid

由垂直和水平接地极组成的供发电厂、变电站使用的兼有泄流和均压作用的较大型的水平网状接地装置。

2.0.17 大型接地装置 large-scale grounding connection

110kV 及以上电压等级变电所、装机容量在 200MW 及以上火电厂和水电厂或者等效平面面积在 5000m² 及以上的接地装置。

3 同步发电机及调相机

3.0.1 容量 6000kW 及以上的同步发电机及调相机的试验项目，应包括下列内容：

1 测量定子绕组的绝缘电阻和吸收比或极化指数；

2 测量定子绕组的直流电阻；

3 定子绕组直流耐压试验和泄漏电流测量；

4 定子绕组交流耐压试验；

5 测量转子绕组的绝缘电阻；

6 测量转子绕组的直流电阻；

7 转子绕组交流耐压试验；

8 测量发电机或励磁机的励磁回路连同所连接设备的绝缘电阻，不包括发电机转子和励磁机电枢；

9 发电机或励磁机的励磁回路连同所连接设备的交流耐压试验，不包括发电机转子和励磁机电枢；

10 测量发电机、励磁机的绝缘轴承和转子进水支座的绝缘电阻；

11 埋入式测温计的检查；

12 测量灭磁电阻器、自同步电阻器的直流电阻；

13 测量转子绕组的交流阻抗和功率损耗（无刷励磁机组，无测量条件时，可以不测量）；

14 测录三相短路特性曲线；

15 测录空载特性曲线；

16 测量发电机定子开路时的灭磁时间常数和转子过电压倍数；

17 测量发电机自动灭磁装置分闸后的定子残压；

18 测量相序；

19 测量轴电压；

20 定子绕组端部固有振动频率测试及模态分析；

21 定子绕组端部现包绝缘施加直流电压测量。

注：1. 电压 1kV 及以下电压等级的同步发电机不论其容量大小，均应按本条第 1、2、4、5、6、7、8、9、11、12、13、18、19 款进行试验；

2. 无起动电动机的同步调相机或调相机的起动电动机只允许短时运行者，可不进行本条第 14、15 款的试验。

3.0.2 测量定子绕组的绝缘电阻和吸收比或极化指数，应符合下列规定：

1 各相绝缘电阻的不平衡系数不应大于 2；

2 吸收比：对沥青浸胶及烘卷云母绝缘不应小于 1.3；对环氧粉云母绝缘不应小于 1.6。对于容量 200MW 及以上机组应测量极化指数，极化指数不应小于 2.0。

注：1. 进行交流耐压试验前，电机绕组的绝缘应满足本条的要求；

2. 测量水内冷发电机定子绕组绝缘电阻，应在消除剩水影响的情况下进行；

3. 对于汇水管死接地的电机应在无水情况下进行；对汇水管非死接地的电机，应分别测量绕组及汇水管绝缘电阻，绕组绝缘电阻测量时应采用屏蔽法消除水的影响。测量结果应符合制造厂的规定；

4. 交流耐压试验合格的电机，当其绝缘电阻折算至运行温度后（环氧粉云母绝缘的电机在常温下）不低于其额定电压 1MΩ/kV 时，可不经干燥投入运行。但在投运前不应再拆开端盖进行内部作业。

3.0.3 测量定子绕组的直流电阻，应符合下列规定：

1 直流电阻应在冷状态下测量，测量时绕组表面温度与周围空气温度之差应在 ±3℃ 的范围内；

2 各相或各分支绕组的直流电阻，在校正了由于引线长度不同而引起的误差后，相互间差别不应超过其最小值的 2%；与产品出厂时测得的数值换算至同温度下的数值比较，其相对变化也不应大于 2%。

3.0.4 定子绕组直流耐压试验和泄漏电流测量，应符合下列规定：

1 试验电压为电机额定电压的 3 倍。

2 试验电压按每级 0.5 倍额定电压分阶段升高，每阶段停留 1min，并记录泄漏电流；在规定的试验电压下，泄漏电流应符合下列规定：

1）各相泄漏电流的差别不应大于最小值的 100%，当最大泄漏电流在 20/μA 以下，根据绝缘电阻值和交流耐压试验结果综合判断为良好时，各相间差值可不考虑；

2）泄漏电流不应随时间延长而增大；

当不符合上述 1)、2) 规定之一时，应找出原因，并将其消除。

 3) 泄漏电流随电压不成比例地显著增长时，应及时分析。

 3 氢冷电机必须在充氢前或排氢后且含氢量在 3% 以下时进行试验，严禁在置换氢过程中进行试验。

 4 水内冷电机试验时，宜采用低压屏蔽法；对于汇水管死接地的电机，现场可不进行该项试验。

3.0.5 定子绕组交流耐压试验所采用的电压，应符合表 3.0.5 的规定。现场组装的水轮发电机定子绕组工艺过程中的绝缘交流耐压试验，应按现行国家标准《水轮发电机组安装技术规范》GB/T 8564 的有关规定进行。水内冷电机在通水情况下进行试验，水质应合格；氢冷电机必须在充氢前或排氢后且含氢量在 3% 以下时进行试验，严禁在置换氢过程中进行。大容量发电机交流耐压试验，当工频交流耐压试验设备不能满足要求时，可采用谐振耐压代替。

表 3.0.5 定子绕组交流耐压试验电压

容量（kW）	额定电压（V）	试验电压（V）
10000 以下	36 以上	$(1000+2U_n) \times 0.8$
10000 及以上	24000 以下	$(1000+2U_n) \times 0.8$
10000 及以上	24000 及以上	与厂家协商

注：U_n 为发电机额定电压。

3.0.6 测量转子绕组的绝缘电阻，应符合下列规定：

 1 转子绕组的绝缘电阻值不宜低于 $0.5M\Omega$；

 2 水内冷转子绕组使用 500V 及以下兆欧表或其他仪器测量，绝缘电阻值不应低于 5000Ω；

 3 当发电机定子绕组绝缘电阻已符合起动要求，而转子绕组的绝缘电阻值不低于 2000Ω 时，可允许投入运行；

 4 在电机额定转速时超速试验前、后测量转子绕组的绝缘电阻；

 5 测量绝缘电阻时采用兆欧表的电压等级：当转子绕组额定电压为 200V 以上，采用 2500V 兆欧表；200V 及以下，采用 1000V 兆欧表。

3.0.7 测量转子绕组的直流电阻，应符合下列规定：

 1 应在冷状态下进行，测量时绕组表面温度与周围空气温度之差应在 ±3℃ 的范围内。测量数值与产品出厂数值换算至同温度下的数值比较，其差值不应超过 2%；

 2 显极式转子绕组，应对各磁极绕组进行测量；当误差超过规定时，还应对各磁极绕组间的连接点电阻进行测量。

3.0.8 转子绕组交流耐压试验，应符合下列规定：

 1 整体到货的显极式转子，试验电压应为额定电压的 7.5 倍，且不应低于 1200V。

 2 工地组装的显极式转子，其单个磁极耐压试验应按制造厂规定进行。组装后的交流耐压试验，应符合下列规定：

 1) 额定励磁电压为 500V 及以下电压等级，为额定励磁电压的 10 倍，并不应低于 1500V；

 2) 额定励磁电压为 500V 以上，为额定励磁电压的 2 倍加 4000V。

3 隐极式转子绕组可以不进行交流耐压试验，可采用 2500V 兆欧表测量绝缘电阻来代替。

3.0.9 测量发电机和励磁机的励磁回路连同所连接设备的绝缘电阻值，不应低于 0.5MΩ。回路中有电子元器件设备的，试验时应将插件拔出或将其两端短接。

注：不包括发电机转子和励磁机电枢的绝缘电阻测量。

3.0.10 发电机和励磁机的励磁回路连同所连接设备的交流耐压试验，其试验电压应为 1000V，或用 2500V 兆欧表测量绝缘电阻方式代替。水轮发电机的静止可控硅励磁的试验电压，应按本标准第 3.0.8 条第 2 款的规定进行；回路中有电子元器件设备的，试验时应将插件拔出或将其两端短接。

注：不包括发电机转子和励磁机电枢的交流耐压试验。

3.0.11 测量发电机、励磁机的绝缘轴承和转子进水支座的绝缘电阻，应符合下列规定：

1 应在装好油管后，采用 1000V 兆欧表测量，绝缘电阻值不应低于 0.5MΩ；

2 对氢冷发电机应测量内、外挡油盖的绝缘电阻，其值应符合制造厂的规定。

3.0.12 埋入式测温计的检查应符合下列规定：

1 用 250V 兆欧表测量埋入式测温计的绝缘电阻是否良好；

2 核对测温计指示值，应无异常。

3.0.13 测量灭磁电阻器、自同步电阻器的直流电阻，应与铭牌数值比较，其差值不应超过 10%。

3.0.14 测量转子绕组的交流阻抗和功率损耗，应符合下列规定：

1 应在静止状态下的定子膛内、膛外和在超速试验前后的额定转速下分别测量；

2 对于显极式电机，可在膛外对每一磁极绕组进行测量。测量数值相互比较应无明显差别；

3 试验时施加电压的峰值不应超过额定励磁电压值。

注：无刷励磁机组，当无测量条件时，可以不测。

3.0.15 测量三相短路特性曲线，应符合下列规定：

1 测量的数值与产品出厂试验数值比较，应在测量误差范围以内；

2 对于发电机变压器组，当发电机本身的短路特性有制造厂出厂试验报告时，可只录取发电机变压器组的短路特性，其短路点应设在变压器高压侧。

3.0.16 测量空载特性曲线，应符合下列规定：

1 测量的数值与产品出厂试验数值比较，应在测量误差范围以内；

2 在额定转速下试验电压的最高值，对于汽轮发电机及调相机应为定子额定电压值的 120%，对于水轮发电机应为定子额定电压值的 130%，但均不应超过额定励磁电流；

3 当电机有匝间绝缘时，应进行匝间耐压试验，在定子额定电压值的 130%（不超过定子最高电压）下持续 5min；

4 对于发电机变压器组，当发电机本身的空载特性及匝间耐压有制造厂出厂试验报告时，可不将发电机从机组拆开做发电机的空载特性，而只做发电机变压器组的整组空载特性，电压加至定子额定电压值的 105%。

3.0.17 在发电机空载额定电压下测录发电机定子开路时的灭磁时间常数。对发电机变压器组，可带空载变压器同时进行。

3.0.18 发电机在空载额定电压下自动灭磁装置分闸后测量定子残压。

3.0.19 测量发电机的相序，必须与电网相序一致。

3.0.20 测量轴电压，应符合下列规定：

    1 分别在空载额定电压时及带负荷后测定；

    2 汽轮发电机的轴承油膜被短路时，轴承与机座间的电压值，应接近于转子两端轴上的电压值；

    3 水轮发电机应测量轴对机座的电压。

3.0.21 定子绕组端部固有振动频率测试及模态分析，应符合下列规定：

    1 对 200MW 及以上汽轮发电机进行；

    2 发电机冷态下定子绕组端部自振频率及振型：如存在椭圆形振型且自振频率在 94～115Hz 范围内为不合格；

    3 当制造厂已进行过试验，且有出厂试验报告时，可不进行试验。

3.0.22 定子绕组端部现包绝缘施加直流电压测量，应符合下列规定：

    1 现场进行发电机端部引线组装的，应在绝缘包扎材料干燥后，施加直流电压测量；

    2 定子绕组施加直流电压为发电机额定电压 U_n；

    3 所测表面直流电位应不大于制造厂的规定值。

4 直流电机

4.0.1 直流电机的试验项目，应包括下列内容：

    1 测量励磁绕组和电枢的绝缘电阻；

    2 测量励磁绕组的直流电阻；

    3 测量电枢整流片间的直流电阻；

    4 励磁绕组和电枢的交流耐压试验；

    5 测量励磁可变电阻器的直流电阻；

    6 测量励磁回路连同所有连接设备的绝缘电阻；

    7 励磁回路连同所有连接设备的交流耐压试验；

    8 检查电机绕组的极性及其连接的正确性；

    9 测量并调整电机电刷，使其处在磁场中性位置；

    10 测录直流发电机的空载特性和以转子绕组为负载的励磁机负载特性曲线；

    11 直流电动机的空转检查和空载电流测量。

注：6000kW 以上同步发电机及调相机的励磁机，应按本条全部项目进行试验。其余直流电机按本条第 1、2、5、6、8、9、11 款进行试验。

4.0.2 测量励磁绕组和电枢的绝缘电阻值，不应低于 0.5MΩ。

4.0.3 测量励磁绕组的直流电阻值，与制造厂数值比较，其差值不应大于 2%。

4.0.4 测量电枢整流片间的直流电阻，应符合下列规定：

    1 对于叠绕组，可在整流片间测量；对于波绕组，测量时两整流片间的距离等于换向器节距；对于蛙式绕组，要根据其接线的实际情况来测量其叠绕组和波绕组的片间直流电阻；

    2 相互间的差值不应超过最小值的 10%，由于均压线或绕组结构而产生的有规律的变化时，可对各相应的片间进行比较判断。

4.0.5 励磁绕组对外壳和电枢绕组对轴的交流耐压试验电压，应为额定电压的 1.5 倍加

750V，并不应小于 1200V。

4.0.6 测量励磁可变电阻器的直流电阻值，与产品出厂数值比较，其差值不应超过 10%。调节过程中应接触良好，无开路现象，电阻值变化应有规律性。

4.0.7 测量励磁回路连同所有连接设备的绝缘电阻值不应低于 0.5MΩ。

注：不包括励磁调节装置回路的绝缘电阻测量。

4.0.8 励磁回路连同所有连接设备的交流耐压试验电压值，应为 1000V。或用 2500V 兆欧表测量绝缘电阻方式代替。

注：不包括励磁调节装置回路的交流耐压试验。

4.0.9 检查电机绕组的极性及其连接，应正确。

4.0.10 调整电机电刷的中性位置，应正确，并满足良好换向要求。

4.0.11 测录直流发电机的空载特性和以转子绕组为负载的励磁机负载特性曲线，与产品的出厂试验资料比较，应无明显差别。励磁机负载特性宜在同步发电机空载和短路试验时同时测录。

4.0.12 直流电动机的空转检查和空载电流测量，应符合下列规定：

1 空载运转时间一般不小于 30min，电刷与换向器接触面应无明显火花；

2 记录直流电机的空转电流。

5 中频发电机

5.0.1 中频发电机的试验项目，应包括下列内容：

1 测量绕组的绝缘电阻；

2 测量绕组的直流电阻；

3 绕组的交流耐压试验；

4 测录空载特性曲线；

5 测量相序；

6 测量检温计绝缘电阻，并检查是否完好。

5.0.2 测量绕组的绝缘电阻值，不应低于 0.5MΩ。

5.0.3 测量绕组的直流电阻，应符合下列规定：

1 各相或各分支的绕组直流电阻值，与出厂数值比较，相互差别不应超过 2%；

2 励磁绕组直流电阻值与出厂数值比较，应无明显差别。

5.0.4 绕组的交流耐压试验电压值，应为出厂试验电压值的 75%。

5.0.5 测录空载特性曲线，应符合下列规定：

1 试验电压最高升至产品出厂试验数值为止，所测得的数值与出厂数值比较，应无明显差别；

2 永磁式中频发电机只测录发电机电压与转速的关系曲线，所测得的曲线与制造厂出厂数值比较，应无明显差别。

5.0.6 测量相序。电机出线端子标号应与相序一致。

5.0.7 测量检温计绝缘电阻并校验温度误差，应符合下列规定：

1 采用 250V 兆欧表测量检温计绝缘电阻；

2 检温计误差应不超过制造厂的规定。

6 交流电动机

6.0.1 交流电动机的试验项目，应包括下列内容：

    1 测量绕组的绝缘电阻和吸收比；

    2 测量绕组的直流电阻；

    3 定子绕组的直流耐压试验和泄漏电流测量；

    4 定子绕组的交流耐压试验；

    5 绕线式电动机转子绕组的交流耐压试验；

    6 同步电动机转子绕组的交流耐压试验；

    7 测量可变电阻器、起动电阻器、灭磁电阻器的绝缘电阻；

    8 测量可变电阻器、起动电阻器、灭磁电阻器的直流电阻；

    9 测量电动机轴承的绝缘电阻；

    10 检查定子绕组极性及其连接的正确性；

    11 电动机空载转动检查和空载电流测量。

    注：电压 1000V 以下且容量为 100kW 以下的电动机，可按本条第 1、7、10、11 款进行试验。

6.0.2 测量绕组的绝缘电阻和吸收比，应符合下列规定：

    1 额定电压为 1000V 以下，常温下绝缘电阻值不应低于 $0.5M\Omega$；额定电压为 1000V 及以上，折算至运行温度时的绝缘电阻值，定子绕组不应低于 $1M\Omega/kV$，转子绕组不应低于 $0.5M\Omega/kV$。绝缘电阻温度换算可按本标准附录 B 的规定进行；

    2 1000V 及以上的电动机应测量吸收比。吸收比不应低于 1.2，中性点可拆开的应分相测量。

    注：1. 进行交流耐压试验时，绕组的绝缘应满足本条的要求；

        2. 交流耐压试验合格的电动机，当其绝缘电阻折算至运行温度后（环氧粉云母绝缘的电动机在常温下）不低于其额定电压 $1M\Omega/kV$ 时，可不经干燥投入运行。但在投运前不应再拆开端盖进行内部作业。

6.0.3 测量绕组的直流电阻，应符合下述规定：

    1000V 以上或容量 100kW 以上的电动机各相绕组直流电阻值相互差别不应超过其最小值的 2%，中性点未引出的电动机可测量线间直流电阻，其相互差别不应超过其最小值的 1%。

6.0.4 定子绕组直流耐压试验和泄漏电流测量，应符合下述规定：

    1000V 以上及 1000kW 以上、中性点连线已引出至出线端子板的定子绕组应分相进行直流耐压试验。试验电压为定子绕组额定电压的 3 倍。在规定的试验电压下，各相泄漏电流的差值不应大于最小值的 100%；当最大泄漏电流在 $20\mu A$ 以下时，各相间应无明显差别。试验时的注意事项，应符合本标准第 3.0.4 条的有关规定；中性点连线未引出的不进行此项试验。

6.0.5 定子绕组的交流耐压试验电压，应符合表 6.0.5 的规定。

表 6.0.5 电动机定子绕组交流耐压试验电压

额定电压（kV）	3	6	10
试验电压（kV）	5	10	16

6.0.6 绕线式电动机的转子绕组交流耐压试验电压，应符合表 6.0.6 的规定。

表 6.0.6 绕线式电动机转子绕组交流耐压试验电压

转子工况	试验电压（V）
不可逆的	$1.5U_k+750$
可逆的	$3.0U_k+750$

注：U_k 为转子静止时，在定子绕组上施加额定电压，转子绕组开路时测得的电压。

6.0.7 同步电动机转子绕组的交流耐压试验电压值为额定励磁电压的 7.5 倍，且不应低于 1200V，但不应高于出厂试验电压值的 75%。

6.0.8 可变电阻器、起动电阻器、灭磁电阻器的绝缘电阻，当与回路一起测量时，绝缘电阻值不应低于 $0.5M\Omega$。

6.0.9 测量可变电阻器、起动电阻器、灭磁电阻器的直流电阻值，与产品出厂数值比较，其差值不应超过 10%；调节过程中应接触良好，无开路现象，电阻值的变化应有规律性。

6.0.10 测量电动机轴承的绝缘电阻，当有油管路连接时，应在油管安装后，采用 1000V 兆欧表测量，绝缘电阻值不应低于 $0.5M\Omega$。

6.0.11 检查定子绕组的极性及其连接应正确。中性点未引出者可不检查极性。

6.0.12 电动机空载转动检查的运行时间为 2h，并记录电动机的空载电流。当电动机与其机械部分的连接不易拆开时，可连在一起进行空载转动检查试验。

7 电力变压器

7.0.1 电力变压器的试验项目，应包括下列内容：

1 绝缘油试验或 SF_6 气体试验；

2 测量绕组连同套管的直流电阻；

3 检查所有分接头的电压比；

4 检查变压器的三相接线组别和单相变压器引出线的极性；

5 测量与铁芯绝缘的各紧固件（连接片可拆开者）及铁芯（有外引接地线的）绝缘电阻；

6 非纯瓷套管的试验；

7 有载调压切换装置的检查和试验；

8 测量绕组连同套管的绝缘电阻、吸收比或极化指数；

9 测量绕组连同套管的介质损耗角正切值 $\tan\delta$；

10 测量绕组连同套管的直流泄漏电流；

11 变压器绕组变形试验；

12 绕组连同套管的交流耐压试验；

13 绕组连同套管的长时感应电压试验带局部放电试验；

14 额定电压下的冲击合闸试验；

15 检查相位；

16 测量噪音。

注：除条文内规定的原因外，各类变压器试验项目应按下列规定进行：

1. 容量为 1600kV·A 及以下油浸式电力变压器的试验，可按本条第 1、2、3、4、5、6、7、8、12、14、15 款的规定进行；

2. 干式变压器的试验，可按本条第 2、3、4、5、7、8、12、14、15 款的规定进行；

3. 变流、整流变压器的试验，可按本条第 1、2、3、4、5、7、8、12、14、15 款的规定进行；

4. 电炉变压器的试验，可按本条第 1、2、3、4、5、6、7、8、12、14、15 款的规定进行；

5. 穿芯式电流互感器、电容型套管应分别按本标准第 9 章、第 16 章的试验项目进行试验；

6. 分体运输、现场组装的变压器应由订货方见证所有出厂试验项目，现场试验按本标准执行。

7.0.2 油浸式变压器中绝缘油及 SF_6 气体绝缘变压器中 SF_6 气体的试验，应符合下列规定：

1 绝缘油的试验类别应符合本标准表 20.0.2 的规定；试验项目及标准应符合本标准表 20.0.1 的规定。

2 油中溶解气体的色谱分析，应符合下述规定：电压等级在 66kV 及以上的变压器，应在注油静置后、耐压和局部放电试验 24h 后、冲击合闸及额定电压下运行 24h 后，各进行一次变压器器身内绝缘油的油中溶解气体的色谱分析。试验应按现行国家标准《变压器油中溶解气体分析和判断导则》GB/T 7252 进行。各次测得的氢、乙炔、总烃含量，应无明显差别。新装变压器油中 H_2 与烃类气体含量（$\mu L/L$）任一项不宜超过下列数值：

总烃：20， H_2：10， C_2H_2：0。

3 油中微量水分的测量，应符合下述规定：变压器油中的微量水分含量，对电压等级为 110kV 的，不应大于 20mg/L；220kV 的，不应大于 15mg/L；330～500kV 的，不应大于 10mg/L。

4 油中含气量的测量，应符合下述规定：电压等级为 330～500kV 的变压器，按照规定时间静置后取样测量油中的含气量，其值不应大于 1%（体积分数）。

5 对 SF_6 气体绝缘的变压器应进行 SF_6 气体含水量检验及检漏：SF_6 气体含水量（20℃的体积分数）一般不大于 $250\mu L/L$。变压器应无明显泄漏点。

7.0.3 测量绕组连同套管的直流电阻，应符合下列规定：

1 测量应在各分接头的所有位置上进行；

2 1600kV·A 及以下容量等级三相变压器，各相测得值的相互差值应小于平均值的 4%，线间测得值的相互差值应小于平均值的 2%；1600kV·A 以上三相变压器，各相测得值的相互差值应小于平均值的 2%，线间测得值的相互差值应小于平均值的 1%；

3 变压器的直流电阻，与同温下产品出厂实测数值比较，相应变化不应大于 2%；不同温度下电阻值按照公式（7.0.3）换算。

$$R_2 = R_1 \cdot \frac{T + t_2}{T + t_1} \tag{7.0.3}$$

式中 R_1、R_2——分别为温度在 t_1、t_2（℃）时的电阻值（Ω）；

        T——计算用常数，铜导线取 235，铝导线取 225。

4 由于变压器结构等原因，差值超过本条第 2 款时，可只按本条第 3 款进行比较，但应说明原因。

7.0.4 检查所有分接头的电压比，与制造厂铭牌数据相比应无明显差别，且应符合电压比的规律；电压等级在 220kV 及以上的电力变压器，其电压比的允许误差在额定分接头位置时为 ±0.5%。

注："无明显差别"可按如下考虑：

1. 电压等级在 35kV 以下，电压比小于 3 的变压器电压比允许偏差为 ±1%；

2. 其他所有变压器额定分接下电压比允许偏差为 ±0.5%；

3. 其他分接的电压比应在变压器阻抗电压值（%）的 1/10 以内，但不得超过 ±1%。

7.0.5 检查变压器的三相接线组别和单相变压器引出线的极性，必须与设计要求及铭牌上的标记和外壳上的符号相符。

7.0.6 测量与铁芯绝缘的各紧固件（连接片可拆开者）及铁芯（有外引接地线的）绝缘电阻，应符合下列规定：

1 进行器身检查的变压器，应测量可接触到的穿芯螺栓、轭铁夹件及绑扎钢带对铁轭、铁芯、油箱及绕组压环的绝缘电阻。当轭铁梁及穿芯螺栓一端与铁芯连接时，应将连接片断开后进行试验；

2 不进行器身检查的变压器或进行器身检查的变压器，所有安装工作结束后应进行铁芯和夹件（有外引接地线的）的绝缘电阻测量；

3 铁芯必须为一点接地；对变压器上有专用的铁芯接地线引出套管时，应在注油前测量其对外壳的绝缘电阻；

4 采用2500V兆欧表测量，持续时间为1min，应无闪络及击穿现象。

7.0.7 非纯瓷套管的试验，应按本标准第16章的规定进行。

7.0.8 有载调压切换装置的检查和试验，应符合下列规定：

1 变压器带电前应进行有载调压切换装置切换过程试验，检查切换开关切换触头的全部动作顺序，测量过渡电阻阻值和切换时间。测得的过渡电阻阻值、三相同步偏差、切换时间的数值、正反向切换时间偏差均符合制造厂技术要求。由于变压器结构及接线原因无法测量的，不进行该项试验；

2 在变压器无电压下，手动操作不少于2个循环、电动操作不少于5个循环。其中电动操作时电源电压为额定电压的85%及以上。操作无卡涩、连动程序，电气和机械限位正常；

3 循环操作后进行绕组连同套管在所有分接下直流电阻和电压比测量，试验结果应符合本标准第7.0.3条、第7.0.4条的要求；

4 在变压器带电条件下进行有载调压开关电动操作，动作应正常。操作过程中，各侧电压应在系统电压允许范围内；

5 绝缘油注入切换开关油箱前，其击穿电压应符合本标准表20.0.1的规定。

7.0.9 测量绕组连同套管的绝缘电阻、吸收比或极化指数，应符合下列规定：

1 绝缘电阻值不低于产品出厂试验值的70%；

2 当测量温度与产品出厂试验时的温度不符合时，可按表7.0.9换算到同一温度时的数值进行比较。

表7.0.9 油浸式电力变压器绝缘电阻的温度换算系数

温度差 K	5	10	15	20	25	30	35	40	45	50	55	60
换算系数 A	1.2	1.5	1.8	2.3	2.8	3.4	4.1	5.1	6.2	7.5	9.2	11.2

注：1. 表中 K 为实测温度减去20℃的绝对值。

2. 测量温度以上层油温为准。

当测量绝缘电阻的温度差不是表中所列数值时，其换算系数 A 可用线性插入法确定，也可按下述公式计算：

$$A = 1.5^{K/10} \tag{7.0.9-1}$$

校正到20℃时的绝缘电阻值可用下述公式计算：

当实测温度为 20℃以上时：

$$R_{20} = AR_t \qquad (7.0.9\text{-}2)$$

当实测温度为 20℃以下时：

$$R_{20} = R_t / A \qquad (7.0.9\text{-}3)$$

式中 R_{20}——校正到 20℃时的绝缘电阻值（MΩ）；

R_t——在测量温度下的绝缘电阻值（MΩ）。

3 变压器电压等级为 35kV 及以上且容量在 4000kV·A 及以上时，应测量吸收比。吸收比与产品出厂值相比应无明显差别，在常温下应不小于 1.3；当 R60s 大于 3000MΩ 时，吸收比可不作考核要求。

4 变压器电压等级为 220kV 及以上且容量为 120MV·A 及以上时，宜用 5000V 兆欧表测量极化指数。测得值与产品出厂值相比应无明显差别，在常温下不小于 1.3；当 R60s 大于 10000MΩ 时，极化指数可不作考核要求。

7.0.10 测量绕组连同套管的介质损耗角正切值 tanδ，应符合下列规定：

1 当变压器电压等级为 35kV 及以上且容量在 8000kV·A 及以上时，应测量介质损耗角正切值 tanδ；

2 被测绕组的 tanδ 值不应大于产品出厂试验值的 130%；

3 当测量时的温度与产品出厂试验温度不符合时，可按表 7.0.10 换算到同一温度时的数值进行比较。

表 7.0.10 介质损耗角正切值 tanδ（%）温度换算系数

温度差 K	5	10	15	20	25	30	35	40	45	50
换算系数 A	1.15	1.3	1.5	1.7	1.9	2.2	2.5	2.9	3.3	3.7

注：**1.** 表中 K 为实测温度减去 20℃的绝对值。

2. 测量温度以上层油温为准。

3. 进行较大的温度换算且试验结果超过本条第 2 款规定时，应进行综合分析判断。

当测量时的温度差不是表中所列数值时，其换算系数 A 可用线性插入法确定，也可按下述公式计算：

$$A = 1.3^{K/10} \qquad (7.0.10\text{-}1)$$

校正到 20℃时的介质损耗角正切值可用下述公式计算：

当测量温度在 20℃以上时：

$$\tan\delta_{20} = \tan\delta_t / A \qquad (7.0.10\text{-}2)$$

当测量温度在 20℃以下时：

$$\tan\delta_{20} = A\tan\delta_t \qquad (7.0.10\text{-}3)$$

式中 $\tan\delta_{20}$——校正到 20℃时的介质损耗角正切值；

$\tan\delta_t$——在测量温度下的介质损耗角正切值。

7.0.11 测量绕组连同套管的直流泄漏电流，应符合下列规定：

1 当变压器电压等级为 35kV 及以上且容量在 8000kV·A 及以上时，应测量直流泄漏电流；

2 试验电压标准应符合表 7.0.11 的规定。当施加试验电压达 1min 时，在高压端读取泄漏电流。泄漏电流值不宜超过本标准附录 D 的规定。

表 7.0.11 油浸式电力变压器直流泄漏试验电压标准

绕组额定电压（kV）	6～10	20～35	63～330	500
直流试验电压（kV）	10	20	40	60

注：1. 绕组额定电压为 13.8kV 及 15.75kV 时，按 10kV 级标准；18kV 时，按 20kV 级标准。

2. 分级绝缘变压器仍按被试绕组电压等级的标准。

7.0.12 变压器绕组变形试验，应符合下列规定：

1 对于 35kV 及以下电压等级变压器，宜采用低电压短路阻抗法；

2 对于 66kV 及以上电压等级变压器，宜采用频率响应法测量绕组特征图谱。

7.0.13 绕组连同套管的交流耐压试验，应符合下列规定：

1 容量为 8000kV·A 以下、绕组额定电压在 110kV 以下的变压器，线端试验应按表 7.0.13-1 进行交流耐压试验。

2 容量为 8000kV·A 及以上、绕组额定电压在 110kV 以下的变压器，在有试验设备时，可按表 7.0.13-1 试验电压标准，进行线端交流耐压试验。

3 绕组额定电压为 110kV 及以上的变压器，其中性点应进行交流耐压试验，试验耐受电压标准为出厂试验电压值的 80%（见表 7.0.13-2）。

表 7.0.13-1 电力变压器和电抗器交流耐压试验电压标准 （kV）

系统标称电压	设备最高电压	交流耐受电压	
		油浸式电力变压器和电抗器	干式电力变压器和电抗器
<1	≤1.1	—	2.5
3	3.6	14	8.5
6	7.2	20	17
10	12	28	24
15	17.5	36	32
20	24	44	43
35	40.5	68	60
66	72.5	112	—
110	126	160	—
220	252	(288) 316	—
330	363	(368) 408	—
500	550	(504) 544	—

注：1. 上表中，变压器试验电压是根据现行国家标准《电力变压器 第 3 部分：绝缘水平、绝缘试验和外绝缘空气间隙》GB 1094.3 规定的出厂试验电压乘以 0.8 制定的。

2. 干式电力变压器试验电压是根据现行国家标准《干式电力变压器》GB 6450 规定的出厂试验电压乘以 0.8 制定的。

表 7.0.13.2 额定电压 110kV 及以上的电力变压器中性点交流耐压试验电压标准 （kV）

系统标称电压	设备最高电压	中性点接地方式	出厂交流耐受电压	交接交流耐受电压
110	126	不直接接地	95	76

表 7.0.13.2（续）

系统标称电压	设备最高电压	中性点接地方式	出厂交流耐受电压	交接交流耐受电压
220	252	直接接地	85	68
		不直接接地	200	160
330	363	直接接地	85	68
		不直接接地	230	184
500	550	直接接地	85	68
		经小阻抗接地	140	112

4 交流耐压试验可以采用外施工频率电压试验的方法，也可采用感应电压试验的方法。

试验电压波形尽可能接近正弦，试验电压值为测量电压的峰值除以$\sqrt{2}$，试验时应在高压端监测。

外施交流电压试验电压的频率应为 45～65Hz，全电压下耐受时间为 60s。

感应电压试验时，为防止铁芯饱和及励磁电流过大，试验电压的频率应适当大于额定频率。除另有规定，当试验电压频率等于或小于 2 倍额定频率时，全电压下试验时间为 60s；当试验电压频率大于 2 倍额定频率时，全电压下试验时间为：

$$120 \times \frac{额定频率}{试验频率}(s)，但不少于 15s \qquad (7.0.13)$$

7.0.14 绕组连同套管的长时感应电压试验带局部放电测量（ACLD）：电压等级 220kV 及以上，在新安装时，必须进行现场局部放电试验。对于电压等级为 110kV 的变压器，当对绝缘有怀疑时，应进行局部放电试验。

局部放电试验方法及判断方法，均按现行国家标准《电力变压器 第 3 部分：绝缘水平、绝缘试验和外绝缘空气间隙分 GB 1094.3 中的有关规定进行（参见附录 C）。

7.0.15 在额定电压下对变压器的冲击合闸试验，应进行 5 次，每次间隔时间宜为 5min，应无异常现象；冲击合闸宜在变压器高压侧进行；对中性点接地的电力系统，试验时变压器中性点必须接地，发电机变压器组中间连接无操作断开点的变压器，可不进行冲击合闸试验。无电流差动保护的干式变压器可冲击 3 次。

7.0.16 检查变压器的相位，必须与电网相位一致。

7.0.17 电压等级为 500kV 的变压器的噪音，应在额定电压及额定频率下测量，噪音值不应大于 80dB（A），其测量方法和要求应按现行国家标准《变压器和电抗器的声级测定》GB/T 7328 的规定进行。

8 电抗器及消弧线圈

8.0.1 电抗器及消弧线圈的试验项目，应包括下列内容：

1 测量绕组连同套管的直流电阻；

2 测量绕组连同套管的绝缘电阻、吸收比或极化指数；

3 测量绕组连同套管的介质损耗角正切值 tanδ；

4 测量绕组连同套管的直流泄漏电流；

5 绕组连同套管的交流耐压试验；

6 测量与铁芯绝缘的各紧固件的绝缘电阻；

7 绝缘油的试验；

8 非纯瓷套管的试验；

9 额定电压下冲击合闸试验；

10 测量噪音；

11 测量箱壳的振动；

12 测量箱壳表面的温度。

注：1. 干式电抗器的试验项目可按本条第1、2、5、9款规定进行；
2. 消弧线圈的试验项目可按本条第1、2、5、6款规定进行；对35kV及以上油浸式消弧线圈应增加第3、4、7、8款；
3. 油浸式电抗器的试验项目可按本条第1、2、5、6、7、9款规定进行；对35kV及以上电抗器应增加第3、4、8、10、11、12款。

8.0.2 测量绕组连同套管的直流电阻，应符合下列规定：

1 测量应在各分接头的所有位置上进行；

2 实测值与出厂值的变化规律应一致；

3 三相电抗器绕组直流电阻值相互间差值不应大于三相平均值的2%；

4 电抗器和消弧线圈的直流电阻，与同温下产品出厂值比较相应变化不应大于2%。

8.0.3 测量绕组连同套管的绝缘电阻、吸收比或极化指数，应符合本标准第7.0.9条的规定。

8.0.4 测量绕组连同套管的介质损耗角正切值 $\tan\delta$，应符合本标准第7.0.10条的规定。

8.0.5 测量绕组连同套管的直流泄漏电流，应符合本标准第7.0.11条的规定。

8.0.6 绕组连同套管的交流耐压试验，应符合下列规定：

1 额定电压在110kV以下的消弧线圈、干式或油浸式电抗器均应进行交流耐压试验，试验电压应符合本标准表7.0.13-1的规定；

2 对分级绝缘的耐压试验电压标准，应按接地端或其末端绝缘的电压等级来进行。

8.0.7 测量与铁芯绝缘的各紧固件的绝缘电阻，应符合本标准第7.0.6条的规定。

8.0.8 绝缘油的试验，应符合本标准第20.0.1条及第20.0.2条的规定。

8.0.9 非纯瓷套管的试验，应符合本标准第16章的规定。

8.0.10 在额定电压下，对变电所及线路的并联电抗器连同线路的冲击合闸试验，应进行5次，每次间隔时间为5min，应无异常现象。

8.0.11 测量噪音应符合本标准第7.0.17条的规定。

8.0.12 电压等级为500kV的电抗器，在额定工况下测得的箱壳振动振幅双峰值不应大于100μm。

8.0.13 电压等级为330～500kV的电抗器，应测量箱壳表面的温度，温升不应大于65℃。

9 互感器

9.0.1 互感器的试验项目，应包括下列内容：

1 测量绕组的绝缘电阻；

2 测量35kV及以上电压等互感器的介质损耗角正切值 $\tan\delta$；

3 局部放电试验；

4 交流耐压试验；

5 绝缘介质性能试验；

6 测量绕组的直流电阻；

7 检查接线组别和极性；

8 误差测量；

9 测量电流互感器的励磁特性曲线；

10 测量电磁式电压互感器的励磁特性；

11 电容式电压互感器（CVT）的检测；

12 密封性能检查；

13 测量铁芯夹紧螺栓的绝缘电阻。

注：SF_6封闭式组合电器中的电流互感器和套管式电流互感器的试验，应按本条第1、6、7、8、9款的规定进行。

9.0.2 测量绕组的绝缘电阻，应符合下列规定：

1 测量一次绕组对二次绕组及外壳、各二次绕组间及其对外壳的绝缘电阻；绝缘电阻值不宜低于 1000MΩ；

2 测量电流互感器一次绕组段间的绝缘电阻，绝缘电阻值不宜低于 1000MΩ，但由于结构原因而无法测量时可不进行；

3 测量电容式电流互感器的末屏及电压互感器接地端（N）对外壳（地）的绝缘电阻，绝缘电阻值不宜小于 1000MΩ。若末屏对地绝缘电阻小于 1000MΩ 时，应测量其 $\tan\delta$；

4 绝缘电阻测量应使用 2500V 兆欧表。

9.0.3 电压等级 35kV 及以上互感器的介质损耗角正切值 $\tan\delta$ 测量，应符合下列规定：

1 互感器的绕组 $\tan\delta$ 测量电压应为 10kV，$\tan\delta$ 不应大于表 9.0.3 中数据。当对绝缘性能有怀疑时，可采用高压法进行试验，在（0.5～1）$U_m/\sqrt{3}$ 范围内进行，$\tan\delta$ 变化量不应大于 0.2%，电容变化量不应大于 0.5%；

2 末屏 $\tan\delta$ 测量电压为 2kV。

注：本条主要适用于油浸式互感器。SF_6气体绝缘和环氧树脂绝缘结构互感器不适用，注硅脂等干式互感器可以参照执行。

表 9.0.3　$\tan\delta$（%）限值（t：20℃）

种类＼额定电压	20～35kV	66～110kV	220kV	330～500kV
油浸式电流互感器	2.5	0.8	0.6	0.5
充硅脂及其他干式电流互感器	0.5	0.5	0.5	—
油浸式电压互感器绕组	3	2.5		—
串级式电压互感器支架	—	6		
油浸式电流互感器末屏	—	2		

注：电压互感器整体及支架介损受环境条件（特别是相对湿度）影响较大，测量时要加以考虑。

9.0.4 互感器的局部放电测量，应符合下列规定：

1 局部放电测量宜与交流耐压试验同时进行；

2 电压等级为 35～110kV 互感器的局部放电测量可按 10% 进行抽测，若局部放电量达不到规定要求应增大抽测比例；

3 电压等级 220kV 及以上互感器在绝缘性能有怀疑时宜进行局部放电测量；

4 局部放电测量时，应在高压侧（包括电压互感器感应电压）监测施加的一次电压；

286

5 局部放电测量的测量电压及视在放电量应满足表 9.0.4 中的规定。

表 9.0.4　允许的视在放电量水平

种　类			测量电压（kV）	允许的视在放电量水平（pC）	
				环氧树脂及其他干式	油浸式和气体式
电流互感器			$1.2U_m/\sqrt{3}$	50	20
			$1.2U_m$（必要时）	100	50
电压互感器	≥66kV		$1.2U_m/\sqrt{3}$	50	20
			$1.2U_m$（必要时）	100	50
	35kV	全绝缘结构	$1.2U_m$	100	50
			$1.2U_m/\sqrt{3}$	50	20
		半绝缘结构（一次绕组一端直接接地）	$1.2U_m/\sqrt{3}$	50	20
			$1.2U_m$（必要时）	100	50

9.0.5 互感器交流耐压试验，应符合下列规定：

1 应按出厂试验电压的 80% 进行；

2 电磁式电压互感器（包括电容式电压互感器的电磁单元）在遇到铁芯磁密较高的情况下，宜按下列规定进行感应耐压试验：

1）感应耐压试验电压应为出厂试验电压的 80%；

2）试验电源频率和试验电压时间参照本标准第 7.0.13 条第 4 款的规定执行；

3）感应耐压试验前后，应各进行一次额定电压时的空载电流测量，两次测得值相比不应有明显差别；

4）电压等级 66kV 及以上的油浸式互感器，感应耐压试验前后，应各进行一次绝缘油的色谱分析，两次测得值相比不应有明显差别；

5）感应耐压试验时，应在高压端测量电压值；

6）对电容式电压互感器的中间电压变压器进行感应耐压试验时，应将分压电容拆开。由于产品结构原因现场无条件拆开时，可不进行感应耐压试验。

3 电压等级 220kV 以上的 SF_6 气体绝缘互感器（特别是电压等级为 500kV 的互感器）宜在安装完毕的情况下进行交流耐压试验；

4 二次绕组之间及其对外壳的工频耐压试验电压标准应为 2kV；

5 电压等级 110kV 及以上的电流互感器末屏及电压互感器接地端（N）对地的工频耐压试验电压标准，应为 3kV。

9.0.6 绝缘介质性能试验，对绝缘性能有怀疑的互感器，应检测绝缘介质性能，并符合下列规定：

1 绝缘油的性能应符合本标准表 20.0.1、表 20.0.2 的要求；

2 SF_6 气体的性能应符合如下要求：SF_6 气体充入设备 24h 后取样，SF_6 气体水分含量不得大于 $250\mu L/L$（20℃体积分数）；

3 电压等级在 66kV 以上的油浸式互感器，应进行油中溶解气体的色谱分析。油中溶解气体组分含量（$\mu L/L$）不宜超过下列任一值，总烃：10，H_2：50，C_2H_2：0。

9.0.7 绕组直流电阻测量，应符合下列规定：

1 电压互感器：一次绕组直流电阻测量值，与换算到同一温度下的出厂值比较，相差不宜大于 10%。二次绕组直流电阻测量值，与换算到同一温度下的出厂值比较，相差不宜大于 15%。

2 电流互感器：同型号、同规格、同批次电流互感器一、二次绕组的直流电阻和平均值的差异不宜大于 10%。当有怀疑时，应提高施加的测量电流，测量电流（直流值）一般不宜超过额定电流（方均根值）的 50%。

9.0.8 检查互感器的接线组别和极性，必须符合设计要求，并应与铭牌和标志相符。

9.0.9 互感器误差测量应符合下列规定：

1 用于关口计量的互感器（包括电流互感器、电压互感器和组合互感器）必须进行误差测量，且进行误差检测的机构（实验室）必须是国家授权的法定计量检定机构；

2 用于非关口计量，电压等级 35kV 及以上的互感器，宜进行误差测量；

3 用于非关口计量，电压等级 35kV 以下的互感器，检查互感器变比，应与制造厂铭牌值相符。对多抽头的互感器，可只检查使用分接头的变比；

4 非计量用绕组应进行变比检查。

9.0.10 当继电保护对电流互感器的励磁特性有要求时，应进行励磁特性曲线试验。当电流互感器为多抽头时，可在使用抽头或最大抽头测量。测量后核对是否符合产品要求，核对方法见附录 E。

9.0.11 电磁式电压互感器的励磁曲线测量，应符合下列要求：

1 用于励磁曲线测量的仪表为方均根值表，若发生测量结果与出厂试验报告和型式试验报告有较大出入（＞30%）时，应核对使用的仪表种类是否正确；

2 一般情况下，励磁曲线测量点为额定电压的 20%、50%、80%、100% 和 120%。对于中性点直接接地的电压互感器（N 端接地），电压等级 35kV 及以下电压等级的电压互感器最高测量点为 190%；电压等级 66kV 及以上的电压互感器最高测量点为 150%；

3 对于额定电压测量点（100%），励磁电流不宜大于其出厂试验报告和型式试验报告的测量值的 30%，同批次、同型号、同规格电压互感器此点的励磁电流不宜相差 30%。

9.0.12 电容式电压互感器（CVT）检测，应符合下列规定：

1 CVT 电容分压器电容量和介质损耗角 tanδ 的测量结果：电容量与出厂值比较其变化量超过 −5% 或 10% 时要引起注意，tanδ 不应大于 0.5%；条件许可时测量单节电容器在 10kV 至额定电压范围内，电容量的变化量大于 1% 时判为不合格；

2 CVT 电磁单元因结构原因不能将中压连线引出时，必须进行误差试验，若对电容分压器绝缘有怀疑时，应打开电磁单元引出中压连线进行额定电压下的电容量和介质损耗角 tanδ 的测量；

3 CVT 误差试验应在支架（柱）上进行；

4 如果电磁单元结构许可，电磁单元检查包括中间变压器的励磁曲线测量、补偿电抗器感抗测量、阻尼器和限幅器的性能检查，交流耐压试验参照电磁式电压互感器，施加电压按出厂试验的 80% 执行。

9.0.13 密封性能检查，应符合下列规定：

1 油浸式互感器外表应无可见油渍现象；

2 SF_6 气体绝缘互感器定性检漏无泄漏点，有怀疑时进行定量检漏，年泄漏率应小于 1%。

9.0.14 测量铁芯夹紧螺栓的绝缘电阻，应符合下列规定：

1 在做器身检查时，应对外露的或可接触到的铁芯夹紧螺栓进行测量；

2 采用 2500V 兆欧表测量，试验时间为 1min，应无闪络及击穿现象；

3 穿芯螺栓一端与铁芯连接者，测量时应将连接片断开，不能断开的可不进行测量。

10 油断路器

10.0.1 油断路器的试验项目，应包括下列内容：

1 测量绝缘电阻；

2 测量 35kV 多油断路器的介质损耗角正切值 $\tan\delta$；

3 测量 35kV 以上少油断路器的直流泄漏电流；

4 交流耐压试验；

5 测量每相导电回路的电阻；

6 测量油断路器的分、合闸时间；

7 测量油断路器的分、合闸速度；

8 测量油断路器主触头分、合闸的同期性；

9 测量油断路器合闸电阻的投入时间及电阻值；

10 测量油断路器分、合闸线圈及合闸接触器线圈的绝缘电阻及直流电阻；

11 油断路器操动机构的试验；

12 断路器均压电容器试验；

13 绝缘油试验；

14 压力表及压力动作阀的检查。

10.0.2 测量绝缘电阻值应符合下列规定：

1 整体绝缘电阻值测量，应参照制造厂规定；

2 绝缘拉杆的绝缘电阻值，在常温下不应低于表 10.0.2 的规定。

表 10.0.2 绝缘拉杆的绝缘电阻标准

额定电压（kV）	3～15	20～35	63～220	330～500
绝缘电阻值（MΩ）	1200	3000	6000	10000

10.0.3 测量 35kV 多油断路器的介质损耗角正切值 $\tan\delta$，应符合下列规定：

1 在 20℃时测得的 $\tan\delta$ 值，对 DW2、DW8 型油断路器，不应大于本标准表 16.0.3 中相应套管的 $\tan\delta$（％）值增加 2 后的数值；对 DW1 型油断路器，不应大于本标准表 16.0.3 中相应套管的 $\tan\delta$（％）值增加 3 后的数值；

2 应在分闸状态下测量每只套管的 $\tan\delta$。当测得值超过标准时，应卸下油箱后进行分解试验，此时测得的套管的 $\tan\delta$（％）值，应符合本标准表 16.0.3 的规定。

10.0.4 35kV 以上少油断路器的支柱瓷套连同绝缘拉杆，以及灭弧室每个断口的直流泄漏电流试验电压应为 40kV，并在高压侧读取 1min 时的泄漏电流值，测得的泄漏电流值不应大于 10μA；220kV 及以上的，泄漏电流值不宜大于 5μA。

10.0.5 断路器的交流耐压试验应在分、合闸状态下分别进行，试验电压按照表 10.0.5 的规定执行。

表 10.0.5　断路器的交流耐压试验标准

额定电压（kV）	最高工作电压（kV）	1min 工频耐受电压（kV）有效值			
		相对地	相间	断路器断口	隔离断口
3	3.6	25	25	25	27
6	7.2	32	32	32	36
10	12	42	42	42	49
35	40.5	95	95	95	118
66	72.5	155	155	155	197
110	126	200	200	200	225
		230	230	230	265
220	252	360	360	360	415
		395	395	395	460
330	363	460	460	520	520
		510	510	580	580
500	550	630	630	790	790
		680	680	790	790
		740	740	790	790

注：1. 本表数据引自《高压开关设备的共用订货技术导则》DL/T 593。

　　2. 设备无特殊规定时，采用最高一级试验电压。

10.0.6　测量每相导电回路电阻，应符合下列规定：

　1　用电流不小于 100A 的直流压降法测量，电阻值应符合产品技术条件的规定；

　2　主触头与灭弧触头并联的断路器，应分别测量其主触头和灭弧触头导电回路的电阻值。

10.0.7　测量断路器的分、合闸时间应在产品额定操作电压、液压下进行。实测数值应符合产品技术条件的规定。

10.0.8　测量断路器分、合闸速度，应符合下列规定：

　1　测量应在产品额定操作电压、液压下进行，实测数值应符合产品技术条件的规定；产品无要求时，可不进行；

　2　电压等级在 15kV 及以下电压等级的断路器，除发电机出线断路器和与发电机主母线相连的断路器、主变压器出线断路器应进行速度测量外，其余的可不进行。

10.0.9　测量断路器主触头的三相或同相各断口分、合闸的同期性，应符合产品技术条件的规定。

10.0.10　测量断路器合闸电阻的投入时间及电阻值，应符合产品技术条件的规定。

10.0.11　测量断路器分、合闸线圈及合闸接触器线圈的绝缘电阻值不应低于 $10M\Omega$，直流电阻值与产品出厂试验值相比应无明显差别。

10.0.12　断路器操动机构的试验，应符合下列规定：

　1　合闸操作。

　1）当操作电压、液压在表 10.0.12-1 范围内时，操动机构应可靠动作；

表 10.0.12-1　断路器操动机构合闸操作试验电压、液压范围

电　压		液　压
直　流	交　流	
（85%～110%）U_n	（85%～110%）U_m	按产品规定的最低及最高值

注：对电磁机构，当断路器关合电流峰值小于 50kA 时，直流操作电压范围为（80%～110%）U_n。U_n 为额定电源电压。

2）弹簧、液压操动机构的合闸线圈以及电磁操动机构的合闸接触器的动作要求，均应符合上项的规定。

2 脱扣操作。

1）直流或交流的分闸电磁铁，在其线圈端钮处测得的电压大于额定值的 65% 时，应可靠地分闸；当此电压小于额定值的 30% 时，不应分闸；

2）附装失压脱扣器的，其动作特性应符合表 10.0.12-2 的规定；

表 10.0.12-2　附装失压脱扣器的脱扣试验

电源电压与额定电源电压的比值	小于 35%＊	大于 65%	大于 85%
失压脱扣器的工作状态	铁芯应可靠地释放	铁芯不得释放	铁芯应可靠地吸合

注：＊当电压缓慢下降至规定比值时，铁芯应可靠地释放。

3）附装过流脱扣器的，其额定电流规定不小于 2.5A，脱扣电流的等级范围及其准确度，应符合表 10.0.12-3 的规定。

表 10.0.12-3　附装过流脱扣器的脱扣试验

过流脱扣器的种类	延时动作的	瞬时动作的
脱扣电流等级范围（A）	2.5～10	2.5～15
每级脱扣电流的准确度	±10%	
同一脱扣器各级脱扣电流准确度	±5%	

注：对于延时动作的过流脱扣器，应按制造厂提供的脱扣电流与动作时延的关系曲线进行核对。另外，还应检查在预定时延终了前主回路电流降至返回值时，脱扣器不应动作。

3 模拟操动试验。

1）当具有可调电源时，可在不同电压、液压条件下，对断路器进行就地或远控操作，每次操作断路器均应正确，可靠地动作，其联锁及闭锁装置回路的动作应符合产品及设计要求；当无可调电源时，只在额定电压下进行试验；

2）直流电磁或弹簧机构的操动试验，应按表 10.0.12-4 的规定进行；液压机构的操动试验，应按表 10.0.12-5 的规定进行。

表 10.0.12-4　直流电磁或弹簧机构的操动试验

操作类别	操作线圈端钮电压与额定电源电压的比值（%）	操作次数
合、分	110	3
合	85（80）	3
分	65	3
合、分、重合	100	3

注：括号内数字适用于装有自动重合闸装置的断路器及表 10.0.12-1 "注" 的情况。

表 10.0.12-5　液压机构的操动试验

操作类别	操作线圈端钮电压与额定电源电压的比值（%）	操作液压	操作次数
合、分	110	产品规定的最高操作压力	3
合、分	100	额定操作压力	3
合	85（80）	产品规定的最低操作压力	3
分	65	产品规定的最低操作压力	3
合、分、重合	100	产品规定的最低操作压力	3

注：1. 括号内数字适用于装有自动重合闸装置的断路器。
　　2. 模拟操动试验应在液压的自动控制回路能准确、可靠动作状态下进行。
　　3. 操动时，液压的压降允许值应符合产品技术条件的规定。

3）对于具有双分闸线圈的回路，应分别进行模拟操动试验。

4）对于断路器操动机构本身具有三相位置不一致自动分闸功能的，应根据需要做投入或退出处理。

10.0.13　断路器均压电容器试验，应按本标准第 19 章的有关规定进行。

10.0.14　绝缘油试验，应按本标准第 20 章的规定进行。对灭弧室、支柱瓷套等油路相互隔绝的断路器，应自各部件中分别取油样试验。

10.0.15　压力动作阀的动作值，应符合产品技术条件的规定；压力表指示值的误差及其变差，均应在产品相应等级的允许误差范围内。

11　空气及磁吹断路器

11.0.1　空气及磁吹断路器的试验项目，应包括下列内容：

1　测量绝缘拉杆的绝缘电阻；

2　测量每相导电回路的电阻；

3　测量支柱瓷套和灭弧室每个断口的直流泄漏电流；

4　交流耐压试验；

5　测量断路器主、辅触头分、合闸的配合时间；

6　测量断路器的分、合闸时间；

7　测量断路器主触头分、合闸的同期性；

8　测量分、合闸线圈的绝缘电阻和直流电阻；

9　断路器操动机构的试验；

10　测量断路器的并联电阻值；

11　断路器电容器的试验；

12　压力表及压力动作阀的检查。

注：1. 发电机励磁回路的自动灭磁开关，除应进行本条第 8、9 款试验外，还应做以下检查和试验：常开、常闭触头分、合切换顺序；主触头和灭弧触头的动作配合；灭弧栅的片数及其并联电阻值；在同步发电机空载额定电压下进行灭磁试验；
　　2. 磁吹断路器试验，应按本条第 2、4、6、8、9 款规定进行。

11.0.2　测量绝缘拉杆的绝缘电阻值，不应低于本标准表 10.0.2 的规定。

11.0.3　测量每相导电回路的电阻值及测试方法，应符合产品技术条件的规定。

11.0.4　支柱瓷套和灭弧室每个断口的直流泄漏电流的试验，应按本标准第 10.0.4 条的规定进行。

11.0.5 空气断路器应在分闸时各断口间及合闸状态下进行交流耐压试验；磁吹断路器应在分闸状态下进行断口交流耐压试验；试验电压应符合表 10.0.5 的规定。

11.0.6 断路器主、辅触头分、合闸动作程序及配合时间，应符合产品技术条件的规定。

11.0.7 断路器分、合闸时间的测量，应在产品额定操作电压及气压下进行，实测数值应符合产品技术条件的规定。

11.0.8 测量断路器主触头三相或同相各断口分、合闸的同期性，应符合产品技术条件的规定。

11.0.9 测量分、合闸线圈的绝缘电阻值，不应低于 $10M\Omega$；直流电阻值与产品出厂试验值相比应无明显差别。

11.0.10 断路器操动机构的试验，应按本标准第 10.0.12 条的有关规定进行。

  注：对应于本标准表 10.0.12-5 中的"液压"应为"气压"。

11.0.11 测量断路器的并联电阻值，与产品出厂试验值相比应无明显差别。

11.0.12 断路器电容器的试验，应按本标准第 19 章的有关规定进行。

11.0.13 压力动作阀的动作值，应符合产品技术条件的规定。压力表指示值的误差及其变差，均应在产品相应等级的允许误差范围内。

12 真空断路器

12.0.1 真空断路器的试验项目，应包括下列内容：

  1 测量绝缘电阻；

  2 测量每相导电回路的电阻；

  3 交流耐压试验；

  4 测量断路器主触头的分、合闸时间，测量分、合闸的同期性，测量合闸时触头的弹跳时间；

  5 测量分、合闸线圈及合闸接触器线圈的绝缘电阻和直流电阻；

  6 断路器操动机构的试验。

12.0.2 测量绝缘电阻值，应符合下列规定：

  1 整体绝缘电阻值测量，应参照制造厂的规定；

  2 绝缘拉杆的绝缘电阻值，在常温下不应低于表 10.0.2 的规定。

12.0.3 每相导电回路的电阻值测量，宜采用电流不小于 100A 的直流压降法。测试结果应符合产品技术条件的规定。

12.0.4 应在断路器合闸及分闸状态下进行交流耐压试验。当在合闸状态下进行时，试验电压应符合表 10.0.5 的规定。当在分闸状态下进行时，真空灭弧室断口间的试验电压应按产品技术条件的规定，试验中不应发生贯穿性放电。

12.0.5 测量断路器主触头的分、合闸时间，测量分、合闸的同期性，测量合闸过程中触头接触后的弹跳时间，应符合下列规定：

  1 合闸过程中触头接触后的弹跳时间，40.5kV 以下断路器不应大于 2ms；40.5kV 及以上断路器不应大于 3ms；

  2 测量应在断路器额定操作电压条件下进行；

  3 实测数值应符合产品技术条件的规定。

12.0.6 测量分、合闸线圈及合闸接触器线圈的绝缘电阻值，不应低于10MΩ；直流电阻值与产品出厂试验值相比应无明显差别。

12.0.7 断路器操动机构的试验，应按本标准第10.0.12条的有关规定进行。

13 六氟化硫断路器

13.0.1 六氟化硫（SF_6）断路器试验项目，应包括下列内容：

1 测量绝缘电阻；

2 测量每相导电回路的电阻；

3 交流耐压试验；

4 断路器均压电容器的试验；

5 测量断路器的分、合闸时间；

6 测量断路器的分、合闸速度；

7 测量断路器主、辅触头分、合闸的同期性及配合时间；

8 测量断路器合闸电阻的投入时间及电阻值；

9 测量断路器分、合闸线圈绝缘电阻及直流电阻；

10 断路器操动机构的试验；

11 套管式电流互感器的试验；

12 测量断路器内 SF_6 气体的含水量；

13 密封性试验；

14 气体密度继电器、压力表和压力动作阀的检查。

13.0.2 测量断路器的绝缘电阻值：整体绝缘电阻值测量，应参照制造厂的规定。

13.0.3 每相导电回路的电阻值测量，宜采用电流不小于100A的直流压降法。测试结果应符合产品技术条件的规定。

13.0.4 交流耐压试验，应符合下列规定：

1 在 SF_6 气压为额定值时进行。试验电压按出厂试验电压的80％；

2 110kV 以下电压等级应进行合闸对地和断口间耐压试验；

3 罐式断路器应进行合闸对地和断口间耐压试验；

4 500kV 定开距瓷柱式断路器只进行断口耐压试验。

13.0.5 断路器均压电容器的试验，应符合本标准第19章的有关规定。罐式断路器的均压电容器试验可按制造厂的规定进行。

13.0.6 测量断路器的分、合闸时间，应在断路器的额定操作电压、气压或液压下进行。实测数值应符合产品技术条件的规定。

13.0.7 测量断路器的分、合闸速度，应在断路器的额定操作电压、气压或液压下进行。实测数值应符合产品技术条件的规定。现场无条件安装采样装置的断路器，可不进行本试验。

13.0.8 测量断路器主、辅触头三相及同相各断口分、合闸的同期性及配合时间，应符合产品技术条件的规定。

13.0.9 测量断路器合闸电阻的投入时间及电阻值，应符合产品技术条件的规定。

13.0.10 测量断路器分、合闸线圈的绝缘电阻值，不应低于10MΩ；直流电阻值与产品出厂试验值相比应无明显差别。

13.0.11 断路器操动机构的试验，应按本标准第10.0.12条的有关规定进行。

13.0.12 套管式电流互感器的试验，应按本标准第 9 章的有关规定进行。

13.0.13 测量断路器内 SF_6 气体含水量（20℃的体积分数），应符合下列规定：

1 与灭弧室相通的气室，应小于 $150\mu L/L$；

2 不与灭弧室相通的气室，应小于 $250\mu L/L$；

3 SF_6 气体含水量的测定应在断路器充气 48h 后进行。

13.0.14 密封试验可采用下列方法进行：

1 采用灵敏度不低于 1×10^{-6}（体积比）的检漏仪对断路器各密封部位、管道接头等处进行检测时，检漏仪不应报警；

2 必要时可采用局部包扎法进行气体泄漏测量。以 24h 的漏气量换算，每一个气室年漏气率不应大于 1%；

3 泄漏值的测量应在断路器充气 24h 后进行。

13.0.15 在充气过程中检查气体密度继电器及压力动作阀的动作值，应符合产品技术条件的规定。对单独运到现场的设备，应进行校验。

14 六氟化硫封闭式组合电器

14.0.1 六氟化硫封闭式组合电器的试验项目，应包括下列内容：

1 测量主回路的导电电阻；

2 主回路的交流耐压试验；

3 密封性试验；

4 测量六氟化硫气体含水量；

5 封闭式组合电器内各元件的试验；

6 组合电器的操动试验；

7 气体密度继电器、压力表和压力动作阀的检查。

14.0.2 测量主回路的导电电阻值，宜采用电流不小于 100A 的直流压降法。测试结果，不应超过产品技术条件规定值的 1.2 倍。

14.0.3 主回路的交流耐压试验程序和方法，应按产品技术条件或国家现行标准《气体绝缘金属封闭电器现场耐压试验导则》DL/T 555 的有关规定进行，试验电压值为出厂试验电压的 80%。

14.0.4 密封性试验可采用下列方法进行：

1 采用灵敏度不低于 1×10^{-6}（体积比）的检漏仪对各气室密封部位、管道接头等处进行检测时，检漏仪不应报警；

2 必要时可采用局部包扎法进行气体泄漏测量。以 24h 的漏气量换算，每一个气室年漏气率不应大于 1%；

3 泄漏值的测量应在封闭式组合电器充气 24h 后进行。

14.0.5 测量六氟化硫气体含水量（20℃的体积分数），应符合下列规定：

1 有电弧分解的隔室，应小于 $150\mu L/L$；

2 无电弧分解的隔室，应小于 $250\mu L/L$；

3 气体含水量的测量应在封闭式组合电器充气 48h 后进行。

14.0.6 封闭式组合电器内各元件的试验，应按本标准相应章节的有关规定进行，但对无法分开的设备可不单独进行。

注：本条中的"元件"是指装在封闭式组合电器内的断路器、隔离开关、负荷开关、接地开关、避雷器、互感器、套管、母线等。

14.0.7 当进行组合电器的操动试验时，联锁与闭锁装置动作应准确可靠。电动、气动或液压装置的操动试验，应按产品技术条件的规定进行。

14.0.8 在充气过程中检查气体密度继电器及压力动作阀的动作值，应符合产品技术条件的规定。对单独运到现场的设备，应进行校验。

15 隔离开关、负荷开关及高压熔断器

15.0.1 隔离开关、负荷开关及高压熔断器的试验项目，应包括下列内容：

1 测量绝缘电阻；

2 测量高压限流熔丝管熔丝的直流电阻；

3 测量负荷开关导电回路的电阻；

4 交流耐压试验；

5 检查操动机构线圈的最低动作电压；

6 操动机构的试验。

15.0.2 隔离开关与负荷开关的有机材料传动杆的绝缘电阻值，不应低于本标准表 10.0.2 的规定。

15.0.3 测量高压限流熔丝管熔丝的直流电阻值，与同型号产品相比不应有明显差别。

15.0.4 测量负荷开关导电回路的电阻值，宜采用电流不小于 100A 的直流压降法。测试结果，不应超过产品技术条件规定。

15.0.5 交流耐压试验，应符合下述规定：三相同一箱体的负荷开关，应按相间及相对地进行耐压试验，其余均按相对地或外壳进行。试验电压应符合表 10.0.5 的规定。对负荷开关还应按产品技术条件规定进行每个断口的交流耐压试验。

15.0.6 检查操动机构线圈的最低动作电压，应符合制造厂的规定。

15.0.7 操动机构的试验，应符合下列规定：

1 动力式操动机构的分、合闸操作，当其电压或气压在下列范围时，应保证隔离开关的主闸刀或接地闸刀可靠地分闸和合闸。

1）电动机操动机构：当电动机接线端子的电压在其额定电压的 80％～110％范围内时；

2）压缩空气操动机构：当气压在其额定气压的 85％～110％范围内时；

3）二次控制线圈和电磁闭锁装置：当其线圈接线端子的电压在其额定电压的 80％～110％范围内时。

2 隔离开关、负荷开关的机械或电气闭锁装置应准确可靠。

注：1. 本条第 1 款第 2 项所规定的气压范围为操动机构的储气筒的气压数值；
　　2. 具有可调电源时，可进行高于或低于额定电压的操动试验。

16 套管

16.0.1 套管的试验项目，应包括下列内容：

1 测量绝缘电阻；

2 测量 20kV 及以上非纯瓷套管的介质损耗角正切值 $\tan\delta$ 和电容值；

3 交流耐压试验；

4 绝缘油的试验（有机复合绝缘套管除外）；

5 SF$_6$ 套管气体试验。

注：整体组装于 35kV 油断路器上的套管，可不单独进行 tanδ 的试验。

16.0.2 测量绝缘电阻，应符合下列规定：

1 测量套管主绝缘的绝缘电阻；

2 66kV 及以上的电容型套管，应测量"抽压小套管"对法兰或"测量小套管"对法兰的绝缘电阻。采用 2500V 兆欧表测量，绝缘电阻值不应低于 1000MΩ。

16.0.3 测量 20kV 及以上非纯瓷套管的主绝缘介质损耗角正切值 tanδ 和电容值，应符合下列规定：

1 在室温不低于 10℃ 的条件下，套管的介质损耗角正切值 tanδ 不应大于表 16.0.3 的规定；

2 电容型套管的实测电容量值与产品铭牌数值或出厂试验值相比，其差值应在 ±5% 范围内。

表 16.0.3 套管主绝缘介质损耗角正切值 tanδ（%）的标准

套管主绝缘类型		tanδ（%）最大值
电容式	油浸纸	0.7 (500kV 套管 0.5)①
	胶浸纸	0.7②
	胶粘纸	1.0（66kV 及以下电压等级套管 1.5）①②
	浇铸树脂	1.5
	气体	1.5
	有机复合绝缘③	0.7
非电容式	浇注树脂	2.0
	复合绝缘	由供需双方商定
其他套管		由供需双方商定

注：1. 所列的电压为系统标称电压。

2. 对 20kV 及以上电容式充胶或胶纸套管的老产品，其 tanδ（%）值可为 2 或 2.5。

3. 有机复合绝缘套管的介损试验，宜在干燥环境下进行。

16.0.4 交流耐压试验，应符合下列规定：

1 试验电压应符合本标准附录 A 的规定；

2 穿墙套管、断路器套管、变压器套管、电抗器及消弧线圈套管，均可随母线或设备一起进行交流耐压试验。

16.0.5 绝缘油的试验，应符合下列规定：

1 套管中的绝缘油应有出厂试验报告，现场可不进行试验。但当有下列情况之一者，应取油样进行水分、击穿电压、色谱试验：

1）套管主绝缘的介质损耗角正切值超过表 16.0.3 中的规定值；

2）套管密封损坏，抽压或测量小套管的绝缘电阻不符合要求；

3）套管由于渗漏等原因需要重新补油时。

2 套管绝缘油的补充或更换时进行的试验，应符合下列规定：

1）换油时应按本标准表 20.0.1 的规定进行；

2）电压等级为 500kV 的套管绝缘油，宜进行油中溶解气体的色谱分析；油中溶解气体组分含量（$\mu L/L$）不宜超过下列任一值，总烃：10，H_2：150，C_2H_2：0；

3）补充绝缘油时，除按上述规定外，尚应按本标准第 20.0.3 条的规定进行；

4）充电缆油的套管需进行油的试验时，可按本标准表 18.0.8 的规定进行。

16.0.6 SF_6 套管气体试验，应符合本标准第 9.0.6 和第 9.0.13 条的有关规定。

17 悬式绝缘子和支柱绝缘子

17.0.1 悬式绝缘子和支柱绝缘子的试验项目，应包括下列内容：

1 测量绝缘电阻；

2 交流耐压试验。

17.0.2 绝缘电阻值，应符合下列规定：

1 用于 330kV 及以下电压等级的悬式绝缘子的绝缘电阻值，不应低于 300MΩ；用于 500kV 电压等级的悬式绝缘子，不应低于 500MΩ；

2 35kV 及以下电压等级的支柱绝缘子的绝缘电阻值，不应低于 500MΩ；

3 采用 2500V 兆欧表测量绝缘子绝缘电阻值，可按同批产品数量的 10% 抽查；

4 棒式绝缘子不进行此项试验；

5 半导体釉绝缘子的绝缘电阻，应符合产品技术条件的规定。

17.0.3 交流耐压试验，应符合下列规定：

1 35kV 及以下电压等级的支柱绝缘子，可在母线安装完毕后一起进行，试验电压应符合本标准附录 A 的规定；

2 35kV 多元件支柱绝缘子的交流耐压试验值，应符合下列规定：

1）两个胶合元件者，每元件 50kV；

2）三个胶合元件者，每元件 34kV。

3 悬式绝缘子的交流耐压试验电压均取 60kV。

18 电力电缆线路

18.0.1 电力电缆线路的试验项目，应包括下列内容：

1 测量绝缘电阻；

2 直流耐压试验及泄漏电流测量；

3 交流耐压试验；

4 测量金属屏蔽层电阻和导体电阻比；

5 检查电缆线路两端的相位；

6 充油电缆的绝缘油试验；

7 交叉互联系统试验。

注：**1.** 橡塑绝缘电力电缆试验项目应按本条第 1、3、4、5 和 7 款进行。当不具备条件时，额定电压 U_0/U 为 18/30kV 及以下电缆，允许用直流耐压试验及泄漏电流测量代替交流耐压试验；

　　2. 纸绝缘电缆试验项目应按本条第 1、2 和 5 款进行；

　　3. 自容式充油电缆试验项目应按本条第 1、2、5、6 和 7 款进行。

18.0.2 电力电缆线路的试验，应符合下列规定：

1 对电缆的主绝缘做耐压试验或测量绝缘电阻时，应分别在每一相上进行。对一相进行试验或测量时，其他两相导体、金属屏蔽或金属套和铠装层一起接地；

2 对金属屏蔽或金属套一端接地，另一端装有护层过电压保护器的单芯电缆主绝缘做耐压试验时，必须将护层过电压保护器短接，使这一端的电缆金属屏蔽或金属套临时接地；

3 对额定电压为 0.6/1kV 的电缆线路应用 2500V 兆欧表测量导体对地绝缘电阻代替耐压试验，试验时间 1min。

18.0.3 测量各电缆导体对地或对金属屏蔽层间和各导体间的绝缘电阻，应符合下列规定：

1 耐压试验前后，绝缘电阻测量应无明显变化；

2 橡塑电缆外护套、内衬层的绝缘电阻不应低于 $0.5M\Omega/km$；

3 测量绝缘用兆欧表的额定电压，宜采用如下等级：

1）0.6/1kV 电缆用 1000V 兆欧表；

2）0.6/1kV 以上电缆用 2500V 兆欧表；6/6kV 及以上电缆也可用 5000V 兆欧表；

3）橡塑电缆外护套、内衬层的测量用 500V 兆欧表。

18.0.4 直流耐压试验及泄漏电流测量，应符合下列规定：

1 直流耐压试验电压：

1）纸绝缘电缆直流耐压试验电压 U_t 可采用下式计算：

对于统包绝缘（带绝缘）：

$$U_t = 5 \times \frac{U_0 + U}{2} \tag{18.0.4-1}$$

对于分相屏蔽绝缘：

$$U_t = 5 \times U_0 \tag{18.0.4-2}$$

试验电压见表 18.0.4-1 的规定。

表 18.0.4.1 纸绝缘电缆直流耐压试验电压（kV）

电缆额定电压 U_0/U	1.8/3	2.6/3	3.6/6	6/6	6/10	8.7/10	21/135	26/35
直流试验电压	12	17	24	30	40	47	105	130

2）18/30kV 及以下电压等级的橡塑绝缘电缆直流耐压试验电压，应按下式计算：

$$U_t = 4 \times U_0 \tag{18.0.4-3}$$

3）充油绝缘电缆直流耐压试验电压，应符合表 18.0.4-2 的规定。

表 18.0.4-2 充油绝缘电缆直流耐压试验电压（kV）

电缆额定电压 U_0/U	雷电冲击耐受电压	直流试验电压
48/66	325	165
	350	175
64/110	450	225
	550	275
127/220	850	425
	950	475
	1050	510
190/330	1175	585
	1300	650

表 18.0.4-2（续）

电缆额定电压 U_0/U	雷电冲击耐受电压	直流试验电压
290/500	1425	710
	1550	775
	1675	835

注：1. 上列各表中的 U 为电缆额定线电压；U_0 为电缆导体对地或对金属屏蔽层间的额定电压。

2. 雷电冲击电压依据现行国家标准《高压输变电设备的绝缘配合》GB 311.1 的规定。

4）交流单芯电缆的护层绝缘直流耐压试验，可依据本标准第 18.0.9 条的规定。

2 试验时，试验电压可分 4～6 阶段均匀升压，每阶段停留 1min，并读取泄漏电流值。试验电压升至规定值后维持 15min，其间读取 1min 和 15min 时泄漏电流。测量时应消除杂散电流的影响。

3 纸绝缘电缆泄漏电流的三相不平衡系数（最大值与最小值之比）不应大于 2；当 6/10kV 及以上电缆的泄漏电流小于 $20\mu A$ 和 6kV 及以下电压等级电缆泄漏电流小于 $10\mu A$ 时，其不平衡系数不作规定。泄漏电流值和不平衡系数只作为判断绝缘状况的参考，不作为是否能投入运行的判据。其他电缆泄漏电流值不作规定。

4 电缆的泄漏电流具有下列情况之一，电缆绝缘可能有缺陷，应找出缺陷部位，并予以处理：

1）泄漏电流很不稳定；

2）泄漏电流随试验电压升高急剧上升；

3）泄漏电流随试验时间延长有上升现象。

18.0.5 交流耐压试验，应符合下列规定：

1 橡塑电缆优先采用 20～300Hz 交流耐压试验。20～300Hz 交流耐压试验电压和时间见表 18.0.5。

表 18.0.5　橡塑电缆 20～300Hz 交流耐压试验电压和时间

额定电压 U_0/U（kV）	试验电压	时间（min）
18/30 及以下	$2.5U_0$（或 $2U_0$）	5（或 60）
21/35～64/110	$2U_0$	60
127/220	$1.7U_0$（或 $1.4U_0$）	60
190/330	$1.7U_0$（或 $1.3U_0$）	60
290/500	$1.7U_0$（或 $1.1U_0$）	60

2 不具备上述试验条件或有特殊规定时，可采用施加正常系统相对地电压 24h 方法代替交流耐压。

18.0.6 测量金属屏蔽层电阻和导体电阻比。测量在相同温度下的金属屏蔽层和导体的直流电阻。

18.0.7 检查电缆线路的两端相位应一致，并与电网相位相符合。

18.0.8 充油电缆的绝缘油试验，应符合表 18.0.8 的规定。

表 18.0.8　充油电缆及附件内和压力箱中的绝缘油试验项目和要求

项目		要　求	试验方法
击穿电压	电缆及附件内	对于 64/110～190/330kV，不低于 50kV 对于 290/500kV，不低于 60kV	按《绝缘油击穿电压测定法》GB/T 507中的有关要求进行试验
	压力箱中	不低于 50kV	
介质损耗因数	电缆及附件内	对于 64/110～127/220kV 的不大于 0.005 对于 190/330～290/500kV 的不大于 0.003	按《电力设备预防性试验规程》DL/T 596 中的有关要求进行试验
	压力箱中	不大于 0.003	

18.0.9　交叉互联系统试验，方法和要求见附录 F。

19　电容器

19.0.1　电容器的试验项目，应包括下列内容：

1　测量绝缘电阻；

2　测量耦合电容器、断路器电容器的介质损耗角正切值 $\tan\delta$ 及电容值；

3　耦合电容器的局部放电试验；

4　并联电容器交流耐压试验；

5　冲击合闸试验。

19.0.2　测量耦合电容器、断路器电容器的绝缘电阻应在二极间进行，并联电容器应在电极对外壳之间进行，并采用 1000V 兆欧表测量小套管对地绝缘电阻。

19.0.3　测量耦合电容器、断路器电容器的介质损耗角正切值 $\tan\delta$ 及电容值，应符合下列规定：

1　测得的介质损耗角正切值 $\tan\delta$ 应符合产品技术条件的规定；

2　耦合电容器电容值的偏差应在额定电容值的 -5%～10% 范围内，电容器叠柱中任何两单元的实测电容之比值与这两单元的额定电压之比值的倒数之差不应大于 5%；断路器电容器电容值的偏差应在额定电容值的 $\pm5\%$ 范围内。对电容器组，还应测量各相、各臂及总的电容值。

19.0.4　耦合电容器的局部放电试验，应符合下列规定：

1　对 500kV 的耦合电容器，当对其绝缘性能或密封有怀疑又有试验设备时，可进行局部放电试验。多节组合的耦合电容器可分节试验；

2　局部放电试验的预加电压值为 $0.8\times1.3U_m$，停留时间大于 10s；降至测量电压值为 $1.1U_m/\sqrt{3}$，维持 1min 后，测量局部放电量，放电量不宜大于 10pC。

19.0.5　并联电容器的交流耐压试验，应符合下列规定：

1　并联电容器电极对外壳交流耐压试验电压值，应符合表 19.0.5 的规定；

2　当产品出厂试验电压值不符合表 19.0.5 的规定时，交接试验电压应按产品出厂试验电压值的 75% 进行。

表 19.0.5　并联电容器交流耐压试验电压标准

额定电压（kV）	<1	1	3	6	10	15	20	35
出厂试验电压（kV）	3	6	18/25	23/30	30/42	40/55	50/65	80/95
交接试验电压（kV）	2.25	4.5	18.76	22.5	31.5	41.25	48，75	71.25

注：斜线下的数据为外绝缘的干耐受电压。

301

19.0.6 在电网额定电压下，对电力电容器组的冲击合闸试验应进行 3 次，熔断器不应熔断；电容器组中各相电容的最大值和最小值之比，不应超过 1.08。

20 绝缘油和 SF₆ 气体

20.0.1 绝缘油的试验项目及标准，应符合表 20.0.1 的规定。

表 20.0.1　绝缘油的试验项目及标准

序号	项目	标　准			说　明
1	外状	透明，无杂质或悬浮物			外观目视
2	水溶性酸（pH 值）	＞5.4			按《运行中变压器油、汽轮机油水溶性酸测定法（比色法）》GB/T 7598 中的有关要求进行试验
3	酸值，mgKOH/g	≤0.03			按《运行中变压器油、汽轮机油酸值测定法（BTB法）》GB/T 7599 中的有关要求进行试验
4	闪点（闭口）（℃）	不低于	DB-10 140	DB-25 140	DB-45 135	按《石油产品闪点测定法（闭口杯法）》GB 261 中的有关要求进行试验
5	水分（mg/L）	500kV：≤10 220～330kV：≤15 110kV 及以下电压等级：≤20			按《运行中变压器油水分含量测定法（库仑法）》GB/T 7600 或《运行中变压器油水分测定法（气相色谱法）》GB/T 7601 中的有关要求进行试验
6	界面张力(25℃)（mN/m）	≥35			按《石油产品油对水界面张力测定法（圆环法）》GB/T 6541 中的有关要求进行试验
7	介质损耗因数 tanδ（%）	90℃时， 注入电气设备前≤0.5 注入电气设备后 40.7			按《液体绝缘材料工频相对介电常数、介质损耗因数和体积电阻率的测量》GB/T 5654 中的有关要求进行试验
8	击穿电压	500kV：≥60kV 330kV：≥50kV 60～220kV：≥40kV 35kV 及以下电压等级：≥35kV			1. 按《绝缘油　击穿电压测定法》GB/T 507 或《电力系统油质试验方法　绝缘油介电强度测定法》DL/T 429.9 中的有关要求进行试验； 2. 油样应取自被试设备； 3. 该指标为平板电极测定值，其他电极可按《运行中变压器油质量标准》GB/T 7595 及《绝缘油　击穿电压测定法》GB/T 507 中的有关要求进行试验； 4. 注入设备的新油不应低于本标准
9	体积电阻率（90℃）（Ω·m）	≥6×10¹⁰			按《液体绝缘材料工频相对介电常数、介质损耗因数和体积电阻率的测量》GB/T 5654 或《绝缘油体积电阻率测定法》DL/T 421 中的有关要求进行试验
10	油中含气量（%）（体积分数）	330～500kV：≤1			按《绝缘油中含气量测定　真空压差法》DL/T 423 或《绝缘油中含气量的测定方法（二氧化碳洗脱法）》DL/T 450 中的有关要求进行试验
11	油泥与沉淀物（%）（质量分数）	≤0.02			按《石油产品和添加剂机械杂质测定法（重量法）》GB/T 511 中的有关要求进行试验
12	油中溶解气体组分含量色谱分析	见本标准的有关章节			按《绝缘油中溶解气体组分含量的气相色谱测定法》GB/T 17623、《变压器油中溶解气体分析和判断导则》GB/T 7252 及《变压器油中溶解气体分析和判断导则》DL/T 722 中的有关要求进行试验

20.0.2 新油验收及充油电气设备的绝缘油试验分类，应符合表20.0.2的规定。

表 20.0.2　电气设备绝缘油试验分类

试验类别	适用范围
击穿电压	1. 6kV 以上电气设备内的绝缘油或新注入设备前、后的绝缘油； 2. 对下列情况之一者，可不进行击穿电压试验： （1）35kV 以下互感器，其主绝缘试验已合格的； （2）15kV 以下油断路器，其注入新油的击穿电压已在 35kV 及以上的； （3）按本标准有关规定不需取油的
简化分析	1. 准备注入变压器、电抗器、互感器、套管的新油，应按表20.0.1中的第2～9项规定进行； 2. 准备注入油断路器的新油，应按表20.0.1中的第2、3、4、5、8项规定进行
全分析	对油的性能有怀疑时，应按表20.0.1中的全部项目进行

20.0.3 绝缘油当需要进行混合时，在混合前，应按混油的实际使用比例先取混油样进行分析，其结果应符合表20.0.1中第8、11项的规定。混油后还应按表20.0.2中的规定进行绝缘油的试验。

20.0.4 SF_6 新气到货后，充入设备前应按现行国家标准《工业六氟化硫》GB 12022 验收，对气瓶的抽检率为 10%，其他每瓶只测定含水量。

20.0.5 SF_6 气体在充入电气设备 24h 后方可进行试验。

21　避雷器

21.0.1 金属氧化物避雷器的试验项目，应包括下列内容：

1 测量金属氧化物避雷器及基座绝缘电阻；

2 测量金属氧化物避雷器的工频参考电压和持续电流；

3 测量金属氧化物避雷器直流参考电压和 0.75 倍直流参考电压下的泄漏电流；

4 检查放电计数器动作情况及监视电流表指示；

5 工频放电电压试验。

注：1　无间隙金属氧化物避雷器的试验项目应包括本条第1、2、3、4款的内容，其中第2、3两款可选做一款；

　　2　有间隙金属氧化物避雷器的试验项目应包括本条第1款、第5款的内容。

21.0.2 金属氧化物避雷器绝缘电阻测量，应符合下列规定：

1 35kV 以上电压：用 5000V 兆欧表，绝缘电阻不小于 2500MΩ；

2 35kV 及以下电压：用 2500V 兆欧表，绝缘电阻不小于 1000MΩ；

3 低压（1kV 以下）：用 500V 兆欧表，绝缘电阻不小于 2MΩ。

基座绝缘电阻不低于 5MΩ。

21.0.3 测量金属氧化物避雷器的工频参考电压和持续电流，应符合下列要求：

1 金属氧化物避雷器对应于工频参考电流下的工频参考电压，整支或分节进行的测试值，应符合现行国家标准《交流无间隙金属氧化物避雷器》GB 11032 或产品技术条件的规定；

2 测量金属氧化物避雷器在避雷器持续运行电压下的持续电流，其阻性电流或总电流值应符合产品技术条件的规定。

注：金属氧化物避雷器持续运行电压值参见现行国家标准《交流无间隙金属氧化物避雷器》GB 11032。

21.0.4 测量金属氧化物避雷器直流参考电压和 0.75 倍直流参考电压下的泄漏电流，应符合下列规定：

1 金属氧化物避雷器对应于直流参考电流下的直流参考电压，整支或分节进行的测试值，不应低于现行国家标准《交流无间隙金属氧化物避雷器》GB 11032 的规定，并符合产品技术条件的规定。实测值与制造厂规定值比较，变化不应大于 $\pm5\%$；

2 0.75 倍直流参考电压下的泄漏电流值不应大于 $50\mu A$，或符合产品技术条件的规定；

3 试验时若整流回路中的波纹系数大于 1.5% 时，应加装滤波电容器，可为 0.01～0.1μF，试验电压应在高压侧测量。

21.0.5 检查放电计数器的动作应可靠，避雷器监视电流表指示应良好。

21.0.6 工频放电电压试验，应符合下列规定：

1 工频放电电压，应符合产品技术条件的规定；

2 工频放电电压试验时，放电后应快速切除电源，切断电源时间不大于 0.5s，过流保护动作电流控制在 0.2～0.7A。

22 电除尘器

22.0.1 电除尘器的试验项目，应包括下列内容：

1 测量整流变压器及直流电抗器铁芯穿芯螺栓的绝缘电阻；

2 测量整流变压器高压绕组及其直流电抗器绕组的绝缘电阻及直流电阻；

3 测量整流变压器低压绕组的绝缘电阻及其直流电阻；

4 测量硅整流元件及高压套管对地绝缘电阻；

5 测量取样电阻、阻尼电阻的电阻值；

6 油箱中绝缘油的试验；

7 绝缘子、隔离开关及瓷套管的绝缘电阻测量和耐压试验；

8 测量电场的绝缘电阻；

9 空载升压试验；

10 电除尘器振打及加热装置的电气设备试验；

11 测量接地电阻。

22.0.2 测量整流变压器及直流电抗器铁芯穿芯螺栓的绝缘电阻，应按本标准第 7.0.6 条规定在器身检查时进行。

22.0.3 在器身检查时测量整流变压器高压绕组及直流电抗器绕组的绝缘电阻和直流电阻，其直流电阻值应与同温度下产品出厂试验值比较，变化应不大于 2%。

22.0.4 测量整流变压器低压绕组的绝缘电阻和直流电阻，其直流电阻值应与同温度下产品出厂试验值比较，变化应不大于 2%。

22.0.5 测量硅整流元件及高压套管对地绝缘电阻，应符合下列规定：

1 在器身检查时进行，硅整流元件两端短路；

2 采用 2500V 兆欧表测量绝缘电阻；

3 绝缘电阻值不应低于产品出厂试验值的 70%。

22.0.6 测量取样电阻、阻尼电阻的电阻值，其电阻值应符合产品技术条件的规定，检查取样电阻、阻尼电阻的连接情况应良好。

22.0.7 油箱中绝缘油的试验，应按本标准第 20 章的规定进行。

22.0.8 绝缘子、隔离开关及瓷套管的绝缘电阻测量和耐压试验，应符合下列规定：

1 采用 2500V 兆欧表测量绝缘电阻，绝缘电阻值不应低于 1000MΩ；

2 对用于同极距在 300～400mm 电场的耐压采用直流耐压 100kV 或交流耐压 72kV，持续时间为 1min 无闪络；

3 对用于其他极距电场的，耐压试验标准应符合产品技术条件的规定。

22.0.9 测量电场的绝缘电阻，采用 2500V 兆欧表，绝缘电阻值应不低于 1000MΩ。

22.0.10 空载升压试验，应符合厂家标准。当厂家无明确规定时，应符合下列规定：

1 同极距为 300mm 的电场，电场电压应上升至 55kV 以上，无闪络。同极距每增加 20mm，电场电压递增应不少于 2.5kV；

2 当海拔高于 1000m 但不超过 4000m 时，海拔每升高 100m，电场电压值允许降低 1%。

22.0.11 电除尘器振打及加热装置的电气设备试验，应符合下列规定：

1 测量振打电机、加热器的绝缘电阻，振打电机绝缘电阻值不应小于 0.5 MΩ，加热器绝缘电阻不应小于 5MΩ；

2 交流电机、二次回路、配电装置和馈电线路及低压电器的试验，应按本标准第 6 章、第 23 章、第 24 章、第 27 章的规定进行。

22.0.12 测量电除尘器本体的接地电阻，不应大于 1Ω。

23 二次回路

23.0.1 测量绝缘电阻，应符合下列规定：

1 小母线在断开所有其他并联支路时，不应小于 10MΩ；

2 二次回路的每一支路和断路器、隔离开关的操动机构的电源回路等，均不应小于 1MΩ。在比较潮湿的地方，可不小于 0.5MΩ。

23.0.2 交流耐压试验，应符合下列规定：

1 试验电压为 1000V。当回路绝缘电阻值在 10MΩ 以上时，可采用 2500V 兆欧表代替，试验持续时间为 1min，或符合产品技术规定；

2 48V 及以下电压等级回路可不做交流耐压试验；

3 回路中有电子元器件设备的，试验时应将插件拔出或将其两端短接。

注：二次回路是指电气设备的操作、保护、测量、信号等回路及其回路中的操动机构的线圈、接触器、继电器、仪表、互感器二次绕组等。

24 1kV 及以下电压等级配电装置和馈电线路

24.0.1 测量绝缘电阻，应符合下列规定：

1 配电装置及馈电线路的绝缘电阻值不应小于 0.5MΩ；

2 测量馈电线路绝缘电阻时，应将断路器（或熔断器）、用电设备、电器和仪表等断开。

24.0.2 动力配电装置的交流耐压试验，应符合下列规定：

1 试验电压为 1000V。当回路绝缘电阻值在 10MΩ 以上时，可采用 2500V 兆欧表代替，试验持续时间为 1min，或符合产品技术规定；

2 交流耐压试验为各相对地，48V 及以下电压等级配电装置不做耐压试验。

24.0.3 检查配电装置内不同电源的馈线间或馈线两侧的相位应一致。

25 1kV 以上架空电力线路

25.0.1 1kV 以上架空电力线路的试验项目，应包括下列内容：

1　测量绝缘子和线路的绝缘电阻；

2　测量 35kV 以上线路的工频参数；

3　检查相位；

4　冲击合闸试验；

5　测量杆塔的接地电阻。

25.0.2　测量绝缘子和线路的绝缘电阻，应符合下列规定：

1　绝缘子绝缘电阻的试验应按本标准第 17 章的规定进行；

2　测量并记录线路的绝缘电阻值。

25.0.3　测量 35kV 以上线路的工频参数可根据继电保护、过电压等专业的要求进行。

25.0.4　检查各相两侧的相位应一致。

25.0.5　在额定电压下对空载线路的冲击合闸试验，应进行 3 次，合闸过程中线路绝缘不应有损坏。

25.0.6　测量杆塔的接地电阻值，应符合设计的规定。

26　接地装置

26.0.1　电气设备和防雷设施的接地装置的试验项目应包括下列内容：

1　接地网电气完整性测试；

2　接地阻抗。

26.0.2　测试连接与同一接地网的各相邻设备接地线之间的电气导通情况，以直流电阻值表示。直流电阻值不应大于 0.2Ω。

26.0.3　接地阻抗值应符合设计要求，当设计没有规定时应符合表 26.0.3 的要求。试验方法可参照国家现行标准《接地装置工频特性参数测试导则》DL 475 的规定，试验时必须排除与接地网连接的架空地线、电缆的影响。

表 26.0.3　接地阻抗规定值

接地网类型	要　求
有效接地系统	$Z \leqslant 2000/I$ 或 $Z \leqslant 0.5\Omega$（当 $I > 4000A$ 时） 式中　I——经接地装置流入地中的短路电流（A）； 　　　Z——考虑季节变化的最大接地阻抗（Ω）。 注：当接地阻抗不符合以上要求时，可通过技术经济比较增大接地阻抗，但不得大于 50Ω。同时应结合地面电位测量对接地装置综合分析。为防止转移电位引起的危害，应采取隔离措施
非有效接地系统	1. 当接地网与 1kV 及以下电压等级设备共用接地时，接地阻抗 $Z \leqslant 120/I$； 2. 当接地网仅用于 1kV 以上设备时，接地阻抗 $Z \leqslant 250/I$； 3. 上述两种情况下，接地阻抗一般不得大于 10Ω
1kV 以下电力设备	使用同一接地装置的所有这类电力设备，当总容量 $\geqslant 100kV \cdot A$ 时，接地阻抗不宜大于 4Ω；如总容量 $< 100kV \cdot A$ 时，则接地阻抗允许大于 4Ω，但不大于 10Ω
独立微波站	接地阻抗不宜大于 5Ω
独立避雷针	接地阻抗不宜大于 10Ω 注：当与接地网连在一起时可不单独测量
发电厂烟囱附近的吸风机及该处装设的集中接地装置	接地阻抗不宜大于 10Ω 注：当与接地网连在一起时可不单独测量

表 26.0.3（续）

接地网类型	要　　求
独立的燃油、易爆气体储罐及其管道	接地阻抗不宜大于 30Ω（无独立避雷针保护的露天储罐不应超过 10Ω）
露天配电装置的集中接地装置及独立避雷针（线）	接地阻抗不宜大于 10Ω
有架空地线的线路杆塔	当杆塔高度在 40m 以下时，按下列要求，当杆塔高度≥40m 时，则取下列值的 50%；但当土壤电阻率大于 2000Ω·m 时，接地阻抗难以达到 15Ω 时，可放宽至 20Ω。 土壤电阻率≤500Ω·m 时，接地阻抗 10Ω； 土壤电阻率 500～1000Ω·m 时，接地阻抗 20Ω； 土壤电阻率 1000～2000Ω·m 时，接地阻抗 25Ω； 土壤电阻率＞2000Ω·m 时，接地阻抗 30Ω
与架空线直接连接的旋转电机进线段上避雷器	接地阻抗不宜大于 3Ω
无架空地线的线路杆塔	1. 非有效接地系统的钢筋混凝土杆、金属杆：接地阻抗不宜大于 30Ω； 2. 中性点不接地的低压电力网线路的钢筋混凝土杆、金属杆：接地阻抗不宜大于 50Ω； 3. 低压进户线绝缘子铁脚的接地阻抗：接地阻抗不宜大于 30Ω

注：扩建接地网应在与原接地网连接后进行测试。

27　低压电器

27.0.1　低压电器的试验项目，应包括下列内容：

　　1　测量低压电器连同所连接电缆及二次回路的绝缘电阻；

　　2　电压线圈动作值校验；

　　3　低压电器动作情况检查；

　　4　低压电器采用的脱扣器的整定；

　　5　测量电阻器和变阻器的直流电阻；

　　6　低压电器连同所连接电缆及二次回路的交流耐压试验。

　　注：**1.** 低压电器包括电压为 60～1200V 的刀开关、转换开关、熔断器、自动开关、接触器、控制器、主令电器、起动器、电阻器、变阻器及电磁铁等；

　　　　2. 对安装在一、二级负荷场所的低压电器，应按本条第 2、3、4 款的规定进行。

27.0.2　测量低压电器连同所连接电缆及二次同路的绝缘电阻值，不应小于 1MΩ；在比较潮湿的地方，可不小于 0.5MΩ。

27.0.3　电压线圈动作值的校验，应符合下述规定：线圈的吸合电压不应大于额定电压的 85%，释放电压不应小于额定电压的 5%；短时工作的合闸线圈应在额定电压的 85%～110% 范围内，分励线圈应在额定电压的 75%～110% 的范围内均能可靠工作。

27.0.4　低压电器动作情况的检查，应符合下述规定：对采用电动机或液压、气压传动方式操作的电器，除产品另有规定外，当电压、液压或气压在额定值的 85%～110% 范围内，电器应可靠工作。

27.0.5　低压电器采用的脱扣器的整定，各类过电流脱扣器、失压和分励脱扣器、延时装置等，应按使用要求进行整定。

27.0.6 测量电阻器和变阻器的直流电阻值，其差值应分别符合产品技术条件的规定。电阻值应满足回路使用的要求。

27.0.7 低压电器连同所连接电缆及二次回路的交流耐压试验，应符合下述规定：试验电压为 1000V。当回路的绝缘电阻值在 10MΩ 以上时，可采用 2500V 兆欧表代替，试验持续时间为 1min。

附 录 A
高压电气设备绝缘的工频耐压试验电压标准

表 A 高压电气设备绝缘的工频耐压试验电压标准

额定电压 (kV)	最高工作电压 (kV)	1min 工频耐受电压 (kV) 有效值												
		电压互感器		电流互感器		穿墙套管				支柱绝缘子、隔离开关			
						纯瓷和纯瓷充油绝缘		固体有机绝缘、油浸电容式、干式、SF₆式		纯瓷		固体有机绝缘	
		出厂	交接	出厂	交接	出厂	交接	出厂	交接	出厂	交接	出厂	交接
3	3.6	25 (18)	20 (14)	25	20	25 (18)	25 (18)	25 (18)	20 (14)	25	25	25	22
6	7.2	30 (23)	24 (18)	30	24	30 (23)	30 (23)	30 (23)	24 (18)	32	32	32	26
10	12	42 (28)	33 (22)	42	33	42 (28)	42 (28)	42 (28)	33 (22)	42	42	42	38
15	17.5	55 (40)	44 (32)	55	44	55 (40)	55 (40)	55 (40)	44 (32)	57	57	57	50
20	24.0	65 (50)	52 (40)	65	52	65 (50)	65 (50)	65 (50)	52 (40)	68	68	68	59
35	40.5	95 (80)	76 (64)	95	76	95 (80)	95 (80)	95 (80)	76 (64)	100	100	100	90
66	69.0	140/185	112/148	140/185	112/148	140/185	140/185	140/185	112/148	165	165	165	148
110	126.0	200/230	160/184	260/230	160/184	260/230	200/230	200/230	160/184	265	265	265	240
220	252.0	395/460	316/368	395/460	316/368	395/460	395/460	395/460	316/368	495	495	495	440
330	363.0	510/630	408/504	510/630	408/504	510/630	510/630	510/630	408/504				
500	550.0	680/740	544/592	680/740	544/592	680/740	680/740	680/740	544/592				

注：1 表中电气设备出厂试验电压参照现行国家标准《高压输变电设备的绝缘配合》GB 311.1；
2 括号内的数据为全绝缘结构电压互感器的匝间绝缘水平；
3 斜杠上下为不同绝缘水平取值，以出厂（铭牌）值为准。

附 录 B
电机定子绕组绝缘电阻值换算至运行温度时的换算系数

B.0.1 电机定子绕组绝缘电阻值换算至运行温度时的换算系数见表 B.0.1。

表 B.0.1 电机定子绕组绝缘电阻值换算至运行温度时的换算系数

定子绕组温度（℃）		70	60	50	40	30	20	10	5
换算系数 K	热塑性绝缘	1.4	2.8	5.7	11.3	22.6	45.3	90.5	128
	B 级热固性绝缘	4.1	6.6	10.5	16.8	26.8	43	68.7	87

表 B.0.1 的运行温度，对于热塑性绝缘为 75℃，对于 B 级热固性绝缘为 100℃。

B.0.2 当在不同温度测量时，可按表 B.0.1 中所列温度换算系数进行换算。例如某热塑性绝缘发电机在 $t=10℃$ 时测得绝缘电阻值为 100MΩ，则换算到 $t=75℃$ 时的绝缘电阻值为 $100/K=100/90.5=1.1MΩ$。

也可按下列公式进行换算：

对于热塑性绝缘：

$$R_t = R \times 2^{(75-t)/10} \quad (\text{M}\Omega) \tag{B.0.2-1}$$

对于 B 级热固性绝缘：

$$R_t = R \times 1.6^{(100-t)/10} \quad (\text{M}\Omega) \tag{B.0.2-2}$$

式中　R——绕组热状态的绝缘电阻值；

$\quad\quad R_t$——当温度为 t℃时的绕组绝缘电阻值；

$\quad\quad t$——测量时的温度。

附　录　C
变压器局部放电试验方法

C.0.1　电压等级为 110kV 及以上的变压器应进行长时感应电压及局部放电测量试验，所加电压、加压时间及局部放电视在电荷量应符合下列规定：

三相变压器推荐采用单相连接的方式逐相地将电压加在线路端子上进行试验。

施加电压应按图 C.0.1 所示的程序进行。

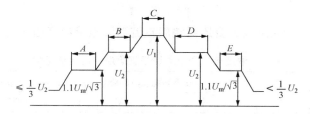

图 C.0.1　变压器长时感应电压及局部放电测量试验的加压程序

注：$A=5\text{min}$；$B=5\text{min}$；$C=$试验时间；
$D \geqslant 60\text{min}$（对于 $U_m \geqslant 300\text{kV}$）或 30min（对于 $U_m < 300\text{kV}$），$E=5\text{min}$

在不大于 $U_2/3$ 的电压下接通电源；

电压上升到 $1.1U_m/\sqrt{3}$，保持 5min，其中 U_m 为设备最高运行线电压；

电压上升到 U_2，保持 5min；

电压上升到 U_1，其持续时间按第 7.0.13 条第 4 款的规定执行；

试验后立刻不间断地将电压降到 U_2，并至少保持 60min（对于 $U_m \geqslant 300\text{kV}$）或 30min（对于 $U_m < 300\text{kV}$），以测量局部放电；

电压降低到 $1.1U_m/\sqrt{3}$，保持 5min；

当电压降低到 $U_2/3$ 以下时，方可切断电源。

除 U_1 的持续时间以外，其余试验持续时间与试验频率无关。

在施加试验电压的整个期间，应监测局部放电量。

对地电压值应为：

$$U_1 = 1.7U_m/\sqrt{3} \tag{C.0.1}$$

$U_2 = 1.5U_m/\sqrt{3}$ 或 $1.3U_m/\sqrt{3}$，视试验条件定。

在施加试验电压的前后，应测量所有测量通道上的背景噪声水平；

在电压上升到 U_2 及由 U_2 下降的过程中，应记录可能出现的局部放电起始电压和熄灭电压。应在 $1.1U_m/\sqrt{3}$ 下测量局部放电视在电荷量；

在电压 U_2 的第一阶段中应读取并记录一个读数。对该阶段不规定其视在电荷量值；

在施加 U_1 期间内不要求给出视在电荷量值；

在电压 U_2 的第二个阶段的整个期间，应连续地观察局部放电水平，并每隔 5min 记录一次。

如果满足下列要求，则试验合格：

试验电压不产生忽然下降；

在 $U_2 = 1.5U_m/\sqrt{3}$ 或 $1.3U_m/\sqrt{3}$ 下的长时试验期间，局部放电量的连续水平不大于 500pC 或 300pC；

在 U_2 下，局部放电不呈现持续增加的趋势，偶然出现的较高幅值的脉冲可以不计入；

在 $1.1U_m/\sqrt{3}$ 下，视在电荷量的连续水平不大于 100pC。

注： U_m 为设备的最高电压有效值。

C.0.2 试验方法及在放电量超出上述规定时的判断方法，均按现行国家标准《电力变压器 第 3 部分：绝缘水平、绝缘试验和外绝缘空气间隙》GB 1094.3 中的有关规定进行。

附 录 D

油浸电力变压器绕组直流泄漏电流参考值

表 D 油浸电力变压器绕组直流泄漏电流参考值

额定电压 (kV)	试验电压峰值 (kV)	在下列温度时的绕组直流泄漏电流值（μA）							
		10℃	20℃	30℃	40℃	50℃	60℃	70℃	80℃
2～3	5	11	17	25	39	55	83	125	178
6～15	10	22	33	50	77	112	166	250	356
20～35	20	33	50	74	111	167	250	400	570
63～330	40	33	50	74	111	167	250	400	570
500	60	20	30	45	67	100	150	235	330

附 录 E

电流互感器保护级励磁曲线测量方法

E.0.1 P 级励磁曲线的测量与检查，应满足下列要求：

核查电流互感器保护级（P 级）准确限值系数是否满足要求有两种间接的方法，励磁曲线测量法和模拟二次负荷法。

1 励磁曲线测量法：

P 级绕组的 V-I（励磁）曲线应根据电流互感器铭牌参数确定施加电压，二次电阻 r_2 可用二次直流电阻 $\overline{r_2}$ 替代，漏抗 x_2 可估算，电压与电流的测量用方均根值仪表。

x_2 估算值见表 E.0.1。

表 E.0.1 x_2 估算值

电流互感器额定电压	独 立 结 构			GIS 及套管结构
	≤35kV	66～110kV	220～500kV	
x_2 估算值（Ω）	0.1	0.15	0.2	0.1

例如：

参数：电流互感器额定电压 220kV，被检绕组变化 1000/5A，二次额定负荷 50V·A，$\cos\phi=0.8$，10P20，则：

额定二次负荷阻抗 $Z_{\mathrm{L}} = \left(\dfrac{50\mathrm{V \cdot A}}{5\mathrm{A}} \div 5\mathrm{A}\right) \times (0.8 + j0.6) = 1.6 + j1.2\Omega$

二次阻抗 $Z_2 = \bar{r}_2 + jx_2 = 0.1 + j0.2$

其中 $\bar{r}_2$ 为直流电阻实测值。

那么，根据已知铭牌参数"10P20"，在 20 倍额定电流情况下线圈感应电势：

$E\big|_{20\mathrm{In}} = 20 \times 5 |(Z_2 + Z_{\mathrm{L}})| = 100 |1.7 + j1.4| = 100\sqrt{1.7^2 + 1.4^2} = 220\mathrm{V}$

如果在二次绕组端施加励磁电压 220V 时测量的励磁电流 $I_0 > 0.1 \times 20 \times 5\mathrm{A} = 10\mathrm{A}$ 时，则判该绕组准确限值系数不合格。

2 模拟二次负荷法：

进行基本误差试验时，如果配置相应的模拟二次负荷可间接核对准确限值系数是否满足要求，例如：

电流互感器铭牌参数同上，在正常的差值法检测电流互感器基本误差线路上，将二次负荷 Z'_{L} 取值改为 $(20-1)Z_2 + 20Z_{\mathrm{L}}$ 即可：

$$\begin{aligned}
Z'_{\mathrm{L}} &= (20-1)Z_2 + 20Z_{\mathrm{L}} \\
&= 19 \times (0.1 + j0.2) + 20 \times (1.6 + j1.2) \\
&= 33.9 + j27.8\Omega
\end{aligned} \qquad (\text{E.}0.1)$$

在接入 Z'_{L} 时测量额定电流（这里为 1000A）时的复合误差（$\sqrt{f^2 + \delta^2 \%}$）大于 10%，则判为不合格，其中 δ 单位取厘弧。

注：1. 由于间接法测量没有考虑一次导体及返回导体电流产生的磁场干扰影响，通常间接法测量合格的互感器再用直接法核查，其结果不一定合格；间接法测量不合格的互感器直接法测量其结果基本上不合格，但是间接法测量方法简单易行；

2. 有怀疑时，宜用直接法测量复合误差，根据测量结果判定是否合格。

E.0.2 电流互感器暂态特性的核查，应满足下列要求：额定电压为 330kV 及以上电压等级独立式、GIS 和套管式电流互感器，线路容量为 30×10^4 kW 及以上容量的母线电流互感器及容量超过 120×10^4 kW 的变电站带暂态性能的各种电压等级的电流互感器，其具有暂态特性要求的绕组应根据铭牌参数，采用低频法或直流法测量其相关参数，核查是否满足相关要求。

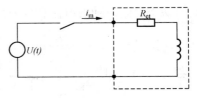

图 E.0.2-1 基本电路

1 交流法。

在二次端子上施加实际正弦波交流电压，测量相应的励磁电流，试验可以在降低的频率下进行，以避免绕组和二次端子承受不能容许的电压。

测量励磁电流应采用峰值读数仪表，以能与峰值磁通值相对应。

测量励磁电压应采用平均值仪表，但刻度为方均根值。

二次匝链磁通道 Φ，可由频率 f' 下的实测所加电压的方均根值 U' 按下式得出：

$$\Phi = \frac{\sqrt{2}}{2\pi f'} \cdot U' \quad (\text{Wb}) \qquad (\text{E.}0.2\text{-}1)$$

额定频率 f 下的等效电压方均根值 U 为：

$$U = \frac{2\pi f}{\sqrt{2}} \cdot \Phi \quad (\text{V, r. m. s.}) \tag{E. 0. 2-2}$$

所得励磁特性曲线为峰值励磁电流 i_m 与代表峰值通道 Φ 的额定频率等效电压方均根值 U 的关系曲线。

励磁电感由上述曲线在饱和磁通 Φ_s 的 20%～90% 范围内的平均斜率确定：

$$L_m = \frac{\Phi_s}{i_m} = \frac{\sqrt{2}U}{2\pi f i_m} \quad (\text{H}) \tag{E. 0. 2-3}$$

当忽略二次侧漏抗时，相应于电阻性总负荷 $(R_{et}+R_b)$ 的二次时间常数 T_s 可按下式计算：

$$T_s = \frac{L_s}{R_s} \approx \frac{L_m}{R_{et}+R_b} \quad (\text{s}) \tag{E. 0. 2-4}$$

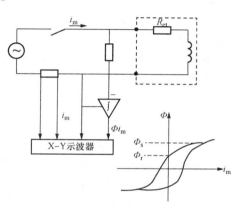

当交流法确定剩磁系数 K_r 时，需对励磁电压积分，见图 E. 0. 2-2，积分的电压和相应的电流在 X－Y 示波器上显示出磁滞回环。如果励磁电流已是饱和磁通 Φ_s 达到的值时，则认为电流过零时的磁通值是剩磁 Φ_r。按定义 $\Phi_r/\Phi_s = \psi_r/\psi_s$，由比率便可求出剩磁系数 K_r。

图 E. 0. 2-2　用磁滞回环确定剩磁系数 K_t

2　直流法。

直流饱和法是采用某一直流电压，它能使磁通达到持续为同一值。励磁电流缓慢上升，意味着受绕组电阻电压的影响，磁通测量值是在对励磁的绕组端电压减去与尺 $R_e i_m$ 对应的附加电压后，再进行积分得出的。典型试验电路见图 E. 0. 2-3。

测定励磁特性时，应在积分器复位后立即闭合开关 S。记录励磁电流和磁通的上升值，直到皆达到恒定时，然后切断开关 S。

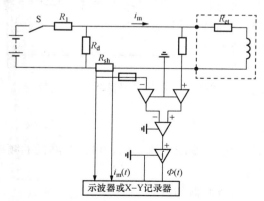

图 E. 0. 2-3　直流法基本电路

磁通 $\Phi(t)$ 和励磁电流 $i_m(t)$ 与时间 (t) 的函数关系的典型试验记录见图 E. 0. 2-4，其中磁通可以用 Wb 表示，或按公式（E. 0. 2-2）额定频率等效电压方均根值 $U(t)$ 表示。

励磁电感（L_m），可取励磁曲线上一些适当点的 $\Phi(t)$ 除以相应的 $i_m(t)$ 得出，或者当磁通值用等效电压方均根值 $U(t)$ 表示时，使用公式（E. 0. 2-3）。

因为 TPS 和 TPX 级电流互感器要求确定 $\Phi(i_m)$ 特性的平均斜率，故推荐采用 X-Y 记录仪。

一旦开关 S 断开，衰减的励磁电流流过二次绕组和放电电阻 R_d。随之磁通值下降，但它在电流为零时，不会降为零。如选取的励磁电流 i_m 使磁通达到饱和值时，则在电流为零时剩余的磁通值认为是剩磁 Φ_r。

TPS 和 TPX 级电流互感器的铁芯必须事先退磁，退磁的 TPY 级电流互感器的剩磁系数（K_r）用比率 Φ_r/Φ_s 确定。

对于铁芯未事先退磁的 TPY 级电流互感器，其剩磁系数（K_r）可用交换二次端子的补充试验确定。这时的剩磁系数（K_r）计算方法同上，但假定 Φ_r 为第二次试验测得的剩磁值的一半。

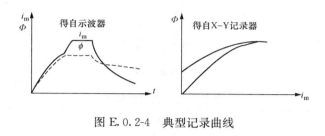

图 E.0.2-4　典型记录曲线

附　录　F
电力电缆线路交叉互联系统试验方法和要求

F.0.1　交叉互联系统的对地绝缘的直流耐压试验：试验时必须将护层过电压保护器断开。在互联箱中将另一侧的三段电缆金属套都接地，使绝缘接头的绝缘环也能结合在一起进行试验，然后在每段电缆金属屏蔽或金属套与地之间施加直流电压 10kV，加压时间 1min，不应击穿。

F.0.2　非线性电阻型护层过电压保护器。

1　氧化锌电阻片：对电阻片施加直流参考电流后测量其压降，即直流参考电压，其值应在产品标准规定的范围之内；

2　非线性电阻片及其引线的对地绝缘电阻：将非线性电阻片的全部引线并联在一起与接地的外壳绝缘后，用 1000V 兆欧表测量引线与外壳之间的绝缘电阻，其值不应小于 10MΩ。

F.0.3　交叉互联性能检验：本方法为推荐采用的方式，如采用本方法时，应作为特殊试验项目。

使所有互联箱连接片处于正常工作位置，在每相电缆导体中通以大约 100A 的三相平衡试验电流。在保持试验电流不变的情况下，测量最靠近交叉互联箱处的金属套电流和对地电压。测量完后将试验电流降至零，切断电源。然后将最靠近的交叉互联箱内的连接片重新连接成模拟错误连接的情况，再次将试验电流升至 100A，并再测量该交叉互联箱处的金属套电流和对地电压。测量完后将试验电量降至零，切断电源，将该交叉互联箱中的连接片复原至正确的连接位置。最后再将试验电流升至 100A，测量电缆线路上所有其他交叉互联箱处的金属套电流和对地电压。

试验结果符合下述要求则认为交叉互联系统的性能是满意的：

1）在连接片做错误连接时，试验能表明存在异乎寻常大的金属套电流；

2）在连接片正确连接时，将测得的任何一个金属套电流乘以一个系数（它等于电缆的额定电流除以上述的试验电流）后所得的电流值不会使电缆额定电流的降低量超过 3％；

3）将测得的金属套对地电压乘以上述 2）项中的系数后不超过电缆在负载额定电流时规定的感应电压的最大值。

F.0.4 互联箱

1 接触电阻：本试验在做完护层过电压保护器的上述试验后进行。将刀闸（或连接片）恢复到正常工作位置后，用双臂电桥测量闸刀（或连接片）的接触电阻，其值不应大于 $20\mu\Omega$；

2 闸刀（或连接片）连接位置：本试验在以上交叉互联系统的试验合格后密封互联箱之前进行。连接位置应正确。如发现连接错误而重新连接后，则必须重测闸刀（连接片）的接触电阻。

附 录 G
特殊试验项目表

表 G 特殊试验项目表

序号	条款	内　　　容
1	3.0.14	测量转子绕组的交流阻抗和功率损耗
2	3.0.15	测量三相短路特性曲线
3	3.0.16	测量空载特性曲线
4	3.0.17	在发电机空载额定电压下测录发电机定子开路时的灭磁时间常数
5	3.0.18	发电机在空载额定电压下自动灭磁装置分闸后测量定子残压
6	3.0.20	测量轴电压
7	3.0.21	定子绕组端部固有振动频率测试及模态分析
8	3.0.22	定子绕组端部现包绝缘施加直流电压测量
9	4.0.11	测录直流发电机的空载特性和以转子绕组为负载的励磁机负载特性曲线
10	5.0.5	测录空载特性曲线
11	7.0.12	变压器绕组变形试验
12	7.0.14	绕组连同套管的长时感应电压试验带局部放电测量
13	9.0.4	互感器的局部放电测量
14	9.0.9	互感器误差测量 1　用于关口计量的互感器（包括电流互感器、电压互感器和组合互感器）必须进行误差测量，且进行误差检测的机构（实验室）必须是国家授权的法定计量检定机构； 2　用于非关口计量，电压等级 35kV 及以上的互感器，宜进行误差测量
15	9.0.12	电容式电压互感器（CVT）检测 2CVT 电磁单元因结构原因不能将中压联线引出时，必须进行误差试验，若对电容分压器绝缘有怀疑时，应打开电磁单元引出中压联线进行额定电压下的电容量和介质损耗角 $\tan\delta$ 的测量
16	18.0.5	电力电缆交流耐压试验（35kV 及以上电压等级）
17	F.0.3	交叉互联性能检验
18	19.0.4	耦合电容器的局部放电试验
19	25.0.3	测量 35kV 以上线路的工频参数
20	26.0.3	接地阻抗值测量（接地网）
21	全规范中	110kV 及以上电压等级电气设备的交、直流耐压试验（或高电压测试）
22	全规范中	各种电气设备的局部放电试验
23	全规范中	SF_6 气体和绝缘油（除击穿电压试验外）试验

本规范用词说明

1 为便于在执行本规范条文时区别对待，对要求严格程度不同的用词说明如下：

1）表示很严格，非这样做不可的用词：正面词采用"必须"，反面词采用"严禁"。

2）表示严格，在正常情况下均应这样做的用词：正面词采用"应"，反面词采用"不应"或"不得"。

3）表示允许稍有选择，在条件许可时首先应这样做的用词：正面词采用"宜"，反面词采用"不宜"；

表示有选择，在一定条件下可以这样做的用词，采用"可"。

2 本标准中指定应按其他有关标准、规范执行的写法为"应符合……的规定"或"应按……执行"。

电气装置安装工程电气设备交接试验标准

条　文　说　明

目　次

1 总则

1.0.2 本条规定了本标准的适用范围。

1 规定本标准适用于 500kV 及以下新安装电气设备的交接试验。参照现行国家标准《高压输变电设备的绝缘配合》GB 311.1 等有关规定，已将试验电压适用范围提高到 500kV 电压等级的实际情况，予以明确规定。

2 对于安装在煤矿井下或其他有爆炸危险场所的电气设备，因其工作条件特殊，有关部门已制定有专用规程，因此，本标准不适用于安装在煤矿井下或其他有爆炸危险场所的电气设备。

3 本条增加了"按照国家相关出厂试验标准试验合格的电气设备交接试验"的内容。明确了制造厂家出厂试验与现场交接试验的界线，如果制造厂出厂试验的项目，因某种原因而需要到现场完成，该试验项目应由制造厂到现场去负责做完，而不属于交接试验范围。为此，修编后的标准中，将一些属于制造厂的出厂试验项目相应删去。

1.0.3 本条所列继电保护等，规定其交接试验项目和标准按相应的专用规程进行。

1.0.4 过去新装的变电站在交接试验时，对 110kV 及以上的电气设备，大多数未做交流耐压试验，但在投入试运行后未发生问题。另外，目前各基建单位大多数缺乏进行此项试验的设备，在国内普遍推行有实际困难，故仍保留原条文。

另外，本条中的"进行耐压试验"，是指"进行工频交流或直流耐压试验"。

本条对变压器、电抗器及消弧线圈注油后绝缘试验前的静置时间的规定，是参照国内及美国、日本的安装、试验的实践而制定，以便使残留在油中的气泡充分析出。

1.0.7 本条是对进行与湿度及温度有关的各种试验提出的要求。

1 试验时要注意湿度对绝缘试验的影响。有些试验结果的正确判断不单和温度有关，也和湿度有关。因为做外绝缘试验时，若相对湿度大于 80%，闪络电压会变得不规则，故希望尽可能不在相对湿度大于 80% 的条件下进行试验。为此，规定试验时的空气相对湿度不宜高于 80%。但是根据我国的实际情况，北方寒冷，试验时温度上往往不能满足要求；南方潮湿，试验时湿度上往往不能满足要求。所以增加了"对不满足上述温度、湿度条件情况下测得的试验数据，应进行综合分析，以判断电气设备是否可以投入运行"。

2 规定常温为 10～40℃，以便现场试验时容易掌握。原规范中"运行温度为 75℃"的规定，在这次修编中被删去了，考虑被试物不同，其运行温度也不同，应以不同被试物的产品标准来定为好。

3 规定对油浸式变压器、电抗器及消弧线圈，应以其上层油温作为测试温度，以便与制造厂及生产运行的测试温度的规定统一起来。

1.0.8 经过多年来试验工作的实践，对于极化指数也掌握了一定的规律，因此这次修编中，在发电机、变压器等章节内，对极化指数测量也作出了具体规定。对于大容量、高电压的设备做极化指数测量，是绝缘判断的有效手段之一，望今后积累经验资料，更加完善该项测试、判断技术。

1.0.10 为了与国家标准中关于低压电器的有关规定及现行国家标准《三相异步电动机试验方法》GB 1032—85 中的有关规定尽量协调一致，将电压等级增加为 5 挡，即 100V 以下、500V 以下至 100V、3000V 以下至 500V、10000V 以下至 3000V 和 10000V 及以上，使规定范围更为严密。

为了保证测试精度，修编后的标准规定了兆欧表的量程。同时对用于极化指数测量的兆欧表，规定其短路电流不应低于 2mA。

1.0.11 规定了本标准的高压试验方法应按现行国家标准《高电压试验技术 第一部分：一般试验要求》GB/T 16927.1、《高电压试验技术 第二部分：测量系统》GB/T 16927.2、《现场绝缘试验实施导则》DL/T 474.1～5 及相关设备标准的规定进行。作以综合统一，便于将试验结果进行比较分析。

1.0.12 对进口设备的交接试验，应按合同规定的标准执行。这是常规做法。由于我国的现实情况，某些标准高于引进机组的标准，标准不同的情况应在签订订货合同时解决，或在工程联络会（其会议纪要同样具有合同效果）时协商解决。

为使合同签订人员对标准不同问题引起重视，本条要求签订设备进口合同时注意，验收标准不得低于本标准的原则规定。

1.0.13 对技术难度大、需要特殊的试验设备、应由具备相应资质和试验能力的单位进行的试验项目，被列为特殊试验项目。特殊试验项目见附录 G。本条为新增加条文。

对技术难度大、需要特殊试验设备的试验，往往在一个工程中发生次数少、设备利用率不高，这些试验又必须由具有相应试验能力，经常做这些试验的单位来承担，才可保证试验质量。因此通常安装单位不具备这些条件。

过去在施工现场，往往因为这些试验项目实施，甲乙双方意见难以统一，影响标准的执行。修编后的标准，将这些项目统一定为特殊试验项目，按现行有关国家概算的规定，特殊试验项目不包括在概算范围内，当需要做这些试验时，应由甲方承担费用，乙方配合试验，便于标准的执行。

列入特殊试验项目的内容，主要有以下几个方面（具体项目见附录 G）：

1 随着科技的发展，试验经验的积累，修编后的标准中增加了一些新的试验项目。

2 原标准没有规定必须试验的项目，修编后改为必须试验的项目。

3 原来施工单位一直是委托高一级的试验单位来做的试验项目。

4 属于整套起动调试的试验项目。

3 同步发电机及调相机

3.0.1 本条规定了同步发电机及调相机的试验项目。

1 第 1 款中极化指数测量项目，是根据国家标准《旋转电机绝缘电阻测试标准》GB/T 20160—2006 增加的内容。

2 原标准中规定的定子铁芯试验和测量超瞬态电抗和负序电抗试验两条被删去，考虑这两条是制造厂的出厂试验项目或型式试验项目，不应属于现场交换试验项目，因此不再列入本规范中。

3 修改后标准中增加了定子绕组端部固有振动频率测试及模态分析，是根据《大型汽轮发电机定子绕组端部动态特性的测量及评定》DL/T 735—2000 中要求交接试验时进行此项试验。按照标准要求，200MW 及以上容量的汽轮发电机，设备交接现场应当进行此项试验。

4 修改后标准中增加了定子绕组端部现包绝缘施加直流电压测量，是根据《电力设备预防性试验规程》DL/T 596 中要求的交接试验项目。

3.0.2 测量定子绕组的绝缘电阻和吸收比或极化指数，对于吸收比的要求，沿用原规范对沥青浸胶及烘卷云母绝缘不应小于1.3；对环氧粉云母绝缘不应小于1.6。对于容量200MW及以上机组应测量极化指数，极化指数不应小于2.0。是根据现行国家标准《旋转电机绝缘电阻测试标准》GB/T 20160—2006的具体要求制定的，规定旋转电机应当测量极化指数，对B级以上绝缘电机的最小推荐值是2.0。

3.0.4 本条规定了定子绕组直流耐压试验和泄漏电流测量的试验标准、方法及注意事项。特别对氢冷电机，必须严格按本条要求进行耐压试验，以防含氢量超过标准时发生氢气爆炸事故。

原标准中规定各相泄漏电流的差别不应大于最小值的50%，多年来现场试验的经验表明，该差别规定过小，现预防性试验规程中，已规定各相泄漏电流的差别不应大于最小值的100%，这次修改中，也改为差别不应大于最小值的100%。原标准中规定，当最大泄漏电流在20μA以下，各相差值与出厂试验值比较不应有明显差别。在修编过程的讨论中，大家认为：本项试验与试验条件关系较大，出厂试验与现场试验的条件不一样，以此相互比较意义不大。为此改为根据绝缘电阻值和交流耐压试验结果综合判断为良好时，各相间差值可不考虑：强调了试验的综合分析，有助于对绝缘状态的准确判断。

近年来，有的制造厂生产的水内冷电机，其汇水管与地之间无绝缘（死接地），因汇水管接地打不开，通常要求把水完全吹干才能进行此项试验，但交接现场可能比较困难，若没有吹得很干燥，试验时有可能在积存水的部位发生放电，甚至破坏绝缘引水管。为此标准规定现场可不进行该项试验。

本条表3.0.5是根据现行国家标准《旋转电机定额和性能》GB 755—2000表14及相关说明制定的，即对10000kW（或kV·A）及以上容量的旋转电机，设备出厂的定子绕组交流耐压试验取2倍额定电压加1000V，现场验收试验电压取出厂试验的80%；对24000V及以上电压等级的发电机，原则上是与生产厂家协商后确定试验电压。

3.0.8 关于转子绕组交流耐压试验，沿用原规范的标准，对隐极式转子绕组可用2500V兆欧表测量绝缘电阻来代替。近年来发电机无刷励磁方式已采用较多，这些电机的转子绕组往往和整流装置连接在一起，当欲测量转子绕组的绝缘（或耐压）时，应遵守制造厂的规定，不要因此而损坏电子元件。

3.0.9 本条指出了励磁回路中有电子元器件时，测量绝缘电阻时应注意的事项。

3.0.10 本条中，交流耐压试验的试验电压沿用原标准，同时增加了用2500V兆欧表测量绝缘电阻方式代替。

3.0.12 本条文要求对埋入式测温计应测其绝缘电阻和直流电阻，检查其完好性，测温计的精确度现场不做校验，对二次仪表部分应进行常规校验，因此整体要求核对指示值，应无异常。

3.0.14 本条测量转子交流阻抗，沿用原规范内容。增加了对无刷励磁机组，当无测量条件时，可以不测。同时应当要求制造厂提供有关资料。

3.0.15 制定本条第2款的理由如下：

1 交接试验的目的，主要是检查安装质量。发电机特性不可能在安装过程中改变。30多年实践证明，现场测得的短路特性和出厂试验很接近，没有发现因做这项试验而发现发电机本身有什么问题。因此当发电机短路特性已有出厂试验报告时，可以此为依据作为原始资料，不必在交接时重做这项试验。

2 单元接线的发电机变压器组容量大，在整套起动试验过程中，以10多小时来拆装短路母线，拖延整个试验时间，而且很不经济。

3 为了给电厂留下一组特性曲线以备检修后复核，因此规定"可只录取发电机变压器组的短路特性"。

3.0.16 本条文第2款规定："在额定转速下，试验电压的最高值，对于汽轮发电机及调相机应为定子额定电压值的120%（原标准为130%），对于水轮发电机应为定子额定电压值的130%（原标准为150%）。"试验电压值比原标准低，其理由如下：交接试验中，做此试验一般是和厂家出厂试验做比较，做得太高并无太大意义。

本条第4款的规定也是从交接试验的目的和缩短整套起动试验的时间考虑的，电压加到额定电压的105%，是考虑变压器的运行电压为额定电压的105%。

3.0.17 测录发电机定子开路时的灭磁时间常数。对发电机变压器组，可带空载变压器同时进行。这样与3.0.16条相对应，留下此数据，便于以后试验比较。

3.0.20 本条对汽轮发电机及水轮发电机测量轴电压提出要求；同时规定在不同工况下进行测定。

3.0.21 定子绕组端部固有振动频率测试及模态分析。按《大型汽轮发电机定子绕组端部动态特性的测量和评定》DL/T 735规定："新机交接时，绕组端部整体模态频率在94～115Hz范围之内为不合格。"本标准此处加上限制条件"椭圆振型"，这样规定对质量标准有所放宽，这与机械行业标准《大型汽轮发电机定子绕组端部模态试验分析和固有频率测量方法及评定》JB/T 8990—1999的规定一致。此条低于电力行业标准，对减少交接验收的纠纷有一定帮助，也符合行标高于国标的总精神。但对于不是椭圆振型的100Hz附近的模态频率也不能认为正常，应当引起密切关注，可以认为存在较严重质量缺陷，可能会造成运行中局部发生松动、磨损故障。局部的固有频率对整体振型影响较小，但不等于不会破坏局部结构，例如单根引线的固有频率不好，造成引线断裂、短路事故国内已发生多起，包括石横电厂、沙角C电厂、绥中电厂等发电机引线上发生的严重短路事故。

关于第3款，因为这一试验项目为特殊试验项目，现场将请高一级的试验机构来做，如当发电机到现场后，端部未见明显变动时，且制造厂已进行过试验，可不进行试验。

根据试验实践，该试验的条件、试验结果的分散性比较大。有时制造厂的试验结果与现场试验结果相差较大，所以如果有条件时，宜尽可能安排此试验，一方面可以验证出厂试验数据，另一方面可留下安装原始数据，对保证发电机的安装质量，以及为将来运行、检修提供参考数据。

3.0.22 本条对定子绕组端部现包绝缘施加直流电压测量的条件、施加电压值及标准作了规定。根据防止电力生产重大事故的二十五项重点要求和《电力设备预防性试验规程》DL/T 596的规定编写。

4 直流电机

4.0.3 规定了直流电阻测量值与制造厂数据比较的标准，是参照《电力设备预防性试验规程》DL/T 596而制定的误差标准。使交接试验标准与预防性试验标准相统一。

4.0.4 本条规定了测量电枢整流片间直流电阻的试验方法和标准。

当叠绕组回路有焊接不良、导线断裂或短路故障时，在相邻的两片间测量直流电阻，即能准确发现；

对波绕组应在绕组两端的整流片上测量，才能准确发现其缺陷；

对蛙式绕组要根据其接线的实际情况来测量其叠绕组和波绕组片间直流电阻，才能准确而有效地发现绕组回路的缺陷。

4.0.8 本条增加了用 2500V 兆欧表测量绝缘电阻方式来代替。这是简单可行的方法。

4.0.11 本条规定测录"以转子绕组为负载的励磁机负载特性曲线"，这就明确了负载特性试验时，励磁机的负载是转子绕组，以免在执行中引起误解。

4.0.12 本条为新增条文。

1 发电厂中的直流电动机都是属于事故电机，其电源装置是电厂中的直流蓄电池装置，容量对电机而言是有限的，所以建议空载运转时间一般采用不小于 30min。如空转检查时间不够而延长时，应适当注意蓄电池的运行情况，不要使蓄电池缺电运行。

2 直流电动机试运时，要测量空载运行转速和电流，当转速调整到所需要的速度后，记录空转电流。

5 中频发电机

5.0.1 本条规定了中频发电机的试验项目，增加了第 6 款，并在下面相应条文中对该款予以说明。

5.0.3 测量绕组的直流电阻时，要注意有的制造厂生产的作为副励磁机使用的感应子式中频发电机，发生过由于引线长短差异以致各相绕组电阻值差别超过标准，但经制造厂检查无异状而投运的事例。为此，要求测得的绕组电阻值应与制造厂出厂数比较为妥。

5.0.5 永磁式中频发电机现已开始在新建机组上使用，测录中频发电机电压与转速的关系曲线，以此检查其性能是否有改变。要求测得的永磁式中频发电机的电压与转速的关系曲线与制造厂出厂数值比较，应无明显差别。

5.0.6 近年来安装机组容量增大，中频发电机组也装有埋入式测温装置，因此增加本条文，其试验方法相同于发电机的测温装置。

6 交流电动机

6.0.1 本条注中的电压 1000V 以下且容量为 100kW 以下的规定，是参照《电力设备预防性试验规程》DL/T 596 的规定制定的。其中需进行第 10、11 两款的试验，是因为定子绕组极性检查和空载转动检查对这类电动机也是必要的，但有的机械和电动机连接不易拆开的，可以连同机械部分一起试运。

6.0.2 电动机绝缘多为 B 级绝缘，参照不同绝缘结构的发电机其吸收比不同的要求，规定电动机的吸收比不应低于 1.2。

对于容量为 500kW 以下，转速为 1500r/min 以下的电动机，在 10～30℃时测得的吸收比大于 1.2 即可。

凡吸收比小于 1.2 的电动机，都先干燥后再进行交流耐压试验。高压电动机通三相 380V 的交流电进行干燥是很方便的。因为大多数是由于绝缘表面受潮，干燥时间短；有的电动机本身有电热装置，所以电动机的吸收比不低于 1.2 是能达到的。收集了一些关于新安装电动机的资料，并将测得的绝缘电阻值和吸收比汇总列于表 1 中。从表 1 中可以看出，新安装电动机的吸收比都可以达到 1.2 的标准。

表1 电动机的绝缘电阻值和吸收比测量记录

电机型号	额定工作电压 (kV)	容量 (kW)	绝缘电阻（M）			测试时温度 (℃)
			R60s	R15s	R60s/R15s	
YL	6	1000	2500	1500	1.66	5
JSL	6	550	670	450	1.48	4
JK	6	350	1100	9000	1.22	4
JSL	6	360	3400	1900	1.78	4
JS	6	300	1900	860	2.2	18
JS	6	1600	4000	1800	2.22	16
JS	6	2500	5000	2500	2.0	25
JSQ	6	550	3100	1400	2.21	12
JSQ	6	475	1500	500	3.0	12
JS	6	850	4000	1500	2.66	11

6.0.3 新安装的交流电动机定子绕组的直流电阻测量值与误差计算实例见表2。

表2 交流电动机定子绕组的直流电阻测量值与误差计算表

电机型号	容量（kW）	线间直流电阻值（Ω）			按最小值比的误差（%）
		1～2	2～3	3～1	
JSL	550	1.400	1.406	1.398	0.57
JK	350	2.023	2.025	2.025	0.09
JSL	360	2.435	2.427	2.430	0.32
JS	300	2.850	2.856	2.850	0.21
JS2	1600	0.1365	0.1365	0.1363	0.15
JS2	2500	0.0733	0.0735	0.0739	0.81
JSQ	550	1.490	1.480	1.484	0.67
JSQ	475	1.776	1.770	1.770	0.34
JS	850	0.6357	0.6360	0.6365	0.12
JS	220	4.970	4.98	4.972	0.2

表2说明，新安装的交流电动机定子绕组的直流电阻的判断标准按最小值比进行判断是可行的。另外，《电力设备预防性试验规程》DL/T 596 中对已运行过的交流电动机定子绕组的直流电阻的标准仍是："各相绕组的直流电阻相互差别不应超过最小值的2%，线间电阻不超过最小值的1%。"本标准与之相统一。

6.0.4 目前交流电动机的容量已达 6000kW 以上，相当于一台小型发电机，对其绝缘性能应加强判断，因此增设定子绕组的直流耐压试验项目。

本条规定对 1000V 以上及 1000kW 以上中性点连线已引出至出线端子的电动机进行直流耐压试验和测量泄漏电流。试验电压标准参照《电力设备预防性试验规程》DL/T 596 中的有关规定。由于做直流耐压试验时须分相进行，以便将各相泄漏电流的测得值进行比较分析，因此，对中性点已引出的电动机才进行此项试验。

6.0.9 本条需要注意的是电阻值最后设定值应满足电机的工作要求，最后设定后做好相关数据记录，供以后运行及检修比较。

6.0.12 本条沿用原标准要求，规定了电动机空转的时间和测量空载电流的要求。

电动机带负荷试运，有时发生电动机发热，三相电流严重不平衡，如果做过空载试验，就可以辨别是电机的问题还是机械的问题，从而使问题简单化，因此增设了此项试验。

7 电力变压器

7.0.1 本条款及注参照相应的国家标准等要求作了如下补充修改：

1 由于其他试验尤其是高压绝缘试验应在绝缘油试验合格的基础上进行，本次修订中将绝缘油试验从 11 位提到第 1 位，并加入 SF₆ 气体试验要求；而铁芯与夹件绝缘严重不合格时进行其他试验项目是不合适的，将"测量与铁芯绝缘的各紧固件及铁芯接地线引出套管对外壳的绝缘电阻"从排序 9 提到排序 5，名称更改为：测量与铁芯绝缘的各紧固件（连接片可拆开者）及铁芯（有外引接地线的）绝缘电阻。上述两项变化体现了绝缘试验顺序的重要性。

2 注 2、注 3、注 4、注 5 是按照不同用途的变压器而规定其应试验的项目。

3 注 6 是为了适应变压器安装技术的进步而规定的附加要求。

7.0.2 本条款及注参照相应的国家标准等要求作了如下补充修改：

1 油浸式变压器油中色谱分析对放电、过热等多种故障敏感，是目前非常有效的变压器检测手段。新标准中大型变压器感应电压试验时间延长，严重的缺陷可能产生微量气体，因此在本次修订中加入了耐压试验后色谱分析项目。考虑到气体在油中的扩散过程，规定试验结束 24h 后取样，并参照《变压器油中溶解气体分析和判断导则》GB/T 7252 规定，明确了色谱分析的合格标准。

2 考虑到 SF₆ 气体绝缘变压器应用逐步扩大，本次修改提出了 SF₆ 气体绝缘含水量检验及检漏的考核项目及标准：标准中 SF₆ 气体含水量用 20℃ 的体积分数，当温度不同时，应与温湿度曲线核对，进行相应换算。

7.0.3 测量绕组连同套管的直流电阻条款中，考虑部分变压器的特殊结构，由于变压器设计原因导致的直流电阻不平衡率超差说明原因后不作为质量问题。修改了直流电阻温度换算公式，便于现场使用。

7.0.4 本条规定了绕组电压等级在 220kV 及以上的变压器变压比误差标准。

目前在变压器常用接线组别的变压测试中，电压表法一般均被变压比电桥测试仪所代替，它使用方便，且能较正确地测出变压比误差，对综合判断故障、及早发现问题有利。

本条文只规定了 220kV 及以上电压等级的变压器变压比误差要求，是考虑它们在电力系统中的重要性以及施工单位对这些设备的测试能力。

按照调研资料分析，变压器出厂后曾发现分接头有接错现象，为此对 220kV 以下等级的变压器，只要施工单位具有变压比误差测试仪器也可进行测试，以便及早发现可能存在的隐患。

对于 220kV 及以上电力变压器在额定分接头位置比误差标准是参照《电力变压器》GB 1094—1996 表 4 中有关标准制定的。

7.0.5 检查变压器接线组别和极性必须与设计要求相符，主要是指与工程设计的电气主接线相符。目的是为了避免在变压器订货或发货中以及安装接线等工作中造成失误。

7.0.6 本条明确了绝缘测试的时间及要求，以便能更好地发现薄弱环节；

施工中曾发现运输用的铁芯支撑件未拆除问题，故规定在注油前要检查接地线引出套管对外壳的绝缘电阻，以免造成较大的返工。

7.0.8 有载调压切换装置的检查和试验，要求变压器带电前应进行有载调压切换装置切换过程试验，且循环操作后进行绕组连同套管在所有分接下直流电阻和电压比测量，以检测调压切换后可能出现的故障。

7.0.9 由于考虑到变压器的选用材料、产品结构、工艺方法以及测量时的温度、湿度等因素的影响，难以确定出统一的变压器绝缘电阻的允许值，故将 GBJ 232—82 中的表 7.0.5-1 "油浸电力变压器绕组绝缘电阻的最低允许值"增加以下各点补充后列于表 3，当无出厂试验报告时可供参考。

表 3　油浸电力变压器绕组绝缘电阻的最低允许值（MΩ）

高压绕组电压等级(kV)	温度（℃）								
	5	10	20	30	40	50	60	70	80
3～10	675	450	300	200	130	90	60	40	25
20～35	900	600	400	270	180	120	80	50	35
63～330	1800	1200	800	540	360	240	160	100	70
500	4500	3000	2000	1350	900	600	400	270	180

注：1. 补充了温度为 5℃时各电压等级的变压器绕组的绝缘电阻允许值。这是按照温度上升 10℃，绝缘电阻值减少一半的规定按比例折算的；
　　2. 参照原电力部《电力设备预防性试验规程》DL/T 596 中，油浸电力变压器绕组泄漏电流允许值的内容，补充了在各种温度下 330kV 级变压器绕组绝缘电阻的允许值；
　　3. 参照能源部《交流 500kV 电气设备交接和预防性试验规程》SD 301—88 中的规定："绕组连同套管的绝缘电阻的最低值，当温度为 20℃时，不应小于 2000MΩ。"补充了在各种温度下 500kV 级变压器绕组绝缘电阻的允许值，并按表 7.0.9 的温度换算的规定，进行换算后列入表中的。

不少单位反映 220kV 及以上大容量变压器的吸收比达不到 1.3，而现行的变压器国标中也无此统一标准。调研后认为，220kV 及以上的大容量变压器绝缘电阻高，泄漏电流小，绝缘材料和变压器油的极化缓慢，时间常数可达 3min 以上，因而 R60s/R15s 就不能准确地说明问题，为此本条中引入了"极化指数"的测量方法，即 R10min/R1min，以适应此类变压器的吸收特性，实际测试中要获得准确的数值，还应注意测试仪器、测试温度和湿度等的影响。

"变压器电压等级为 35kV 及以上且容量在 4000kV•A 及以上时，应测量吸收比"，是参照现行国家标准《三相油浸式电力变压器技术参数和要求》GB/T 6451—1999 的规定修订的。

为了便于换算各种温度下的绝缘电阻，在本条表 7.0.9 下面增加了注，以便现场应用。

7.0.10 本条第 1 款是参照国家标准《三相油浸式电力变压器技术参数和要求》GB/T 6451—1999 的规定修订的。

参照国家标准《三相油浸式电力变压器技术参数和要求》GB/T 6451—1999 的有关规定，原条文中表 7.0.6-1 "油浸式电力变压器绕组介质损耗角正切值 tanδ（％）最高允许值"，经补充后列于表 4，供参考。

表4　油浸式电力变压器绕组介质损耗角正切值 $\tan\delta$（％）最高允许值

高压绕组电压等级（kV）	温度（℃）							
	5	10	20	30	40	50	60	70
35 及以下	1.3	1.5	2.0	2.6	3.5	4.5	6.0	8.0
35～220	1.0	1.2	1.5	2.0	2.6	3.5	4.5	6.0
330～500	0.7	0.8	1.0	1.3	1.7	2.2	2.9	3.8

7.0.11　该项目测试容量从测试的必要性考虑提高到 10000kV·A 及以上，另外也规定了 500kV 电压等级的直流试验电压标准。

变压器直流泄漏电流在制造厂是不测试的，但多年来预防性试验证明，对发现变压器受潮或局部缺陷是有效的；目前虽因测试的分散性很大，无法列出统一标准，但可供以后运行时对照。

为了使直流泄漏电流值测试能获得较准确的判断，在试验中应注意"电渗现象"，即当绕组施加正极性试验电压时，水分会因电场作用而被排斥渗向油箱，使绝缘物中的水分相对被减少，因而实际测得的泄漏电流值变小，为此在直流泄漏试验时应将负极接到被试绕组上。

500kV 绕组的直流泄漏试验电压为 60kV 的标准是参照能源部《交流 500kV 电气设备交接和预防性试验规程》（试行）中的规定。

附录 D 列出的油浸电力变压器绕组直流泄漏电流值是运行、试验单位多年来实践的总结，以便于各单位测试时参考。

7.0.12　变压器抗短路能力评价目前还没有完整的理论体系。依据电力行业反事故措施要求以及近年来运行事故的实际情况，为考核变压器抗短路能力，引入了现场绕组变形试验。运行中变压器短路后绕组变形较为成熟的表征参数是绕组频率响应特性曲线的变化。不具备试验条件时，也可以用低电压下的工频参数测量代替。鉴于变压器设计差异性较大，目前易于操作的方法是将短路后绕组频率响应与原始数据比较。因此，要求投运前进行绕组频率响应特性曲线测量或低电压下的工频参数测量，并将测量数据作为原始指纹型参数保存。新修订的条文中规定对于 35kV 及以下电压等级变压器，推荐采用低电压短路阻抗法；对于 66kV 及以上电压等级变压器，推荐采用频率响应法测量绕组特征图谱。

7.0.13　外施耐压试验用来验证线端和中性点端子及它们所连接的绕组对地及对其他绕组的外施耐受强度；短时感应耐压试验（ACSD）用来验证每个线端和它所连绕组对地及对其他绕组的耐受强度以及相间被试绕组纵绝缘的耐受强度。这两项试验从目的而言是有差异的。但考虑到交接试验主要考核运输和安装环节的缺陷，且电压耐受对绝缘在一定程度上会造成损坏，因此在交接过程中进行一次交流电压耐受即可，这里提出两种试验方法以供选择。油浸式变压器试验电压的标准依据《电力变压器》GB 1094，改为出厂试验电压值的 80％。

7.0.14　本条参照相应的国家标准等要求作了如下补充修改：

长时感应电压试验（ACLD）用以模拟瞬变过电压和连续运行电压作用的可靠性。附加局部放电测量用于探测变压器内部非贯穿性缺陷。ACLD 下局部放电测量作为质量控制试验，用来验证变压器运行条件下无局放，是目前检测变压器内部绝缘缺陷最为有效的手段。结合近年来运行经验，参考 IEC 和新修订的国家标准《电力变压器》中的有关规定，要求电压等级 220kV 及以上，在新安装时，必须进行现场长时感应电压及局部放电测量试验。对于电压等级为 110kV 的变压器，当对绝缘有怀疑时，应进行局部放电试验。变压器局部放电测量中，试验电压和试验时间应按照国家标准《电力变压器》中有关规定执行。

7.0.15 本条规定对于"发电机变压器组中间连接无操作断开点的变压器，可不进行冲击合闸试验"，理由如下：

1 由于发电机变压器组的中间连接无操作断开点，在交接试验时，为了进行冲击合闸试验，需对分相封闭母线进行几次拆装，费时几十小时，将耗费很大的人力物力及投产前的宝贵时间；

2 发电机变压器组单元接线，运行中不可能发生变压器空载冲击合闸的运行方式；

3 历来对变压器冲击合闸主要是考验变压器在冲击合闸时产生的励磁涌流是否会使变压器差动保护误动作，并不是用冲击合闸来考验变压器的绝缘性能。

本条规定无电流差动保护的干式变压器可冲击 3 次。理由是无电流差动保护的干式变压器，一般电量主保护是电流速断，其整定值避开冲击电流的余度较差动保护要大，通过对变压器过多的冲击合闸来检验干式变压器及保护的性能意义不大，所以规定冲击 3 次。

7.0.17 本条是参照了 IEC 551 标准及《变压器和电抗器的声级测定》GB 7328—87 规定而制定的。

8 电抗器及消弧线圈

本章多数试验项目或条款与第 7 章"电力变压器"的相同，为此以下仅对本章特有的试验项目及条款加以说明。

8.0.10 条文中规定并联电抗器的冲击合闸应在带线路下进行，目的是为了防止空载下冲击并联电抗器时产生较高的谐振过电压，从而造成对断路器分、合闸操作后的工况及电抗器绝缘性能等带来不利影响。

8.0.12 箱壳的振动标准是参照了 IEC 有关标准并结合能源部《交流 500kV 电气设备交接和预防性试验规程》（试行）的规定。试验目的是为了避免在运行中过大的箱壳振动而造成开裂的恶性事故。对于中性点电抗器，因运行中很少带全电压，故对振动测试不作要求。

8.0.13 测量箱壳表面的温度分布，主要是检查电抗器在带负荷运行中是否会由于漏磁而造成箱壳法兰螺丝的局部过热，据有的单位介绍，最高可达 150～200℃，为此有些制造厂对此已采取磁短路屏蔽措施予以改进。初期投产时应予以重视，一般可使用红外线测温仪等设备进行测量与监视。

9 互感器

9.0.1 将原标准中"测量 35kV 及以上互感器一次绕组连同套管的介质损耗角正切值 tanδ"，改为"测量 35kV 及以上电压等级互感器介质损耗角正切值 tanδ"，去掉"一次绕组"是因为正立式电容型油浸电流互感器末屏介损是反映油箱底部是否进水的有效方法，应包括互感器一次绕组的介质损耗角正切值 tanδ 以外的介损测量；

将油浸式互感器的绝缘油试验改为"绝缘介质性能试验"，是因为 SF₆ 气体绝缘互感器的大量使用，应包括其气体含水量的检测；

将原标准中"检查互感器变比"改为"误差测量"，是因为对部分互感器不仅是变比检查，而是要求测量其精确度。

将 CVT 的检测单列出来，是因为过去为 CVT 拟定的试验项目几乎不可操作。

9.0.2 合格的互感器绝缘电阻均大于 1000MΩ，预防性试验也规定绝缘电阻限值为 1000MΩ，此次修订统一了绝缘电阻限值要求。

9.0.3 考虑到交接试验工作量较大，通常仅进行 10kV 下的介损测量，尽管 10kV 下的介损测量结果不一定真实反映互感器的绝缘状态。但是，也预留了空间，即对互感器绝缘状况有疑问时可提出在 $(0.5\sim1)U_m/\sqrt{3}$ 范围测量介损。这里还有另一种含义：条件许可或重要的变电站宜在 $(0.5\sim1)U_m/\sqrt{3}$ 范围测量介损。同时，考虑到现场条件限值，将 $0.5\sim1 U_m/\sqrt{3}$ 范围内 tanδ 的变化量要求从 0.1% 放宽到 0.2%。近年注有硅脂、硅油的干式电流互感器使用量大量增加，表 9.0.3 中的相关限值是根据使用单位现场检测经验提供的。此外，互感器的电容量较小，特别是串级式电压互感器（JCC5—220 型和 JCC6—110 型），受连接线、潮气、污秽物、接地等因素的影响较大，测试数据分散性较大，宜在晴天、相对湿度小、试品清洁的条件下检测。电压互感器电容量在十几至三十几 pF 范围，不宜用介损测试仪测量介损，大量实测结果表明：介损测试仪的测量数据与高压电桥的测量数据差异较大。高压电桥的工作原理明确，结构清晰，宜以高压电桥的测量数据为准。尽管现场检测出现的许多问题与试验人员的能力、资质和设备有关，但是有关试验人员的资质、使用设备的必备条件（如设备的检定证书、使用周期、生产许可证等）属于实验室体系管理范畴，不宜纳入交接试验规程之中。

9.0.4 互感器的局部放电水平是反映其绝缘状况的重要指标之一。考虑到现场条件限制，220kV 及以上电压等级局部放电试验较困难，故将此试验范围限制在 110kV 及以下电压等级，并以抽样的形式减少工作量。有条件的宜逐台检测互感器的局部放电量。此外，35kV 以下电压等级互感器更多的是应用于柜体，互感器应作为购买的元件由柜体制造厂逐台检验。柜体的使用者因故更换互感器时宜进行局部放电量的测量。交接试验允许的局部放电水平取值，比例行试验要求放宽，这也是基于现场条件难以满足要求的考虑。互感器局部放电试验的预加电压可以为交流耐受电压的 80%，所以两项试验可以一并完成。

9.0.5 交接试验的交流耐受电压取值，统一按例行（出厂）试验的 80% 进行，反复进行更高电压的耐受试验有可能损伤互感器的绝缘。SF₆ 气体绝缘互感器不宜在现场组装，否则应在组装完整的产品上进行交流耐受试验。

9.0.6 某些结构的互感器（如倒立式少油电流互感器）油量少，而且采用了微正压全密封结构，在其他试验证明互感器绝缘性能良好的情况下，不应破坏产品的密封来取油样。

SF₆ 气体绝缘互感器气体含水量与环境温度有关，还要注意试品与检测仪器连接管本身是否有水分或潮气。

9.0.7 同型号、同规格的互感器绕组直流电阻不应有较大差异，特别是不应与出厂值有较大差异，否则就要检查绕组联接端子是否有松动、接触不良或者有断线，特别是电流互感器的一次绕组。此外，通过绕组直流电阻一致性（分散性）的检测还可以反映制造厂的工艺水平和用料情况。

9.0.8 极性检查可以和误差试验一并进行。

9.0.9 关口计量涉及电能的贸易结算，对关口计量用的互感器或互感器计量绕组的误差检测必须由政府授权的机构（实验室）进行，这也是国家相关法规文件所规定的。对于非关口计量用互感器或互感器计量绕组进行误差检测的主要目的是用于内部考核，包括对设备、线路的参数（如线损）的测量；同时，误差试验也可发现互感器是否有绝缘等其他缺陷。

9.0.10 励磁特性测量可以初步判断电流互感器本身的特征参数是否符合铭牌标志给出值。考虑到 P 级电流互感器占有比较大的份额，附录 E 给出了简单的检测方法以供参考。通过励磁特性测量核查 P 级电流互感器是否与产品铭牌上标称的参数相符，属于间接测量方法，与采用规定的大电流下直接测量可能会有差异。但是，间接法核查不满足要求的产品用直接法检测很少有合格的，除非间接测量方法本身的测量误差太大。也可以用间接法（包括直流法、低频电源法）现场检测具有暂态特性要求的 T 级电流互感器，因对检测人员和设备要求较高的缘故暂不宜推广。PR 级和 PX 级的用量相对较少，有要求时应按规定进行试验。

9.0.11 与电流互感器不同，同一电压等级、同型号、同规格的电压互感器没有那么多的变比、级次组合及负荷的配置，其励磁曲线（包括绕组直流电阻）与出厂检测结果及型式试验报告数据不应有较大分散性，否则就说明所使用的材料、工艺甚至设计和制造发生了较大变动，应重新进行型式试验来检验互感器的质量。如果励磁电流偏差太大，特别是成倍偏大，就要考虑是否有匝间绝缘损坏、铁芯片间短路或者是铁芯松动的可能。

9.0.12 交接试验及预防性试验都提出 CVT 的电容分压器电容量及介损测量要求，但是现有多数 CVT 因结构原因不易将电磁单元与电容分压器分开，使得绝缘试验无法在现场进行。有些单位采用二次励磁法（用电磁单元中的中压变压器）升电压，一不能发现问题，二容易使电磁单元中的元件损坏。大量实例表明：二次励磁法施加在被测电容器上的电压很低（一般不超过 2kV），不足以暴露电容器的缺陷，而且还容易损坏电磁单元中补偿电抗器两端的电压限幅器（避雷器）。单节耦合电容器多为 100 个左右的电容单元组成，一个电容单元的损坏足以反映在误差的变化量上，一台 110kV CVT 高压臂出现一个电容单元击穿，其比值误差将偏正 1% 左右，因而通过误差试验很容易发现承担高压的耦合电容的绝缘缺陷。所以，此次规范修订规定 CVT 在不具备额定电压下测量耦合电容器介损和电容量时应测量误差。曾经有一台刚刚通过二次励磁测量介损试验的用于 500kV 变电站关口计量的 CVT，检测的误差超过 10%，解开电磁单元连线后测量耦合电容器发现了多个电容单元已击穿损坏。

9.0.13 油浸式互感器的密封性能主要是目测，气体绝缘互感器通常是在定性检测发现漏点时再进行定量检测。

9.0.14 考虑到铁芯裸露在外面的互感器还有一定数量存在，保留了与铁芯相关的检测项目。

10　油断路器

10.0.2 本条中 330～550kV 电压等级的有机绝缘拉杆的绝缘电阻标准，是参照了原电力工业部《电力设备预防性试验规程》DL/T 596—1996 中的规定。

10.0.4 本条是参照了原电力工业部《电力设备预防性试验规程》DL/T 596—1996 中的有关规定，对支柱瓷套包括绝缘拉杆的泄漏电流标准作了规定。

对 220kV 及以上的支柱瓷套的泄漏电流值标准提高到 5μA，主要是为提高灵敏度，以便更好地监视绝缘操作杆的受潮情况。

10.0.5 断路器的交流耐压试验标准引自《高压开关设备的共用订货技术导则》DL/T 593—1996。

10.0.6 导电回路的导电性能的好坏对保证断路器的安全运行具有重要的作用，因此 IEC

标准及制造厂的产品说明均规定测导电回路电阻，一般使用直流伏安法在100A左右下进行测试。

10.0.7 由于产品的规格、型号繁多，故要求调试实测值应符合产品技术条件的规定。

10.0.8 考虑到15kV及以下的断路器数量较多，如每一台都要进行测速试验，测速条件、测试设备及人力上均有一定困难，因此对这类断路器的分、合闸速度应由制造厂给予保证。相反15kV及以下的发电机出线断路器和与发电机主母线相连的断路器，因其担负的作用关键，断流容量大，工地组装的零部件多，调整工艺也较繁多，为此在条文中采取了不同的规定。

10.0.10 现有330kV电网中有采用带合闸电阻的油断路器，故在本条中规定应测量其合闸过程中的投入时间，并在安装前检查其电阻值是否符合要求。

10.0.11 本条要求对线圈绝缘电阻值进行测量，并要求其值不低于10MΩ，以确保操作回路的绝缘电阻值能达到1MΩ以上。

10.0.12 本条是参照《高压开关设备的共用订货技术导则》DL/T 593—1996等标准中操动机构的有关规定修订的。

1 本条文中规定的操动机构的合闸操作及脱扣操作电压范围，即电压在（85％～110％）U_n范围内时，操动机构应可靠合闸；电压在大于65％U_n时，操动机构应可靠分闸，并当电压小于30％U_n时，操动机构应不得分闸。

2 本条文中规定电压值是在线圈端钮处量得的电压。

3 对于具有双分闸线圈的回路、断路器操动机构本身具有三相位置不一致自动分闸功能的，提出了相应的规定。

11 空气及磁吹断路器

11.0.3 参见本标准第10.0.6条的条文说明。

11.0.4 参见本标准第10.0.4条的条文说明。

11.0.5 本条规定的分闸状态下的断口耐压，主要考虑由于空气及磁吹断路器断口距离较小，在操作过电压下有可能造成断口闪络或击穿事故。断路器的交流耐压试验标准引自《高压开关设备的共用订货技术导则》DL/T 593—1996。

11.0.9 参见本标准第10.0.11条的条文说明。

11.0.10 参见本标准第10.0.12条的条文说明。

11.0.13 参见本标准第10.0.15条的条文说明。

12 真空断路器

本章是参照《3.6～40.5kV户内交流高压真空断路器》JB/T 3855—1996，并通过对有关制造厂及用户调研后制定的。

12.0.1 真空断路器的试验项目基本上同其他断路器类似，但有两点不同：

1 测量合闸时触头的弹跳时间，其标准及测试的必要性，将在第12.0.7条中说明。

2 其他断路器须做分、合闸时平均速度的测试。但真空断路器由于行程很小，一般是用电子示波器及临时安装的辅助触头来测定触头实际行程与所耗时间之比（不包括操作及电磁转换等时间）。考虑到现场较难进行测试，而且必要性不大，故此项试验未予列入。

12.0.2 本条标准是按本标准第10.0.2条的表10.0.2制定的。

12.0.4 真空断路器断口之间的交流耐压试验，实际上是判断真空灭弧室的真空度是否符合要求的一种监视方法。因此，真空灭弧室在现场存放时间过长时应定期按制造厂的技术条件规定进行交流耐压试验。至于对真空灭弧室的真空度的直接测试方法和所使用的仪器，有待进一步研究与完善。

12.0.5 在合闸过程中，真空断路器的触头接触后的弹跳时间是该断路器的主要技术指标之一，弹跳时间过长，弹跳次数也必然增多，引起的操作过电压也高，这样对电气设备的绝缘及安全运行也极为不利。本条标准参照厂家资料及部分国内省份的预防性试验规程规定，其弹跳时间，40.5kV 以下断路器不应大于 2ms。40.5kV 及以上断路器不应大于 3ms。

13 六氟化硫断路器

近年来，六氟化硫断路器已在 35～500kV 各电压等级系统中广泛使用，其中也有不少进口设备，因此有必要增加这部分的交接试验的项目和标准。本章主要参照和采用了下列一些资料：

1 《72.5kV 及以上气体绝缘金属封闭开关设备》GB 7674—1997、《六氟化硫断路器通用技术条件》JB/T 9694—1999、《气体绝缘金属封闭开关设备现场耐压及绝缘试验导则》DL/T 555—2004 等国家和行业标准；

2 国际电工委员会（IEC）《高压交流断路器》的标准；

3 《交流高压断路器订货技术条件》DL/T 402—1999；

4 各网、省电力公司编制的变电设备交接验收规范等。

六氟化硫断路器的一般试验项目和标准均与其他断路器相同，以下仅就其中的一些条文作必要的说明。

13.0.4 条文中规定罐式断路器应进行耐压试验，主要考虑罐式断路器外壳是接地的金属外壳，内部如遗留杂物、安装工艺不良或运输中引起内部零件位移，就可能会改变原设计的电场分布而造成薄弱环节和隐患，这就可能会在运行中造成重大事故。

瓷柱式断路器，其外壳是瓷套，对地绝缘强度高，另外变开距瓷柱式断路器断口开距大，故对它们的对地及断口耐压试验均未作规定。但定开距瓷柱式断路器的断口间隙小，仅 30mm 左右，故规定做断口的交流耐压试验，以便在有杂质或毛刺时，也可在耐压试验时被"老练"清除。

本条的耐压试验方式可分为工频交流电压、工频交流串联谐振电压、变频交流串联谐振电压和冲击电压试验等，视产品技术条件、现场情况和试验设备而定，均参照《72.5kV 及以上气体绝缘金属封闭开关设备》GB 7674—1997 的规定进行。

由于变频串联谐振电压试验具有设备轻便、要求的试验电源容量不大、对试品的损伤小等优点，因此，除制造厂另有规定外，建议优先采用变频串联谐振的方式。

交流电压（工频交流电压、工频交流串联谐振电压、变频交流串联谐振电压）对检查杂质较灵敏，试验电压应接近正弦，峰值和有效值之比等于 $\sqrt{2} \pm 0.07$，交流电压频率一般应在 10～300Hz 的范围内。

试验方法可参照《72.5kV 及以上气体绝缘金属封闭开关设备》GB 7674—1997，并按产品技术条件规定的试验电压值的 80%，作为现场试验的耐压试验标准。若能在规定的试验电压下持续 1min 不发生闪络或击穿，表示交流耐压试验已通过。在特殊情况下，可增加冲击电压试验，以规定的试验电压，正负极性各冲击 3 次。

冲击电压分为雷电冲击电压和操作冲击电压。

雷电冲击电压试验对检查异常带电结构（例如电极损坏）比较敏感，其波前时间不大于 $8\mu s$；振荡雷电冲击电压波的波前时间不大于 $15\mu s$。

操作冲击电压试验对于检查设备存在的污染和异常电场结构特别有效，其波头时间一般应在 $150\sim1000\mu s$ 之间。

13.0.9 合闸电阻一般均是碳质烧结电阻片，通流能力大，以合闸于反相或合闸于出口故障的工作条件最为严重，多次通流以后，特性变坏，影响功能。

罐式断路器的合闸电阻布置于罐体内，故应在安装过程中未充入 SF_6 气体前，对合闸电阻进行检查与测试。

合闸电阻的投入时间是指合闸电阻的有效投入时间，就是从辅助触头刚接通到主触头闭合的一段时间。

13.0.13 SF_6 气体中微量水的含量是较为重要的一个指标，它不但影响绝缘性能，而且水分会在电弧作用下在 SF_6 气体中分解成有毒和有害的低氧化物质，其中如氢氟酸（$H_2O+SF_6\rightarrow SOF_2+2HF$）对材料还起腐蚀作用。

水分主要来自以下几个方面：①在 SF_6 充注和断路装配过程中带入；②绝缘材料中水分的缓慢蒸发；③外界水分通过密封部位渗入。据国外资料介绍，SF_6 气体内的水分达到最高值一般是在 $3\sim6$ 个月之间，以后无特殊情况则逐渐趋向稳定。

有的断路器的气室与灭弧室不相连通，如某厂的罐式断路器就是使用盆式绝缘子将套管气室与灭弧室罐体隔开的，这是由于此类气室内 SF_6 充气压力较低，允许的微量水含量比灭弧室高。

断路器 SF_6 气体内微量水含量标准是参照国家标准《72.5kV 及以上气体绝缘金属封闭开关设备》GB 7674—1997 及《六氟化硫电气设备中气体管理和检测导则》GB 8905—1996 中的相应规定来制定的。

取样和试验温度尽量接近 $20℃$ 测量，且尽量不低于 $20℃$。检测的湿度值可按设备实际温度与设备生产厂提供的温、湿度曲线核查，以判定湿度是否超标。

13.0.14 泄漏值标准是参照《72.5kV 及以上气体绝缘金属封闭开关设备》GB/T 7674—1997、《高压开关设备六氟化硫气体密封试验方法》GB/T 11023—1989 及原电力工业部《电力设备预防性试验规程》DL/T 596—1996 的有关规定制定的。

检漏仪的灵敏度不应低于 1×10^{-6}（体积比），一般检漏仪则只能做定性分析。据有关单位介绍，用上述灵敏度的检漏仪测量无报警时，一般年漏气率也能控制在 1%。另外，在现场也可采用局部包扎法，即将法兰接口等外侧用聚乙烯薄膜包扎 5h 以上，每个薄膜内的 SF_6 含量不应大于 $30\mu L/L$（体积比）。

13.0.15 SF_6 气体密度继电器是带有温度补偿的压力测定装置，能区分 SF_6 气室的压力变化是由于温度变化还是由于严重泄漏引起的不正常压降。因此安装气体密度继电器前，应先检验其本身的准确度，然后根据产品技术条件的规定，调整好补气报警、闭锁合闸及闭锁分闸等的整定值。

14 六氟化硫封闭式组合电器

14.0.1 本条规定的试验项目是参照国家标准《72.5kV 及以上气体绝缘金属封闭开关设备》GB 7674—1997 的"9 安装后的现场试验"的规定项目而制定的。

14.0.2 本条标准是参照《72.5kV及以上气体绝缘金属封闭开关设备》GB 7674—1997的"9.3 主回路电阻测量"的规定而制定的。

14.0.3 同本标准第13.0.4条的条文说明。除参照本标准第13.0.4条的条文说明外，补充以下内容：

也可以直接利用六氟化硫封闭式组合电器自身的电磁式电压互感器或电力变压器，由低压侧施加试验电源，在高压侧感应出所需的试验电压。该办法不需高压试验设备，也不用高压引线的连接和拆除。采用这种方法要考虑试验过程中磁路饱和、试品击穿等引起的过电流问题。

14.0.4 同本标准第13.0.14条的条文说明。

14.0.5 同本标准第13.0.13条的条文说明。

14.0.7 本条规定的试验项目是为了验证六氟化硫封闭式组合电器的高压开关及其操动机构、辅助设备的功能特性。操动试验前，应检查所有管路接头的密封、螺钉、端部的连接；并检查二次回路的控制线路以及各部件的装配是否符合产品图纸及说明书的规定等。

15 隔离开关、负荷开关及高压熔断器

15.0.2 绝缘电阻值是按本标准表10.0.2有机物绝缘拉杆的绝缘电阻标准制定的。

15.0.3 目的是发现熔丝在运输途中有无断裂或局部振断。

15.0.4 隔离开关导电部分的接触好坏可以通过在安装中对触头压力接触紧密度的检查来予以保证，但负荷开关与真空断路器及SF$_6$断路器一样，其导电部分好坏不易直接观察与检测，其正常工作性质也与隔离开关有所不同。所以应测量导电回路的电阻。

15.0.5～15.0.7 本条是参照《交流高压隔离开关》GB 1985—80制定的。

16 套管

16.0.2 应在安装前测量电容型套管的抽压及测量小套管对法兰外壳的绝缘电阻，以便综合判断其有否受潮，测试标准参照《电力设备预防性试验规程》DL/T 596—1996的规定。规定使用2500V兆欧表进行测量，主要考虑测试条件一致，便于分析。大部分国产套管的抽压及测量小套管具有3000V的工频耐压能力，因此使用2500V兆欧表不会损坏小套管的绝缘。

16.0.3 本条是参照《高压套管技术条件》GB/T 4109—1999和《复合绝缘高压穿墙套管技术条件》DL/T 1001—2006的规定进行修订的。表16.0.3按照GB 4109重新进行了修改，并增加了复合绝缘（干式）套管的标准，其数值参考了厂家及用户的意见。本标准表16.0.3的注2是考虑到套管新、老型号的交替需要，便于现场使用。

按《交流电压高于1kV的套管通用技术条件》GB 4109—1999的规定，测量$\tan\delta(\%)$的试验电压为$1.05U_r\sqrt{3}$，考虑到现场交接试验的方便，试验电压可为10kV，但$\tan\delta(\%)$数值标准的要求仍保持不变。

套管的$\tan\delta(\%)$一般不用进行温度换算，而且对于油气套管来讲，其温度要考虑变压器的上层油温及空气或SF$_6$气体的温度加权计算，对现场的操作不方便，原标准由某单位提供的油浸纸绝缘电流互感器或套管的$\tan\delta(\%)$的温度换算系数参考值转载见表5，仅供参考。并不鼓励进行温度换算，只是在怀疑有问题时供研究之用。

表 5　温度换算系数参考值

测量时温度 t_x（℃）	系数 K	测量时温度 t_x（℃）	系数 K
5	0.880	22	1.010
8	0.910	24	1.020
10	0.930	26	1.030
12	0.950	28	1.040
14	0.960	30	1.050
16	0.980	32	l.060
18	0.990	34	1.065
20	1.000	36	· 1.070

注：20℃时的 $\tan\delta(\%) = \left[t_x℃时测得的 \tan\delta(\%) \right] / K$。

电容型套管的实测电容量值与产品铭牌数值或出厂试验值相比，其差值应在±5%范围内。原标准为±10%，而预防性试验规程的要求则为±5%，考虑到设备交接时要求应更严格，因此统一取为±5%。

16.0.5 套管中的绝缘油质量好坏是直接关系到套管安全运行的重要一环，但套管中绝缘油数量较少，取油棒后可能还要进行补充，本条是在考虑上述因素后修订的，但要求厂家提供绝缘油的出厂试验报告。对第 1 款的油样试验项目进行了说明，即"水分、击穿电压、色谱试验"，并新增了 500kV 电压等级的套管以及充电缆油的套管的绝缘油的试验项目和标准。对 500kV 电压等级的套管，其总烃含量应小于 $10\mu L/L$，氢气含量应小于 $150\mu L/L$，乙炔含量为 0。是参照《变压器油中溶解气体分析和判断导则》DL/T 722—2000 制定的。

17　悬式绝缘子和支柱绝缘子

17.0.2 明确对悬式绝缘子和 35kV 及以下的支柱绝缘子进行抽样检查绝缘电阻，目的在于避免母线安装后耐压试验时，因绝缘子击穿或不合格而需要更换，造成施工困难和人力物力的浪费。

对于半导体釉绝缘子的绝缘电阻可能难以达到条文规定的要求，故按产品技术条件的规定。

17.0.3 本条第 1 款中规定 35kV 及以下电压等级的支柱绝缘子，可在母线安装完毕后一起进行交流耐压试验。

35kV 多元件支柱绝缘子的每层浇合处是绝缘的薄弱环节，往往在整个绝缘子交流耐压试验时不可能发现，而在分层耐压试验时引起击穿，为此本条规定应按每个元件耐压试验电压标准进行交流耐压试验。

悬式绝缘子的交流耐压试验电压标准，是根据国内有关厂家资料而制定的。

18　电力电缆线路

18.0.1 橡塑绝缘电力电缆采用直流耐压存在明显缺点：直流电压下的电场分布与交流电压下电场分布不同，不能反映实际运行状况。国际大电网会议第 21 研究委员会 CIGRE SC21 WG21-09 工作组报告和 IEC SC 20A 的新工作项目提案文件不推荐采用直流耐压试验作为橡塑绝缘电力电缆的竣工试验。这一点也得到了运行经验的证明，一些电缆在交接试验中直流耐压试验顺利通过，但投运不久就发生绝缘击穿事故；正常运行的电缆被直流耐压试验所损坏的情况也时有发生，故在本条中要求对橡塑绝缘电力电缆采用交流耐压试验，应该强调说明，20～300Hz 的交流耐压，仍然包括工频（50Hz）试验。但对 U_0 为 18kV 及以下的橡塑电缆，最新的 IEC 60502-2：2005 版，已经优先选择交流耐压，但仍然暂时保留了直流耐压，且特别加了注解："直流耐压可能对绝缘有害；而其他试验方法还在考虑中。"所以在本条中要求在条件不具备的情况下，才允许对 U_0 为 18kV 及以下的橡塑电缆采用直流耐压试验。

需要说明的是，IEC 标准的安装后试验要求中，均提出"推荐进行外护套试验和（或）进行主绝缘交流试验。对仅进行了外护套试验的新电缆线路，经采购方与承包方同意，在附件安装期间的质量保证程序可以代替主绝缘试验"的观点和规定，指出了附件安装期间的质量保证程序是决定安装质量的实质因素，试验只是辅助手段。但前提是能够提供经过验证的可信的"附件安装期间的质量保证程序"。目前我国安装质量保证程序还需要验证，安装经验还需要积累，一般情况下还不能省去主绝缘试验。但应该按这一方向去努力。

纸绝缘电缆是指黏性油浸纸绝缘电缆和不滴流油浸纸绝缘电缆。

橡塑绝缘电力电缆是指聚氯乙烯绝缘、交联聚乙烯绝缘和乙丙橡皮绝缘电力电缆。

18.0.2 本条对电缆试验的注意事项作了规定，对 0.6/1kV 的电缆线路的耐压试验可用 2500kV 兆欧表代替作了说明。

18.0.4 由于在标准中引进了 U_0/U 的概念后，使用初期要特别小心，因为直流耐压试验标准与 U_0 有关，所以不但要考虑相间的绝缘，还要考虑相对地绝缘是否合乎要求，以免造成损失。

本条中的直流耐压试验标准是按照 IEC 的标准，并结合国内的预防性试验规程编制的。

表 18.0.4-1 纸绝缘电缆的直流耐压试验电压标准是根据分相屏蔽绝缘电缆公式计算而成，如果电缆为统包绝缘电缆就必须按统包绝缘的公式计算。

表 18.0.4-2 自容式充油绝缘电缆的直流耐压试验电压标准值的选择，是按 IEC 相应标准的直流耐压试验电压值或为雷电冲击耐受电压值的 50%，以两者中低的值为准编制的。预防性试验规程也是按此原则编制的，本表也采用了预防性试验规程的内容。如果被试电缆的基准雷电冲击耐受水平与表中有所不同，可根据其基准雷电冲击耐受水平的 50% 计算出直流耐压试验电压值。

如果电缆终端直接装在变压器或 SF$_6$ 封闭电器内，其试验电压由采购方、电缆和变压器或电器制造商协商确定。做高电压试验如发生闪络时，在电缆线路上可能产生高于其规定的基准雷电冲击耐受电压水平的瞬时过电压，有时会使电缆或其附件击穿，因此应采取所有可能的预防措施以避免电缆终端和其他设备发生闪络。

18.0.5 本条的试验标准是参照国际大电网会议委员会推荐使用工频或近似工频（30～300Hz）的交流耐压试验（表 6），并结合国内有关产品技术条件的特点制定的。

表 6 国际大电网会议委员会推荐的耐压试验电压及时间

额定相间电压 U（kV）	推荐的现场试验电压 U_0 的倍数（相-地电压）	耐压时间
60～115	2.0	
130～150	1.7	
220～230	1.4	
275～345	1.3	1h（对所有等压）
380～400	1.2	
500	1.1	

考虑到目前国内各施工单位试验设备所限，对试验电压、试验时间作出了几种可选项。

目前国内部分省市采用 0.1Hz 超低频耐压试验，主要用于 35kV 及以下电缆。但现行产品标准的国家标准和 IEC 标准均无 0.1Hz 超低频试验项目，国内使用经验也不多，依据尚不充分，特别是具体技术指标尚无足够的技术数据依据，试验经验与判据均不成熟，因此目前还不适宜将其写进国家标准。企业可以自己试用，以积累经验，今后时机成熟时再修订。主要标准如下：

(1) 试验电压值 $3U_0$，加压时间 60min 不击穿；

(2) 在加压 60min 后，任何中间接头或终端头，应无明显发热现象。

18.0.6 测量金属屏蔽层电阻和导体电阻比是为了给以后的预防性试验提供参考值。

18.0.9 交叉互联系统试验，方法和要求在附录 F 中已详细介绍，其中第 F.0.3 条交叉互联性能试验，为比较直观和可靠的方法，但是需要相应的试验电源设备，这是大部分现场试验单位所不具备的，因此如用本方法试验时，应作为特殊试验项目处理。如果使用其他简便方式，能够确定电缆的交叉互联接线无误，也可以采用其他简便方式。因此第 F.0.3 条作为推荐采用的方法。

19 电容器

19.0.1 按照《电工术语　电力电容器》GB/T 2900.16—1996 中的规定，将"均压电容器"改称"断路器电容器"，"电力（移相）电容器"改称"并联电容器"。

第 3 款中耦合电容器的局部放电试验，是参照能源部《交流 500kV 电气设备交接和预防性试验规程》（试行）而制定的。

19.0.3

1 参照《耦合电容器及电容分压器》GB/T 4705—92 及《断路器电容器》GB/T 4787—1996 中的规定，制定"测得的介质损耗角正切值 tanδ 应符合产品技术条件的规定"。

审查会上意见，"对浸渍纸介质电容器，tanδ（％）不应大于 0.4；浸渍与薄膜复合介质电容器 tanδ（％）不大于 0.15；全膜介质电容器 tanδ（％）不大于 0.05"，这在《低压并联电容器》GB 3983.1—89、《高压并联电容器》GB 3983.2—89 及《电力系统用串联电容器

第 1 部分：总则　性能、试验和额定值安全要求安装导则》GB/T 6115.1—1998 中，也有这些规定。上述数据必要时也可供参考。

2 参照《耦合电容器及电容分压器》GB/T 4705—92 第 5.2.3 条规定：①测得的电容值与其额定值之差不超过额定值的 －5％～＋10％。②对于由若干单元串联组成的电容器，其中任何两单元的实测电容之比值与这两单元的额定电压之比值的倒数之差不应大于 5％。《高压并联电容器》GB 3983.2—89 第 5.2.6 条规定的电容偏差为"单元及每相一单元的电容器组：－5％～＋10％"。因此，本条规定"耦合电容器电容值的偏差应在额定电容值的 －5％～10％范围内；断路器电容器电容值的偏差应在额定电容值的±5％范围内"。对电容器组"应测量各相、各臂及总的电容值"。

19.0.4 耦合电容器的局部放电试验，试验标准是参照能源部《交流 500kV 电气设备交接和预防性试验规程》（试行）的规定制定的。

19.0.5 参照《低压并联电容器》GB 3983.1—89、《高压并联电容器》GB 3983.2—89、《电力系统用串联电容器　第 1 部分：总则　性能、试验和额定值安全要求安装导则》GB/T 6115.1—1998 和《断路器电容器》GB/T 4787—1996 中规定："现场验收试验时的工

频电压试验宜采用不超过出厂试验电压的 75%"；"现场验收试验电压为此表（即工厂出厂试验电压标准表）的 75%或更低"。工厂出厂试验电压标准表参考《高压输变电设备的绝缘配合》GB 311.1—1997，并且取斜线下的数据（外绝缘的干耐受电压）。因此，本条规定"当产品出厂试验电压值不符合表 19.0.5 的规定时，交接试验电压应按产品出厂试验电压的 75%进行"。

20 绝缘油和 SF₆ 气体

20.0.1 本条主要是参照《运行中变压器油质量标准》GB/T 7595—2000 制定的。表 20.0.1 的排列和文字格式与原版本对比有较大的不同，并增加了相应试验项目如油中水分含量测试、体积电阻率，取消了苛性钠抽出、安定性、疑点等项目。

20.0.2 本条表 20.0.2 中序号 1 的适用范围第 2 项中明确了对 15kV 以下油断路器，其注入新油的击穿电压（原为"电气强度"，名词按 GB/T 7595—2000 作了修改）已在 35kV 及以上时，可不必再从设备内取油进行击穿电压试验。但油箱在注入合格油前内部必须是清洁与干燥的。

序号 2 简化分析试验栏中，根据表 20.0.1 的条款排序作了调整，对准备注入变压器、电抗器、互感器、套管的新油的试验项目增加了如油中水分含量测试、体积电阻率，取消了苛性钠抽出、安定性、疑点等项目。

20.0.3 本条是采用了《电力用油运行指标和方法研究》资料中关于补油和混油的规定制定的。为了便于掌握该规定的要点，摘要如下：

1 正常情况下，混油的技术要求应满足以下五点：

（1）最好使用同一牌号的油品，以保证原来运行油的质量和明确的牌号特点。

（2）被混油双方都添加了同一种抗氧化剂，或一方不含抗氧化剂，或双方都不含。因为油中添加剂种类不同，混合后有可能发生化学变化而产生杂质，应予以注意。只要油的牌号和添加剂相同，则属于相容性油品，可以按任何比例混合使用。国产变压器油皆用 2.6—二叔丁基对甲酚作抗氧化剂，所以只要未加其他添加剂，即无此问题。

（3）被混油双方的油质都应良好，各项特性指标应满足运行油质量标准。

（4）如果被混的运行油有一项或多项指标接近运行油质量标准允许的极限值，尤其是酸值，水溶性酸（pH）值等反映油品老化的指标已接近上限时，则混油必须慎重对待。

（5）如运行油质已有一项与数项指标不合格，则应考虑如何处理，不允许利用混油手段来提高运行油的质量。

2 关于补充油及不同牌号油混合使用的几项规定：

（1）不同牌号的油不宜混合使用，只有在必须混用的情况下方可混用；

（2）被混合使用的油其质量均必须合格；

（3）新油或相当于新油质量的不同牌号变压器油混合使用时，应按混合油的实测凝固点决定是否可用；

（4）向质量已经下降到接近运行中质量标准下限的油中，加同一牌号的新油或新油标准已使用过的油时，必须按照国家现行标准《电力系统油质试验方法》中预先进行混合油样的油泥析出试验，无沉淀物产生方可混合使用，若补加不同牌号的油，则还需符合本款第（3）项的规定；

（5）进口油或来源不明的油与不同牌号的运行油混合使用时，应按照国家现行标准《电力系统油质试验方法》中规定，对预先进行参与混合的各种油及混合后油样进行老化试验，当混油的质量不低于原运行油时，方可混合使用，若相混油都是新油，其混合油的质量不应低于最差的一种新油，并需符合第（3）条的规定。

20.0.4 由于采用 SF_6 气体作为绝缘介质的设备已有开关和 GIS、互感器（TA、TV）、变压器、重合器、分段器等，对 SF_6 气体的质量控制非常重要，因此增加了该条款。根据调研，抽检率建议修改为 10%，增加按《工业六氟化硫》GB 12022 验收其中一个气样后，其他气样可以只测定含水量。

21 避雷器

21.0.1 由于阀式避雷器属于淘汰产品，本次修订中删去该部分的内容。有关金属氧化物避雷器的试验项目和标准是参照现行国家标准《交流无间隙金属氧化物避雷器》GB 11032 和电力行业标准《现场绝缘试验实施导则——避雷器试验》DL 474 而制定的。

21.0.2 本条综合了我国各地区经验，规定了金属氧化物避雷器测量用兆欧表的电压及绝缘电阻值的要求，便于执行。

21.0.3 工频参考电压是无间隙金属氧化物避雷器的一个重要参数，它表明阀片的伏安特性曲线饱和点的位置。测量金属氧化物避雷器对应于工频参考电流下的工频参考电压，主要目的是检验它的动作特性和保护特性。一般情况下避雷器的工频参考电压峰值与避雷器的 1mA 下的直流参考电压相等，可参考表 7～表 13 中的直流参考电压。

工频参考电流是测量避雷器工频参考电压的工频电流阻性分量的峰值。对单柱避雷器，工频参考电流通常在 1～6mA 范围内；对多柱避雷器，工频参考电流通常在 6～20mA 范围内，其值应符合产品技术条件的规定。

测量金属氧化物避雷器在持续运行电压下持续电流能有效地检验金属氧化物避雷器的质量状况，并作为以后运行过程中测试结果的基准值，因此规定持续电流其阻性电流或总电流值应符合产品技术条件的规定。

避雷器的持续运行电压值见表 7～表 13。

21.0.4 直流参考电压是在对应于直流参考电流下，在避雷器试品上测得的直流电压值。按照我国金属氧化物避雷器标准规定，所有避雷器的直流参考电流均为 1mA，是以直流电压和电流方式来表明阀片的伏安特性曲线饱和点的位置，主要目的也是检验避雷器的动作特性和保护特性。一般情况下，避雷器的直流 1mA 电压与避雷器的工频参考电压峰值相等，可以采用倍压整流的方法得到避雷器的直流 1mA 电压，用以检验避雷器的动作特性和保护特性。《交流无间隙金属氧化物避雷器》GB 11032 的规定：对整只避雷器（或避雷器元件）测量直流 1mA 参考电流下的直流参考电压值即 U_1 mA，应不小于表 7～表 13 的规定。

表 7 典型的电站和配电用避雷器参数（参考）（kV）

避雷器额定电压 U_r（有效值）	避雷器持续运行电压 U_c（有效值）	标称放电电流 20kA 等级	标称放电电流 10kA 等级	标称放电电流 5kA 等级	
		电站用避雷器	电站用避雷器	电站用避雷器	配电用避雷器
5	4.0	—	—	7.2	7.5
10	8.0	—	—	14.4	15.0
12	9.6	—	—	17.4	18.0

表 7 （续）

避雷器额定电压 U_r（有效值）	避雷器持续运行电压 U_c（有效值）	标称放电电流 20kA 等级	标称放电电流 10kA 等级	标称放电电流 5kA 等级	
		电站用避雷器	电站用避雷器	电站用避雷器	配电用避雷器
15	12.0	—	—	218	23.0
17	13.6	—	—	24.0	25.0
51	40.8	—	—	73.0	—
84	67.2	—	—	121	
90	72.5	—	130	130	
96	75	—	140	140	
100	78	—	145	145	
102	79.6	—	148	148	
108	84	—	157	157	
192	150	—	280	—	
200	156	—	290	—	
204	159	—	296	—	
216	168.5	—	314	—	
288	219	—	408	—	
300	228	—	425	—	
306	233	—	433	—	
312	237	—	442	—	
324	246	—	459	—	
420	318	565	565	—	—
444	324	597	597	—	—
468	330	630	630	—	—

表 8　典型的电气化铁道用避雷器参数（参考）（kV）

避雷器额定电压 U_r（有效值）	避雷器持续运行电压 U_c（有效值）	标称放电电流 5kA 等级
42	34.0	65.0
84	68	130

表 9　典型的并联补偿电容器用避雷器参数（参考）（kV）

避雷器额定电压 U_r（有效值）	避雷器持续运行电压 U_c（有效值）	标称放电电流 5kA 等级
5	4.0	7.2
10	8.0	4.4
12	9.6	7.4
15	12.0	21.8
17	13.6	24.0
51	40.8	73.0
84	67.2	121
90	72.5	130

表 10　典型的电机用避雷器参数（参考）（kV）

避雷器额定电压 U_r（有效值）	避雷器持续运行电压 U_c（有效值）	标称放电电流 5kA 等级	标称放电电流 2.5kA 等级
		发电机用避雷器	电动机用避雷器
4	3.2	5.7	5.7
8	6.3	11.2	11.2
13.5	10.5	18.6	18.6
17.5	13.8	24.4	—
20	15.8	28.0	—
23	18.0	31.9	—
25	20.0	35.4	—

表 11　典型的低压避雷器参数（参考）（kV）

避雷器额定电压 U_r（有效值）	避雷器持续运行电压 U_c（有效值）	标称放电电流 1.5kA 等级
0.28	0.24	0.6
0.50	0.42	1.2

表 12　典型的电机中性点用避雷器参数（参考）（kV）

避雷器额定电压 U_r（有效值）	避雷器持续运行电压 U_c（有效值）	标称放电电流 1.5kA 等级
2.4	1.9	3.4
4.8	3.8	6.8
8	6.4	11.4
10.5	8.4	14.9
12	9.6	17.0
13.7	11.0	19.5
15.2	12.2	21.6

表 13　典型的变压器中性点用避雷器参数（参考）（kV）

避雷器额定电压 U_r（有效值）	避雷器持续运行电压 U_c（有效值）	标称放电电流 1.5kA 等级
60	48	85
72	58	103
96	77	137
144	116	205
207	166	292

避雷器直流 1mA 电压也是避雷器泄漏电流测试时的电压基准值，测量避雷器泄漏电流的电压值为 0.75 倍避雷器直流 1mA 电压，是检验金属氧化物电阻片或避雷器的质量状况，

并作为以后运行过程中所有 0.75 倍直流 1mA 电压下的泄漏电流测试结果的基准值。多柱并联和额定电压 216kV 以上的避雷器漏电流由制造厂和用户协商规定，应符合产品技术条件的规定。

21.0.5 放电计数器是避雷器动作时记录其放电次数的设备，为在雷电侵袭时判明避雷器是否动作提供依据，因此应保证其动作可靠。监视电流表是用来测量避雷器在运行状况下的泄漏电流，是判断避雷器运行状况的依据，制造厂执行 GB/T 7676—1998 标准，但在现场经常会出现指示不正常的情况。所以监视电流表宜在安装后进行校验或比对试验，使监视电流表指示良好。

21.0.6 工频放电电压，过去在国家现行试验标准中已使用多年，至今仍然适用，故今后继续使用该标准还是合适的。

22 电除尘器

22.0.1 本条修改后，试验项目为 11 项，保留原规范条文 8 项，删去了 2 项，这 2 项是关于电除尘用电力电缆的试验项目。近年来生产的电除尘器一般将整流变压器布置在电除尘器顶部，不再有高压电缆，如遇有高压电缆时，也可以按本规范 18 章电力电缆线路相关标准试验。

新增加 3 项为：
4 测量硅整流元件及高压套管对地绝缘电阻；
5 测量取样电阻、阻尼电阻的电阻值；
8 测量电场的绝缘电阻。
这些试验项目是根据主要电除尘器制造厂家技术文件编写的。

22.0.2 整流变压器及直流电抗器铁芯螺栓绝缘测量的标准，可按照本标准第 7.0.6 条第 4 款的规定。

22.0.5 本条对测量硅整流元件及高压套管对地绝缘电阻的时间及标准作了规定。

22.0.6 本条主要是检查电阻的完好，为了保证将来工作和测量的可靠和准确，其电阻值应符合产品的技术要求。

22.0.10 空载升压试验是指在整个电除尘器安装结束和通电之前进行的带极板的升压试验，以鉴定安装质量。规定升压应能达到厂家允许值而不放电为合格。修改后标准，对空升电压作了规定，当制造厂无明确规定时，可按此标准执行。

22.0.12 电除尘器本体的接地电阻不大于 1Ω 是按厂家的规定。

23 二次回路

23.0.1 本条第 1 款中的"小母线"可分为"直流小母线和控制小母线"等，现统称为小母线，这样可把其他有关的小母线包括在内，适用范围就广些。

23.0.2 关于二次回路的交流耐压试验，为了简化现场试验方法，规定当回路的绝缘电阻值在 10MΩ 以上时，可使用 2500V 兆欧表测试来代替。

另外，考虑到弱电已普遍应用，故本条规定 48V 及以下的回路可不做交流耐压试验。

24 1kV 及以下电压等级配电装置和馈电线路

本章标题为"1kV 及以下配电装置和馈电线路"，因为 1kV 及以下的低压线路使用"馈电"二字为妥。

24.0.1 本条规定了"配电装置和馈电线路"的绝缘电阻标准及测量馈电线路绝缘电阻时应注意的事项。

25 1kV 以上架空电力线路

25.0.2 本条明确绝缘子的试验按本标准第 17 章的规定进行。

线路的绝缘电阻能否有条件测定要视具体条件而定，例如在平行线路的另一条已充电时可不测；又如 500kV 线路有的因感应电压较高，测量绝缘电阻也有困难。因此对一些特殊情况难于一一包括进去，且绝缘电阻值的分散性大，因此本条只规定要求测量并记录线路的绝缘电阻值。

25.0.3 本条对需测试的工频参数的依据作了规定。

25.0.5 本条是参照现行国家标准《架空送电线路施工及验收规范》GBJ 233—90 制定的。

26 接地装置

本次修编标准中，根据接地装置多年来的运行、维护经验，以国内各地区的做法为基础，制定了本章标准。

26.0.2 通过设备接地引下线之间的电气导通来检查引下线对接地网是否连接良好。

26.0.3 接地阻抗首先应符合设计要求，当设计未明确规定时，本条对各种接地系统的接地阻抗作了规定，这些规定主要是依照《电力设备预防性试验规程》DL/T 596—1996 制定的。

27 低压电器

本章是以原交接试验的条文为依据，仅在第 27.0.6 条增加了电阻值应满足回路使用的要求。即更明确规定电阻值要符合回路中对它的要求，而不仅是符合铭牌参数。

同时参照了国家标准《低压电器基本试验方法》GB 998—67 及《低压电器基本标准》GB 1497—79 的有关规定制定。

附 录 A
高压电气设备绝缘的工频耐压试验电压标准

1 本附录是在原"标准"附录一的基础上参照国家标准《高压输变电设备的绝缘配合》GB 311.1—1997、《高电压试验技术 第一部分：一般试验要求》GB/T 16927.1—1997、《高电压试验技术 第二部分：测量系统》GB/T 16927.2—1997 及《干式电力变压器》GB 6450—86 进行修订的。

2 本附录的出厂试验电压及适用范围是参照《高压输变电设备的绝缘配合》GB 311.1—1997、《高电压试验技术 第一部分：一般试验要求》GB/T 16927.1—1997、《高电压试验技术 第二部分：测量系统》GB/T 16927.2—1997 的规定进行修订的。

3 干式电力变压器的出厂交流耐压试验电压标准是参照《干式电力变压器》GB 6450—86 的规定修订的。

4 原附录一的额定电压至 220kV，《高压输变电设备的绝缘配合》GB 311.1—1997 增加了 330kV 和 500kV 的内容，此次修订时，附录 A 增加了 330kV 和 500kV 的标准。

5 附录 A 中的交接试验电压标准是参照《高压输变电设备的绝缘配合》GB 311.1—1997、高压电气设备的标准如《电力变压器 第 3 部分：绝缘水平、绝缘试验和外绝缘空气间隙》GB 1094.3—2003 进行折算的。

———————————————

电力通信运行管理规程

DL/T 544—2012

代替 DL/T 544—1994

目　次

前　　言

DL/T 544—1994 自发布以来，电力通信的运行管理体系、管理模式、工作内容、通信网技术体制等都发生了很大变化，DL/T 544—1994 已经不适合现代电力通信运行管理的要求。为进一步明确电力通信运行管理职责与分工，规范管理工作与流程，促进电力通信运行的科学化、规范化管理，充分发挥电力通信网的基础支撑作用，为确保电网安全稳定运行提供保障，特对 DL/T 544—1994 进行修订。

本标准与 DL/T 544—1994 相比较，结构与内容均作了较大调整，主要差异如下：

——按照 GB/T 1.1—2009 及 DL/T 600—2001 的要求，增加了"前言"、"范围"、"规范性引用文件"和"术语和定义"，并对格式进行修改。

——原标准名称《电力系统通信管理规程》改名为《电力通信运行管理规程》。

——增加了通信网运行管理体系与职责章节。

——增加了通信网运行管理章节。

——增加了通信调度、运行方式、通信检修等章节。

——对安全管理及统计分析章节的内容进行了修改。

本标准由中国电力企业联合会提出。

本标准由全国电网运行与控制标准化委员会归口。

本标准起草单位：国家电力调度通信中心、中国电力科学研究院、国网电力科学研究院、南方电网调度通信中心、华东电网有限公司、国网信息通信有限公司、西北电力设计院。

本标准主要起草人：常宁、赵子岩、高芸、陈新南、胡春阳、吴冰、李顺。

本标准实施后代替 DL/T 544—1994。

本标准首次发布时间：1994 年 7 月 14 日，本次为第一次修订。

本标准在执行中的意见或建议反馈至中国电力企业联合会标准化管理中心（北京市白广路二条 1 号，100761）。

电力通信运行管理规程

1 范围

本标准规定了电力系统通信网运行管理的基本任务、管理原则、组织体系、职责分工、管理内容和要求。

本标准适用于电力系统通信网运行管理。

2 规范性引用文件

下列文件对本标准的应用是必不可少的。凡是注日期的引用文件，仅注日期的版本适用于本文件。凡是不注日期的引用文件，其最新版本（包括所有的修改单）适用于本标准。

GB/T 2900.1　电工术语　基本术语

GB/T 14733.1　电信术语　电信、信道和网

GB 50174　电子信息系统机房设计规范

DL 408　电业安全工作规程（发电厂和变电所电气部分）

DL 409　电业安全工作规程（电力线路部分）

DL/T 741　架空输电线路运行规程

DL/T 1040　电网运行准则

电监会1号令　国家电力监管委员会安全生产令　国家电力监管委员会2004

电监会2号令　电力安全生产监管办法　国家电力监管委员会2004

电监会4号令　电力生产事故调查暂行规定　国家电力监管委员会2004

3 术语和定义

GB/T 14733.1、DL/T 1040界定的以及下列术语和定义适用于本文件。

3.1 电力系统通信　power system telecommunication

利用有线电、无线电、光或其他电磁系统，对电力系统运行、经营和管理等活动中需要的各种符号、信号、文字、图像、声音、数据或任何性质的信息进行传输与交换，满足电力系统要求的专用通信。

3.2 电力系统通信网　communication network for electric power system

服务于电力系统运行和管理的所有通信设施的集合，简称电力通信网。

3.3 电力系统通信站　communication station of electric power system

安装有为电力生产服务的各类通信设施（光纤、微波、载波、交换及网络等）及其辅助设备（供电电源、线缆、环境监控等）的建筑物和构筑物的统称，简称通信站。

注：通信站可以是一独立的建筑物（或构筑物），如设置在电厂内或其他场所和空间的通信楼、光中继站、微波站、卫星站；或仅拥有部分面积和空间作为通信机房的建筑物（或构筑物），如电力调度通信楼及设在发电厂、变电站控制楼内的通信机房等。

3.4 通信机构 communication department

负责电力通信网管理、运行和维护的机构或单位，包括通信管理、通信调度、通信运行

维护机构。

注1：通信机构包括总部通信机构、网公司通信机构、省公司通信机构、地市公司通信机构及各个发电企业所设置的通信运行维护部门，县公司根据自身情况决定是否设置通信机构或设置通信专责。

注2：总部通信机构专指国家电网公司、南方电网公司总部通信机构。

注3：网公司通信机构，专指国家电网公司各个区域电网公司通信机构。

3.5 通信运行维护机构 operation and maintenance department of communication network

负责电力通信网运行和维护的机构或单位。

3.6 通信调度 communication dispatching

为保障电力通信网安全、优质、经济运行，通信机构中负责监视通信网运行状态、组织通信网资源、协调指挥故障处理的部门。

3.7 检修 communication maintenance

对通信电路、设备等进行的计划、非计划维护，非计划检修包括临时检修、紧急检修。

3.8 计划检修 scheduled maintenance

为检查、试验、维护、检修电力通信设备，电力通信机构根据国家及行业有关标准，参照设备技术参数、运行经验及供应商的建议，列入计划安排的设备检修。

3.9 临时检修 non-scheduled maintenance

计划检修以外需适时安排的检修工作。

3.10 紧急检修 emergency maintenance

计划检修以外需立即处理的检修工作。

3.11 属地化维护 region based maintenance

通信机构以所辖通信网及通信调度管辖为基础，按照地域来确定其维护范围及维护职责的工作形式。

3.12 通信调度管辖范围 communication dispatching range

通信机构拥有通信调度指挥权限的所有通信网资源，一般指承载本级电网通信业务的通信网资源。

3.13 通信资源 communication resources

具有直接或间接构建通信能力的硬体或软体，包括设备、线路或管（沟）道设施、通信机房、无线电频率、电力线载波频率、通信带宽、通信号码、IP地址及相关通信软件等。

3.14 通信电路 communication circuit

电力通信网中各种资源组成的承载通信业务的物理实体，包括无线通信电路（含微波、特高频、卫星通信等电路）和有线通信电路（含光纤、电力线载波、电缆通信等电路）。

3.15 通信运行方式 communication operation mode

通信机构对各类通信资源进行合理安排的技术方案，包括年度运行方式和日常运行方式。

3.16 通信业务申请单 communication service application sheet

用户申请使用、退出和变更通信资源时使用的一种格式化表单。

3.17 通信业务方式单 communication service operation mode sheet

通信机构安排通信网日常运行方式时使用的一种格式化表单。

3.18 运行统计 operation statistics

对电力通信网、通信电路、通信设备及业务运行状况进行的汇总与分析工作。

4 总则

4.1 电力通信网是国家专用通信网之一，是电力系统重要组成部分，是电力生产、调度、管理、营销等基础支撑系统。

4.2 电力通信网运行管理应以服务于电力系统安全、优质、经济运行为基本准则。

4.3 电力通信运行管理实行统一调度、分级管理、下级服从上级、局部服从整体、支线服从干线、属地化运行维护的基本原则。

5 运行管理体系与职责

5.1 运行管理体系

5.1.1 电力通信运行维护管理机构由电网通信机构、发电厂通信机构组成。

5.1.2 电网通信机构由总部通信机构，网、省公司通信机构，地（市）、县公司通信机构，各级电网运行维护单位的通信机构组成，下级通信机构接受上级通信机构管理。

5.1.3 总部通信机构是电力通信管理的归口部门，承担相关通信运行管理、维护等工作。

5.1.4 各单位均应按照电力通信运行管理的有关规定和要求，设立通信机构。

5.2 运行管理职责

5.2.1 电网通信机构

电网通信机构运行管理职责如下：

a）贯彻国家及电力行业颁发的各项运行管理制度和工作规定，负责指导、监督、检查所属下级通信机构通信运行及有关管理工作。

b）负责组织制定所管辖电力通信网运行有关的各项规章制度、标准规范。

c）负责组织编制所管辖电力通信网年度运行方式。

d）负责所管辖电力通信网的调度管理工作。

e）负责所管辖电力通信网的检修管理工作。

f）负责所管辖电力通信网运行情况的统计、分析和评价。

g）负责所管辖电力通信网资源及协调无线电和电力线载波频率管理工作。

h）负责所管辖通信网反事故预案编制，组织开展反事故演习和事故调查。

i）负责与并网发电企业之间的通信工作联系。

5.2.2 发电厂通信机构

发电厂通信机构运行管理职责如下：

a）建立健全通信维护机构。

b）贯彻国家及电力行业颁发的各项管理规定和标准，接受所并网的电网通信机构指导和考核。

c）按照并网协议的有关通信要求，负责并网通信设备的运行维护、技改、大修等工作。

d）服从所并网的电网通信机构下达的通信运行方式和通信调度指令。

e）协助所并网的电网通信机构开展并网通信设备运行情况统计、分析，协助反事故演习和事故调查。

6 通信调度

6.1 总体要求

6.1.1 电力通信网实行统一调度、分级管理。各级通信机构在电力通信的调度管理活动中是上、下级关系，下级通信调度应服从上级通信调度的指挥，严格执行通信调度指令（以下简称调度令）。

6.1.2 所有并入通信网的通信资源应接受电网通信机构调度。

6.1.3 承担通信光缆线路运行维护的单位，不论行政隶属关系，在涉及光缆线路检修、改造等相关工作，应接受通信调度的调度令。

6.1.4 地（市）级及以上通信机构应设置通信调度，设置通信调度岗位，并实行 24h 有人值班，负责其所属通信网运行监视、电路调度、故障处理。

6.1.5 各级通信调度应建立功能完善的通信网络监控及管理系统，对所辖通信网的通信设备运行状况能实现实时监视。

6.2 通信调度管辖范围

6.2.1 通信调度管辖范围包括承载本级电网通信业务的通信网资源，以及受上级通信机构委托调度的通信资源。

6.2.2 上级通信机构对于承载其电网通信业务的、处于下级通信机构所在电网调度管辖范围内的通信网资源，拥有调度指挥权；下级通信机构对于其电网调度管辖范围内的、承载上级电网通信业务的通信网资源，仅在上级通信机构的指挥下拥有通信调度权限。

6.2.3 并网发电企业与通信网互联的通信资源，不论其产权或隶属关系，均属于通信调度管辖范围。

6.2.4 并入电力通信网的通信传输（送）系统、接入系统、业务系统、支撑系统、辅助系统等各类通信设备、设施，不论其产权或隶属关系，均应明确其通信调度管辖。

6.2.5 电网新增或变更的通信资源，其通信调度管辖范围权应由通信机构以文件等书面方式明确。

6.2.6 紧急情况下，上级通信机构有权调度下级通信机构通信资源。

6.3 通信调度员

6.3.1 通信调度员是通信网运行、操作和事故处理的指挥员，通信调度员应使用规范化用语发布调度指令，受令通信调度员应执行指令。

6.3.2 通信调度员名单应报上级通信机构，上级通信机构通信调度员名单应通知下级通信机构和有关通信运行维护机构。

6.3.3 在事故情况下，通信调度员可越级指挥。

6.3.4 通信调度员应经过培训考核，合格后方可上岗，通信调度员人员变动情况应及时报相关通信机构。

6.4 值班

6.4.1 值班日志应按规定记录当值期间通信网主要运行事件，包括设备巡视记录、故障（缺陷）受理及处理记录、通信检修工作执行情况、通信网运行情况等相关信息。

6.4.2 事件记录内容应规范化，内容应包括接报时间、对方单位和姓名、发生时间、故障现象、协调处理过程简述、遗留问题等。

6.4.3 交接班时，交班者应将当值期间通信网运行情况及未处理完毕的事宜交代接班者，如有重大故障未处理完毕，应暂缓进行交接工作，接班人员应密切配合协同处理，待故障恢复或处理告一段落再进行交接班。

6.5 运行汇报

6.5.1 下级通信调度应在规定的时段向上级通信调度汇报所辖通信网前 24h 的运行情况。

6.5.2 遇下列情况时，通信调度应立即向上级通信机构逐级汇报：

a）电网调度中心、重要厂站的继电保护、安全自动装置、调度电话、自动化实时信息和电力营销信息等重要业务阻断。

b）重要厂站、电网调度中心等供电电源故障，造成重大影响。

c）人为误操作或其他重大事故造成通信主干电路、重要电路中断。

d）遇有严重影响通信主干电路正常运行的火灾、地震、雷电、台风、灾害性冰雪天气等重大自然灾害。

6.5.3 通信调度管辖范围内的通信设备的状态或方式的改变，影响本级电网其他专业时，通信调度应将有关影响及时通知本级电网调度；若对上级或下级通信机构调度管辖的通信设备的运行方式或传输质量有影响时，操作前、后应及时通知上级或下级通信机构通信调度员。

6.5.4 遇有重大问题应同时向所在单位通信主管领导汇报。

6.6 故障处理

6.6.1 通信调度是电力通信网故障处理的指挥和协调中心，各级通信运行维护机构应在本级和上级通信调度的统一指挥下开展故障抢修工作。

6.6.2 通信调度员是故障处理的最高指挥员，应根据故障影响程度按有关规定起动通信反事故预案。

6.6.3 故障发生时，检修人员应及时向当值通信调度员汇报故障设备状态，并按照通信调度员的指挥处理故障。

6.6.4 当发生通信电路故障且业务中断时，应采取临时应急措施，首先恢复业务电路，再进行事故检修和分析。通信电路故障检修时，应按先干线后支线、先重要业务电路后次要业务电路的顺序依次进行。在通信电路事故抢修时采取的临时措施，故障消除后应及时恢复。

6.6.5 故障处理结束后，相关通信机构应分析事故原因，向上级通信机构提交事故处理与分析报告，并采取必要措施防止类似事故的重复发生。

7 运行方式

7.1 总体要求

7.1.1 通信机构应按照"统一协调、分级负责、优化资源、安全运行"的要求，编制本级通信调度管辖范围内的通信网年度运行方式和日常运行方式。

7.1.2 通信网年度运行方式应与电力通信规划以及电网年度运行方式相结合。

7.1.3 通信机构应根据所辖通信网络运行情况优化运行方式，提高通信网安全运行水平和资源分配的合理性。

7.1.4 通信网运行方式的编制，应综合考虑电网和通信网建设、现有通信网结构变化、通信设备健康状况、各级通信资源共享等情况。

7.2 日常运行方式管理

7.2.1 日常运行方式管理应按照申请、审核、编制、审批、下发、执行、监督、归档的流程执行。

7.2.2 《通信业务申请单》（以下简称《申请单》）应提前提交，通信机构应对收到的《申请单》及时审核、批复。

7.2.3 《通信方式单》（以下简称《方式单》）应由通信机构审核并下发。执行机构收到《方式单》后应严格按照《方式单》上的要求执行相关工作，并将执行结果及时回执给《方式单》下达的通信机构。

7.2.4 当处理紧急故障时，可由通信调度口头下达方式，对电路运行方式进行调整。故障处理结束后，应及时恢复原方式运行或补充下达方式单。

7.2.5 各级通信调度应及时对通信方式的执行状态进行跟踪并记录。

7.2.6 全部方式执行完毕后应及时对有关资料进行审核归档。

7.3 年度运行方式管理

7.3.1 各级通信机构应定期与上、下级通信机构就通信网年度运行方式进行协调，提供编制年度运行方式所需要的基础资料。

7.3.2 通信机构应于每年年初完成所辖通信网络本年度运行方式的编制工作。

7.3.3 通信机构所编制的通信网年度运行方式应由通信主管部门进行审核，并由所在公司主管通信的领导批准。批准后的通信网年度运行方式应报送上一级通信机构备案，同时下发至下一级通信机构执行。

7.3.4 通信机构在实施年度通信检修计划和年度技改项目计划时应参照当年的通信网年度运行方式。

7.3.5 年度运行方式应包括上年度系统规模、运行分析、危险点、存在问题、各类系统图及业务配置表等，本年度方式预安排、处置预案、各类系统图及业务配置表等相关资料。

8 通信检修

8.1 总体要求

8.1.1 通信检修工作实行检修票制度，应禁止无票操作。

8.1.2 检修工作按照申请、审核、审批、开（竣）工、延期、终结等流程进行。

8.1.3 通信检修工作应执行逐级上报、逐级审批的管理原则。

8.1.4 影响电网生产调度业务运行的通信检修应经相关专业会签方可执行；影响通信业务的电网一次检修应经通信机构会签后方可执行。

8.1.5 通信检修分为计划检修、非计划检修。计划检修包括年度计划检修和月度计划检修；非计划检修包括临时检修和紧急检修。

8.1.6 检修工作的开工、竣工应经当值通信调度核准。

8.1.7 涉及电网运行的通信计划检修宜与电网检修同步进行。

8.1.8 不影响电网业务、能够在短时间内结束的通信检修工作，可不必退电网业务。

8.1.9 检修工作应提前制定组织方案和技术措施。

8.1.10 各级通信机构应积极开展管辖范围内通信系统运行状态评价、风险评估，并以此为依据，制订、调整通信检修计划。

8.2 检修计划

8.2.1 各级通信运行维护机构应编制月度检修计划，并逐级上报、审批。

8.2.2 重要保电期不宜安排通信计划检修。

8.3 检修申请和批复

8.3.1 通信检修申请由检修责任单位以检修票的方式提出，检修项目、影响范围、技术措施、安全措施等内容应完整、准确，检修票应一事一报。

8.3.2 计划检修、临时检修均应提前提出申请。

8.3.3 当通信检修涉及上级电网通信业务，除应在履行本单位电网设备检修管理规定程序后，还应向上级单位提出检修申请。

8.3.4 当通信检修影响下级电网通信业务时，通信调度应在履行本单位电网设备检修管理规定程序的同时，向下级单位下达检修工作通知单，说明检修工作情况，相关通信调度应提前做好相应安全措施。

8.3.5 各检修责任单位、各级通信调度及通信主管部门应对检修内容、影响范围、安全措施等内容进行审核。

8.3.6 在收到检修申请后，应及时批复。

8.4 检修执行

8.4.1 通信检修应按照检修票批准的时间进行。

8.4.2 如因故未能按时开、竣工，检修责任单位应以电话方式向所属通信调度提出延期申请，经逐级申报批准后，相关通信调度视情况予以批复。检修票只能延期一次。

8.5 开、竣工

8.5.1 当通信检修准备工作或检修工作项目完成并确认具备开、竣工条件后，向通信调度逐级申请开、竣工。

8.5.2 通信调度确认具备开、竣工条件后，下达开、竣工调度命令，各级通信调度及检修责任单位须严格按通信调度令执行。

8.6 紧急检修

8.6.1 紧急检修工作应先征得当值通信调度员的口头许可后方可执行，检修结束后应补齐相关手续。

8.6.2 紧急检修应遵循先调度生产业务，后其他业务；先上级业务，后下级业务；先抢通，后修复的原则。

8.6.3 当通信调度发现涉及其所辖范围电网通信业务、通信设备发生紧急故障或得到相关汇报后，应立即组织抢修。涉及生产调度业务的通信故障应及时通知同级电网当值调度员和相关专业，并按照当值调度员的要求和故障处理预案组织抢修。

8.6.4 紧急抢修结束后，各通信检修单位应及时将故障原因、处理结果、恢复时间等情况汇报所属通信调度。通信调度应确认通信业务恢复情况并通知同级电网当值调度员和相关专业。

8.6.5 各级通信机构应在紧急检修完成后 72h 内，向上级提交故障处理及分析报告，内容包括故障原因、抢修过程、处理结果、恢复时间、防范措施等。

9 通信网管理

9.1 总体要求

9.1.1 通信网的管理应以保障电力通信网安全、稳定运行为首要任务。

9.1.2 电力通信网应实行统一、规范化管理，通信机构应做好所辖通信网的基础数据和资料的管理工作。

9.1.3 应加强通信网资源管理，建设完善信息化管理手段，实现资源电子化管理。

9.1.4 应定期对电力通信网系统进行性能测试，内容至少应包括传输网误码测试、保护倒换功能测试、数据网设备的路由测试、调度/行政交换网的中继测试等。

9.1.5 通信机构应建设和完善通信网运行监测手段。

9.1.6 应加强设备及网管系统版本管理，保持运行设备、新投运设备、备品备件、网管系统兼容。

9.2 通信网管

9.2.1 网管系统设备应采取二次安全防护措施，其他无关设备不应接入网管系统。

9.2.2 通信机构应制定网管系统运行管理规定，内容应包括日常运行管理及巡视、系统软硬件维护、数据备份及恢复、系统管理员职责等。

9.2.3 网管系统的计算机和维护终端为专用设备，严禁挪作他用，并禁止在网管终端上从事与设备运行维护无关的一切活动。超期服役的计算机设备应及时更换。

9.2.4 网管系统应有专人负责管理，并分级设置密码和权限，应严禁无关人员操作网管系统。

9.2.5 网管系统管理人员在使用网管终端进行电路配置和数据修改时，应按照通信电路方式单或通信检修单的内容进行，并按要求办理相关手续。操作时应有人监护，并做好操作记录。重要操作和复杂操作应事先做好方案。

9.2.6 通信系统发生故障时，网管系统管理人员应根据相关部门要求提供各种告警信息，配合事故调查，未经许可不应擅自更改和删除网管告警信息。

9.2.7 网管系统数据应定期备份，在系统有较大改动和升级前应及时做好数据备份。

9.3 通信资源管理

9.3.1 通信资源的使用应严格履行申请、审批等程序。

9.3.2 各级通信机构应加强通信资源基础数据管理，做好资源统计与管理系统建设工作。

10 通信站管理

10.1 通信站总体管理要求

a）通信站运行管理的方式包括属地化管理和委托管理。

b）通信站管理的主要内容包括制度管理、资料管理、设备管理等。

c）通信机房应满足通信设备运行条件，满足通信检修和操作的需要。

d）通信站设备应按各所属单位或部门的有关规定，落实运行巡视责任。

e）通信站资料管理应逐步实现电子化、信息化。

f）地区及以上的通信部门应保证专用交通工具，及时排除故障。

10.2 通信站运行要求

a）设备运行稳定，故障率低，设备电源可靠并能自动投入。

b) 防火、防盗、防雷、防洪、防震、防鼠、防虫等安全措施完备。

c) 应具备远方监视手段及远方控制部分通信设备的能力。

d) 负责该站维护工作的通信机构应具有定期检测、巡视制度，并有相应的技术措施和技术保障。

e) 无人站应具备相应的监测手段，监测数据应能够及时传输到所属中心站或有人值班点。

f) 通信机房应有环境保护控制设施，防止灰尘和不良气体侵入；室内温度、湿度要求参照 GB 50174 执行。

10.3　通信机构应符合以下规程、规定的要求

a) DL 408、DL 409。

b) 本站有关通信专业运行管理规程。

c) 上级主管部门颁发的有关规程、规定。

10.4　通信机构应建立健全以下管理制度

a) 岗位责任制。

b) 设备责任制。

c) 值班制度。

d) 交接班制度。

e) 技术培训制度。

f) 工具、仪表、备品、配件及技术资料管理制度。

g) 根据需要制定的其他制度。

10.5　通信机构应具备以下通信站基本运行资料

a) 通信站、设备及相应电路竣工验收资料。

b) 站内通信设备图纸、说明书、操作手册。

c) 交、直流电源供电示意图。

d) 接地系统图。

e) 通信电路、光缆路由图。

f) 电路分配使用资料。

g) 配线资料。

h) 设备检测、蓄电池充放电记录。

i) 通信事故、缺陷处理记录。

j) 仪器仪表、备品备件、工器具保管使用记录。

k) 值班日志。

注：指有人值班通信站。

l) 定期巡检记录。

注：指无人值班通信站。

m) 通信站应急预案。

n) 通信站综合监控系统资料。

11　设备管理

11.1　通信设备与电路

11.1.1　通信设备与电路运行要求

a) 同一条线路的两套继电保护和同一系统的两套安全自动装置应配置两套独立的通信设备，并分别由两套独立的电源供电，两套通信设备和电源在物理上应完全隔离。

b) 电力调度机构与变电站和大（中）型发电厂的调度自动化实时业务信息的传输应同时具备两条不同物理路由的通道。

11.1.2 通信设备与电路的维护要求

a) 通信设备的运行维护管理应实行专责制，应落实设备维护责任人。

b) 通信设备应有序整齐，标识清晰准确。承载继电保护及安全稳定装置业务的设备及缆线等应有明显区别于其他设备的标识。

c) 通信设备应定期维护，维护内容应包括设备风扇滤网清洗、蓄电池充放电、网管数据备份等。

d) 通信机构应配置相应的仪器、仪表、工具；仪器、仪表应按有关规定定期进行质量检测，保证计量精度。

e) 仪器仪表、备品备件、工器具应管理有序。

11.1.3 通信设备与电路的测试内容及要求

a) 通信运行维护机构应定期组织人员对通信电路、通信设备进行测试，保证电路、设备、运行状态良好。

b) 通信设备测试内容应包括网管与监视功能测试、设备性能等。

c) 通信电路测试内容应包括误码率、电路保护倒换等。

d) 应对通信设备测试结果进行分析，发现存在的问题，及时进行整改。

11.1.4 通信设备与电路的巡视要求

a) 设备巡视应明确巡检周期、巡检范围、巡检内容，并编制巡检记录表。

b) 设备巡视可通过网管远端巡视和现场巡视结合进行。

c) 巡视内容包括机房环境、通信设备运行状况等。

11.1.5 维护界面

a) 电力线载波。

1）电力线载波通信设备、高频电缆和结合滤波器的运行维护检测由通信专业负责，保护专用的由继电保护专业负责。

2）线路阻波器、耦合电容器（或兼作通信用电容式电压互感器）和接地开关的运行维护及耦合电容器、放电器和避雷器的高压电气性能试验，均由设备所在地的高压电气专业负责。线路阻波器的阻抗—频率特性的测试与调整及接地开关的操作由通信专业负责，保护专用的由继电保护专业负责。

3）装在电力线载波设备内的复用远动、继电保护和安全稳定控制装置的接口设备及引出电缆端子内侧（连接电力线载波设备侧）的运行维护由通信专业负责。引出电缆端子外侧（连接其他专业设备侧）的运行维护由相关专业负责。

4）合相运行并装设在户外的分频滤波器、高频差接网络、结合滤波器和高频电缆公用部分的运行维护检测，由通信专业负责。

5）通信专业在复用的电力线载波设备、分频滤波器上进行操作时，应事先征得相关专业的同意。

b) 与其他二次专业。

1）通过通信机房音频配线架（VDF）连接的业务电路，分界点为机房音频配线架。

2）通过通信机房数字配线架（DDF）连接的业务电路，分界点为机房数字配线架。

3）通过通信机房光纤配线架（ODF）连接的业务电路，分界点为机房光纤配线架。

4）不经过通信机房配线架而直接由通信设备连接至用户设备的，分界点为通信设备输入输出端口，如图1所示。

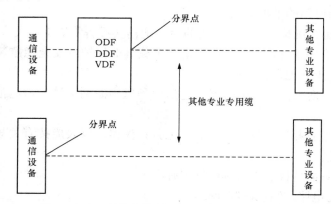

图1 电力通信部门与其他二次专业维护界面划分

11.2 光缆

11.2.1 光缆维护要求

a）电力特种光缆的维护应符合 DL/T 741 的有关规定。

b）通信机构和相应线路运行维护部门应制定运行维护规定或细则，并做好运行维护的专项记录。

c）电力光缆的运行维护应落实维护责任人。

d）通信运行维护机构应配置相应的光缆、光纤测试仪器、仪表、工具和备品、配件，并管理有序。

11.2.2 光缆测试要求

a）通信运行维护机构应定期组织人员对光缆线路进行测试，保证光缆线路运行状态良好。

b）光纤线路的运行环境及运行状态发生改变后，应重新组织测试，测试数据应报送相应通信机构。

c）光缆线路测试内容应包括线路衰减、熔接点损耗、光纤长度等。

d）应对测试结果进行分析，发现存在的问题，及时进行整改。

11.2.3 光缆巡视要求

a）通信运行维护机构应落实光缆线路巡视的责任人。

b）电力特种光缆应与一次线路同步巡视，特殊情况下，可增加光缆线路巡视次数。

c）巡视内容应包括光缆线路运行情况、线路接头盒情况等。

11.2.4 光缆维护界面分工

a）光纤复合架空地线（OPGW）和全介质自承式光缆（ADSS）等（包括线路、预绞丝、耐张线夹、悬垂线夹、防震锤等线路金具，线路中的光缆接续箱）的巡视、维护、检修等工作由相应送电线路运行维护部门负责，通信机构负责纤芯接续、检测等工作。

b）连接到发电厂、变电站内的 OPGW、ADSS 光缆，在发电厂、变电站内分界点为门型构架（水电厂的分界点一般为第一级杆塔），特殊情况另行商定。光缆线路终端接续箱，分界点向线路方向侧由输电线路维护机构负责，向通信机房方向侧由通信机构负责；进入中继站时，分界点为中继站光缆终端接续箱，分界点向线路方向侧由输电线路维护机构负责。运行维护分界点的终端接续箱由输电线路维护机构负责，引入机房光缆等由通信机构负责。终端接续箱的巡视，终端接续箱的拆、挂牵涉到高压的接地等电气性能和可能的带电作业等由输电线路维护机构负责，终端接续箱的光通信性能测试和光纤熔接由通信机构负责，如图2所示。

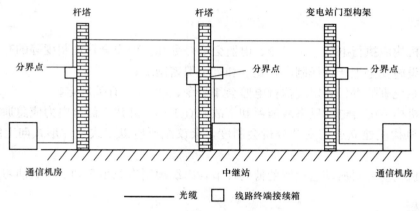

图2　电力特种光缆维护界面划分

11.3　新设备及并网

11.3.1　新设备投运要求

a）新建、扩建和改建工程的通信设备及光缆（统称新设备）投运前应满足下列条件：

1）设备验收合格，质量符合安全运行要求，各项指标满足入网要求，资料档案齐全。

2）运行准备就绪，包括人员培训、设备命名、相关规程和制度等已完备。

b）新设备接入现有通信网，应在新设备起动前2个月向有关通信机构移交相关资料，并于15天前提出投运申请。

c）通信机构收到资料后，应核准新设备的技术性能、安全可靠性等是否满足运行要求，应对新设备进行命名编号，并在1个月内通知有关单位。

11.3.2　并入电力通信网的通信设备投运要求

a）拟并网的通信设备的技术体制应与所并入电力通信网所采用的技术体制一致，符合国际、国家及行业的相关技术标准。

b）拟并网方的通信方案应经通信机构核定同意，并通过电网通信机构组织或参加的测试验收，其设备应具有电信主管部门或电力通信主管部门核发的通信设备入网许可证。

c）并入电力通信网的通信设备技术指标和运行条件应符合电力通信网运行要求，并由专人维护。

d）并入电力通信网的通信设备应配备监测系统，并能将设备运行工况、告警监测信号传送至相关通信机构。

e）并入电力通信网的通信设备，即纳入所属电网通信机构的管理范围，应服从电网通信机构的统一调度和管理。

12　备品备件

12.1　通信系统应配备满足系统故障处理、检修所需的备品备件，并在一定区域范围内建立备品备件库，应能在故障处理时间内送至故障现场。

12.2 备品备件应定期进行检测，确保性能指标满足运行要求。

12.3 光缆线路备品备件应包括光缆、金具、光缆接续盒等。

12.4 通信设备备品备件应按照网络规模、设备构成单元、设备运行状态和业务重要性配置。

12.5 通信机构应根据本单位实际情况配置足够数量的常用运行维护耗材。

13 安全管理

13.1 通信机构应执行电监会1号令、电监会2号令和各项安全管理制度等的有关规定，制定本级通信设施安全生产责任制度，建立和健全保密制度。

13.2 通信系统事故责任界定应执行电监会4号令、DL 558有关规定。

13.3 通信机构应配合电网反事故演习和事故调查工作，并建立健全电力应急通信机制。

13.4 通信机构应建立通信安全分析会制度，会议纪要应以正式文件形式向上级通信机构报送。

13.5 通信机构应针对所辖通信网的薄弱环节，组织编制应急预案和反事故演习方案。

14 统计分析

14.1 总体要求

14.1.1 通信机构应由专人负责电力通信运行统计和分析工作。

14.1.2 通信机构应采用统一的统计标准与规范，统计数据应准确详实。

14.1.3 通信机构应逐步建立和完善运行统计的信息化工作手段，实现统计材料报送的电子化。

14.2 统计范围

统计范围包括：

a) 各级单位接入电力通信网的通信电路、设备。

b) 自建、合建、租用的通信线路的相关通信设施。

c) 接入电力通信网的发电企业通信资源。

14.3 运行统计分析内容

14.3.1 通信运行统计和分析工作主要包括通信电路、通信设备、光缆线路、业务保障等统计和分析。

14.3.2 通信运行统计和分析工作为月度统计和分析。通信机构应组织本级通信运行统计和分析月报的编制工作，并逐级汇总上报上级通信机构。

14.3.3 应根据运行统计情况，对通信网运行质量等方面进行分析评价。

14.4 统计指标

电力通信运行统计宜采用如下指标：

a) 通信电路运行统计指标如下：

1) $\quad 电路运行率 = \left\{ 1 - \dfrac{\sum\left[中断路数 \times 电路故障时间（分钟）\right]}{配置电路数 \times 全月日历时间（分钟）} \right\} \times 100\%$ （1）

2) 实用电路运行率 $= \left\{ 1 - \dfrac{1 - \sum \left[中断路数 \times 电路故障时间(分钟) \right]}{实用电路数 \times 全月日历时间(分钟)} \right\} \times 100\%$ (2)

注1：分别统计 2M 电路和音频电路。

注2：传输速率 2M 以上的通道以实际使用的带宽折算成 2M 电路数来统计。

b) 通信设备运行统计指标如下：

$$设备运行率 = \left\{ 1 - \dfrac{\sum \left[设备故障时间(分钟) \right]}{设备数量 \times 全月日历时间(分钟)} \right\} \times 100\% \quad (3)$$

c) 光缆线路运行统计指标如下：

1)   光缆线路运行率 $= \left\{ 1 - \dfrac{\sum \left[光缆故障条数 \times 故障时间(分钟) \right]}{光缆条数 \times 全月日历时间(分钟)} \right\} \times 100\%$ (4)

注：直接连接两通信站的一根光缆即计作一条光缆。

2) $\begin{array}{l}光缆线路百\\公里运行率\end{array} = \left\{ 1 - \dfrac{\sum \left[光缆故障百公里数 \times 故障时间(分钟) \right]}{光缆总皮长公里数 \times 全月日历时间(分钟)} \right\} \times 100\%$ (5)

注1：光缆故障百公里数为故障光缆长度按百公里折算后的数量。

注2：光缆总皮长百公里数为光缆总皮长按百公里折算后的数量。

d) 业务保障统计指标如下：

$$业务保障率 = \left\{ 1 - \dfrac{\sum \left[中断业务条数 \times 中断时间(分钟) \right]}{业务条数 \times 全月日历时间(分钟)} \right\} \times 100\% \quad (6)$$

注：业务保障率统计范围各单位根据实际情况确定。

e) 平均故障处理时间指标如下：

$$平均故障处理时间 = \dfrac{\sum 故障处理时间(分钟)}{故障次数} \quad (7)$$

电力系统控制及其通信
数据和通信安全

DL/Z 981—2005/IEC TR 62210：2003

目　　次

前　言

本指导性技术文件是根据《国家发展和改革委员会　关于下达 2004 年行业标准项目计划通知》（发改办工业〔2004〕872 号文）的安排制定的。

随着计算机、通信和网络技术的发展，电力系统使用计算机、通信和网络技术实现调度中心、电厂、变电站之间的数据通信越来越普遍。同时，由于 Internet 技术已得到广泛使用，E-mail、Web 和 PC 的应用也日益普及，随之而来的是病毒和黑客等问题。为此，国际电工委员会 57 技术委员会（IEC TC 57）对有关电力系统控制的数据和通信安全进行了研究，并于 2003 年发布了技术报告 IEC TR 62210《电力系统控制及其通信　数据和通信安全》。

此外，IEC TC 57 还在进行《数据和通信安全 IEC 60870-5 安全及导则》（57/675/NP）、《数据和通信安全　端对端网络管理的管理信息基本要求》（57/676/NP）、《数据和通信安全 IEC 61850 协议集的安全》（57/677/NP）、《数据和通信安全　包含 MMS 协议集的通信网络和系统安全》（57/678/NP）、《数据和通信安全　包含 TCP/IP 协议集的通信网络和系统的安全》（57/679/NP）等安全文件的研究和编写工作。技术报告 IEC TR 62210《电力系统控制及其通信　数据和通信安全》是该系列文件的第一个。

为防止电力二次系统的计算机感染病毒和受黑客攻击，我国对电力系统二次安全防护进行了深入研究，并在此基础上发布了一系列安全防护规定。这些安全防护规定涉及面比 IEC TR 62210 广，内容也更深入。IEC TR 62210 是在通信协议的应用层采取防护措施，与我国的安全防护规定有互补性，对我国电力系统二次安全防护具有指导意义。

本指导性技术文件等同采用 IEC TR 62210：2003《电力系统控制及其通信　数据和通信安全》。

本指导性技术文件的附录 A、附录 B 和附录 C 是资料性附录。

本指导性技术文件由中国电力企业联合会提出。

本指导性技术文件由全国电力系统控制及其通信标准化技术委员会归口并负责解释。

本指导性技术文件起草单位：国家电力调度通信中心、中国电力科学研究院、国电自动化研究院、福建省电力调度通信中心、华东电力调度通信中心、华中电力调度通信中心。

本指导性技术文件主要起草人：南贵林、杨秋恒、许慕梁、邓兆云、姚和平、李根蔚、韩水保、陶洪铸。

电力系统控制及其通信
数据和通信安全

1 范围和目的

本指导性技术文件适用于电力部门的计算机化的监视、控制、计量和保护系统。文件涉及这些系统的使用、访问以及内部和系统之间的通信协议有关的安全方面问题。

注：本文件不包含与物理安全问题相关的建议或开发准则。

本文件讨论了对系统及其运行的实际威胁，举例说明了安全隐患和入侵的后果，讨论了改善目前状况的行动和应对措施，但解决方案将考虑作为将来的工作项目。

2 概述

安全性和可靠性一直是电力部门中系统设计和运行的重要问题。监视、保护以及控制系统都按尽可能高的安全性和可靠性要求进行设计，已经开发了接近于零的残留差错率的各种通信协议。采取这些措施的目的是为了使危及人体及设备的风险最小，并促进电网的高效运行。

对易受攻击对象的物理威胁已经通过传统的方法，即靠封闭建筑物、围栏和警卫等方法处理，但忽略了通过搭接的通信电路伪造 SCADA 命令跳开关键开关的这种十分可能的恐怖威胁。在目前使用的协议中没有确保控制命令来自授权来源的功能。

随着电力市场解除管制又带来新的威胁：了解竞争方的资产和其系统的运行有可能获利，获取这些信息是十分可能的现实。

通信协议越开放、越标准化，集成到企业的和全球化的通信网络中的通信系统越多，通信协议和系统就越需要防范有意或无意的入侵。

本文件讨论了电力部门的安全防护过程，涉及企业安全防护策略、通信网络安全以及端对端的应用安全等。

整个系统的安全依赖于网络设备的安全，也就是依赖于能通信的所有设备的安全。安全的网络设备必须能进行"安全"的通信并能验证用户的访问级别。对各种入侵攻击的有效检测、记录和处理（起诉）必须作为主动审计系统的一部分。

对威胁的分析要基于系统的可能后果，也就是说，如一个非法入侵者既有野心又有智谋，会发生的最坏结果是什么？要把电力部门及其资产的易攻击性与威胁放在一起来分析。

在分析了电力部门的各个系统中存在对易攻击点的威胁之后，本文件着重于 GB 18657、GB 1870 和 DL 790 系列的通信协议，讨论了应对措施。

本文件还提出了在这些通信协议中列入安全议题的新工作项目的建议。

3 规范性引用文件

下列文件中的条款通过本文件的引用而成为本文件的条款。凡是注日期的引用文件，其随后所有的修改单（不包括勘误的内容）或修订版均不适用于本文件，然而，鼓励根据本文件达成协议的各方是否使用这些文件的最新版本。凡是不注日期的引用文件，其最新版本适用于本文件。

GB 18657（所有部分）远动设备和系统 第5部分：传输协议（IDT IEC 60870-5）

GB 18700（所有部分）远动设备和系统 第6部分：与 ISO 标准和 ITU-T 建议兼容的远动协议（IDT IEC 60870-6）

GB/T 9387.1—1998 信息技术 开放系统互连 基本参考模型 第1部分：基本模型（IDT ISO/IEC 7498-1：1994）

GB/T 9387.2—1995 信息处理系统 开放系统互连 基本参考模型 第2部分：安全体系结构（IDT ISO/IEC 7498-2：1989）

DL 860（所有部分）变电站通信网络和系统（IDT IEC 61850）

DL 790（所有部分）采用配电线载波的配电自动化（IDT IEC 61334）

ISO/IEC 10181-1：1996 信息技术 开放系统互连 开放型系统安全框架：概述

ISO/IEC 10181-7：1996 信息技术 开放系统互连 开放型系统安全框架：安全审计和报警框架

ISO/IEC 15408-1 信息技术 安全技术 IT 安全评估标准 第1部分：引言和基本通用模式

ISO/IEC 15408-2 信息技术 安全技术 IT 安全评估标准 第2部分：安全功能需求

ISO/IEC 15408-3 信息技术 安全技术 IT 安全评估标准 第3部分：安全保障需求

4 术语、定义和缩略语

下列术语和定义适用于本标准。

4.1 术语和定义

4.1.1 可追溯性 accountability

确保一个实体的活动可以被唯一地追溯到该实体的特性。

4.1.2 资产 asset

对组织有经济价值的任何事物。

[ISO/IEC TR 13335-1：1997]

4.1.3 真实性 authenticity

确保一个主体或资源的身份与声称相一致的特性。真实性适用于实体，如用户、过程、系统和信息。

4.1.4 违反授权 authorization violation

为一个用途而被授权使用某个系统的实体，将该系统用于另一个未经授权的用途。

4.1.5 可用性 availability

只要被授权实体需要就能访问和使用的特性。

[ISO 7498-2：1989]

4.1.6 安全底线控制 baseline controls

为系统或组织所设定的最低的安全防护的集合。

[ISO/IEC TR 13335-1：1997]

4.1.7 机密性 confidentiality

使信息不被未经授权的个人、实体或过程使用或不泄漏的特性。

[ISO 7498-2：1989]

4.1.8 数据完整性 data integrity

使数据不被未经授权方式改变或破坏的特性。

[ISO 7498-2：1989]

4.1.9 拒绝服务 denial of service

授权的通信流被有意阻遏。

4.1.10 窃听 eavesdropping

信息被暴露于监视通信信号的未授权人员。

4.1.11 黑客 hack

以下一种或多种威胁的组合：违反授权、信息泄漏、完整性破坏和伪装。

4.1.12 散列函数 hash function

将大的（可能非常大的）数值集合的各数值映射到较小数值范围的数学函数。

4.1.13 信息泄漏 information leakage

未经授权实体获得安全信息或受限制的信息。

4.1.14 完整性破坏 integrity violation

信息被未经授权实体生成或修改。

4.1.15 截获/篡改 intercept/alter

通信包被截获、修改，然后像原通信包一样继续发送。

4.1.16 伪装 masquerade

未经授权实体企图假装可信方的身份。

4.1.17 可靠性 reliability

预期行为和预期结果一致的特性。

[ISO/IEC TR 13335-1：1997]

4.1.18 重放 replay

通信包被记录，然后在不适当的时间再次传送。

4.1.19 抵赖 repudiation

发生信息交换后，交换的两个实体之一否认这次交换或否认交换的内容。

4.1.20 残留风险 residual risk

在实施安全防护后剩余的风险。

[ISO/IEC TR 13335-1：1997]

4.1.21 资源耗尽 resource exhaustion

参见"拒绝服务"。

4.1.22 风险 risk

某一给定威胁充分利用一个或一组资产的安全隐患造成资产损失或破坏的可能。

[ISO/IEC TR 13335-1：1997]

4.1.23 安全审计员或安全审计程序 security auditor

被允许访问安全审计的踪迹记录并以此生成审计报告的个人或过程。

[ISO/IEC 10181-7：1996]

4.1.24 安全机构 security authority

负责定义、实施或强制执行安全防护策略的实体。

4.1.25 安全域 security domain

安全域是元素的集合、安全防护策略、安全机构以及与一套安全相关的活动。其中元素的集合按照安全防护策略从事指定的活动，安全防护策略由安全域的安全机构管理。

4.1.26 安全域机构 security domain authority

安全域机构是负责实施安全域安全防护策略的安全机构。

4.1.27 安全令牌 security token

安全令牌是由一个或多个安全服务保护的一组数据，与提供这些安全服务使用的安全信息一起，在通信实体之间进行传送。

4.1.28 安全相关事件 security-related event

已经由安全防护策略规定为可能违反安全或与安全有关的任何事件。达到预定义的界限就是安全相关事件的实例。

4.1.29 欺骗 spoof

一种或多种以下威胁的组合：窃听、信息泄漏、完整性破坏、截获/篡改及伪装。

4.1.30 系统完整性 system integrity

系统以不受损害方式执行其预定功能的特性，不受有意或无意未经授权的系统操作影响。

[ISO/IEC TR 13335-1：1997]

4.1.31 安全威胁 threat

可能产生导致有损于系统或组织的有害偶发事件的因素。

[ISO/IEC TR 13335-1：1997]

4.1.32 信任 trust

当且仅当实体 X 就一组行为以一种特殊方式表现出它依赖于实体 Y，就称实体 X 在这组行为上信任实体 Y。

4.1.33 可信实体 trusted entity

假设已适当地执行各种安全对策的实体。有了这假设，该实体可以有理由免除其他安全对策。

例如：一个可信的授权实体声明一个用户被授权可以进行控制，因而不需采用通常需要的质询认证过程。

实体可能违反安全防护策略，例如执行安全防护策略所不允许的动作或者无法执行安全防护策略所允许的动作。

4.1.34 脆弱性 vulnerability

脆弱性包括资产或一组资产的弱点，它可用威胁说明。

[ISO/IEC TR 13335-1：1997]

4.1.35 已开发的技术 developed technology

在 EAL-5 级质量及安全保障导则或者为更高级别的 ISO/IEC 15408-3 中所规定的配置和指导下所开发的软件代码或算法。

4.2 缩略语

AMR	Automatic Meter Reading	自动抄表
CC	Common Criteria	通用准则
COTS	Commercial off the Shelf Software	现货供应的商业软件

369

DISCO	Distribution Company	配电公司
DLC	Distribution Line Carrier	配电线载波
DLMS	Distribution Line Messaging System	配电线报文系统
DMS	Distribution Management System	配电管理系统
EAL	Evaluation Assurance Level	安全保障评估等级
EMS	Energy Management System	能量管理系统
GENCO	Generation Company	发电公司
HMI	Human-Machine Interface	人机界面（如：操作员工作站）
HV	High Voltage	高电压
IED	Intelligent Electronic Device	智能电子设备
IT	Information Technology	信息技术
LAN	Local Area Network	局域网
LV	Low Voltage	低电压
MMS	Manufacturing Message Specification	制造报文规范
MV	Medium Voltage	中电压
NT		Windows NT，是微软视窗个人计算机操作系统，专为需要先进性能的个人用户或商务而设计
OASIS	Open Access Same-Time Information System	开放访问即时信息系统
PLC	(user) Programmable Logic Controller	（用户）可编程逻辑控制器
POTS	Plain Old Telephone System	普通老式电话系统
PP	Protection Profile	防护方案
RTU	Remote Terminal Unit	远方终端设备
SCADA	Supervisory Control And Data Acquisition	监视控制和数据采集
ST	Security Target	安全目标
TASE	Telecontrol Application Service Element	远动应用服务元素
TCP/IP	Transmission Control Protocol/Internet-working Protocol	传输控制协议/网间协议
TOE	Target of Evaluation	评估目标
TRANSCO	Transmission Company	输电公司
VAA	Virtual Application Association	虚拟应用关联
VDE	Virtual Distribution Equipment	虚拟配电设备
WAN	Wide Area Network	广域网

5 安全问题介绍

通信和信息安全正成为商业或私有部门信息网络的一个基本要求。对于用通信和信息技术作为关键服务基础设施或关键服务组成部分的部门特别是这样。中断这些服务（例如中断供气、供水、供电）可能影响到广大地区及大量的个人和公司。

无论在公司内部还是公司之间，通信网络化和信息交换在电力基础设施内正日益普遍。尽管在过去，公用事业部门牢牢把握着他们的信息并且控制着他们通信基础设施的大部分，但这已成为历史。在共享通信网络以及公共网络上信息交换越来越多。这种趋势使不可信方（如黑客、低素质的员工和恐怖分子）会考虑采取系统性的攻击。这种趋势以及大量可在攻击中使用的技术，预示着攻击数量会更多，攻击得逞的几率也会上升。

注：几乎没有能推导出未来威胁模型或攻击模型的公开的可用信息。然而，这方面信息的缺乏并不意味着没有发生攻击，而只说明公用事业部门检测攻击的工作不到位，或这类攻击的信息没有公开发表。另外，攻击几率不断上升的趋势可能反映财务动机在不断增长（例如由于解除管制）和容易进行攻击（例如由于技术进步）。

不像军队那样，计算机或公用事业部门的信息系统和协议的大多数用户基本上或还没有意识到对他们的信息和基础设施的可能威胁。更糟的是，虽然用户有时意识到但不重视着手解决已知的安全风险。目前，偶发事件（检测到的攻击）的次数还相对较低。然而，检测出的攻击日益增多而且已经证实主要基础设施（如煤气、水和电）都是极易被攻击的。

可以从多方面考虑安全问题，本文件仅涉及通信安全。它不涉及计算机系统内与信息安全有关的安全问题，而只针对信息通过 IEC TC 57 规定的一些协议传送时的信息安全。

本文件的使用方法：本文件是用于向 IEC TC 57 及其工作组提出建议，可视为建立新工作项目的基础，而不应视为已经完善。

应进一步考虑与其他 IEC 技术委员会（TC）建立密切的联系，这样，他们也能考虑本文件提出的建议。

6 安全分析过程

本文件的建议将直接影响常规的企业安全防护过程，而且必须以与这个过程一致的方式来构想建议。因此，理解典型的企业安全防护过程的需求以及它们对本文件范围的影响是很重要的。

图 1 描绘了那些通常认为是常规企业的安全防护策略，这些企业需要建立相对"安全"的公司基础设施。图 1 清楚地表明，为了建立安全的企业基础设施，企业安全防护策略必须先由企业管理者制定和采纳。

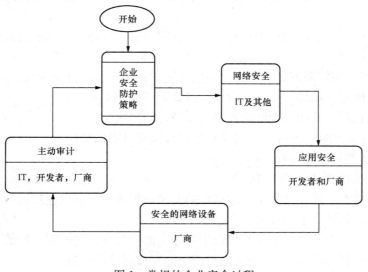

图 1 常规的企业安全过程

企业安全防护策略的规则涉及安全域、安全域机构、安全审计员（或安全审计程序）的责任规定和指派。此外，一旦企业安全防护策略付诸行动和实施，通常就决定了可接受的残留风险。很明显，企业会制定自己的安全防护策略，不一定要依靠本文件的建议。

然而，向企业管理者说明本文件论及的通信协议相关的威胁和后果，却在本文件的范围内。所以，企业安全防护策略应仔细对照本文件的以下部分：

a）定义（见4.1）：有助于建立一致的词汇表；

b）在防护方案（PP）中考虑的特定威胁（见7.2.3）：列出了这种威胁的集合及它们的定义，这些在本文件中论及；

c）安全隐患（见第8章）：涉及已知存在于本文件讨论的通信协议中的通信系统安全隐患；

d）安全分析过程（见第6章）：也许这是企业安全防护策略编制人员所关心的，但这更应是企业安全防护策略团队其他成员关心的。

企业的安全防护策略往往针对某个防护目标层面，因此应使用所关心的章节以有助于对防护目标制定方案，并告知企业的管理者。不管怎样，企业防护目标都要转化为在网络安全、应用安全以及安全网络设备防护过程中的实施策略以及各安全对策。

应用安全主要涉及端对端的应用层面的安全。安全防护步骤需要强有力和明确的指导，这样主计算机的应用才只需要一些适当的限制、维护和审计。本文件不讨论基于主机应用的防护技术和方法。

在企业安全防护过程中网络安全通常涉及对防火墙和子网的访问。在这个域中的安全防护策略必须解决由一个子网到另一个子网的访问权限问题。本文件对网络安全的企业安全防护策略过程没有任何直接影响。

然而，应用的用户和通过远程通信与终端设备和应用批准的权限之间的关系很密切。所以，在制定安全防护策略时主要应考虑以下问题：

a）某些应用可能需要根据使用哪台主机或终端来确定安全权限。

例如，在SCADA主站中，可以允许任何经认证的终端或用户看SCADA信息，但是，只有位于物理安全（如控制中心）环境中的终端才有权真正控制远方设备或进行远方应用，或改变其配置。

在以上例子中，即使应用的用户有相应的权限，这权限还会进一步受到执行应用的主机或终端的限制。

b）某些应用可能需要制定它们自己的安全防护策略，虽然这很少见。

对不一定能确定应用用户的共享应用尤其如此（如NT的服务）。

因此，建议在构建应用安全防护策略时要考虑的层次是：

a）能否通过远方应用进行用户认证并把它转换成可用信息；

b）用户认证的场所能否确定；

c）应用执行的网络位置能否确定。

从通信的角度看，最安全的是制定这样的安全防护策略：可以通过远方设备或远方应用来认证用户而不仅认证用于连接的节点。

安全网络设备：本文件主要论及可以增强电力部门联网设备的安全性的问题、技术和建议。根据本文件的目的，"联网设备"是指任何能互相通信的设备。

本文件的读者应明确，通信系统的总体安全将由联网设备的安全程度来决定，这一点很重要。这主要是因为设备是大多数信息的来源，也是能直接影响电力部门服务的实体（例如断开一个开关导致了停电）。所以，重要的是这些设备有能力鉴别用户的访问级别。另外，更为重要的是这些设备能成为审计过程的一部分，从而使攻击能被迅速检测、应对和起诉。

多数电力部门不愿在安全防护方面开销额外费用，然而安全教育和本文件将论及许多问题，并就为什么说目前实施得不够作有力的陈述。

主动审计：作为连续的企业安全防护过程的一部分，对任何一套安全防护策略和实施都必须不断进行监视和修正。如没有能力去审计和分析安全攻击、系统的运行及系统的薄弱点，一个安全的系统最终将变得不安全。

为了具备主动审计过程和连续的企业安全防护过程，必须有人专门致力于这项工作。因此，需要对电力部门进行与采取这样措施有关的风险的教育。在还没有遭受一次得逞的攻击之前，要证明这种过程的投入效益，即使不是完全不可能，也是很困难的。需要用如不实施安全防护过程会具有怎样可能风险的代价来证明它。

该过程的所有部分都需要仔细研究，并针对特定的环境进行取舍。但是所有方面都需要加以分析，并在某些方面着手解决。

6.1 网络拓扑

可以用很多不同方式来观察通信拓扑结构。就高层说来，分析信息源和使用者之间的信息流是必需的。见图 2。

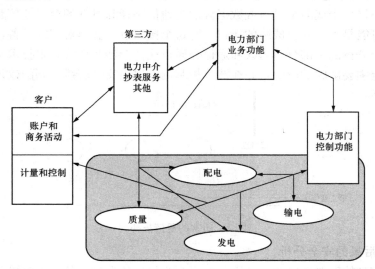

图 2　业务信息流

图 2 中有以下几种主要业务实体：

a）客户：这个业务实体代表电力和服务的消费者。有一些为客户期望的服务类型，从出电费账单到电力质量控制作为送电的一部分来提供。客户通常期望以下服务：

1）账户和商务活动：包括客户服务、出单和购电售电（电力中介）。在这些活动之间进行信息交换的方法通常是电话、传真或电子邮件。但发展趋势是通过互联网或其他电子商务方法进行信息交换。

此外，这些信息交换现在不仅可通过电力部门的业务功能提供，也可由第三方提供。在许多情况下，两个相互竞争的组织常常可以在同一信息基础设施上和同一客户进行信息交换。

2）计量和控制活动：这些活动主要与控制供电和控制送达终端客户的电力质量的通信有关。即使可以委托第三方监视营业表计信息，但抄表是当地配电部门的责任。

b）第三方：解除电力行业管制的趋势导致多种业务实体出现，这些实体代理电力部门，执行第三方表计的读数和出单，还提供其他服务。第三方与客户以及电力部门业务功能交换信息，也可能直接监视营业表计和电力的质量。

c）电力部门业务功能：这些功能向客户和第三方（按法律要求）提供信息。在解除管制的环境中，可能需要将这些活动的一部分看作相当于第三方。

d）电力部门控制功能：这些功能是当前提供的典型的 SCADA、EMS、DMS 功能。控制功能包括决定发电，配电或电力产品的质量的所有活动。而通信活动的范围包括配电自动化、电力部门到电力部门、电力部门到变电站、电力部门到发电厂等。

本文件的主题是确定在 IEC TC 57 范围内使用的通信类型和对这些技术的威胁的影响。然而，许多威胁涉及到通信体系结构和通信拓扑结构中的弱点。在最高层，如图 2 所示，业务实体之间任何直接或间接的接口点出现安全相关事件的几率都很高。然而，为了保护接口点上已有的信息，以及为了推荐适当的安全防护策略规则，需要讨论这些接口点的实际通信拓扑结构。

客户对可能的三种不同的业务实体实际上有两个主要接口点，如图 2 所示。然而，用于账户活动和商务活动功能的拓扑结构通常基于电子商务或因特网技术（或拓扑结构）。但是，计量和控制功能表现为类似于电力部门所使用的质量、配电、输电、发电和变电站那样的拓扑结构。

图 3 表示连接一个或多个设备或数据源的主通信路径和可选的第二通信路径。这些路径中任何一条都可能是引入安全威胁的接口。对每个接口点，甚至对实际设备，都需评估它的风险。作为安全分析的一部分，协议和通信介质也往往会涉及风险。本技术文件的范围是根据这些因素确定主要威胁的影响，并在此分析基础上提出安全底线控制的建议。

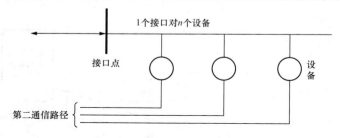

图 3　通常的通信拓扑

6.2　基于用户后果的安全分析

很明显，信息的重要性以及公司因此而愿意为保护信息付出的努力是极具主观性的。信息的重要是由实体或被攻击方根据得逞的攻击对其业务或其利益的后果决定的。为此制订了基于被攻击方和后果的安全分析方法。

6.2.1　被攻击方

被攻击方的定义是：业务过程会遭受攻击得逞影响的任何实体。对本技术文件[1]来说，图 2 中能识别为被攻击方的是：

a）发电公司（GENCO）：这些业务实体的最终产品是电力，它们在发电设施上常投资很多。

1）被攻击方和业务过程的定义及叙述可能随区域而不同。详情要向相应的区域管理机构查询。

b) 输电公司（TRANSCO）：这些业务实体的最终产品是传输发电公司生产的电能。一般是向配电公司传输电能。输电公司常是发电公司的客户。

c) 配电公司（DISCO）：这些业务实体的最终产品是把电能交付给客户。这些被攻击方在很大地域范围内分布有资产及通信的要求，并服务于很多客户。配电公司是输电公司的客户。

d) 数据汇集者：这些业务实体为每个供电商汇集客户抄表数据，大批量地处理数据，计算支付给每个发电公司、输电公司和配电公司的电能和传输设施的使用费用。

e) 表计服务提供者：这些业务实体提供安装、维护（表计运行）以及读取客户表计（数据收集）的服务。

f) 供电商：这些业务实体从批发市场上购电再售给各终端客户，他们的运营不受网络地域限制，并向配电公司支付系统使用费。

g) 风险管理市场参与者：这些业务实体以出售、交易、中介或其他派生的财务行为而参与市场。派生财务行为的例子是期货、期权、现买现卖、期货的期权、以货易货或设立和交易其他有价证券。他们的目的是控制与前期的电能购销合同相关的电能价格波动和非预期事件的风险。

h) 终端客户：这些是业务实体或个人，他们购买电能或电力部门的服务，并需确认合同的约定是否在履行。

每个被攻击方可能要求来自一个或多个业务活动的信息。因而，为了确定本技术文件应当集中分析的范围，已设计出这些活动的矩阵表。

表1是为一般的被攻击方和业务过程考虑的矩阵表。"×"号表明某特定被攻击方需要的或能提供的与该特定业务过程有关的信息。被攻击方或业务过程的区域性变化可以通过这些类别的组合形成。

表1　确定业务过程重要性的矩阵表

业务过程	被攻击方							
	发电公司	配电公司	输电公司	数据	表计	供电商	风险管理	终端客户
购电售电	×					×	×	×
发电（包括电力质量）	×	×	×	×	×	×	×	×
输电（包括电力质量）	×	×	×	×	×	×	×	×
配电（包括电力质量）		×	×	×	×	×		×
交易计量（营业抄表）	×	×	×	×	×	×		×
资产管理	×	×	×	×				
节能	×	×	×			×		×
信息挖掘				×		×	×	
第三方资产借用ᵃ						×		×
风险管理	×					×	×	×

a　这方面的例子是为用于其他业务过程的资源提供互联网连接。

被攻击方并不与业务组织一一对应，这一点对于理解表1是很重要的。例如，似乎应将"×"号放在"第三方资产借用"行和"配电公司"列交叉点的方块中，因为具有配电公司作用的业务组织会对借出它的配电线路（例如用以承载消息通信）感兴趣。然而，提供消息传送市场的业务活动是供电商的活动，不是配电公司的活动。这样，即使该业务组织或许被认为是配电公司而不是供电商，"×"号还是在"供电商"列中，而不在"配电公司"列中。

根据对被攻击方利害关系和业务过程的分析，需要防护的最重要的业务过程是：

a）发电；

b）输电；

c）供电；

d）交易计量；

e）资产管理；

f）节能。

6.3 需要考虑的后果

为了进行基于后果的安全分析，要确定被攻击方和他们的业务实践需考虑的主要后果。对于在 IEC/TC 57 中被推荐为今后安全工作的焦点的那些业务过程，需要考虑的主要的后果的类别是：财务、资产破坏及降级，以及无法恢复服务。

6.3.1 财务类后果

财务类后果包括导致一个被攻击方财务损失或另一个被攻击方获益的任何活动。财务后果也受到资产损失或资产降级的影响（见 6.3.2）。产生财务后果的活动或事件如下：

6.3.1.1 收入损失

收入损失可能由以下一些因素引起：

a）不断增加的竞争

例如，由于被攻击方的系统缺乏安全防护，竞争者合法地或非法地入侵被攻击方的市场。这也可能是被攻击方本身信息泄漏的结果。

b）客户流失

可能由于以下事件而使被攻击方的客户不稳定：

——合同争议；

——定价无竞争力；

——缺乏信任，例如由消费者信用低引起；

——服务的可靠性降低；

——无交付服务的能力；

——对市场波动和趋势的反应迟缓；

——对消费需求的反应迟缓。

c）无能力赢得客户

被攻击方可能因为与上述类似的原因而不能赢得客户，例如对市场波动和趋势的反应迟缓、定价无竞争力等。不能赢得客户也可以由客户流失、信誉败坏导致。

6.3.1.2 收益率降低

收益率可能由于以下原因降低：

a）产品资源成本上升；

b）现金周转困难。

这可能由于一些事件引起：例如内部人士的电力期货交易买空卖空，对账单数据库的攻击导致无法开账单等。

6.3.1.3 篡改生产数据和消费数据

可能由于以下原因引起：

a) 抄表信息错误，例如故意篡改消费数据或生产数据；

b) 需求预测错误；

c) 在汇集或开账单时改动计量信息；

d) 信息丢失。

6.3.1.4 人为的股票价值降低

以上任何活动或事件都可以导致股票价值降低，然而也有其他违法事件可以人为地引起股票价值变动：

a) 谣言；

b) 分析人员的预测。

6.3.2 资产破坏或降级

本类后果包括所有因无法完成资产所需要的服务或运作而有意地或无意地导致资产破坏或降级的活动。这类活动或事件有：

a) 不恰当的资产运作；

b) 不恰当的资产维护；

c) 没有得到适当的保护或安全防护；

d) 人力资源过度消耗。

可能会受到攻击并应成为分析的组成部分的典型资产有：

a) 电力系统资源（电力线路、变压器、发电机、母线等）；

b) 控制系统（SCADA、EMS 等）；

c) 抄表系统（数据采集、表计等）；

d) 信息系统（例如 OASIS）。

表 2 表明了这些资产和它们的信息与具体的业务过程的关系。另外，表中也注明了已知的有关 IEC 技术委员会（IEC TC）。

表 2 资产与业务过程的关系

资产的业务过程	EMS (IEC TC 57)	SCADA (IEC TC 57)	发电机 (IEC TC××)(IEC TC 57)	电力线 (IEC TC 38)(IEC TC 57)	变压器 (IEC TC 14)(IEC TC 57)	开关设备 (IEC TC 17)(IEC TC 57)	抄表值 (IEC TC13)(IEC TC 57)	信息系统 (TC××)
购电售电	√		√				√	√
发电（包括电力质量）	√	√	√		√	√	√	√
输电（包括电力质量）	√	√		√	√	√	√	√
配电（包括电力质量）	√	√		√	√	√	√	√
交易计量（营业抄表）			√				√	√
资产管理	√	√	√	√	√	√	√	√
节能	√	√					√	√
信息挖掘		√					√	√
第三方资产借用				√	√			√
风险管理	√	√						√

6.3.3 无法恢复服务

本类后果包括有意或无意地导致被攻击方无法维持必需服务的各种活动。导致这种情况的活动或事件有：

a) 相关服务或运行必需的信息丢失；

b) 由于对电网状态理解不正确而导致信息错误；

c) 资产损失或降级（参看 6.3.2）；

d) 人员动作不恰当（或不动作）；

e) 不能对收到的正确信息作出反应（例如数据泛滥）；

f) 通信容量耗尽；

g) 其他资源枯竭。

6.4 后果和安全威胁

现在已经定义了进行基于可能业务后果的安全分析的必要条件。它们是：

a) 确认在通信环境中的被攻击方；

b) 确认与被攻击方有关的业务过程；

c) 确认对业务过程会产生不利影响的后果；

d) 确认能使后果成为现实的事件。

如攻击得逞，下一步是确定能使后果成为现实的安全威胁。

图 4 给出了"无法恢复服务"后果的一部分的示例分析。

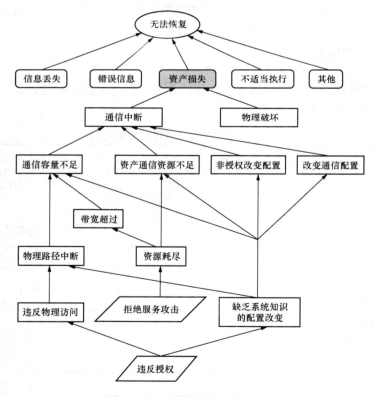

图 4 "无法恢复服务"后果图

注：附录 C 中列出了一个后果图示例。但电力部门为了确定要应对（或至少要检测）的那些主要安全威胁，需作出更详细更完整的后果图。

图 4 表明"资产损失"能导致无法恢复服务（后果）。下一步是分析什么事件或什么事件序列会导致"资产损失"。

会导致"资产损失"的事件序列可能经若干途径发生。然而，所有涉及通信的途径都判定为"拒绝服务"或"违反授权"的攻击得逞导致的后果。

7 本文件安全工作的焦点

如要对 IEC TC 57 主持下所有协议进行全面的安全分析，并提出防护措施建议，需要编写数量惊人的文件。另外，发布本文件有时间限制，只能对一些重点进行分析。

因此，本文件的重点在于采用各种 IEC TC 57 协议的通信框架时，被认为是最易受攻击的范围，以及可以最大程度降低风险的防护措施。为了确定本文件的重点，下面按照通信模型简要说明通常考虑的威胁和风险。所考虑的通信参考模型为 OSI 7 层通信参考模型（ISO/IEC 7498-1）。

7.1 应用层安全焦点的论证

应指出，根据后果分析，可能需要应对不同的各种攻击。然而，一般安全技术或防护技术通常适用于以下几层：物理层、传输层、应用层。对通信模型安全矩阵表的仔细研究表明，在应用域或用户域内适当采用安全功能，就可以应对绝大多数可能发生的典型的安全威胁。另外，只有在应用层采取安全防护措施，才能使未经授权的访问和非法使用带来的安全风险降到最低。

表 3 详述了已知的与 OSI 层几个通信功能有关的典型安全风险。本技术文件将着重于应用层的安全问题。建议将来进行更低层的工作，考虑从传输层开始。

表 3　通信模型安全矩阵表

层	通信功能	典型风险	典型安全攻击
应用层	以标准协议传送用户信息或业务信息	信息泄漏[a] 未经授权访问 非法使用 拒绝服务	伪装 旁路控制 违反授权 服务欺骗 信息截获/更改/重放 拒绝服务 资源耗尽
表示层	将本地表示转变为标准的或熟知的传输表示	信息泄漏	
会话层	维护面向连接的会话	信息泄漏	
传输层	维护面向连接的会话	信息泄漏 拒绝服务	拒绝服务 资源耗尽
网络层	在通信段之间选择路由（如从局域网到广域网）	信息泄漏 拒绝服务	拒绝服务 伪装 信息截获/更改/重放
链路层	本地寻址以及介质访问算法的实现	信息泄漏 拒绝服务	拒绝服务
物理层	传输介质的物理接口以及任何需要的调制	信息泄漏 拒绝服务	物理破坏 窃听 拒绝服务

a 信息泄漏可能通过直接（例如包解码）或间接（例如流量分析）方式产生。

7.2 安全分析技术

建议用基于后果的安全分析（见6.2）给对系统的有关威胁列表。应将这些威胁用作推荐的正式文档方法的输入。

在全面研究了几种不同的安全问题的文档方法之后，建议IEC TC 57为此目的采用ISO 15408国际标准。ISO 15408详述了如何制定防护方案（PP）、评估目标（TOE）和安全目标（ST）。

根据ISO 15408的定义，防护方案叙述评估目标的假设，确认对基于这些假设的TOE的威胁，制定应对威胁的具体防护目标，并最终确定满足这些具体防护目标的安全防护功能。PP的实施被定义为能抵御安全威胁及攻击的安全目标。

然而，IEC TC 57面临的工作要求制定多个TOE，应将7.2.1、7.2.2、7.2用作制定适当的TOE的基础。建议IEC TC 57为在电力行业中使用的IEC TC 57的协议制定TOE。作为IEC TC 57未来工作项目，建议第一组TOE包括：

a) IEC 60870-6 TASE.2；

b) IEC 60870-5；

c) IEC 61334；

d) IEC 61850。

在本文件发布时，尚未决定是否需要为IEC TC 57第13、14工作组的成果制定TOE。将来还需要考虑系统或应用的其他特定的TOE（例如密钥管理、系统级认证及企业系统等。）

注：附录中有更多细节及一个防护方案的示例。

7.2.1 安全防护目标

安全防护目标及功能包括：

a) 保密性：确保信息没有透露给未经授权人员；

b) 完整性：确保系统中的信息是它的固有表示，即信息是预期的，确保信息未被未经授权人员改动、生成或删除；

c) 可用性：确保信息处理资源不会因恶意动作而无法使用；

d) 不可抵赖：确保以电子方式作出的协议能被证明已经完成；

e) 管理：安全防护系统的管理；

f) 起诉：可能需要根据适用的法律起诉，从而能够并推动用合法行动打击恶意犯罪分子。

7.2.2 一般威胁

威胁针对业务过程和/或被攻击方（见6.2.1中的定义）使用的资产或信息。威胁的来源包括：

a) 自然灾害；

b) 设备故障；

c) 合法用户的疏忽行为影响到防护不够的系统；

d) 合法用户超出授权限度的恶意行为（内部威胁）；

e) 入侵者连贯地或逻辑地渗透入系统；

f) 入侵者不连贯地或非逻辑地渗透入系统；

g) 战争；

h) 人为或计算机出错；

i) 上述几项的组合。

7.2.3 防护方案考虑的特定威胁

下面一些表包含了针对采用 IEC TC 57 通信协议的远动系统和远方保护系统的预计的可能威胁。这些威胁针对端系统以及端系统之间的通信。对每种特定实例，可能只适用威胁的某一子集。并不是所有的威胁都适用于每一个实例。例如，对未与其他系统互连的远动系统或远方保护系统而言，就没有用远动系统或远方保护系统来攻击其他互连系统的威胁。与此相似，对不将签订电子协定作为其功能的远动系统或远方保护系统而言，就没有抵赖威胁。

这里，确定威胁所使用的形式是便于在公共准则下准备防护方案文件时使用这些威胁。其意图是简化防护电力远动、远方保护设备/系统中所使用产品的防护方案的最终准备过程。一个公共准则的防护方案文件表述了用户的防护要求。所提供产品的防护描述包含在安全目标文件中。这些文件及其他文件还定义了产品测试和其他应遵守的保障过程。这些公共准则的标准意在促进能符合规定要求的合格产品的开发，以及促进需要安全保护的系统需求方与系统供应商之间进行需求和所提供能力的交流。

自然灾害的威胁不在本技术文件的讨论范围以内。

7.2.3.1 至 7.2.3.4 列出了一组威胁定义。它们定义了通常适用于系统级评估目标的威胁（一般威胁），也定义了一组可用于协议的威胁（协议威胁）。

这些威胁定义是定义一个系统威胁的总表的第一步，这总表可以作为建立一个包含多个评估目标的系统的结果。

通常，威胁定义有其层次：一般威胁、协议威胁、TOE 特定威胁（例如定义为 TOE 开发的一部分的特定威胁）。

7.2.3.1 保密性威胁

7.2.3.1.1 一般保密性威胁

T. CONF 1	授权用户不适当地获得未经授权的 TOE 信息
T. NOAUT-VIEW	未经授权用户查看 TOE 数据
T. CONF 2	授权用户不适当地访问 TOE 而获得来自其他互联系统的未经授权的信息
T. CONF 3	入侵者用 TOE 渗透，获得未经授权的来自其他互联系统的信息
T. TRAFFIC-ANALYSIS	入侵者通过观察报文通信方式或其他特点推断未经授权的信息，而对这些报文通信的访问或未经授权，或仅授权加密形式的访问，这取决于通信采用的介质和相关国家用于该介质的法律

7.2.3.1.2 协议保密性威胁

T. NOAUT-VIEW	未经授权用户查看 TOE 数据
T. TRAFFIC-ANALYSIS	入侵者通过观察报文通信方式或其他特点推断未经授权的信息，而对这些报文通信的访问或未经授权，或仅授权加密形式的访问，这取决于通信采用的介质和相关国家用于该介质的法律

7.2.3.2 完整性威胁

7.2.3.2.1 一般完整性威胁

T. INTEG 1	授权用户在未经授权可命令或操作某 TOE 的情况下，向 TOE 恶意下达命令或非法操作
T. INTEG 2	入侵者未经授权命令或操作某设备，通过伪装 SCADA 主站或修改和重新传输 SCADA 主站发出的合法报文而下达命令和非法操作设备
T. HIJACK	入侵者通过劫得的已认证的关联，非法操作 TOE
T. REPLAY	入侵者通过重放旧报文，导致 TOE 的非法操作或传输旧信息
T. IMPERSONATE	未经授权用户伪装成授权用户身份
T. CHANGE	敌对方修改或破坏 TOE 数据
T. INTEG 3	授权用户未经授权访问某远方设备而将错误参数恶意装入该设备
T. INTEG 4	授权用户不适当地访问 TOE，将错误信息放入未经授权的其他互联系统
T. INTEG 5	入侵者侵入 TOE，将错误信息放入未经授权的其他互联系统

7.2.3.2.2 协议完整性威胁

T. INTEG 2	入侵者未经授权命令或操作某设备，通过伪装 SCADA 主站或修改和重新传输 SCADA 主站发出的合法报文而下达命令和非法操作设备
T. HIJACK	入侵者通过劫得的已认证的关联，非法操作 TOE
T. REPLAY	入侵者通过重放旧报文，导致 TOE 的非法操作或传输旧信息
T. IMPERSONATE	未经授权用户伪装成授权用户身份
T. CHANGE	敌对方修改或破坏 TOE 数据

7.2.3.3 拒绝服务威胁
7.2.3.3.1 一般拒绝服务威胁

T. AVAIL 1	授权用户恶意拒绝对 TOE 访问
T. AVAIL 2	入侵者恶意拒绝对 TOE 访问
T. AVAIL 3	授权用户不适当地访问 TOE，恶意拒绝授权合法用户使用其他互联系统
T. AVAIL 4	入侵者访问 TOE，恶意拒绝授权合法用户使用其他互联系统

7.2.3.3.2 协议拒绝服务威胁

T. DENIAL-OF-SERVICE	用户恶意拒绝对 TOE 访问，是 T. AVAIL 1 和 T. AVAIL 2 的组合

7.2.3.4 抵赖威胁
7.2.3.4.1 一般抵赖威胁

T. REPUD1	授权用户抵赖 TOE 事务

7.2.3.4.2 协议抵赖威胁
还未识别出来。

382

7.2.3.5 管理威胁

7.2.3.5.1 一般管理威胁

T. ADMIN1	授权用户无意操作 TOE，而该操作按策略未得到授权，但并不违反该系统的任何授权限制（该系统的授权并不反映该组织的策略）
T. ADMIN2	授权用户不适当地获得对安全功能的未经授权访问
T. ADMIN3	入侵者获得对安全功能的访问
T. ADMIN4	授权用户不适当地停止功能或改变参数，以避免未经授权活动被记录
T. ADMIN5	入侵者停止功能或改变参数，以避免未经授权活动被记录
T. ADMIN6	授权用户不适当地对记录系统进行拒绝服务攻击（例如强迫存储容量溢出），以避免未经授权活动被记录
T. ADMIN7	入侵者对记录系统进行拒绝服务攻击（例如强迫存储容量溢出），以避免未经授权活动被记录
T. ADMIN8	授权用户不适当地删除未经授权活动的记录
T. ADMIN9	入侵者删除未经授权活动的记录

7.2.3.5.2 协议管理威胁

T. ADMIN3	入侵者获得对安全功能的访问
T. ADMIN7	入侵者对记录系统进行拒绝服务攻击（例如强迫存储容量溢出），以避免未经授权活动被记录
T. ADMIN9	入侵者删除未经授权活动的记录

8 安全隐患

8.1 针对拓扑结构的威胁

图 3 的通常通信拓扑模型可用图 5 的局域网（LAN）和广域网（WAN）描述。

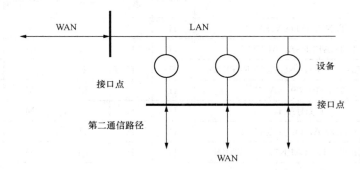

图 5 广域网和局域网拓扑

图中各接口点就是被攻击点。假设局域网处于物理安全的环境中。

该网络拓扑的典型示例为：

a）EMS/SCADA 的应用实例是操作员工作站（HMI）和数据库服务器（正常情况下两者均无第二广域网）以及与变电站广域网连接的前置处理机。

b）局域网，通常是以太网，有与宽带企业网或互联网的接口点，可以提供与其他应用的连接。

　　c) 变电站设备的实例是各种变电站的智能电子设备（保护装置、抄表设备、当地 HMI 等），它们可能通过以太局域网、现场总线局域网、串行局域网或类似的网络连接。

　　d) 有些智能电子设备可能配有到本地或远方设备的第二链路（广域网链路），该链路具有信息接口、配置接口以及传送批量数据的能力。

　　e) 进入变电站的主接口点，即从广域网（WAN）到局域网（LAN）的接口，通常由 RTU、PLC 或网关/路由器实现。

　　对局域网的威胁不同于对广域网的威胁。从原理上说，如没有连接广域网，企图入侵者渗透进它的前提是能物理地访问客户。因而局域网的威胁来自心存不满的员工或未经授权的员工，而非第三方入侵者。

　　接口点代表了客户局域网和外部通信基础设施之间连接的关键点，这些接口点和位于这些接口点的关联通信介质是监测威胁的主要重点。用于广域网的各种技术都有其不同的安全问题。现在用的广域网典型技术是：

　　a) 无线（需或无需申请批准）；

　　b) 配电线载波（DLC），电力线载波；

　　c) 专用线、专用光缆；

　　d) 租用线路；

　　e) 独立网络供应商（普通老式电话，移动电话系统，无线分组，X. 25 等）。

　　表 4 给出了基于以上提及的存在协议威胁的广域网技术拓扑结构的安全隐患，不管它只是一个广域网/局域网（WAN/LAN）接口点的配置还是有第二个或冗余广域网/局域网（WAN/LAN）接口点的配置。下面的风险评估表示按获得资源和实施攻击所需知识的难易程度尝试攻击的几率。风险等级不考虑攻击的动机，也不考虑物理损坏的或然性（偶然的或恶意的）。

表 4　安全隐患等级

		无线	电力线载波	专用线或光缆	租用线	普通老式电话等	冗余广域网
保密性	T. NOAUTH-VIEW	H	H	L	M	M	—
	T. TRAFFIC-ANALYSIS	H	H	L	L	M	—
完整性	T. INTEG2, T. CHANGE, T. REPLAY	H	H	L	L	H	—
	T. IMPERSONATE	H	H	M	M	H	—
	T. HIJACK	H	H	L	M	L	—
拒绝服务	T. DENIAL-OF-SERVICE	H	H	H	H	H	M
管理	T. ADMIN3, T. ADMIN7, T. ADMIN9	H	H	M	M	H	—

H＝高风险，M＝中等风险，L＝低风险

　　表 4 的目的在于突出最易受攻击的地方，从而能确定需要在哪里进行进一步的安全分析，定义应对措施。因而，在这些最易受攻击点，需要对使用中的 IEC TC 57 通信协议加以分析，以确定是否以及如何提供有关的应对措施。

　　注：表 4 用以说明已确定的介质和威胁的安全隐患，而不是所有介质及威胁的详尽清单。

　　关于威胁，表 4 突出了以下方面：

a) 保密性、完整性及管理。

普通老式电话及第三方网络，无线方案及电力线载波方案属入侵者攻击的中到高风险程度。有关网络、协议等的信息可以从一些公开资料中得到。所以，对入侵者说来，窃听进而获得保密信息，更改信息，重放及交换信息，欺骗或伪装都不很困难。

使用专线或租用线属入侵者攻击的较低风险程度，因为入侵者对介质进行物理访问的难度不断增加。

b) 拒绝服务。

普通老式电话及第三方网络特别易受这种攻击。入侵者常能非常容易地从公共信息中确定网络地址或网络号，建立到接口点的链路，一旦链路建立，合法用户就无法使用该链路，除非另有可用的第二链路。

无线网络同样特别易受这种攻击，易受到频率干扰。入侵者常可容易地从公共资源中获得使用频率等信息。

其他介质也容易受到拒绝服务攻击，但更多的是系统资源耗尽形式的拒绝服务攻击。入侵者通过产生大量通信内容到接口点，增加响应时间，甚至使该装置处于饱和状态乃至无法工作，阻碍合法使用该介质。

以上分析表明，在广域网接口点的通信安全方面存在需要解决的实质性问题。许多问题以及安全威胁的危险程度，随通信体系结构及介质变化。但还是可以得出以下结论：

a) 通信安全防护开始于通信信道的受限的/安全的访问；

b) 如设备只有一个信道，拒绝服务攻击可能有高度风险，必须采取应对措施或提供多个通信路径，将整体拒绝服务风险降到最低；

c) 设备需要具有强大的审计能力和防伪能力，改善通信安全；

d) 如多种应用（例如 SCADA 和其他各种企业应用）采用同一拓扑，风险要比上述更高——对于一种应用的威胁会影响到其他应用。

8.2　IEC TC 57 的现有协议

在 IEC TC 57 范围内下列协议已经标准化或已作了规定。

8.2.1　TASE.1

IEC TC 57 第 07 工作组活动之一是制定 IEC 60870-6 系列标准（与 ISO 标准和 ITU-T 建议兼容的远动协议）。该系列的各部分涉及"远动应用服务元素 1（TASE.1）"：

a) IEC 60870-6-502：TASE.1 协议定义；

b) IEC 60870-6-504：TASE.1 用户约定；

c) IEC 60870-6-701：提供端系统的 TASE.1 应用服务的功能协议集。

该系列由欧洲执行包含在 ELCOM 协议中的工作发展而来的（ELCOM 协议最初为 EL-COM-83，后来更新为 ELCOM-90）。TASE.1 和 ELCOM-90 不完全相同，尽管有大量的 ELCOM-90 在实际应用，但是至今没有供应商在其产品中提供 TASE.1。对 TASE.1 的缺少支持使我们得出这样的结论：不应花费精力进行 TASE.1 的安全评估。

8.2.2　TASE.2

IEC TC 57 第 07 工作组的另一项活动就是制定"远动应用服务元素 2（TASE.2）"系列标准，它以美国"公用事业通信体系结构（UCA）"的工作为基础，UCA 提交的产品之一是从一个控制中心向另一个控制中心传送信息的协议——控制中心间通信协议（ICCP）。07 工作组对 ICCP 进行了标准化：

a) IEC 60870-6-503：TASE.2 服务和协议；

b) IEC 60870-6-702：在端系统中提供 TASE.2 应用服务的功能协议子集；

c) IEC 60870-6-802：TASE.2 对象模型。

本特别工作组已经开始对 TASE.2 进行安全分析，分析结果见附录 B。工作组认为完成 TASE.2 的安全分析是将来工作的重中之重。这结论来自 TASE.2 使用广泛，控制方面的因素以及对 TASE.2 系统的攻击得逞带来的经济损失。

IEC 61334 和 IEC 61850 的体系结构和技术相似，工作项目建议应将类似的工作项目结合起来进行。特别工作组希望能为这三个协议开发出一致的安全防护方法。

8.2.3　IEC 60870-5

IEC TC 57 第 03 工作组已经制定了 IEC 60870-5 系列标准，提出了建立适用于特定应用的协议（或协议子集）的建议。IEC TC 57 第 03 工作组已经按这些建议制定了以下协议子集：

a) IEC 60870-5-101：基本远动任务的配套标准；

b) IEC 60870-5-102：在电力系统中传输累加总量的配套标准；

c) IEC 60870-5-103：保护设备非格式化信息接口的配套标准；

d) IEC 60870-5-104：采用标准传输协议集的 IEC 60870-5-101 的网络访问。

IEC 60870-5 系列的基本建议没有涉及有关访问控制、加密或认证方法的机制问题，因此 IEC 60870-5-101、IEC 60870-5-102 和 IEC 60870-5-103 这些配套标准目前不具备实现附加安全措施的条件。IEC TC 57 第 03 工作组应对这些配套标准的安全需求进行分析，制定防护方案，并用分析结果提出加强这些标准的必要建议。必须认识到为这些协议增加安全强度会是困难的，并几乎可以肯定这些协议不会向后兼容已有的实现。

8.2.4　IEC 61334

IEC TC 57 第 09 工作组的主题是"采用配电线载波的配电自动化"，并已制定了 IEC 61334 系列标准。它的范围包括用于低压和中压电网的配电自动化和客户自动化的通信协议。主要文件是：

a) IEC 61334-4-41；

b) IEC 61334-4-42。

这些标准涉及的大多是远方抄表而非配电自动化，而抄表通信也在 IEC TC 13 的 14 工作组工作范围内。因此 IEC 划分了范围：协议和配电线载波介质由 IEC TC 57 第 09 工作组负责，抄表应用（以及抄表对象）和其他介质由 IEC TC 13 14 工作组负责。虽然 IEC 标准把 DLMS 称为"配电线报文规范"，但是 DLMS 在商业推广时被称为"装置语言报文规范"，目的是明确它适用于其他通信介质。

DLMS 原是 MMS（ISO/IEC 9506）的子集，但发现它对低成本装置和有限传输能力的信道（如配电线载波）的支持不足。特别是发现必须引入扩展"无确认广播"以实现如时钟同步等的操作。后来又作了一些其他改变，以至现在的 MMS 和 DLMS 两者不能互操作。最近 IEC TC 57 第 09 工作组已着手解决这些不能兼容的问题，但迄今为止还没有解决方案。

DLMS（IEC 61334-4-41）以及 IEC 61334-4-42 中描述的应用层有访问控制机制和一些允许加密的"钩子"（hooks）函数，但没有明确认证方法。

DLMS 定义了虚拟配电设备（VDE）对象。例如，具有 VDE 特定访问范围的有名变量是能随意访问的。它还为访问控制定义了虚拟应用关联（VAA）。VAA 特定的访问范围限制了对某些有名变量的访问，而这些变量只对以前创建了 VAA 对象的 DLMS 用户开放。

提供应用的加密/解密功能是为了确保传输数据的安全性和保密性。据说算法与应用有关，所以算法的定义工作被推迟到一个配套标准中。定义了两种密钥：全局加密密钥和专用加密密钥。全局加密密钥的目的是允许加密广播。专用加密密钥包含在 DLMS 上下文中，而且特定于应用关联的实例。

为了避免已发送的报文未经授权而重放，可以预见会将一次性复制检查域作为加密算法的一部分。

本文件不涉及密钥管理。

IEC TC 57 第 09 工作组已试着开始进行进一步的安全工作，但由于缺少资源，尚未获得进展。

特别工作组希望能为 IEC 61334 系列、IEC 61850 系列和 TASE.2 制定一致的安全防护方法。

8.2.5 IEC 61850

IEC TC 57 第 10、11 和 12 工作组的活动都涉及 IEC 61850 系列标准（变电站通信网络和系统）。该系列标准定义了下列模型：

a) 信息元素的基本结构；

b) 变电站设备和馈线设备；

c) 服务模型，如"时间"、"报告"、"控制"、"关联"等。

并给出这些模型映射到一个标准协议栈的方法，如基于 TCP/IP 的 MMS、IEC 60870-5 系列、Profibus 等。

IEC 61850（及其对 MMS 的映射）中定义的关联模型的设计，使它能满足讨论中的通信系统的安全需求，即关于认证、加密和数据访问控制（安全防护角度）的建模能力。IEC TC 57 第 10、11 和 12 工作组应通过安全分析，即制定 IEC 61850 系列的防护方案，证明 IEC 61850 系列的关联模型的适用性。

特别工作组希望能为 IEC 61334 系列、IEC 61850 系列和 TASE.2 制定一致的安全防护方法。

9 IEC TC 57 对未来安全防护工作的建议

a) 建议 IEC TC 57 第 06 特别工作组转为一个工作组，从而：

1) 使本文件的意见得到解决；

2) 工作组能继续完成特别工作组原承担的工作：协调 IEC TC 57 内部的安全防护工作和解决方案；

3) 工作组能帮助执行 IEC TC 57 范围内对其他标准建议的工作项目；

4) 建议工作组负责为个别工作组中尚未获得支持的安全防护工作项目（标准或技术文件）（例如该工作项目在投票表决中失败）建立与特定协议安全有关的工作项目。

b) 建议用基于后果的安全分析技术进行 IEC TC 57 的有关安全的活动。

1) 改进业务过程的集合，应考虑业务过程的后果。

建议目前考虑的业务过程为：

——发电；

——输电；

——配电；

——交易计量；

——资产管理；

——节能。

2）改进和进一步定义应作为基于后果的安全分析一部分的后果类别的集合。目前建议考虑的后果有：

——财务；

——资产破坏或降级；

——无法恢复服务。

c）对于将来基于单个协议或标准的工作项目，建议除考虑应用层外还应考虑其他 OSI 通信层的安全应对措施。

d）建议与过渡性的 IEC TC 57 第 06 特别工作组联系，在安全方面考虑以下标准的工作项目：

1）建议负责以下标准的各工作组建立联合工作项目，以便能将一致的安全机制用于这些标准：

——IEC 60870-6 TASE. 2，建议最优先地解决 TASE. 2 问题；

——IEC 61850 系列；

——IEC 61334-4-41（DLMS）；

——IEC 61334-4-42（应用层）；

——也建议联合任务组与 IEC TC 13 第 14 工作组和 IEC TC 95 建立联系。

注：该建议主要基于这些标准采用的底层协议的共同性。

2）建议 IEC TC 57 第 03 工作组为 IEC 60870-5 系列建立工作项目。

3）建议过渡性的 IEC TC 57 第 06 特别工作组（例如作为一个工作组）负责为个别工作组尚未获得支持的安全防护工作项目（例如该项目在投票表决中失败）建立与特定协议安全防护有关的工作项目。

e）不建议将以下标准作为加强安全或工作项目。

IEC 60870-6 TASE. 1。

注：该建议主要基于该标准的使用情况。

f）建议将承担的工作项目作为应用层和表示层功能的一部分集中在 A-Profile 的安全上。

1）建议将加密作为表示层的功能，与 ISO 定义一致（通用上层安全——GULS）。

2）建议将应用层认证机制作为工作项目的一部分。

3）建议至少提供三个级别的认证机制：

——无认证；

——口令认证；

——强认证。

4）建议工作项目着手解决最低级别的安全问题（例如不提供安全认证的实例的缺省值）。

g）建议将制定防护方案作为工作项目的一部分。

h）建议将与通信协议特定使用有关的后果图的开发包含在工作项目中。

i) 建议过渡性的 IEC TC 57 第 06 特别工作组承担未来有关加密密钥管理的工作项目。

j) 用现代密码学对协议运行的信道进行防护等同于通过使用加密和其相关的密钥，进行从应用协议数据单元到传输句法的表示转换。表示转换所使用的密钥在 IEC TC 57 工作范围以外的系统上维护。IEC TC 57 协议的安全性只能与维护密钥的系统的安全性相等。起动并管理信道的系统需要防护，该任务应成为 IEC TC 57 的工作项目。该安全体系应采用公共准则的防护方案。

k) 建议过渡性 06 特别工作组承担拟订系统级 TOE 的未来工作项目。

l) 一个重要的观点是：制定防护方案不仅为了协议本身，而且也为了支持这些协议的系统。这些防护方案可能用作制定组件级安全、子系统级安全及系统级安全的度量标准的基础。

m) 该工作项目需要对由其他工作项目开发的 TOE 的接口边界进行分析。

n) 建议过渡性的 IEC TC 57 第 06 特别工作组将来承担一个工作项目，确定 IEC TC 57 内各系统采用的体系结构模式（例如变电站的 LAN 的模式），并完成这些模式的后果分析。

o) 该结果将是在系统体系结构以及在这些体系结构上运行的协议的基础。这些模式可以用作开展特定系统的体系结构后果分析的模板，这能用于推断对该特定系统的威胁。开展这样的后果分析是向确定和减轻 IEC TC 57 用的体系结构存在的系统威胁迈出的重要一步。

p) 建议过渡性的 IEC TC 57 第 06 特别工作组将来承担一个工作项目，负责定义物理安全和信息安全之间的边界。

q) 一旦制定了具有一定保障级别的信息安全措施，就需要保证制定相应的物理安全保障级别。重要的是如何准确地定义信息安全和物理安全问题（TOE）之间的边界。

r) 建议 IEC TC 57 考虑建立一个能解决内线威胁问题的过程。

s) 应特别注意"内线"威胁（B.4），这最难防范，而且有以最少资源给予最大损害的可能。

附　录　A

（资料性附录）

防护方案是什么

为使《信息技术公共准则》与国际标准 ISO/IEC 15408（所有部分）符合，已将它修订为 2.1 版即 CCIMB—99—031（1999 年 8 月）。防护方案（PP）由修订后的《信息技术公共准则》导出，包含以下内容：

部　　分	内　　容
1	PP 介绍 ——PP 标识 ——PP 概述
2	评估目标（TOE）说明
3	TOE 安全防护环境 ——假设 ——威胁 ——组织的安全对策

部　分	内　容
4	安全防护目标 ——TOE 的安全防护目标 ——环境的安全防护目标
5	信息技术（IT）的防护需求 ——TOE 的安全功能需求 ——TOE 安全保障需求 ——IT 环境的安全防护需求
6	PP 应用注意事项
7	防护原理阐述 ——安全防护目标原理阐述 ——安全防护需求原理阐述

PP 介绍——标识 PP，以叙述方式提供适于列入 PP 目录和注册的 PP 概要。

评估目标（TOE）说明——提供 TOE（或 TOE 类型）的背景信息，以帮助理解其安全需求和准备使用的方法。

TOE 安全防护环境——提供 TOE 要说明的"安全需要"的定义，包括要求防护的资产、已确定的对这些资产的威胁、TOE 必须遵循的组织的安全防护策略以及其他定义安全需要范围的假设。

安全防护目标——根据由 TOE 保证的防护目标及由 TOE 环境内非技术措施保证的防护目标，准确地描述对安全需要的预期响应。

IT 的防护需求——定义 TOE 的安全功能需求［如可以，采用公共准则第 2 部分（CC2）的功能部分——引自 ISO/IEC 15408-2］、TOE 的安全保障需求［如可以，采用公共准则第 3 部分（CC3）的保障部分——引自 ISO/IEC 15408-3］以及 TOE 的 IT 环境中的软件、固件、硬件的需求。

PP 应用注意事项——可选部分，提供 PP 作者认为有用的额外支持信息。

防护原理阐述——提供具体说明一个完整的、综合的、内在一致的防护目标与 IT 防护需求的集合的示例，适于说明已确定的安全需要。

在 TOE 安全防护环境、防护目标、IT 防护需求部分的段落中，以及在说明它们的防护原理的段落中，防护方案（PP）和安全目标（ST）都有高度的共同性。确实，如仅需求一个 ST 与一个没有其他功能需求或保障需求的 PP 保持一致，则该 ST 的这些段落会与 PP 中相应段落完全相同。ST 中的以下段落提供了 PP 中没有涉及的详细情况：

a）TOE 规范概要，包括信息技术安全功能、安全防护机制或安全防护技术及保障措施；

b）PP 声明（ST 中防护原理阐述的一部分），声明与各参照的 PP 一致；

c）ST 中防护原理阐述部分，说明 IT 安全功能和保障措施可以满足 IT 防护需求。

附 录 B

（资料性附录）

TASE. 2 的防护方案

B. 1 背景

防护方案（PP）给出了关于 TOE（评估目标）的假设，确定了基于这些假设的 TOE 面临的威胁，提出了应对这些威胁的防护目标，并确定了安全防护功能以实现这些防护目标。防护原理阐述说明了不同决策的原因。最后一部分将本 PP 推广到任何应用层协议。

我们期望会有第三方将 TOE 作为 COTS（现货供应的商业软件）解决方案来开发。客户不可能控制开发环境。任何客户所进行的测试很可能要在开发商提交 TOE 后进行。定性地说，这类环境下能提供的防护水平处于评估安全保障等级（EAL）2。

EAL2 的防护目标（防护目标引自 ISO/IEC 15408-3）：

a）EAL2 需要开发商就提交设计信息和测试结果进行合作，但不应要求开发商比优良的商业实践付出更多努力。因此，EAL2 不应要求实质性地增加成本或时间的投入。

b）因此，EAL2 可以在这样的环境中应用：在没有立即可用的完整的开发记录情况下，开发商或用户需要中级或低级的独立保障安全级别。这种情形可能发生在传统的防护系统或对开发商的访问受到限制时。

c）对于 EAL2，防护方案不决定于实施。对于一个具体的实例，要写出比 PP 更具体的安全目标。PP 是一组通用的指南。

B. 2 防护方案（PP）介绍

PP 标识

a）标题：电力部门环境中的远动应用服务元素（TASE. 2）安全防护方案。

b）保障级别：〈2〉。

c）注册：〈待定〉。

d）关键词：远动、电力、网络安全、信息协议、MMS。

PP 概要

本 TASE. 2PP 的目的在于为电力部门采用 TASE. 2 协议进行信息交换定义基本的安全防护需求。

B. 3 评估目标（TOE）说明

TASE. 2 的目的是用客户机/服务器模型提供电力部门之间的实时数据交换。作为客户机的电力部门或作为服务器的电力部门均可将连接起动。客户机和服务器之间的互动可以包括请求信息及发控制指令。在这个意义上，TASE. 2 是监视和控制从本地环境（或 SCADA 内部环境）到 SCADA 之间的环境的延伸。参见图 B. 1。

控制中心 1 所在域的现场装置可以包含在控制中心 2 所在域中。这就建立了一个域间控制区。

B. 4 TOE 安全防护环境

适应 PP 的 TOE 用于电力部门环境中。在该环境里可以处理业务敏感信息但不处理分类后的信息[1]。这样，信息因被业务专用而有了价值。所以，可以假设最可能的对手是竞争

1）如支持的 EAL 高于 2 级，需对 PP 加以增扩。

者或具有竞争利益的实体（包括专业人士及懂行的业余人士）。目标在于败坏公司信誉的实体也包括在"具有竞争利益的实体"之列。专业人士和业余人士之间的明显区别在于他们可以使用的资源水平以及攻击的系统性不同。由于业务和一些政府部门之间有内在关系，竞争者名单上很可能出现拥有大量资源的政府所属机构。这样的威胁所需要的安全防护水平比本防护方案提出的更高。现在假设威胁来自仅拥有中等资源的对手。下面将"内线"定义为经过认证的用户。这些内线在得到认证后才通过 TOE 以外的某机制与 TOE 互动。其他非内线的竞争者则定义为"外线"。

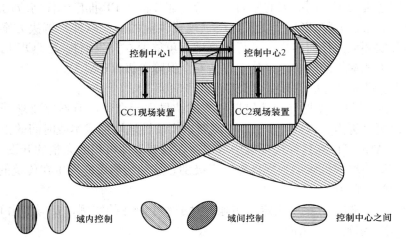

图 B.1 需说明的 TASE.2 通信域

表 B.1 假 设

假设名	说 明
A. ADMIN	TOE 的安全特性得到不断、充分及适当的管理；但管理员也可能出错
A. ADVERSARY	假设对手为有竞争利益、资源有限及仅拥有关于 TOE 的公共信息的外线
A. ADVERSARY-IMPERSONATE	对手未伪装成授权用户[a]
A. BILAT	服务器对客户机数据对象的访问权受双边表中的规范控制
A. BILAT-ACCESS	授权管理者维护并提供对双边表的访问
A. CIIENT	请求信息的实体被视为客户
A. COTS	TOE 是通过商用现货供应（COTS）信息技术而建立的
A. INFO-FLOW	如信息从客户机传递到服务器，它要经过 TOE
A. INFO-VALUE	假设 TOE 携带的信息是业务专用的
A. KEYS	所有加密密钥均安全地生成、分发，并在期满后销毁
A. KEY-TRUST	通过 TOE 无条件信任的第三方（即 CA/RA）建立密钥的信任
A. NO-DENIAL	不期望 TOE 阻碍拒绝服务攻击
A. NO-INSIDER	不期望 TOE 减轻内线的攻击
A. PHYSEC	TOE 在物理上是安全的
A. REMOTE-ACCESS	授权管理者可能远程访问 TOE
A. SERVER	提供信息的实体为服务器
A. TIME-SERVER	TOE 已访问可信的时间服务器

假设名	说 明
A. TRANSACTION	定义为两实体间的数据交换的事务
A. TRANSACTION-ENTITY	就事务而言，实体可以是客户机也可以是服务器
A. USER	所有 TOE 的操作人员均假定是已通过在本 TOE 范围外的某用户接口得到识别的授权用户
A. USER-TRUST	经认证的用户通常被信任会按照安全防护对策进行任意动作
a 数字签名可以减少伪装问题，除非对手获得了授权用户的密钥	

表 B. 2 安全防护策略相关事项

策略名	说 明
P. ACCESS	对特定数据对象的访问权取决于赋予该对象的对象属性、用户身份、用户属性以及安全防护策略定义的环境条件
P. COMPLY	组织的信息技术系统的实施和使用应遵循所有现行法律、规章以及施加于该组织的合同协议
P. TOE-HOST	为 TOE 所在的系统制定安全防护策略的系统管理者对用户进行认证

表 B. 3 威 胁

威胁名	说 明
T. CHANGE	对手可以修改或破坏 TOE 数据
T. IMPERMISSIBLE	用户可能通过 TOE 发送未经允许的信息
T. NOAUTH-VIEW	对手可能查看 TOE 数据
T. REPLAY	对手在截获有效数据后可能试图重新传输该数据

表 B. 4 防 护 目 标

防护目标名	说 明	注 释
O. CONFIDENTIALITY	TOE 提供便于防范对手的促进数据保密的服务	
O. DATA-AUTHENTICATION	TOE 提供保证和原始数据相同的数据认证服务。注意：数据认证可提供数据的完整性	例如散列函数
O. DATA-INTEGRITY	TOE 提供保证数据完整性服务	例如：数据是否可接受，是否具有正确格式（例如海明码、校验和等）。（不必是"是否是原始数据"，而可以是"是否是有效数据"）
O. SECURITY-LEVEL	为达到这些防护目标选择的安全防护算法必须达到一定水平，使对手不能用计算方法获得算法隐藏的秘密	

表 B. 4（续）

防护目标名	说　　明	注　　释
O. SOURCE-AUTHENTICATION	TOE 提供有验证数据源能力的服务。注意：源完整性隐含提供了数据认证，因为如数据改变，该源也会改变	例如，签名
O. TRANS-INTEGRITY	TOE 提供保障数据的唯一性和及时性的服务	

B. 5　信息技术（IT）防护需求

表 B. 5　TOE 安全功能需求[1]

功能需求名	说　　明
FCO ＿ NRO. 1. 3	假设发起方使用可信的密钥和适当的认证算法，TSF（TOE 安全功能）应向经认证的用户提供校核信息源的证据的能力
FCS ＿ COP. 1. 1	TSF 应按规定的加密算法（DSA，RSA，3DES，AES），用符合 FIPS 186（DSA），FIPS 81（DES），FIPS 48-3（3DES）要求的加密密钥，长度为 1024 位 DSA，1024 位 RSA，64 位双密钥 3DES，128 位 AES，进行数字签名和加密
FDP ＿ DAU. 1. 1	TSE 应能生成用作（数据）有效性保证的证据
FPT ＿ RPL. 1. 1	TSF 应检测下列实体（未经认证的用户）进行的重放
FPT ＿ STM. 1. 1	TSF 应能提供 TSF 自用的可靠时间戳
注：这里采用 ISO/IEC 15408（所有部分）的符号表示及术语。	

B. 6　防护原理阐述

表 B. 6　假设的原理阐述

假设名	说　　明
A. ADMIN	除非对系统进行不断、充分及适当的管理，否则系统是不安全的。所以该假设是必需的也是合理的
A. COTS	该假设表示在 CS2 开发中采用的主要设计限制
A. NO-INSIDER	不期望 TOE 能充分降低由于恶意滥用授予的特权所导致的风险。期望 COTS 的近期产品对授权个体的恶意动作提供充分的防护也是不现实的
A. USER-TRUST	组织大多以这种方式信任经认证的用户。用户具有较高的判定力，而且应相信他们会恰当地运用这种判定力。因此该假设是必需的也是合理的
A. REMOTE-ACCESS	允许管理者远程访问系统，使它具备应急响应能力

---

[1] 有这样的担心：控制中心定义的安全功能不能完全满足防护目标的要求。防护目标包括数据完整性、事务完整性、数据认证以及源认证。源认证不能严格地映射到源的不抵赖（FCO ＿ NRO），但是不抵赖并不是人们希望进行源认证的唯一理由。因此，应将这两者加以区别。有些防护目标应既适用于静态数据又适用于传输中的数据，即使 FDP ＿ DAU 仅指静态数据。

安全防护目标的原理阐述：

a) 以 O. CONFIDENTIALITY 应对 T. NOAUTH-VIEW 威胁；

b) 以 O. DATA-INTEGRITY 应对 T. IMPERMISSIBLE 威胁；

c) 以 O. TRANS-INTEGRITY 应对 T. REPLAY 威胁；

d) 以 O. DATA-AUTHENTICATION 应对 T. CHANGE 和 T. IMPERMISSIBLE 威胁；

e) 以 O. SOURCE-AUTHENTICATION 应对 T. CHANGE 和 T. IMPERMISSIBLE 威胁。

功能性安全防护需求的原理阐述：

a) FCS_COP. 1.1 有助于满足安全防护目标 O. CONFIDENTIALITY，O. DATA-AUTHENTICATION，O. SOURCE-AUTHENTICATION，O. TRANS-INTEGRITY 和 O. SECURITY-LEVEL 的要求；

b) FCO_NRO. 1.3 有助于满足安全防护目标 O. SOURCE-AUTHENTICATION 的要求；

c) FDP_DAU. 1.1 有助于满足安全防护目标 O. DATA-INTEGRITY 和 O. DATA-AUTHENTICATION 的要求；

d) FPT_RPL. 1.1 和 FPT_STM. 1.1 有助于满足安全防护目标 O. TRANS-INTEGRITY 的要求。

将 TASE. 2 防护方案推广于任何应用层协议：

为使本防护方案通用化，可取消 TASE. 2 的特定假设 A. BILAT 和 A. BILAT-ACCESS。以本通用防护方案为基础，对其他通信协议可以增加假设和威胁。

附 录 C
（资料性附录）
后 果 图 示 例

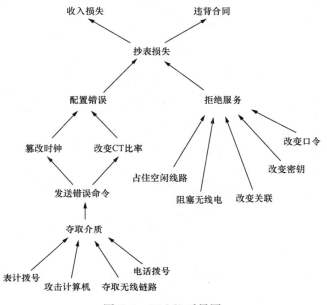

图 C.1　DLMS 后果图

电力系统管理及其信息交换 数据和通信安全 第1部分：通信网络和系统安全 安全问题介绍

GB/Z 25320.1—2010 IEC TS 6235-1：2007

电力系统与数据通信卷

目　　次

前　　言

国际电工委员会57技术委员会（IEC TC 57）对电力系统管理及其信息交换制定了IEC 62351《电力系统管理及其信息交换　数据和通信安全》标准。我们采用IEC 62351，编制了GB/Z 25320指导性技术文件，主要包括以下部分：

——第1部分：通信网络和系统安全　安全问题介绍；

——第2部分：术语；

——第3部分：通信网络和系统安全　包含TCP/IP的协议集；

——第4部分：包含MMS的协议集；

——第5部分：IEC 60870-5及其衍生标准的安全；

——第6部分：DL/T 860的安全；

——第7部分：网络和系统管理的数据对象模型；

——第8部分：电力系统管理的基于角色访问控制。

本部分等同采用IEC TS 62351-1：2007《电力系统管理及其信息交换　数据和通信安全　第1部分：通信网络和系统安全　安全问题介绍》（英文版）。

本部分增加了资料性附录NA，以反映规范性引用文件IEC 60870-5（所有部分）中的各部分与对应的我国标准以及一致性程度。

本部分由中国电力企业联合会提出。

本部分由全国电力系统管理及其信息交换标准化技术委员会（SAC/TC 82）归口。

本部分起草单位：国网电力科学研究院、国家电力调度通信中心、中国电力科学研究院、福建省电力有限公司、华中电网有限公司、华东电网有限公司、辽宁省电力有限公司。

本部分主要起草人：许慕樑、南贵林、邓兆云、杨秋恒、韩水保、李根蔚、曹连军、袁和林、林为民。

本指导性技术文件仅供参考。有关对本指导性技术文件的建议或意见，向国务院标准化行政主管部门反映。

引　言

　　计算机、通信和网络技术当前已在电力系统中广泛使用。通信和计算机网络中存在着各种对信息安全可能的攻击，对电力系统的数据及通信安全也构成了威胁。这些潜在的可能的攻击针对着电力系统使用的各层通信协议中的安全漏洞及电力系统信息基础设施的安全管理的不完善处。

　　为此，我们采用国际标准制定了 GB/Z 25320《电力系统管理及其信息交换　数据和通信安全》，通过在相关的通信协议及在信息基础设管理中增加特定的安全措施，提高和增强电力系统的数据及通信的安全。

电力系统管理及其信息交换数据和通信安全
第1部分：通信网络和系统安全
安全问题介绍

1 范围和目的

1.1 范围

GB/Z 25320 的本部分范围是电力系统控制运行的信息安全。本部分的主要目的是"为 IEC TC 57 制定的通信协议的安全，特别是 IEC 60870-5、IEC 60870-6、IEC 61850、IEC 61970 和 IEC 61968 的安全，承担标准的制定；承担有关端对端安全的标准和技术报告的制定"。

1.2 目的

具体目的包括：

• GB/Z 25320.1 介绍了 GB/Z 25320 的其他部分，主要向读者介绍应用于电力系统运行的信息安全的各方面知识；

• GB/Z 25320.3～GB/Z 25320.6 规定了 IEC TC 57 通信协议的安全标准。可以用这些标准提供各种层次的协议安全，这取决于为一个特定实现所选定的协议和参数。同样它们已被设计为具有向后兼容能力并能分阶段实现；

• GB/Z 25320.7 涉及端对端信息安全的许多可能领域中的一个领域，即加强对支持电力系统运行的通信网络进行全面管理；

• GB/Z 25320 后续的其他部分涉及更多的信息安全领域。

电力行业中安全性、安全防护和可靠性始终是系统设计和运行的重要问题，随着该行业越来越多依赖于信息基础设施，其信息安全正变得日益重要，这就是制定信息安全标准的理由。一些新威胁已经影响到解除管制的电力市场，因为对竞争对手的资产和其系统运作的了解可能是会从中得益的，于是截获此类信息是十分可能发生的。此外，无意的行为（如不小心和自然灾祸）能够像蓄意行为一样对信息造成危险。当前恐怖主义的外加威胁已经变得非常明显。

虽然存在"端对端"安全的许多定义，一个标准定义（多种陈述）是："1. 对采用密码技术的安全通信系统或被保护的分布系统中的信息进行安全防护意味着从起始点到目的点的防护。2. 对信息系统中的信息，从起始点到目的点进行安全防护。"[1] 以这个定义为基础开始的四个标准是针对 IEC TC 57 通信协议集的安全增强，因为这些通信协议集被认为是对电力系统控制操作进行安全防护明显的第一步。然而这些安全增强仅能解决两个系统之间的安全需求，并不解决包含内部安全需求的真正"端对端"安全，包括安全对策、安全防护执行、入侵检测、内部系统和应用的健壮以及更广泛的安全需求。

因此，本章的本结束语是非常重要的：认识到增设防火墙或仅简单使用协议的加密，例

---

1) ATIS（Alliance for Telecommunications Industry Solutions）[美国为通信和相关信息技术快速制定和促进技术和运行标准的组织。ATIS 得到了美国国家标准学会（ANSI）的认可。]：FS-1037C 的扩充，US 联邦政府电信项目的标准术语。

如增加链路端加密盒（bump-in-the-wire）或其至虚拟专网（VPN）技术，在许多情况下似乎并不是足够的。安全是真正的"端对端"的要求，以确保对敏感的电力系统设备的认证访问、对敏感的市场数据的授权访问、可靠且及时的设备功能执行和设备故障信息、关键系统的备份以及容许检测和再现决定性事件的审计能力。

2 规范性引用文件

下列文件中的条款通过 GB/Z 25320 的本部分的引用而成为本部分的条款。凡是注日期的引用文件，其随后所有的修改单（不包括勘误的内容）或修订版均不适用于本部分，然而，鼓励根据本部分达成协议的各方研究是否可使用这些文件的最新版本。凡是不注日期的引用文件，其最新版本适用于本部分。

GB/T 18700（所有部分） 远动设备和系统 第 6 部分：与 ISO 标准和 ITU-T 建议兼容的远动协议（IEC 60870-6[2]，IDT）

DL/T 860（所有部分） 变电站通信网络和系统（IEC 61850[3]，IDT）

IEC 60870-5（所有部分） 远动设备和系统 第 5 部分 传输规约（Telecontrol equipment and systems—Part 5：Transmission protocols）

IEC TS 62351-2 电力系统管理及其信息交换 数据和通信安全 第 2 部分：术语（Power systems management and associated information exchange—Data and communications security—Part2：Glossary of terms）

3 术语、定义和缩略语

IEC 62351-2 中给出的术语和定义及缩略语适用于 GB/Z 25320 的本部分。

4 信息安全标准的背景

4.1 电力系统运行的信息安全所涉及的论据

通信协议是电力系统运行的最关键部分之一，它负责从现场设备取回信息和发送控制命令至现场设备。虽然通信协议具有关键作用，但迄今这些通信协议还很少加入任何安全措施，这些安全措施包括对无意错误，电力系统设备功能丧失，通信设备故障或蓄意破坏进行的防护。由于这些协议是非常专业化的，"依靠难以理解获得安全"一直是主要手段。毕竟，只有操作员才被允许从高度防护的控制中心去控制断路器。谁会去关心线路上的电功率，或者说对近百种通信协议中某个适用协议，谁可能具有如何读取其特殊比特和字节的知识，并且为什么有人会想破坏电力系统呢？

然而，依靠难以理解获得安全不再是有效的观念。特别是电力市场正迫使市场参与者去获取他们所能获得的任何优势。即使一点信息就有可能使失败的投标转变为成功的投标，或者说持有你竞争对手的信息就能使他们成功的投标变为失败的投标。因而破坏电力系统运行

---

2) 也称为控制中心间通信协议（Inter-control Centre Communications Protocol，ICCP），使得能在电力部门控制中心与其他控制中心、其他公用事业部门、电力联营体、区域控制中心和非电力部门发电商之间经广域网（WAN）进行数据交换。

3) DL/T 860（IEC 61850，IDT）标准，用于继电保护、变电站自动化、配电自动化、电能质量、分布能源、变电站对控制中心和其他的电力行业运行功能。它包括为满足极其快速的继电保护响应时间和为被测值进行采样的协议集，以及专注于对变电站和现场设备进行监视和控制的协议集。

的欲望可能出自单纯的十来岁青少年对电力市场的竞争博弈游戏吹牛式的恐吓行为，直到实际恐怖行动。

的确，不仅市场力使安全成为至关重要。运行电力系统的绝对复杂性在这些年一直在增加，这使设备故障和操作错误更有可能发生，并且影响的范围和代价更大。此外，较旧的、"难以理解"的通信协议正被标准化的、良好文本的协议代替，对骇客和工业间谍而言，这样的协议更易攻击。

随着电力行业日益依赖信息来运行电力系统，现在必须管理两种基础设施：不仅应管理电力系统基础设施（Power System Infrastructure），还应管理信息基础设施（Information Infrastructure）。因为自动化不断代替人工操作，市场要求更精确且更及时的信息以及电力系统设备变得陈旧，管理电力系统基础设施已经变得依靠于信息基础设施。因而信息基础设施可能遭受的任何问题都日益影响到电力系统的可靠性。

4.2　IEC TC 57 数据通信协议

国际电工委员会（IEC）的"电力系统管理及其信息交换"技术委员会（TC 57）负责制定电力系统数据通信协议的国际标准。它的范围是"为电力系统控制设备和系统，包括EMS（能量管理系统）、SCADA（数据采集和监控）、配电自动化、远方保护，以及用于电力系统的规划、运行和维护的实时和非实时信息的相关信息交换制定国际标准。电力系统管理是由控制中心、变电站和个别一次设备内的控制组成，包括设备、系统和数据库的远动和接口，而这些接口可能是在 TC 57 所辖范围之外。在高压环境中的特殊工况必须要考虑"。

IEC TC 57 已经制定了三种广泛接受的协议标准并已是第四个协议的发起者。这三个协议是：

IEC 60870-5 在欧洲和其他非美国的国家广泛用于 SCADA 系统与 RTU 的数据通信。同时用于串行链路（IEC 60870-5-101，对应于我国的 DL/T 634.5101）和网络（IEC 60870-5-104，对应于 DL/T 634.5104）。DNP3 是为了在美国使用，从 IEC 60870-5 衍生出来而现在许多其他国家也广泛使用，主要用于 SCADA 系统与 RTU 的数据通信。

IEC 60870-6（对应于我国的 GB/T 18700）也称为 TASE.2 或 ICCP，国际上用于控制中心之间通信，并经常用于控制中心内 SCADA 系统和其他工程系统之间通信。

IEC 61850（对应于我国的 DL/T 860）用于继电保护、变电站自动化、配电自动化、电能质量、分布能源、变电站对控制中心和电力行业的其他运行功能。它包括为满足极其快速的继电保护响应时间和对被测值进行采样的协议集，以及专注于对变电站和现场设备进行监视和控制的协议集。

这些协议现在广泛地使用于电力行业中。然而，它们都是在信息安全成为该行业的主要问题之前制定的，所以原先标准中根本不包括任何安全措施。

4.3　制定这些安全标准的历史

直到 1997 年 IEC TC 57 才认识到对这些协议进行安全防护是必要的。因而，TC 57 首先成立研究安全防护问题的临时工作组。该组发布了关于安全需求的技术报告 IEC/TR 62210（对应于我国的 DL/Z 981）。该技术报告的一个建议是组成工作组，为 IEC TC 57 协议和它们的衍生协议制定安全标准。

最初国际标准化组织（ISO）的通用评估准则（Common Criteria）被选定为确定安全需求的方法。这种方法用评估对象（Target of Evaluation，TOE）的概念作安全分析的焦点。可是，在不同电力系统环境中多样性和多变的安全需求下，确定防护 TOE 的特征非常麻烦，因此最终这种方法没被采用。代之使用的是威胁减轻分析。该方法先确定最常见威胁，然后制定应对这些威胁的安全措施。

因此，IEC TC 57 WG15 在 1999 年成立并且已经承担了这项工作。WG15 的名称是"电力系统管理及其通信数据和通信安全"，它的工作范围和目的是"为 IEC TC 57 制定的通信协议的安全，特别是 IEC 60870-5、IEC 60870-6、IEC 61850、IEC 61970 和 IEC 61968 的安全，承担标准的制定，承担有关端对端安全课题的标准和技术报告的制定"。

这样做的理由是：安全性、安全防护和可靠性始终是电力行业中系统设计和运行的重要问题，随着该行业越来越多依赖于信息基础设施，该行业中计算机安全正变得日益重要。解除管制的电力市场已带来了新威胁，因为对竞争对手资产以及他的系统运作的了解可能会从中得益，于是收集此类信息是现实可能的。当前恐怖主义的外加威胁也已经变得更明显。

在范围和目的陈述中的结束语是非常重要的：认识到仅增加数据的简单加密，例如增加链路端加密盒（bump-in-the-wire）或其至 VPN 技术，对于许多情况似乎并不是足够的。安全是真正的"端对端"的要求，以确保对敏感的电力系统设备的认证访问、可靠而及时的关于设备的功能及故障的信息、关键系统的备份和容许再现关键事件的审计能力。

5 GB/Z 25320 涉及的安全问题

5.1 安全的一般信息

本章内容是资料性的，提供与安全问题有关的额外信息。这些信息虽然并不被这些规范性标准明确论及，但可能有助于理解这些规范性标准的上下文和范围。

5.2 安全威胁的类型

5.2.1 概述

安全威胁通常被看作对资产的攻击是潜在的。这些资产可能是物理设备、计算机硬件、楼房甚至人员。然而，在计算机世界中资产也包括信息、数据库和软件应用。所以对安全威胁的应对措施应该包括对物理攻击和计算机攻击的防护。

对资产的安全威胁不仅可能是蓄意攻击，而且可能由无意事件导致。事实上，经常更实际的危险可能是安全性突降、设备故障、疏忽大意和自然灾害所导致的而不是蓄意攻击所造成的。然而，对成功的蓄意攻击的反应可能具有巨大的法律、社会和经济的后果，这些会远超过物理危险。

电力部门习惯于担心设备故障及与安全性相关的疏忽大意，自然灾害也包含在考虑范围内，特别对那些经常受飓风、地震、龙卷风、冰雹等自然灾害影响的电力部门。即使这些自然灾害被看作并非电力部门所能控制的。正在起变化的是对信息进行保护的重要性，信息正日益成为安全、可靠和高效电力系统运行的重要方面。

在正确确定对什么攻击、需要防护什么和需要防护到怎样的安全级别时，安全风险评估是至关重要的。关键是决定于成本效益：要"量体裁衣"[4]（变电站），多层次安全防护比单一方案更好，而且任何时候对攻击的防护都不是完全绝对的。尽管如此，为提供现代电力部门运行所需的安全等级，从什么不做到一切都做这两个极端之间存在相当大的空间。

安全防护在其他方面也能带来益处，如果对可能的蓄意攻击实现了外加的安全防护，就能够使用这种监视去改善安全性，使疏忽概率减至最小，并提高了设备维护的效率。

以下条款讨论一些最重要的威胁，以便了解和防护。这些威胁中的大多数包括在 GB/Z 25320 中，至少在监视层面上是如此。

5.2.2 无意威胁

5.2.2.1 安全事故

安全性始终是电力部门主要关心的，特别对那些工作于变电站的高电压环境中的现场人员。一些极其细致的规程已经被制定和一再反复地精心修改，以改进安全性。虽然这些规程是安全性步骤的最重要组成部分，然而通过电子手段对关键设备的状态进行监视和对符合于安全规程情况进行日志记录或告警，能把安全性提高到相当程度并且在其他方面带来益处。

特别是虽然主要出于安全性原因，已经实施了仅允许授权人员进入变电站的访问措施，然而对这些安全性措施进行电子监视同样能有助于防止某些蓄意攻击，比如故意破坏和窃取。

5.2.2.2 设备故障

对电力系统的可靠运行，设备故障是最通常且料想得到的威胁。多年来已经采取了有效措施去监视变电站设备状态，比如油温、冷却系统、频率偏差、电压水平和电流过负荷。除这些额外信息能提供更多的物理安全外，GB/Z 25320 的本部分并不关心这些监视的类型。

然而，对设备的物理状态进行监视经常也能有利于维护效率，可能防止某些类型的设备故障，实时检测以前没被监视的故障以及对设备故障的处理和影响进行探讨分析。因此，考虑到这些额外价值，对物理安全进行某种监视的总成本效益就能有所提高。

5.2.2.3 疏忽大意

疏忽大意是对变电站资产进行防护的"威胁"之一，无论允许尾随进入变电站还是没锁门或不小心使得未经授权人员接触口令、钥匙和其他安全措施。这种疏忽大意经常是由于过于自信（"还从没有人破坏过变电站的设备"）或懒惰（"哎呀！关这门多麻烦，一会儿我就要去别的地方"）或愤怒（"这些安全措施正在影响我的工作"）所造成。

5.2.2.4 自然灾害

自然灾害，例如暴风雨、飓风和地震，能够导致大范围的电力系统故障、安全性破坏和为窃取、蓄意破坏和恐怖行为造成机会。对现场设施和设备的物理和信息状态的实时监视能够为电力部门提供"眼睛和耳朵"以了解什么正在发生，并采取纠正行为使这些自然灾害对电力系统运行的影响降至最小。

5.2.3 蓄意威胁

5.2.3.1 概述

相对于无意威胁，对变电站中设施和设备的恶意威胁能够导致更突出的危害。采用这些蓄意威胁的诱因正在增加，因为对攻击者来说，成功攻击的结果可能日益具有经济和"社会或政治"的益处。通过实时通告和司法追踪，对成功攻击的极坏影响有所抑制的同时，对设施和设备采用先进技术的监视能够有助于防范这些威胁中的某些威胁。

5.2.3.2 心怀不满的雇员

心怀不满的雇员是攻击电力系统资产的主要威胁之一。具有破坏知识的不满雇员实质上比非雇员的危险更大，特别是在电力系统行业中，那里的许多系统和设备是完全独特的。

5.2.3.3 工业间谍

在电力系统行业中，工业间谍正成为更大的威胁，因为解除管制和竞争涉及数百万美元，这提供了对信息的未经授权访问的不断增长的动力，并进而出于邪恶目的可能危及设备。除了

4）"一个尺寸不会适合于所有"，一种解决方案不可能用于所有情况。所以，在此意义上，应允许多种解决方案。

经济利益外，通过揭示竞争者的无能或不可信任，某些攻击者会获得"社会或政治"益处。

5.2.3.4 故意破坏

故意破坏行为能够危及设施和设备，而对攻击者而言，除了进行故意破坏的行为以及向他们自身和其他人证明了他们能够实施故意破坏之外，并不具有任何特定利益。故意破坏者常常意识不到或不关心他们行为的可能后果。

对进入已锁设施的通道和入口进行实时监视，和对任何访问异常进行实时告警能有助于防止大多数故意破坏。然而一些故意破坏，比如从变电站外对开关场中设备进行射击或关闭设备和软件应用，似乎需要另外的监视类型。

5.2.3.5 计算机骇客

骇客就是为获取利益寻求突破计算机安全防护的人。所获利益可以直接是金钱的、工业知识的、政治的、社会的利益，或仅是个人的挑战以证实该骇客能够获得访问。多数骇客使用因特网作为他们的主要进入通路，因此大多数电力部门使用各种防火墙、隔离技术和其他应对措施，把电力系统的运行系统和因特网隔离。

在公众眼中，计算机安全常仅被看作是对骇客及其相关问题、计算机病毒和蠕虫进行防护。由于电力运行的计算机系统大概一直与因特网隔离，许多电力部门人员根本不理解在这些系统中增加安全措施的道理。然而正如从这些条款文字中可清晰看到的那样，这可能不再是正确的，因为网络化变得更普遍而且额外的信息访问需求也在增长（例如厂商远程访问、便携电脑的维护访问、继电保护工程师取回特殊数据的访问等）。

5.2.3.6 病毒和蠕虫

如同骇客那样，病毒和蠕虫通常通过因特网进行攻击。然而一些病毒和蠕虫能嵌入到软件里，而此软件却被装载进已经与因特网相隔离的系统中，或病毒和蠕虫有可能会从某个不安全的便携电脑或其他系统经过安全通信而传播。它们可能包括中间人病毒、截获电力系统数据的间谍软件和其他木马。

5.2.3.7 窃取

窃取有一个直截了当的目的，即攻击者取得他们无权得到的某种东西（设备、数据或知识）。通常就动机而言，此目的有经济利益，虽然其他动机也是可能的。

此外，对已锁设施的进入通道和入口进行监视和对设备的物理状态和状况的异常（如不响应或断连）告警是警示运行人员窃取可能正在发生的主要方法。

5.2.3.8 恐怖行为

恐怖行为是最少可能发生但却可能具有最严重后果的威胁，由于恐怖行为的主要目的就是要造成最大程度的物理、经济和社会、政治的危机。

对可能的恐怖分子袭击（比如物理上炸掉变电站或其他设施），对变电站设施（包括物理上靠近）的进入通道和入口进行监视和异常告警，可能是警示运行人员的最有效手段。然而，恐怖分子在他们的行动中会变得更有经验，而能够寻求对整个电力系统暗中做到比仅爆炸一个变电站更大损害的方式，来破坏特定设备或使得关键设备无效。所以额外增加监视类型（包括设备的状态和状况）是很重要的。

5.3 安全的需求、威胁、脆弱性、攻击和应对措施

5.3.1 安全需求

无论用户是人还是软件应用，他们或多或少都有四种基本安全需求，保护他们免于四种基本威胁。在每种情况中作为基本前提，授权要求认证用户：

- 机密性（Confidentiality）：防止对信息的未经授权访问；
- 完整性（Integrity）：防止未经授权修改或窃取信息；
- 可用性（Availability）：防止拒绝服务和保证对信息的授权访问；
- 不可抵赖性或可追溯性（Non-repudiation or Accountability）：防止否认已发生行为或伪称并没发生行为。

5.3.2 安全威胁

通常存在四种类型计算机安全威胁：

- 未经授权访问信息；
- 未经授权修改或窃取信息；
- 拒绝服务；
- 抵赖或不可追溯。

然而，存在许多不同类型的脆弱性和利用这些脆弱性使这些威胁得以成功的攻击方法。安全应对措施应该考虑这些不同类型的脆弱性和攻击方法。

5.3.3 安全脆弱性

计算机安全脆弱性指的是系统中的薄弱点或其他漏洞，会使有意或无意的未经授权行为实现威胁。脆弱性可能由系统中的程序错误或设计缺陷造成，但也可能由设备故障和物理动作造成。脆弱性可能仅在理论上存在或是已知的行为。

5.3.4 安全攻击

有多种不同类型的攻击能实现威胁，在图1中说明了一些攻击类型。正如看到的，同样的攻击类型常可能涉及不同的安全威胁。呈网状的各种潜在攻击意味着为满足一个特定安全需求并不存在恰好一种方法；对一种特定威胁的每种攻击类型都需要设法应对。

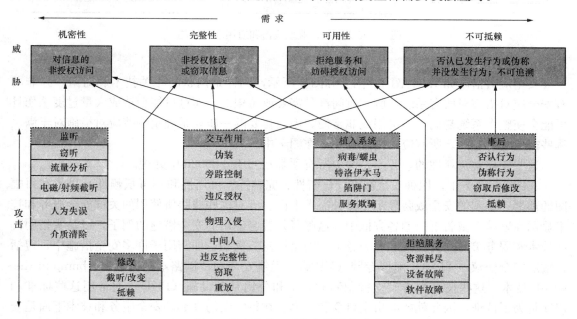

图1 安全需求、威胁和可能的攻击

此外，虽在"攻击链"中存在一系列攻击，可能涉及不同资产以及可能随时发生；但是也还能认为"攻击链"是一种特定的威胁。

5.3.5 安全类别

出自一种安全观点，计算机安全能分为四个类别，见图2。说明如下：

所有这四类通常都需要有为达到"端对端"安全所使用的安全措施。只对一类进行安全防护通常肯定是不够的。例如，只实现虚拟专网（VPN），只处理对通信的传输协议的威胁，既不防止一个人伪装成另一个人，也不防止主计算机中恶意的软件应用经此VPN对现场装置进行通信。

这些安全措施很好地综合起来使用，就不会发生疏漏问题。

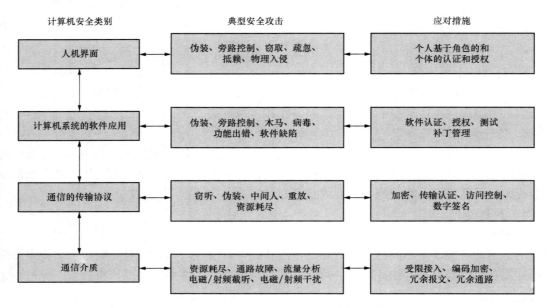

图2 安全类别、典型攻击和通用应对措施

5.3.6 安全应对措施

安全应对措施如图3、图4、图5和图6所示，同样是网状的相关技术和对策。并非所有安全应对措施对所有系统在所有时间都是需要或希望的，而这可能会造成大量过度杀伤且可能会使整个系统趋向于不可用或非常慢。因而首要的一步就是确定哪些应对措施对于满足哪些需要是有益的。所有应对措施都表示在图7中。

这些图仅是资料性的，并不是图中所有项都在GB/Z 25320中处理。

在图3～图7中，四种安全需求（机密性、完整性、可用性和不可抵赖性）显示在每幅图的顶部。基本的安全威胁显示在每种需求下面。应对这些威胁所使用的关键安全服务和技术显示在紧接于威胁下面的各方框中。这些只是普遍使用的安全措施的例子，以箭头指明哪些技术和服务参与支持在技术和服务上的安全措施。例如，加密用于许多安全措施中，包括传输层安全协议（TLS）、虚拟专网（VPN）、无线安全和"链路端加密盒"（bump-in-the-wire）技术。这些技术本身又支持 IEC 62351 和公钥基础设施（PKI）。通常用这些标准和PKI 是为了认证，因此就能够指定口令和证书。在每幅图的底部，安全服务和技术下面是安全管理和安全对策，为所有安全措施提供基础。

5.3.7 分解安全问题空间

安全包括一套极其复杂且多维的问题。不存在任何标准化的或清晰规定的机制去分解安

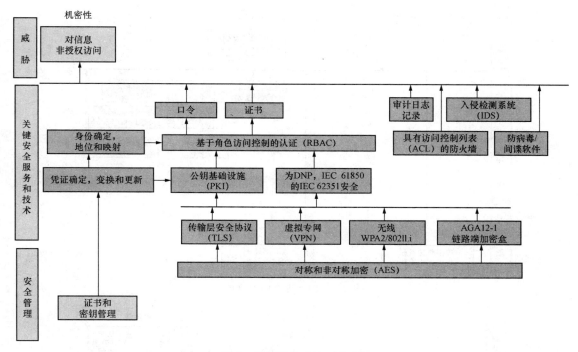

图 3　机密性安全应对措施

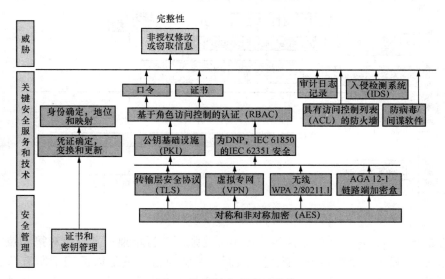

图 4　完整性安全应对措施

全问题空间，因此以成本效益方法分析和部署既适度又完善的安全措施，常会感到这是无法实现的。

　　例如，过去为分析安全需求已经使用过两种主要的探讨或分析方法：基于企业的分析（Enterprise-based analysis）（一套安全措施应用于整个企业）和基于技术/威胁的分析（Technology/Threat-based analysis）（一套技术，如口令和虚拟专网 VPN，应用于所有系统）。两种方法都包含明显的缺陷。试图为整个企业开发单独一套安全措施有可能导致企业一些区域的安全防护或过度或不足。此外，企业是不断发展和变化的，因此一个企业可包括

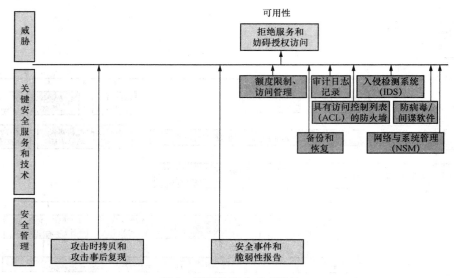

图 5   可用性安全应对措施

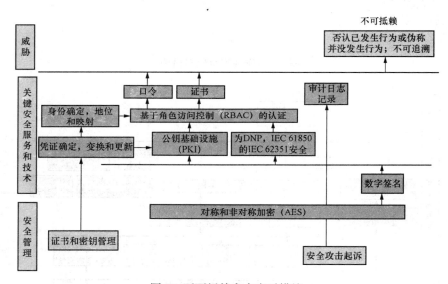

图 6   不可抵赖安全应对措施

一个以上的业务实体；在不同的业务实体中不可能强制执行单独一套安全对策和技术。基于技术/威胁的分析假定安全措施不会改变，从而一个解决方案就足以适用于所有情况。然而在电力系统运行环境中，这根本是不正确的。一个尺寸并不完全适合于所有。此外，因为安全防护是正在进行且发展的过程，基于今天的技术去选择安全防护可能妨碍在未来采用更先进的安全技术。于是，任何安全决策要求大量的协调，并且往往会使安全防护过程夭折，这也并不是完全不可能的。

然而，安全问题有可能分解成更小的安全分析或安全管理区域。取决于所涉及的问题，已经使用了三种不同的分解处理。它们是：

- 物理安全边界（Physical security perimeter）：对计算机机房、通信机房、运行中心和其他放置关键计算机资产且访问受到控制的场所，物理安全边界是包围这些场

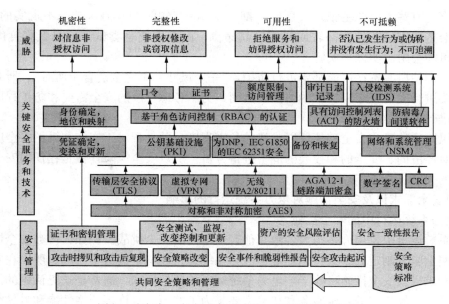

图 7　总安全：安全需求，威胁，应对措施和管理

所的物理六面体边界。此边界能被用于物理地保护资产；

- 电子安全边界（Electronic security perimeter）：对连接关键计算机资产且访问受到控制的网络，电子安全边界是包围此网络的逻辑边界。此边界能被用于采取计算机安全措施；
- 安全域（Security Domain）：该区域组织上属于一个科室、部门、公司或者安全需求是相同或至少在同一实体的控制之下的其他组合。从安全的角度，由于一个安全域内所有资产只属于一个组织，所以安全域概念特别使得资源能完全自主地进行管理。

安全问题空间划分成多个可管理小片能够大大有助于一个组织去制定适当且符合成本效益的安全措施。然而，这也产生了如何为域间交换即跨越安全边界提供安全机制的问题。为解决这问题，需要特定的域间安全服务以跨越这些边界。

5.4　安全对策的重要性

安全对策文件描述对公司设施的主要威胁，阐明在维护公司信息安全中涉及到雇员的理由以及规定公司雇员（包括用户和 IT 职员）的权利和责任。

为了处理与特定技术和应用相关的特定安全问题，包括 IT 网络配置考虑、网络性能问题、防火墙位置和设置、数据安全分级、协议安全需求和口令/证书分配，应制定详细的安全需求并且作为安全策略的伴随文件。

该文件的一个主要功用就是作为培训工具。如果雇员们理解了现实世界的各种威胁、与每天职责相关的安全风险以及为使这些风险降至最小，要求他们采取的安全措施的有效性，他们就会更自觉和更全面地支持安全措施。安全对策同样应明确规定不遵循对策有可能采取的处罚。

安全对策文件应是"活的"文件，反映新技术和新安全需求。正因如此，该文件应每当安全行业或 IT 设施中出现新发展时，或每年至少进行一次评审和更新。

5.5　安全风险评估

另一个问题并且通常也是最难解决的问题，就是如何决定什么需要进行防护和需要防护到什么程度。有些人可能主张每一项资产都需要100％的防护，但这常是不现实的。此外，这种做法会造成安全防护的部署或实施极其昂贵，因而即使是尝试部署最低程度的安全防护，也有可能会阻碍实体去实施。

再说，即使所有资产可能都要进行防护，"一个尺寸并不完全适合于所有"，所有资产也并不都需要进行完善且难以攻破的防护。然而，为了考虑资产的安全需要和防护程度，所有资产都应进行评估。

安全风险评估确定安全破坏可以导致的危害程度，并且相对于实施和维护安全应对措施的成本，对经济的、安全的和社会的危害进行分析。所以安全风险评估是在任何安全部署之前应执行的关键安全工作。

5.6　认识安全需求以及安全措施对电力系统运行的影响

5.6.1　电力系统运行中的安全挑战

电力系统运行引发出许多与大多数其他行业不同的安全挑战。例如大多数安全措施是为对付因特网上骇客制定的。因特网环境与电力系统运行环境是极其不同的。所以在安全行业中对安全需求以及安全措施可能影响电力系统运行的通信要求，通常是缺乏认识的。

特别是，已经制定的安全服务和技术主要是为了并不具有许多严格性能和可靠性要求的行业；而这些恰恰是电力系统运行所需要的。例如：

- 与授权客户不能访问其银行账户相比，使授权调度员无法访问电力系统变电站控制有可能造成更为严重的后果。所以拒绝服务的威胁远比许多典型因特网交易更为巨大；
- 电力行业中使用的许多通信信道是窄带的而且端设备经常受到内存和计算机能力的限制，从而由于某些安全措施所需的开销而不允许采用，如加密和密钥交换；
- 大多数系统和设备是位于地域广大而分散、无人的远方场所，且根本没接入到因特网。这使得密钥管理、证书撤销和其他一些安全措施难以实现；
- 许多系统都由共线通信通道连接，所以工业通用的网络安全措施不能工作；
- 虽然无线通信正广泛为许多应用所使用，但对实施这些无线技术的场所和所实现的功能，电力部门一定需要非常小心。部分是因为变电站的高电噪声环境（对可用性的潜在影响），部分是因为一些应用要求非常快速且极其可靠的响应（吞吐量）。即使许多无线系统使用了安全措施，然而这些措施可能增加开销（尽管开销是类似于有线介质）。

5.6.2　密钥管理和证书撤销

在广大地域、窄带通信、一些端设备的能力受限并且许多设备远不是人员易于访问的情况下，密码的密钥管理是一个问题，这是多数其他行业（包括制造业）没有实际碰到的问题。无论公私密钥系统还是对称密钥系统或使用"链路端加密盒"设备，密钥都应该以安全方式置入端设备。

一种选择是技术人员实地来到设备所在的地方，并把每一密钥下装到每个设备。这一方法对初次安装是适宜的，但如密钥需要定期更新，则会成为严重的负担。另一种选择是"密钥服务器"与端设备共处一地且通过当地网络与那些设备互连。那么密钥服务器就有可能使用一些分散的、宽带的安全通信去下载新密钥，然后分发密钥至各个不同的设备。

证书撤销的问题类似于密钥管理，限制并不在于狭带通信而是根本没有任何运行设备能连接到因特网。正常的证书撤销由可信的证书管理员进行，在确定证书存在问题时他用因特网发出撤消公告。对电力系统操作，应该开发某种方法通过因特网安全地接收撤销公告，接着又安全地传递这撤销到适当的端设备，一切均以即时的方式进行。

5.6.3 系统和网络管理

通常并不把电力运行中的信息基础设施作为相互密切结合的基础设施来对待，而看作由单独的通信通道、分开的数据库、多个系统和不同协议所组成的集合体。通常 SCADA 系统执行某种最低限度的通信监视，如 SCADA 系统到 RTU 的通信是否可用，如果通信失败那么 SCADA 系统就把数据标示为"不可用"。然而维护人员面临的是为确定该问题，顺着"问题是什么，什么设备受到影响，设备在什么地方和应该做什么"的思路追踪。这一切是冗长而专业的过程，而在这期间并没充分监视电力系统并且一些控制行为可能无法执行。正如 2003 年 8 月 14 日美国东北海岸大停电的分析表明，在停电本身背后的主要原因是对处理停电人员来说在停电时缺乏使他们能有效工作的关键信息。

对各部门的维护人员来说，每一部门的有效信息是不同的。通信技术人员一般负责确定微波或光缆问题；通信服务供应商应追踪他们的网络；数据库管理员应确定数据是否从变电站自动化系统或地理信息系统（GIS）数据库正确地取回；协议工程师应进行协议纠错；应用工程师应确定应用是否已经崩溃，不收敛或处于无穷循环中；而运行人员则应透过大量数据来确定可能的"电力系统问题"是否实际上是"信息系统问题"。

将来，信息管理问题将会日益复杂。SCADA 系统将不再独占控制现场通信，现场通信可以由电信供应商或由公司网络或由其他公用事业部门提供。对于电力系统的可靠性起决定作用的软件应用，将在智能电子设备（Intelligent Electronic Device，IED）中执行，因而为避免软件"崩溃"和系统故障，软件应用本身就需要监视和管理。现场装置将通过没被任何 SCADA 系统监视的通道与其他现场装置进行通信。变电站中的信息网络将依靠当地的"自愈"过程，这同样将不被当今的 SCADA 系统显式地监视或控制。

5.7 五步安全过程

网络化通信、智能设备以及对未来能量系统的运行至关重要的数据和信息，三者的保护和安全防护是开发行业层面的体系结构的关键驱动因素之一。计算机安全面对出自以下主要趋势的大量制度上的和技术上的挑战：

- 需要更高层面的与各种业务实体的集成；
- 基于开放系统的基础设施的日益使用，这些基础设施将组成未来的能量系统；
- 需要已有系统（即"遗留"系统）和未来系统的适当集成；
- 集成化的分布计算系统不断增长的先进技术和复杂性；
- 不断增长的来自敌对组织的先进技术和威胁。

从一开始就应该进行系统的安全防护规划和设计。安全防护功能对于系统设计是必不可少的。在部署之前对安全防护进行规划将提供更完善和成本上更有效的解决方案。此外，先进的规划将保证安全服务是可以承受的（可以避免对无规划环境改造的花费）。这意味着在体系结构的所有层面都需要从事安全防护。

正如在图 8 中所展示的，安全防护是一个不断演进的过程，因而不是静态的。为了对安全过程跟上将在系统中实现的要求有所帮助，应采取不断的工作和培训。安全将不断在公司安全对策或安全基础设施与敌对实体之间竞赛。在将来，安全过程和系统将不断演进。按照定义，根本不存在 100% 安全的通信连接的系统。始终存在应该考虑和管理的剩余风险。因而为了维持安全，需要不断警惕和监视以适应全面环境的变化。

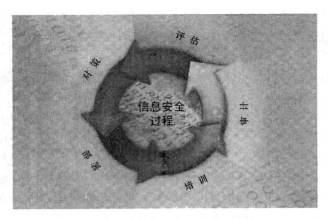

图 8　一般安全过程——不断循环

安全过程描述了作为鲁棒安全策略的一部分所需的五个高层过程。虽然实际上是循环的，但这过程存在一定次序：

安全评估。为资产的安全需求、基于概率的攻击风险、与成功攻击有关的损失和为降低风险和损失的成本，对资产进行评估的过程。从安全需求分析得出的安全建议导致安全对策的创建、与安全防护相关的产品和服务的订购以及一系列安全防护步骤的实施。

这循环过程的含义就是要求周期地进行安全再评估。为了周期评审安全策略，需要预先确定再评价周期。然而，安全策略需要不断地评价技术变化和策略变化，这些变化可要求立即再评估。

安全策略。安全策略的产生是在安全域（Security Domain）内在管理、实施和部署安全防护方面创建安全对策的过程。对安全评估所提出的安全建议进行评审，从而制定对策以保证安全建议日后实施和维持。安全策略应在安全规划中详细描述，安全规划规定将要实施的详细安全措施、实施这些措施的日程以及测定效果和更新规划的检查评审过程。

安全部署。安全部署是购置、安装和测试安全产品和服务的总合以及在安全策略过程期间所规定的安全对策和过程的实施。作为安全对策部署方面的一部分，应该执行一些管理过程，可以提到的是考虑入侵检测和安全审计能力的管理过程。

安全培训。在安全威胁、安全技术以及影响安全的公司和法定的安全对策诸方面，不断的安全培训是必需的。安全威胁和技术是不断演进的，因而要求不断分析和培训人员以实施和维护必要的安全基础设施。

安全审计（监视）。安全审计是负责检测安全攻击、检测安全突破和对安装的安全基础设施进行性能评估的过程。然而，审计的概念通常适用于事后事件或入侵。正如活动的安全基础设施一样，安全域模型要求连续不断的监视。因而审计过程需要增强。

当试图评价基于企业的安全过程时，对各业务实体、安全对策以及隶属于该企业的各种实体所能选择的各种技术选项，即它们全部都进行考虑是不可能的。因而，讨论企业层面上的安全经常是一个可能永无终止的棘手任务。为了简化讨论，承认各种实体都能控制它们自己的资源从而使讨论能集中于重要方面，将讨论关于安全域的安全防护。

5.8　应用安全防护于电力系统运行

因为通信方法和性能特性各种各样以及没有单一的安全措施能够应对所有类型的威胁，

所以寄希望于实施多层次的安全措施。例如，虚拟专网 VPN 仅防护传输层协议，但并不防护应用层协议，因此再增加的安全措施，如 GB/Z 25320.4，可能运行在 VPN 之上，提供应用层安全。此外，为提供增加的安全防护层次，采用基于角色的访问口令、入侵检测、访问控制列表、加锁的门和其他安全措施是必要的。

从图 3 到图 7 可明显看出，在许多安全措施中认证起了重大作用。事实上，对大多数电力系统操作，控制行为的认证远比用加密"隐藏"数据重要。仅授权的控制行为才允许发生是至关重要的。

同样，由于电力系统运行应该已经用隔离和防火墙很好地保护，与因特网的连接应该不是主要因素。所以，一些公共威胁反而比其他威胁较少危险。虽然特定威胁的严重性随着被防护的资产能够出现很大变化，但在电力系统运行中一些较危险的威胁是：

- 人员的疏忽：雇员把他们的口令粘在他们的计算机监视器上或人离开而门没锁上；
- 旁路控制：雇员关闭安全措施，没修改缺省口令或每个人都使用相同口令去访问所有变电站设备；或者自认为软件应用处于安全环境中，所以不对它的行为进行认证；或者不适当地使用厂商的后门链接；
- 不满的雇员：不高兴的雇员（甚至是试图对另一位雇员开无害玩笑的一位雇员）具有执行某些行为的知识，而这些行为可能有意或无意地危及电力系统运行；
- 违反授权：某些人采取了他们并没被授权的行为，有时是因为授权规则执行的疏忽或者是由于伪装、窃取或其他非法手段；
- 中间人：使某一个网关、数据服务器、通信通道或其他非端设备受损，因此被认为只是流过该中间设备的数据却被读出或修改后才沿着其路径发出；
- 资源耗尽：无意（或有意）造成设备过载，从而不能执行它的功能。或者证书过期并因此阻止对设备的访问。拒绝服务能对正努力控制电力系统的电力系统操作员造成严重影响。

6 GB/Z 25320 概述

6.1 GB/Z 25320 的范围

已经为 IEC 60870-5 及其衍生协议（主要对应于串行 DL/T 634.5101、DL/T 667 和 DL/T 719 以及网络 DL/T 634.5104）、GB/T 18700（对应于 IEC 60870-6 TASE.2）和 DL/T 860（对应于 IEC 61850）这三种通信协议的不同协议集制定了安全标准。此外，已经开展了网络和系统管理方面的安全工作。这些安全标准对不同协议应符合不同的安全目标，而安全目标会根据如何使用这些协议变化。一些安全标准能够适用于一些协议，其他安全标准却专门针对某个特定协议集。

6.2 认证作为关键安全需求

GB/Z 25320（IEC 62351）主要关注领域之一是认证。针对四种主要安全威胁中的三种威胁（机密性、完整性和不可抵赖性），认证是关键。GB/Z 25320 仅能够处理通信安全，但它试图提供一种机制，在具体实现内以这种机制支持基于角色的访问控制（Role Based Access Control，RBAC）。RBAC 能够提供直至用户和软件应用层面的应对这三种威胁的安全防护。为了提供 RBAC 的基础，最低要求是通信的应用层认证。

6.3 GB/Z 25320 的目标

不同的安全目标包括通过数字签名的实体认证、保证唯一授权访问、防窃听、防重放、欺骗以及某种程度的入侵检测。对一些协议集，所有这些目标都是重要的，而对其他一些协议集，如果给出某些现场装置的计算约束、通信介质速度约束、继电保护快速响应以及需要考虑安全装置和非安全装置共用同一网络，那么只有一些目标是可行的。

在其他章节中所描述的一些安全需求超出了 GB/Z 25320 的范围，因为它们涉及安全对策、雇员培训和系统设计以及实现决策。此外，在这些协议标准中已经包括事件和告警的日志和报告，所以期望这些日志和报告将用于提供审计跟踪。

因此，GB/Z 25320 已关注于提供以下类型的安全措施：

- 提供认证以最小化中间人攻击的威胁；
- 提供认证以最小化某些类型的旁路控制；
- 提供认证以最小化无意和恶意的雇员行为；
- 通过数字签名，提供实体认证：
  - ——确保对信息的唯一授权访问；
  - ——通信访问控制。
- 通过加密，提供验证密钥的机密性；
- 对那些具有处理额外负载资源的通信，通过加密，提供消息的机密性；
- 篡改检测，提供完整性；
- 防止重放和欺骗；
- 安全装置和非安全装置应被允许共存于同一网络中，虽然这可能引发某些"后门"的安全问题；
- 对通信基础设施本身进行监视，提供：
  - ——一定程度的入侵检测；
  - ——资源负荷监视；
  - ——信息系统内各成分的可用性。
- 需要一整套一致性的管理策略（例如对所有协议集的相同机制）；
- 希望使用主流的 IT 方法。

6.4 GB/Z 25320 各部分和 IEC 协议间的关系

在 GB/Z 25320 的每一部分中叙述了正被处理的安全需求（例如认证、机密性等）。此外，还包括了实现一致性声明（Proforma Implementation Conformance Statement，PICS）。PICS 为不同安全级别确定了必备的和可选的一致性。

GB/Z 25320 的第 1 部分到第 7 部分是：

- GB/Z 25320.1 安全问题介绍；
- GB/Z 25320.2 术语；
- GB/Z 25320.3 包含 TCP/IP 的协议集（该部分包括由 ICCP，IEC 60870-5-104，TCP/IP 上 DNP 3.0 和 TCP/IP 上 IEC 61850 所使用的那些协议集）；
- GB/Z 25320.4 包含 MMS 的协议集（该部分包括由 ICCP 和 IEC 61850 所使用的那些协议集）；
- GB/Z 25320.5 IEC 60870-5 及其衍生标准（即 DNP 3.0）的安全（该部分包括 IEC 60870-5 和 DNP 所使用的串行和网络协议集）；
- GB/Z 25320.6 IEC 61850 协议集安全（该部分包括 IEC 61850 中不基于 TCP/IP 的协议集 GOOSE，GSSE，和 SMV）；

- GB/Z 25320.7　网络和系统管理的数据对象模型（该部分涉及开发电力系统运行环境的管理信息库 MIB）。

GB/Z 25320（IEC 62351）各部分和 IEC TC 57 标准之间的相互关系展示于图 9 中。

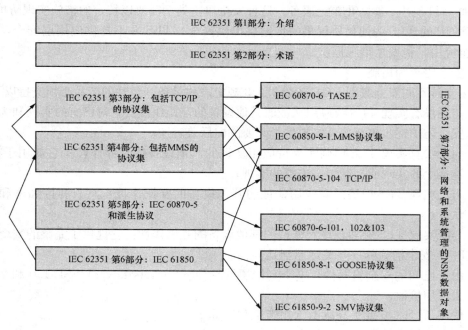

图 9　IEC 62351 安全标准与 IEC TC 57 其他协议集的相互关系

6.5　GB/Z 25320.1　安全问题介绍

GB/Z 25320.1（本部分）是资料性介绍，包括为电力系统运行进行安全防护的背景并提供 GB/Z 25320 的概略信息。

6.6　GB/Z 25320.2　术语

GB/Z 25320.2 包括在 GB/Z 25320 中所用的术语、缩略语及其定义。由于在其他行业及电力系统行业中广泛使用安全术语，因而这些定义是尽可能多地以已有的安全和通信行业标准定义为基础。当采用行业标准定义时，应给出这些定义的出处。

6.7　GB/Z 25320.3　包含 TCP/IP 的协议集

6.7.1　应对的威胁和攻击类型

GB/Z 25320.3 为包括 TCP/IP 的任何协议集提供安全。它规定使用传输层安全协议（Transport Layer Security，TLS）而并不是另起炉灶，TLS 一般用于因特网上的安全交互，包括认证、机密性和完整性。该部分描述了 TLS 必备参数、可选参数以及为电力部门运行应该使用的 TLS 设置。

GB/Z 25320.3 的目的是为软件应用间的通信提供端对端传输安全。在确定满足这目的的最优方法时，曾分析了 IPsec 和 TLS。IPsec 通常用于防护在局域网两个网段间所交换的所有通信业务，而 TLS 提供基于端对端的加密和对中间人攻击的防护。为满足这目的，选择了 TLS 而不选 IPsec。IPsec 可以用于防护其他业务或者甚至与 TLS 一起使用，这是可以理解和采纳的。

GB/Z 25320.3 针对以下威胁和攻击进行保护：

- 通过 TLS 加密，防止窃听；

- 通过消息认证，防止中间人安全风险；
- 通过安全证书（节点认证），防止欺骗；
- 通过 TLS 加密，防止重放攻击。

然而，TLS 并不能防止拒绝服务，这种安全攻击类型需要以特定的措施实现防护。

TCP/IP 的 TLS 为通信协议集的传输层提供安全。TLS 并不提供应用层安全，所以应用层安全应由其他安全措施提供。

6.7.2 安全需求和措施

为了支持不同安全级别，GB/Z 25320.3 规定声称具备一致性的产品必须支持以下能力：

- 与还没有实现 TLS 或应用认证的其他设备的互操作性：它对已有的实现和为朝着用安全防护逐步更新的系统提供了必要的向后兼容性；
- 与还没有实现 TLS 但确实支持应用认证的其他设备的互操作性：它能用于在 VPN 连接上的实现或控制中心内部的实现；
- 与已实现 TLS 但还没有应用认证的其他设备的互操作性：它只容许加密和节点级认证；
- 与既实现 TLS 又实现应用认证的其他设备的互操作性：它提供了完整的安全防护。

TCP/IP 安全措施的一些关键原则是：

- 由于已知的安全脆弱性，安全套接层（Secure Sockets Layer）SSL 1.0 和 2.0 已失去使用价值；
- 使用 TLS 1.0 或更高版本（相当于 SSL 3.1）；
- 严禁不提供加密的密码套件；
- 透明的基于时间和分组数的密钥再协商，这样，轻载网络并不会由于多数连接是长期的而在长时间内丧失认证；时间和分组数是可配置的，但推荐参数是时间为 10min 和分组数为 5000；
- 连接的实体负责密钥协商。这避免协议死锁；
- 支持至少一种公共密码套件的标准化，如高级密码标准 AES；
- TLS 消息验证的规范化，以避免欺骗和重放；
- 能够要求证书短小使负载最小。

6.7.3 使用 VPN 隧道和"链路端加密盒"技术

使用 VPN 隧道和"链路端加密盒"（如 AGA 12-2）的解决方案超出 GB/Z 25320 的范围。这并不排斥它们作为总安全解决方案的一部分使用，只要认识到它们只能保护一类安全。

6.8 GB/Z 25320.4 包含 MMS 的协议集

6.8.1 应对的威胁和攻击类型

GB/Z 25320.4 为包括制造报文规范（Manufacturing Message Specification，MMS），包括 GB/T 18700〔对应于 IEC 60870-6 TASE.2（ICCP）〕和 DL/T 860（对应于 IEC 61850）的协议集提供安全。

MMS（ISO 9506）的安全防护提供应用层安全，它要求配置 TLS 并启用 TLS 安全措施，特别是认证：相互交互的两个实体，它们都是它们所声称的那个实体。

如果没有使用加密，那么在 GB/Z 25320.4 中所应对的特定威胁包括：

对信息的未经授权访问。

如果采用 GB/Z 25320.3，那么在 GB/Z 25320.4 中所应对的各特定威胁包括：

- 通过消息层面认证和消息加密，防止对信息的未经授权访问；
- 通过消息层面认证和消息加密，防止信息的未经授权修改（篡改）或窃取。

以下安全攻击方法试图由 GB/Z 25320.4 应对。以下几项不包含通过 GB/Z 25320.3 所应对的攻击方法。在没采用 GB/Z 25320.3 的情况中，所应对的威胁被限定于在关联建立期间的防护：

- 中间人攻击：该威胁将通过使用在本文件中规定的消息鉴别码机制进行应对；
- 干预检测/消息完整性破坏：该威胁将通过用于创建在本文件中规定的认证机制的算法进行应对；
- 重放攻击：该威胁将通过使用在 GB/Z 25320.3 和 GB/Z 25320.4 内规定的专用处理状态机进行应对。

6.8.2 安全需求和措施

因而，GB/Z 25320.3 和 GB/Z 25320.4 结合提供直至通信应用层的端对端安全，包括以下类型的安全防护：

- 认证；
- 机密性；
- 数据完整性；
- 不可抵赖性。

GB/Z 25320.4 允许安全和非安全协议集同时使用，从而，不是所有系统需要在同一时间升级采用安全措施。

6.9 GB/Z 25320.5 IEC 60870-5 及其衍生标准的安全

6.9.1 应对的威胁和攻击类型

GB/Z 25320.5 为 IEC 60870-5 的串行版本〔主要是 IEC 60870-5-101（对应于 DL/T 634.5101）、IEC 60870-5-102（对应于 DL/T 719）和 IEC 60870-5-103（对应于 DL/T 667）〕和网络版本〔IEC 60870-5-104（对应于 DL/T 634.5104）及其衍生协议，如在 TCP 上的 DNP 3.0〕提供了不同的解决方法。

GB/Z 25320.5 特别提供应用层认证。应用层认证防止了欺骗、重放、修改和一些拒绝服务攻击，但不包括加密，所以并不防止窃听、流量分析或抵赖。

应用层认证是必要的，因为场所对场所的安全和在某些情况下传输层安全并不能解决下述问题：

- 每一当地的安全防护；
- 在非加密无线通信上串行协议（如 IEC 60870-5）的安全防护；
- 通过终端服务器，已被在 IP 网络上转发的串行协议的安全防护；
- 防止"流氓应用"或已被恶意软件感染的主机内的攻击；
- 基于角色的认证需要链接到远方场所。而目前基于角色的用户认证，其安全链通常停止在主机内，应用层认证就能够确保，只有那些为了解某一特定数据集已经授权的用户才能够访问此数据集，所以直至用户被认证之后才能从远方场所传回此数据集。

6.9.2 安全需求和措施

运行于 TCP/IP 之上的网络版本 IEC 60870-5-104（对应于 DL/T 634.5104）和衍生协议能够应用 GB/Z 25320.3 所描述的安全措施，而这些安全措施包括了由 TLS 加密所提供的机密性和完整性。因此，唯一的附加需求是由 GB/Z 25320.5 所提供的认证服务。

串行版本通常使用仅能支持低比特率的通信介质或使用受限于计算能力的现场设备。在这样环境中使用 TLS 会使计算和通信的强度过高。因此，为串行版本提供的唯一安全措施只是简化的认证机制。

6.9.3 GB/Z 25320.5 可附加的安全措施

如果要求加密，就能够增加其他基于加密的安全措施，如虚拟专网 VPN 或"链路端加密盒"技术，这取决于所涉及的通信和设备的能力。这些加密措施在传输层起作用。

6.10 GB/Z 25320.6 DL/T 860 的安全

6.10.1 应对的威胁和攻击类型

GB/Z 25320.6 包括在 TCP/IP 上使用 MMS 的 DL/T 860（对应于 IEC 61850）协议集使用了 GB/Z 25320.3 和 GB/Z 25320.4。

所应对的安全威胁包括中间人、数据未经授权修改、消息未经授权修改、篡改和重放攻击。对性能要求并不严格而要求机密性的那些功能，能够通过其他安全措施（如"链路端加密盒"或虚拟专网 VPN）增加加密。

6.10.2 安全需求和措施

在 TCP/IP 上使用 MMS 的 DL/T 860 协议集使用了 GB/Z 25320.3 和 GB/Z 25320.4。在 TCP/IP 上运行的外加 DL/T 860 协议集（web 服务或未来其他协议集）将使用 GB/Z 25320.3 再加上由通信行业为应用层安全所开发的可能附加的安全措施。这些外部开发的安全措施的可能使用超出了本标准的范围。

DL/T 860 也包括三个协议：面向变电站事件的通用对象（GOOSE）、通用变电站事件（GSE）和采样值（SMV）。这三个协议都是组播数据报和不可路由的，专为在一个变电站局域网 LAN 上或其他非路由网络上运行。在这环境中，报文必须在 4ms 内被传输，所以大多数加密技术或者其他会影响传输速率的安全措施都是不可接受的。因而，经数字签名的认证是唯一安全措施。

这三个协议的特性见表 1。

表 1　DL/T 860 的三个组播协议的特性

	SMV	GOOSE	MMS
PDU 字节数	~1500	~1500	>30000
性能	数据流	4ms	不要求
类型	组播	组播	面向连接

基于这些特性，确定下列安全措施见表 2。

表 2　DL/T 860 的三个组播协议的安全措施

	SMV	GOOSE	MMS
X.509 证书（身份）	否	否	是
加密（机密性）	不必需	仅当>4ms	是
篡改检测（入侵检测）	是	是	是

GOOSE 和 SMV 安全措施的一些关键原则是：

- 认证是主要安全措施；

- 不包括加密，因为这使报文字节增加太多，而且并不是十分重要的（将来可能会增加某种硬件的加密）；
- 密钥再协商并不支持"带内"密钥协商，因为这可能会破坏高度实时的高速信息流；
- 由于安全防护随时都可能实施，而且因为对不同装置，安全防护可以需要也可以不需要，非安全 GOOSE 客户端可不理会安全 GOOSE 报文；
- 为了向后兼容，现把一个保留字段用作长度，这样扩展字段就可能增加到 GOOSE/SMV 报文的后端。这扩展字段包含认证值（数字签名—HMAC）。非安全客户端将简单地忽略这扩展。这增加大约 20 个字节；
- 为了支持证书交换，扩展了 DL/T 860 变电站配置语言（Substation Configuration Language，SCL）。

图 10 说明在 GOOSE/SMV 中的认证安全措施。

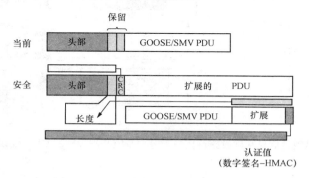

图 10　GOOSE/SMV 中的认证安全措施

6.11　GB/Z 25320.7　网络和系统管理的数据对象模型

6.11.1　GB/Z 25320.7 目的和范围

GB/Z 25320.7 涉及信息基础设施的网络和系统管理的安全防护。

电力系统运行日益依赖于信息基础设施，包括通信网络、智能电子设备（IED）和自定义通信协议。因此，为了在电力系统运行中提供必要的高安全水平和可靠性，信息基础设施的管理是至关重要的。所以 GB/Z 25320.7 已经为电力系统运行环境制定了抽象的网络和系统管理（Network and System man-agement NSM）数据对象。这些 NSM 数据对象反映了为管理信息基础设施所需的信息，如同管理电力系统基础设施那样可靠地管理信息基础设施。（见图 11）。

用于网络管理的 ISO 的公共管理信息协议（CMIP）和 IETF 的简单网络管理协议（SNMP）标准能够提供某种网络管理。在 SNMP 中，管理信息库（Management Information Base MIB）数据被用于监视网络和系统的运行状况，但是每个厂商将为他们的设备开发他们自己的 MIB。对于电力系统运行，SNMP MIB 仅可用于通用的组网设备，比如路由器。对于 IED 根本没有规定标准的 MIB，所以各厂商使用一些特别或专用方法来监视一些设备类型的运行状况。因而该部分为电力行业提供类似 MIB 的数据对象（称为 NSM 数据对象）。

NSM 数据对象表示了为支持网络和系统管理和安全问题检测，被认为是必备的、推荐的或可选的信息集合。这些 NSM 数据对象使用 IEC 61850 制定的命名规则，加以扩展以处理 NSM 问题。

虽在该文件中采用抽象的 SNMP 客户/代理模型，但并不认为 SNMP 就是选定的协议。相反，在 GB/Z 25320.7 中定义的抽象 NSM 数据对象可以映射到任何合适的协议，包括 GB/T 18700（对应于 IEC 60870-6）、DL/T 860（对应于 IEC 61850）、IEC 60870-5、SNMP、web 服务或其他合适的协议。

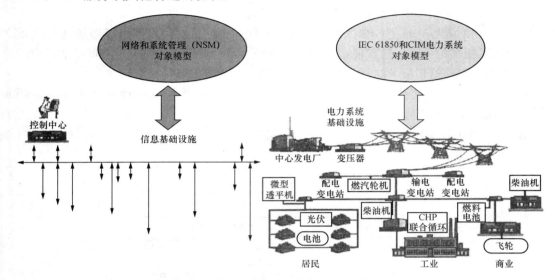

图 11　NSM 对象模型是信息基础设施，相当于电力系统基础设施的 CIM 和 IEC 61850 对象模型

6.11.2　NSM 要求

需要对电力行业特定的安全且可靠的 NSM 数据对象的要求进行规定。这些 NSM 数据对象将支持通信网络的完整性、系统和应用的运行状况、入侵检测系统（Intrusion Detection System，IDS）、防火墙以及其他对电力系统运行是独特的安全/网络管理要求。增加有安全监视架构的电力系统的运行系统的基本组成如图 12 所示。

6.11.3　NSM 数据对象的例子

NSM 数据对象所实现的网络和系统管理需求的例子包括：

a）通信网络管理：监视网络和协议

1）检测网络设备的永久故障；

2）检测网络设备的暂时故障和重启；

3）检测网络设备故障切换至备用设备或备用通信路径；

4）检测备用设备或备份设备的状态；

5）检测通信协议版本和状态；

6）检测不一致的协议版本与能力的不匹配；

7）检测篡改或格式畸变的协议报文；

8）检测网络间没适当同步的时钟；

9）检测资源耗尽型的拒绝服务（DOS）攻击；

10）检测缓冲区溢出型的 DOS 攻击；

11）检测物理接入中断；

12）检测非法网络访问；

13）检测非法应用对象访问或操作；

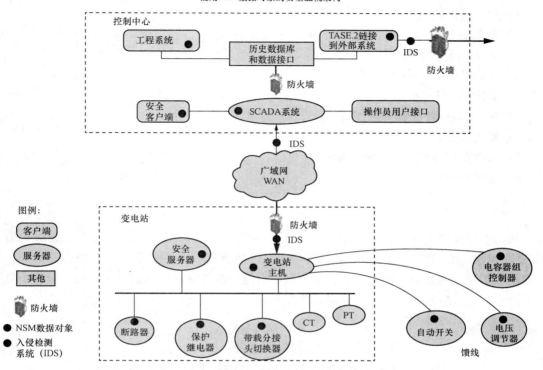

使用NSM数据对象的安全监视架构

图12　电力系统的运行系统，安全监视架构

14）对跨越多个系统的协调攻击的检测能力；

15）收集网络设备的统计信息：

——确定报文平均传递时间，最长传递时间和最短传递时间等；

——计算报文数、报文字节数。

16）提供审计日志和记录。

b）通信网络管理：控制网络

1）人工发出网络设备的开/关命令；

2）人工发出网络设备的切换命令；

3）设置参数和为自动化的网络动作设定顺序；

4）响应事件的自动化动作，比如当设备故障时通信网络的重新配置。

c）系统管理：监视智能电子设备（IED）

1）系统、控制器和应用的所有停止及起动的次数和时间；

2）每一应用和软件模块的状态：停止、挂起、运行、不响应、不恰当或不一致输入、输出错误、错误状态等；

3）所有与 IED 网络连接的状态，包括暂时和永久故障的次数和时间；

4）任何"继续活着"心跳的状态，包括任何丢失心跳；

5）备用或故障切换机制的状态，如这些机制不可用的次数和时间；

6）进行数据报告的状态：正常、不能响应请求、丢失数据等；

7）访问状态：未经授权企图访问数据或发出控制的次数、时间和类型；

8）数据访问中异常（如正常周期性进行报告时的单独请求）。

d）系统管理：在智能电子设备（IED）内的控制动作

1）起动或停止报告；

2）重起动 IED；

3）杀死和重启应用；

4）重建到另一 IED 的连接；

5）关闭另一 IED；

6）提供信息事件的事件日志；

7）修改口令；

8）修改备用或故障切换的选项；

9）提供审计日志和记录。

7 结论

从构思安全措施那时起，安全措施就应该内建于每个系统中。大多数人认为防火墙或"加密"是唯一必需的安全措施；然而安全不但包括防火墙或"加密"，还应该包括认证、基于角色的访问控制、防止拒绝服务、信息基础设施的监视和审计功能以及最后，但决不意味最不重要的，安全对策。安全对策强制执行补充了安全措施。

附　录　NA

（资料性附录）

IEC 60870-5 的各部分与对应的我国标准以及一致性程度

表 NA.1 给出 IEC 60870-5 的各部分与对应的我国标准以及一致性程度。

表 NA.1　IEC 60870-5 的各部分与对应的我国标准一览表

国际标准编号	我国标准名称	我国标准编号	一致性程度
IEC 60870-5	远动设备及系统　第 5 部分：传输规约	WG03	
IEC 60870-5-1：1990	第 5 部分：传输规约　第 1 篇：传输帧格式	GB/T 18657.1—2002	IDT
IEC 60870-5-2：1992	第 5 部分：传输规约　第 2 篇：链路传输规则	GB/T 18657.2—2002	IDT
IEC 60870-5-3：1992	第 5 部分：传输规约　第 3 篇：应用数据的一般结构	GB/T 18657.3—2002	IDT
IEC 60870-5-4：1993	第 5 部分：传输规约　第 4 篇：应用信息元素的定义和编码	GB/T 18657.4—2002	IDT
IEC 60870-5-5：1995	第 5 部分：传输规约	GB/T 18657.5—2002	IDT
IEC 60870-5-6：2006	第 5-6 部分：IEC 60870 配套标准一致性测试导则	DL/Z 634.56—2004	IDT
IEC 60870-5-101：2002	第 5-101 部分：基本远动任务配套标准（第 2 版）	DL/T 634.5101—2002	IDT
IEC 60870-5-102：1996	第 5 部分：传输规约　第 102 篇：电力系统电能累计量传输配套标准	DL/T 719—2000	IDT

表 NA.1（续）

国际标准编号	我国标准名称	我国标准编号	一致性程度
IEC 60870-5-103：1997	第 5 部分：传输规约　第 103 篇：继电保护设备信息接口配套标准	DL/T 667—1999	IDT
IEC 60870-5-104：2006	第 5-104 部分：采用标准传输协议子集的 IEC 870-5-101 网络访问	DL/T 634.5104—2009	IDT
IEC 60870-5-601（2006-06）	第 5-601 部分：IEC 60870-5-101 相关标准的一致性试验		
IEC 60870-5-604（2007-02-09）	第 5-604 部分：IEC 60870-5-104 相关标准的一致性试验		

参 考 文 献

North American Electric Reliability Council（NERC）Cyber Security Standard，CIP 002-009，2006

电力系统管理及其信息交换 数据和通信安全 第3部分：通信网络和系统安全 包括 TCP/IP 的协议集

GB/Z 25320.3—2010/IEC TS 62351-3：2007

电力系统与数据通信卷

目　　次

前　　言

国际电工委员会 57 技术委员会（IEC TC 57）对电力系统管理及其信息交换制定了 IEC 62351《电力系统管理及其信息交换　数据和通信安全》标准。我们采用 IEC 62351，编制了 GB/Z 25320 指导性技术文件，主要包括以下部分：

——第 1 部分：通信网络和系统安全　安全问题介绍；

——第 2 部分：术语；

——第 3 部分：通信网络和系统安全　包含 TCP/IP 的协议集；

——第 4 部分：包含 MMS 的协议集；

——第 5 部分：IEC 60870-5 及其衍生标准的安全；

——第 6 部分：DL/T 860 的安全；

——第 7 部分：网络和系统管理的数据对象模型；

——第 8 部分：电力系统管理的基于角色访问控制。

本部分等同采用 IEC TS 62351-3：2007《电力系统管理及其信息交换　数据和通信安全　第 3 部分：通信网络和系统安全　包含 TCP/IP 的协议集》（英文版）。

本部分由中国电力企业联合会提出。

本部分由全国电力系统管理及其信息交换标准化技术委员会（SAC/TC 82）归口。

本部分起草单位：辽宁省电力有限公司调度通信中心、国网电力科学研究院、国家电力调度通信中心、中国电力科学研究院电网自动化研究所、福建省电力有限公司电力调度通信中心、华中电网有限公司电力调度通信中心、华东电网有限公司。

本部分主要起草人：曹连军、南贵林、许慕樑、韩水保、杨秋恒、邓兆云、李根蔚、袁和林、林为民。

本指导性技术文件仅供参考。有关对本指导性技术文件的建议或意见，向国务院标准化行政主管部门反映。

引　言

计算机、通信和网络技术当前已在电力系统中广泛使用。通信和计算机网络中存在着各种对信息安全可能的攻击，对电力系统的数据及通信安全也构成了威胁。这些潜在的可能的攻击针对着电力系统使用的各层通信协议中的安全漏洞及电力系统信息基础设施的安全管理的不完善处。

为此，我们采用国际标准制定了 GB/Z 25320《电力系统管理及其信息交换　数据和通信安全》，通过在相关的通信协议及在信息基础设施管理中增加特定的安全措施，提高和增强电力系统的数据及通信的安全。

电力系统管理及其信息交换
数据和通信安全
第 3 部分：通信网络和系统安全
包括 TCP/IP 的协议集

1 范围和目的

1.1 范围

GB/Z 25320 的本部分规定如何为 SCADA 和用 TCP/IP 作为消息传输层的远动协议，提供机密性、篡改检测和消息层面认证。

虽然对 TCP/IP 的安全防护存在许多可能的解决方案，但本部分的特定范围是在端通信实体内 TCP/IP 连接的任一端处，提供通信实体之间的安全。对插入其间的外接安全装置（如"链路端加密盒"）的使用和规范不在本部分范围内。

1.2 目的

GB/Z 25320 的本部分规定如何通过限于传输层安全协议（Transport Layer Security，TLS）（在 RFC 2246 中定义）的消息、过程和算法的规范，对基于 TCP/IP 的协议进行安全防护，使这些协议能适用于 IEC TC 57 的远动环境。如其他 IEC TC 57 标准需要为它们的基于 TCP/IP 协议提供防护，则本部分预期作为这些 IEC TC 57 标准的规范性部分而被引用。然而，决定是否引用本文件是各个协议安全防护的自主选择。

本部分反映了目前 IEC TC 57 协议的安全需求。如果其他标准将来提出新的需求，本部分也许需要修订。

本部分的初期读者预期是在 IEC TC 57 中制定或使用这些协议的工作组成员。为使本部分描述的措施有效，对于使用 TCP/IP 的协议本身，其规范就应采纳和引用这些措施。本部分就是为了使得能这样处理而编写的。

本部分的后续读者预期是实现这些协议的产品的开发人员。本部分的某些部分也可以被管理人员和执行人员使用，以理解该工作的目的和需求。

2 规范性引用文件

下列文件中的条款通过 GB/Z 25320 的本部分的引用而成为本部分的条款。凡是注日期的引用文件，其随后所有的修改单（不包括勘误的内容）或修订版均不适用于本部分，然而，鼓励根据本部分达成协议的各方研究是否可使用这些文件的最新版本。凡是不注日期的引用文件，其最新版本适用于本部分。

GB/Z 25320.1 电力系统管理及其信息交换 数据和通信安全 第 1 部分：通信网络和系统安全安全问题介绍（GB/Z 25320.1—2010，IEC TS 62351-1：2007，IDT）

IEC TS 62351-2 电力系统管理及其信息交换 数据与通信安全 第 2 部分：术语（Power systems management and associated information exchange—Data and communications security—Part 2：Glossary of terms）

RFC 2246　传输层安全协议（TLS）（RFC 2246：1999，The TLS Protocol Version 1.0[1]）

RFC 2712　外加于 TLS 的 Kerberos 密码套件［RFC 2712：1999，Addition of Kerberos Cipher Suites to Transport Layer Security（TLS）[2]］

RFC 3268　TLS 的高级加密标准（AES）密码套件［RFC 3268，2002，Advanced Enryption Standard（AES）Ciphersuites forTransport Layer Security（TLS）］

RFC 3280　因特网 X.509 PKI 证书和证书撤销列表（CRL）格式［RFC 3280，2002，Internet X.509 Public Key Infrastructure Certificate and Certificate Revocation List（CRL）Profile］

3　术语和定义

IEC 62351-2 中给出的术语和定义适用于 GB/Z 25320 的本部分。

4　本部分涉及的安全问题

4.1　在远动环境中影响使用 TLS 的运行要求

与许多为提供安全防护而采用 TLS 的信息技术（IT）协议相比，IEC TC 57 的远动环境具有不同运行需求。就安全防护来说，最大的差异在于 TCP/IP 连接的持续时间，在此持续时间内需要为该连接维持安全防护。

许多 IT 协议连接的持续时间很短，这使加密算法能在连接重新建立时再协商。然而，远动环境中连接趋向于更长的持续时间，而且经常是"永久的"。正是 IEC TC 57 连接的长久性产生了特殊考虑的需要。关于这点，为了提供"永久"连接的机密性，本部分规定了加密密钥再协商的透明机制。

本部分解决的另一个问题是如何达到不同实现之间的互操作性。TLS 允许在建立连接时支持和协商各种密码套件。因而可以料想，两个实现可能各自会支持互斥的密码套件集合。所以本部分规定涉及标准必须指定至少一套允许互操作的公共密码套件和一组 TLS 参数。

此外，本部分还规定了使用特殊 TLS 能力，使得能应对特定的安全威胁。

4.2　应对的安全威胁

安全威胁和攻击方法的讨论，详见 GB/Z 25320.1。

TCP/IP 和本部分中的安全规范仅针对通信的传输层（OSI 第 4 层及以下）。本部分并不包括通信的应用层（OSI 第 5 层及以上）的安全或应用对应用的安全。

对该传输层，本部分要应对的特定威胁包括：

- 通过消息层面认证和消息加密，应对未经授权访问信息；
- 通过消息层面认证和消息加密，应对未经授权修改（即篡改）或窃取信息。

4.3　应对攻击的方法

通过本部分中规范和建议的适当实现，应对以下安全攻击的方法：

- 中间人：通过使用本部分中指定的消息鉴别码机制来应对该威胁；
- 重放：通过使用在 RFC 2246，RFC 2712 和 RFC 3268 中规定的专用处理状态机来

1）T. Dierks，C. Allen。通常该标准称为 SSL/TLS（安全套接层/传输层安全协议）。

2）A. Medvinsky，M. Hur.．

应对该威胁；

- 窃听：通过使用加密来应对该威胁。

注：对于声称符合本部分的实现，其实际性能特性不在本部分的范围之内。

5 强制要求

5.1 严禁使用不加密的密码套件

不应使用任何规定加密为 NULL 的密码套件。

禁用的密码套件列表如下，但不限于这些：

TLS＿NULL＿WITH＿NULL＿NULL；

TLS＿RSA＿WITH＿NULL＿N ULL＿MD5；

TLS＿RSA＿NULL＿WITH＿NULL＿SHA。

5.2 版本协商

只有对应于安全套接层 3.1 版以上（SSL 3.1 或更高版本）的 TLS 1.0 是允许的。早于 SSL 3.1 的版本将导致无法建立连接。

5.3 密码再协商

声称符合本部分的实现应明确说明对称密钥将基于一个时间周期和最大允许发送分组数或字节数进行再协商。对引用本部分的标准，该引用标准的 PIXIT（Protocol Implementation eXtra Information for Testing，协议实现的测试附加信息）应给出对再协商限制的规定。

再协商值应是可配置的。

发起变更密码序列应是接收到 TCP-OPEN 指示原语的 TCP 实体（即被叫实体）的责任，而从主叫实体（即发出 TCP-OPEN 原语的节点）所发出的变更密码请求应不予理会。

应有一个与变更密码请求的响应相关的超时机制。变更密码请求超时应导致连接被终止。超时值应是可配置的。

5.4 消息鉴别码

应使用消息鉴别码。

注：TLS 具有使用消息鉴别码的能力，规定作为选项。本部分要求使用消息鉴别码，以有助于应对和检测中间人攻击。

5.5 证书支持

5.5.1 多证书机构（CA）

声称符合本部分的实现应支持一个以上的证书机构（Certificate Authority，CA）。实际数目应在实现的 PIXIT 声明中说明。

证书机构（CA）的标准和选择不是本部分的范围。

5.5.2 证书长度

确定使用本部分的协议应规定允许使用的证书最大长度。建议该长度不大于 8192 个字节。

5.5.3 证书交换

证书的交换和确认应是双向的。如果任一方实体不提供证书，连接应被终止。

5.5.4 证书比对

证书应由主叫节点和被叫节点双方确认。证书验证有两种机制，机制应是可配置的：

- 接受出自授权的证书机构（CA）的任何证书；
- 接受出自授权的证书机构（CA）的个体证书。

5.5.4.1 基于证书机构（CA）的验证

声称符合本部分的实现应可配置为接受出自一个或多个证书机构的证书而不必配置个体证书。

5.5.4.2 基于个体证书的验证

声称符合本部分的实现应可以被配置为接受出自一个或多个授权的证书机构（例如已设定的证书机构）的特定个体证书。

5.5.4.3 证书撤销

应按 RFC 3280 的规定执行证书撤销。

证书撤销列表（CRL）的管理是一个当地实现的问题。关于 CRL 管理问题的讨论能够在 GB/Z 25320.1 中找到。

声称符合本部分的实现应有能力以可配置的时间间隔对当地 CRL 进行检查。检查 CRL 的过程不应导致已建立的连接终止。不能访问 CRL 不应导致连接终止。

在建立连接时不应使用已撤销证书。在连接建立期间接收到已撤销证书的实体应拒绝本次连接。

证书撤销应终止使用该证书所建立的任何连接。

引用本部分的其他标准应指定推荐的缺省评估时间间隔。如果当前正使用的证书已被撤销，该引用标准应决定将要采取的行动。

注：通过 CRL 的正常应用或发布，连接就可能被终止而造成无法进行通信。因而系统管理员应当规定证书管理过程，以减少此类事件的发生。

5.5.4.4 过期证书

证书到期不应导致连接终止。

在连接建立期间过期，证书不应使用或接受。

5.5.4.5 签名

应支持使用 RSA 和 DSS 算法进行签名。在引用本部分的标准中可指定其他算法。

5.5.4.6 密钥交换

密钥交换算法应支持密钥的最大长度至少为 1024 比特。应支持 RSA 和 Diffe-Hellman 两种机制。

5.6 与非安全协议通信流共存

各引用标准都应提供一个单独的 TCP/IP 端口，通过此端口交换经 TLS 防护的通信流。这将是考虑到完全明确的安全和非安全通信同时进行的可能性。

6 TC 57 引用标准的要求

引用本部分的其他标准应规定：

- 所支持的强制密码套件；
- 推荐的交换加密密钥时间周期；
- 关于基于协议通信流的密钥再协商的建议规范。这将规定用于度量该通信流的机制（例如，已发送分组数，已发送字节数等）和宜执行再协商的建议标准；
- 所支持的证书机构（CA）的建议数量；

- 为了区分安全（例如使用 TLS）通信流和非安全通信流所使用的 TCP 端口；
- 最大证书长度；
- 宜规定建议的缺省 CRL 评估周期；
- 对本部分所要求的一致性。

7 一致性

实现第 5 章的所有要求将决定符合于本部分的一致性。

_____

电力系统管理及其信息交换 数据和通信安全 第4部分：包含 MMS 的协议集

GB/Z 25320. 4—2010/IEC TS 62351-4：2007

电力系统与数据通信卷

目　　次

前　　言

　　国际电工委员会 57 技术委员会（IEC TC 57）对电力系统控制的相关数据和通信安全制定了 IEC 62351《电力系统管理及其信息交换　数据和通信安全》标准。我们采用 IEC 62351，编制了 GB/Z 25320 指导性技术文件，主要包括以下部分：

　　——第 1 部分：通信网络和系统安全　安全问题介绍；

　　——第 2 部分：术语；

　　——第 3 部分：通信网络和系统安全　包含 TCP/IP 的协议集；

　　——第 4 部分：包含 MMS 的协议集；

　　——第 5 部分：IEC 60870-5 及其衍生标准的安全；

　　——第 6 部分：DL/T 860 的安全；

　　——第 7 部分：网络和系统管理的数据对象模型；

　　——第 8 部分：电力系统管理的基于角色访问控制。

　　本部分等同采用 IEC TS 62351-4：2007《电力系统管理及其信息交换　数据和通信安全　第 4 部分：包含 MMS 的协议集》（英文版）。

　　本部分由中国电力企业联合会提出。

　　本部分由全国电力系统管理及其信息交换标准化技术委员会（SAC/TC 82）归口。

　　本部分起草单位：中国电力科学研究院、华东电网有限公司、国家电力调度通信中心、国网电力科学研究院、福建省电力有限公司、华中电网有限公司、辽宁省电力有限公司。

　　本部分主要起草人：杨秋恒、李根蔚、许慕樑、邓兆云、南贵林、韩水保、曹连军、袁和林、林为民。

　　本指导性技术文件仅供参考。有关对本指导性技术文件的建议或意见，向国务院标准化行政主管部门反映。

引　言

　　计算机、通信和网络技术当前已在电力系统中广泛使用。通信和计算机网络中存在着各种对信息安全可能的攻击，对电力系统的数据及通信安全也构成了威胁。这些潜在的可能的攻击针对着电力系统使用的各层通信协议中的安全漏洞及电力系统信息基础设施的安全管理的不完善处。

　　为此，我们采用国际标准制定了 GB/Z 25320《电力系统管理及其信息交换　数据和通信安全》，通过在相关的通信协议及在信息基础设管理中增加特定的安全措施，提高和增强电力系统的数据及通信的安全。

电力系统管理及其信息交换
数据和通信安全
第 4 部分：包含 MMS 的协议集

1 范围和目的

1.1 范围

为了对基于 GB/T 16720（ISO 9506）制造报文规范（Manufacturing Message Specification，MMS）的应用进行安全防护，GB/Z 25320 的本部分规定了过程、协议扩充和算法。其他 IEC TC 57 标准如需要以安全的方式使用 MMS，可以引用本部分作为其规范性引用文件。

本部分描述了在使用 GB/T 16720（ISO/IEC 9506）制造业报文规范 MMS 时应实现的一些强制的和可选的安全规范。

注：在 IEC TC 57 范围内，有两个标准 DL/T 860.81—2006（IEC 61850-8-1）及 GB/T 18700（IEC 60870-6）会受到影响。

为了保护使用 MMS 传递的信息，本部分包含一组由这些引用标准所使用的规范。其建议是基于为传送 MMS 信息所使用的特定通信协议集的协议。

DL/T 860.81—2006（IEC 61850-8-1）和 GB/T 18700（IEC 60870-6）在第 7 层的面向连接机制中使用了 MMS。这些标准中每一个均是在 OSI 协议集或 TCP 协议集上使用。

1.2 目的

本部分的初期读者预期是制定或使用 IEC TC 57 协议的工作组成员。为了使本部分描述的措施有效，对于那些使用 GB/T 16720 的协议，协议本身的规范就必须采纳和引用这些措施。本部分就是为了使得能那样做而编写的。

本部分的后续读者预期是实现这些协议的产品的开发人员。

本部分的某些部分也可以被管理者和行政人员使用，以理解该工作的用途和需求。

2 规范性引用文件

下列文件中的条款通过 GB/Z 25320 的本部分的引用而成为本部分的条款。凡是注日期的引用文件，其随后所有的修改单（不包括勘误的内容）或修订版均不适用于本部分，然而，鼓励根据本部分达成协议的各方研究是否可使用这些文件的最新版本。凡是不注日期的引用文件，其最新版本适用于本部分。

GB/T 16720（所有部分）工业自动化系统　制造报文规范（ISO 9506）

GB/T 18700（所有部分）远动设备及系统（IEC 60870-6）

GB/Z 25320.1　电力系统管理及其信息交换　数据与通信安全　第 1 部分：通信网络和系统安全　安全问题介绍（GB/Z 25320.1—2010，IEC TS 62351-1：2007，IDT）

GB/Z 25320.3　电力系统管理及其信息交换　数据和通信安全　第 3 部分：通信网络和系统安全　包括 TCP/IP 的协议集（GB/Z 25320.3—2010，IEC 62351-3：2007，IDT）

IEC TS 62351-2 电力系统管理及其信息交换 数据和通信安全 第2部分：术语（Powersystems management and associated information exchange—Data and communications security—Part2：Glossary of terms）

ISO/IEC 9594-8：2005/ITU-T X.509 建议：2005 信息技术 开放系统互连 目录：公钥和属性证书框架（ISO/IEC 9594-8：2005/ITU-T Recommendation X.509：2005，Information technology—Open Systems Interconnection—The Directory：Public-key and attribute certificate frameworks）

RFC 1006 版本3 在TCP之上的ISO传输服务（ISO Transport Service on top of the TCP Version：3）

RFC 2246 版本1.0 传输层安全协议（TLS）（The TLS Protocol，Version 1.0）

RFC 2313 版本1.5 PKCS♯1：RSA 加密（PKCS♯1：RSA Encryption Version 1.5）

RFC 3447 版本2.1 公钥密码标准（PKCS）♯1：RSA 密码技术规范〔Public—Key Cryptography Standards（PKCS）♯1：RSA Cryptography Specifications Version 2.1〕

3 术语和定义

IEC 62351-2 中给出的以及下列的术语和定义适用于 GB/Z 25320 的本部分。

3.1 双边协议 bilateral agreement
两个控制中心之间关于被访问的数据元素及其访问方法的协议。
〔GB/T 18700.1—2002，定义3.3〕

3.2 双边表 bilateral table
双边协议的计算机表示法。具体的表示方法是当地的事。
〔GB/T 18700.1—2002，定义3.4〕

4 本部分涉及的安全问题

4.1 应用和传输协议集的安全
在本部分中规定的通信安全应按应用协议集和传输协议集讨论：
- 应用协议集（A-Profile）：规定了OSI参考模型5~7层整套的协议和要求；
- 传输协议集（T-Profile）：规定了OSI参考模型1~4层整套的协议和要求。

在TC 57涉及的通信协议中已规定了（1）A-Profile 和（2）T-Profile。本部分规定这些已确定的协议集的安全扩展，见图1。

4.2 应对的安全威胁
对安全威胁和攻击方法的讨论详见 GB/Z 25320.1。

如不用加密，则本部分需应对的特定威胁有：

未经授权的访问信息。

如用 GB/Z 25320.3，则本部分需应对的特定威胁有：
- 通过消息层面认证和消息加密，应对未经授权的访问信息；
- 通过消息层面认证和消息加密，应对未经授权的修改（篡改）或窃取信息。

4.3 应对的攻击方法
通过适当实现本部分的规范或建议，应对以下的安全攻击方法。以下内容未包含通过

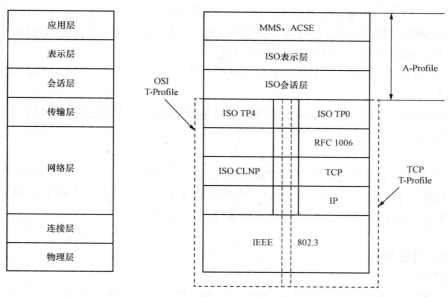

图1 应用和传输协议集

GB/Z 25320.3应对的攻击方法。在不用 GB/Z 25320.3 的情况下，所应对的威胁仅限于关联建立时的防护。

- 中间人：通过本部分规定的消息鉴别码（Message Authentication Code）机制应对该威胁；
- 篡改或破坏消息完整性：通过为创建本部分规定的认证机制而使用的算法应对该威胁；
- 重放：通过本部分规定的特定处理状态机应对该威胁。

5 应用协议集（A-Profile）安全

以下条款详细说明了声称符合于本部分的实现应支持的应用协议集（A-Profile）。

5.1 MMS

MMS 的实现必须提供配置和使用安全协议集能力的某些机制。通常需要提供以下机制：

- 配置证书信息和把证书信息与访问认证绑定起来的机制（例如：双边表）；
- 为实现的访问控制机制，配置呼入关联的可接受协议集的机制。建议提供以下选择：
  - ——DON'T_CARE：安全协议集或非安全协议集都可以建立 MMS 关联。
  - ——NON_SECURE：必须使用非安全协议集才能建立 MMS 关联。
  - ——SECURE：必须使用安全协议集才能建立 MMS 关联。
- 为发起 MMS 关联，配置所用协议集的机制。建议提供以下选择：
  - ——NON_SECURE：必须使用非安全协议集才能建立 MMS 关联。
  - ——SECURE：必须使用安全协议集才能建立 MMS 关联。
- 传送或校验关联参数的机制。这些参数宜包括：表示层地址、所用协议集的标志（例如，安全或非安全协议集），以及 ACSE（关联控制服务元素）认证参数。如果像本部分阐述的那样，已经协商把安全传输层作为 MMS 关联的一部分[1]，那么应保留"secure profile"（"安全协议集"）的使用标志。

应使用该关联参数信息且连同配置的 MMS 期望的关联值，以确定是否应建立 MMS 关联。确定实际接受的实体是当地问题。

上述讨论的配置参数的改变并不要求为使配置改变生效需终止所有的 MMS 关联，这是强制的要求。

对于因安全违例而被拒绝的被拒关联，强烈建议 MMS 实现应记录与该种被拒关联相关的事件和信息。

5.2 记录

重要的是，一定要把与安全有关的违例记录到一个单独的日志文件中。该日志文件的内容本质上是禁止操作的（例如，修改信息或删除信息）。实现者应力求保存足够多的信息，这样就便于安全审计和诉讼。此建议的实际实现是当地问题。

5.3 关联控制服务元素（ACSE）

5.3.1 对等实体认证

对等实体的认证应发生在关联建立时。对 ACSE（关联控制服务元素）的 AARQ（关联认证请求）报文和 AARE（关联认证响应）报文，应在 AARQ 的 PDU（协议数据单元）的认证功能单元（认证 FU）的 calling-authentication-value（呼叫-认证-值）字段和 AARE 的 PDU 的认证功能单元的 responding-au-thentication-value（应答-认证-值）字段中携带认证信息。

在使用 ACSE 安全时为了包括认证 FU，对于认证 FU 的 sender-ACSE-requirements（发送者-关联控制服务元素-请求）和 responder-ACSE-requirements（应答者-关联控制服务元素-请求）字段的比特串应是 DEFAULTED；否则，不使用 ACSE 安全时，这些比特串虽仍应是 DEFAULTED 却是为了不包括认证 FU。这提供了向后兼容性。

Calling-authentication-value 和 responding-authentication-value 字段是 authentication-value（认证-值）类型，该类型作为 CHOICE 在 GB/T 16687（ISO 8650）中进一步定义。该 authentication-value 的 CHOICE 应是 EXTERNAL（外部的）。为此 EXTERNAL 使用了抽象句法，所以，表示层的上下文应包括对该抽象句法的引用。

为表示传递的 authentication-value（认证值）字段的格式，应使用 ACSE 的 mechanism-name（机制名）字段。AARQ 和 AARE 的 mechanism-name 字段定义应是：

应在 ACSE 的认证 FU 的 authentication-value 字段中携带 ICCP 的认证值（如下所述）。在要求对等实体认证时，该认证值将会被使用。该值应按"external"携带，按 ACSE 的 authentication-value 形式语法表达式（ACSE authentication-value production）（已复制在下面）以 Single ASNl Type 类型定义。

注：以下形式语法表达式是从 GB/T 16687（ISO 8650）复制的，仅供参考。

Authentication-value：：＝CHOICE {

    charstring   [0] **IMPLICIT GraphicString,**

    bitstring   [1] **IMPLICIT BIT STRING,**

    external   [2] **IMPLICIT EXTERNAL,**

1）为达到更强认证，在安全协议集或非安全协议集上都可使用 ACSE 认证。

```
other  [3] IMPLICIT SEQUENCE {other-mechanism-name
                MECHANISM-NAME. &-id ( {ObjectSet}),
                other-mechanism-value
                MECHANISM-NAME. &-Type
         }
  }
STASE-MMS-Authentication-value {iso member-body usa （840） ansi-t1-259-1997 （0）
stase （1） stase-authentication-value （0） abstractSyntax （1） versionl （1）}
DEFINITIONS IMPLICIT TAGS：：＝BEGIN
—EXPORTS everything
IMPORTS
Senderld, Receiverld, Signature, SignatureCertifiCate
FROM ST-CMIP-PCI {iso member-body usa （840） ansi-t1-259—l997 （0） stase （1） stasepci （1）
abstractSyntax （4） versionl （1）};
MMS _ Authentication-value：：＝CHOICE {
        certificate-based [0] IMPLICIT SEQUENCE {
        authentication-Certificate [0] IMPLICIT &. SignaturcCcrtificate,
        time [1] IMPLICIT GENERALZEDTIME,
        signature [2] IMPLICIT &.SignedValue
               },
…}
END
```

&-Signature Certificatc

　　Signature Certificate：：＝OCTET STRING—字节数应为 8192 八位位组的最小的最大（minimum-maximum）字节数。

　　Signaturc Certificate（签名证书）的 OCTET STRING（八位位组串）内容应按照基本编码规则（Basic Encoding Rule）编码的 X. 509 证书（在 CMIP 中规定）。证书的交换应是双向的，且应提供来自某个已配置且可信的证书机构的个体证书。如果以上条件任何一项不符合，则连接应被适当地终止。

　　个体证书的身份证明至少应是基于证书的 Subject（主体）。

　　为了达到证书的互操作性，必须为 ACSE 交换的证书设定最大允许字节数。这个字节数应限于 8192 个八位位组的最大编码字节数。

　　是否能接受更大的证书，这是当地问题。

　　如果证书的字节数超过最小的最大值（minimum-maximum）（例如 8192）或当地的最大值，则应拒绝该连接且应拆除连接。

&.Signed Value

　　Signed Value（签名值）的值按 PKCS＃1 Version 2 规定应是签署的 time 字段的值。该值是 GEN-ERALZEDTIME 编码串，但不包含 ASNI 的标记或长度。这个值在该规范中应是经 RSA 签名算法签署。应支持 1024 比特的密钥长度作为最小的最大值（minimum-maximum）。

　　在 RFC 2313 中的数字签名（Digital Signature）定义中规定了 Signed Value 的定义：

　　"作为数字签名，首先将要签名的内容用消息/摘要算法（例如 MD5）简化为消息摘要，然后包含消息摘要的八位位组串用该内容签名者的 RSA 私钥加密。根据 PKCS＃7 的语法将内容和加密后的消息摘要一起表示而生成一个数字签名。"

> 注：在该定义中对 MD5 的引用并不是规范性的，这是 RFC 2313 引用文本中所给的例子。在下一段落中规定的实际算法是 SHAI。

RFC 3447（PKCS♯1 规范 Version 2）规定以 RSASSA-PKCSI-vl _ 5 作为签名算法。该算法是声称符合本部分的具体实现都应使用的算法。RFC 3447 的使用应限于与 PKCS Version 1.5（RFC 2313）兼容的那些能力。哈希算法应是 SHAI。

Time

该参数应是创建 authentication-value 的时间，用 GENERALIZEDTIME 格式表示的格林威治时间（GMT）值。

该时间的精度是一个当地问题，但应尽可能地精确。在调用 MMS 的 Intiate Request（起动请求）服务、Intiate Response（起动应答）服务期间或在这些服务的 ACSE 的 PDU 编码期间，确定该时间参数值都是同等有效的。

5.3.2　关联认证请求（AARQ）

AARQ 的发送者应该对适当的 ACSE 的 AuthenticationMechanism 和 Authentication Value字段进行编码并应通过使用 Presentation-Connect（表示层-连接）服务发送 AARQ。

AARQ-indication（AARQ-指示）原语的接收者应使用 Authentication Mechanism 和 Authentication Value 字段去校验签名值。如果解码后的签名值不等于 time 字段的值，则应导致接收者发出 P-ABORT（表示层-异常终止）原语；如果 time 字段值与当地时间之差大于 10min[2]，则也应导致接收者发出 P-ABORT 原语。

如果该 AARQ 的接收者在最近 10min 之内已经接收到包含相同签名值的 AARQ，则应导致接收者发出 P-ABORT 原语。

如果签名值没有导致 P-ABORT，则签名值及其他的安全参数就应传送给 ACSE 的用户（例如 MMS 或 TASE.2 或当地的应用）。传送这些参数的方法是当地问题。

5.3.3　关联认证响应（AARE）

AARE 的发送者应该对适当的 ACSE 的 Authentication Mechanism 和 Authentication Value字段进行编码并应通过使用 Presentation-Connect 服务发送 AARE。

AARE-indication 原语的接收者用 Authentication Mechanism 和 Authentication Value 字段去校验签名值。如果解码之后的签名值不等于 time 字段的值，应导致接收者发出 P-ABORT 原语；如果 time 字段值与本地时间之差大于 10min[3]，也应导致接收者发出 P-ABORT 原语。

如果该 AARE 的接收者在最近 10min 之内已经接收到包含相同签名值的 AARE，则应导致接收者发出 P-ABORT 原语。

如果签名值没有导致 P-ABORT，则应将签名值及其他安全参数传送给 ACSE 的用户（例如 MMS 或 TASE.2 或当地的应用）。传送这些参数的方法是当地问题。

6　传输协议集（T-Profile）安全

6.1　TCP 传输协议集

6.1.1　与本部分的一致性

---

2) 这意味着存在一个 10min 的脆弱性窗口，在此期间相同的签名值可能被攻击者利用。

3) 这意味着存在一个 10min 的脆弱性窗口，在此期间相同的签名值可能被攻击者所利用。

声称符合本部分的实现应支持对 TCP T-Profile 的安全防护。

6.1.2 TCP 传输协议集中使用 TLS

TCP T-Profile 的安全建议并不试图为 TCP、IP 或 Ethernet 规定安全建议，而是本部分的各规范规定了如何适当地使用传输层安全协议（Transport Layer Security TLS）及对 RFC 1006 进行安全防护。

TCP T-Profile 嵌入了安全防护造成使用 TLS（由 RFC 2246 规定）提供在 RFC 1006 之前的加密和节点认证。

图 2 展示了两个相关的 TCP T-Profile，一个是由互联网工程任务组（IETF）规定的标准的 RFC 1006 T-Profile，即非安全的 RFC 1006 T-Profile，另外一个是在本部分内所规定的安全的 RFC 1006 T-Profile。

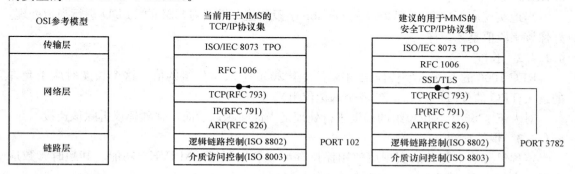

图 2　非安全和安全的 TCP T-Profile

6.1.3　传输协议 0 类（TPO）

6.1.3.1　强制的最大长度

TPO 规定了 TPDU（传输层协议数据单元）的最大字节数。建议实现用表 1 确保 RFC 1006 的长度不超过最大字节数。关于对 RFC 1006 字节数不正确的 TPDU 进行处理的问题是当地问题。

表 1　TPO 最大字节数

OSI TPO 原语	RFC 1006 头部	ISO TPOLI 字段		ISO TPO 用户数据		RFC 1006 长度范围	
	字节	最小	最大	最小	最大	最小	最大
CR	4	7	254	0	0	11	258
CC	4	7	254	0	0	11	258
DR	4	7	254	0	0	11	258
DC	4	7	254	0	0	11	258
DT	4	3	3	1	2048 注	8	2056
ER	4	5	254	0	0	9	259
ED	由于 TPO 的限制，不允许						
AK	由于 TPO 的限制，不允许						
EA	由于 TPO 的限制，不允许						
RJ	由于 TPO 的限制，不允许						

注：基于 CR/CC 交换时协商的最大字节数。128 个八位位组是允许的最小字节数。

6.1.3.2 对 TPO 不支持的 TPDU 的响应

建议不理会接收到的 ED、AK、EA 或 RJ 原语的 TPDU。

6.1.3.3 传输层选择段

MMS 的国际标准化协议集（International Standardized Profiles ISP）规定传输层选择段（Transport Selector TSEL）应具有 32 个八位位组的最大字节数。然而根据 ISO/IEC 8073，参数化的选择段可以具有 255 个八位位组的长度。

TSEL 的长度若大于 32 个八位位组，应导致接收该 TSEL 的实现将该连接异常终止。

6.1.4 RFC 1006

在安全或非安全 T-Profile 中使用 RFC 1006 时，建议对 RFC 1006 实现作以下增强。

6.1.4.1 版本号

当地实现应不理会 RFC l006 的 version 字段的值。继续对 OSI 的 TPDU 进行当地处理，好像该字段值是 3 一样。

6.1.4.2 长度

RFC 1006 的 length 字段应限制为不大于 2056 个八位位组的值。这个长度对应于允许的最大 TPO 的 TPDU（如：2048 个八位位组）。

对大于 2056 个八位位组的长度进行处理是当地问题；然而，强烈建议拆除该连接。

6.1.4.3 保持存活

声称符合于本部分的实现应使用保持存活（TCP-KEEPALIVE）功能。其超时参数应设置为大约 1min 或少些。

6.1.5 TLS 要求

6.1.5.1 TCP 端口的使用

按 RFC 1006 规定，非安全 T-Profile 应使用 TCP 的 102 端口。

声称符合于本部分的实现应使用 TCP 的 3782 端口，以表明使用了安全的 TCP T-Profile。

6.1.5.2 同时支持

以下需求适用于声称支持一个以上的同时的 MMS 关联的实现。对于这样的实现，通过安全及非安全 T-Profile 同时进行通信应是可能的。

6.1.6 TLS 的使用

应按 GB/Z 25320.3 规定使用传输层安全协议（TLS）。

6.1.6.1 TLS 的停用

实现应允许暂时停用 TLS。

6.1.6.2 密码再协商

如果自上次再协商之后已发送 5000 个 ISO TPU 或已超过 10min，声称符合于本部分的实现应支持按最小的最大（minimum-maximum）密钥长度的密钥再协商。

6.1.6.3 证书长度

声称符合于本部分的实现应支持 8192 个八位位组的最小的最大（minimum-maximum）证书字节数。是否支持更大的证书是当地问题。

实现接收到大于它所能支持字节数的证书，则该实现应终止这连接。

6.1.6.4 证书撤销

撤销证书的缺省评估周期应为 12h。该评估周期应是可配置的。

当用于建立连接的证书之一被撤销，声称符合于本部分的实现应终止这连接。

6.1.6.5 强制的和建议的密码套件

声称符合于本部分的所有实现应至少支持 TLS_DH_DSS_WITH_AES_256_SHA。

引用本部分的其他标准可以增加另外的强制密码套件。

建议考虑使用表 2 所列的 TLS 密码套件。

表 2 建议的密码套件组合

密钥交换		加密	哈希
算法	签名		
TLS_RSA_	—	WITH_RC4_128_	SHA
TLS_RSA_	—	WITH_3DES_EDE_CBC_	SHA
TLS_DH_	DSS_	WITH_3DES_EDE_CBC_	SHA
TLS_DH_	RSA_	WITH_3DES_EDE_CBC_	SHA
TLS_DHE_	DSS_	WITH_3DES_EDE_CBC_	SHA
TLS_DHE_	RSA_	WITH_3DES_EDE_CBC_	SHA
TLS_DH_	DSS_	WITH_AES_128_	SHA
TLS_DH_	DSS_	WITH_AES_256_	SHA
TLS_DH_	—	WITH_AES_128_	SHA
TLS_DH_	—	WITH_AES_256_	SHA

注：基于已配置的许可或现有的密码套件，TLS 的协商机制选择为特定连接使用的实际密码套件。

6.2 OSI 的传输协议集

OSI T-Profile 的安全超出本部分范围。

6.3 证书机构支持

为支持四个不同证书机构所提供的证书，声称符合于本部分的实现应支持最小的最大（minimum-maximum）证书字节数能力。

7 一致性

7.1 一般的一致性

与本部分的一致性应由第 5 章和第 6 章的实现决定。

此外，应提供以下支持密码套件表：

- 强制的：应支持的；
- 可选的：可支持的。

表 3 支持的密码套件

密钥交换		加密	哈希	支持		
算法	签名			可互操作	出口限制	支持
TLS_RSA_	—	WITH_RC4_128_	SHA	可选	注1	—
TLS_RSA_	—	WITH_3DES_EDE_CBC_	SHA	可选	注1	—
TLS_DH_	DSS_	WITH_3DES_EDE_CBC_	SHA	可选	注1	—

密钥交换		加密	哈希	支 持		
算法	签名			可互操作	出口限制	支持
TLS_DH_	RSA_	WITH_3DES_EDE_CBC_	SHA	可选	注1	—
TLS_DH_	DSS_	WITH_3DES_EDE_CBC_	SHA	可选	注1	—
TLS_DHE_	RSA_	WITH_3DES_EDE_CBC_	SHA	可选	注1	—
TLS_DHE_	DSS_	WITH_AES_128_	SHA	可选	注1	—
TLS_DH_	DSS_	WITH_AES_256_	SHA	可选	注1	—
TLS_DH_	—	WITH_AES_128_	SHA	可选	注1	—
TLS_DH_		WITH_AES_256_	SHA	必备	注1，注2	

注：1. 在出口限制基础上，应支持至少一种密码套件。如不支持 TLS_DH_WITH_AES_256_SHA，TLS 互操作性也许就不可能。

　　2. 如没有声明支持，实现就应提供一份禁止该密码套件出口的出口限制拷贝。如果且只有如果出口限制不准许任何途径出口，才不应支持该套件。如果不支持该套件，作为补充，实现应清楚地以文件说明是因遵守出口限制所致。该文件同样应详细说明不能支持的互操作要求或基本规范要求。该文件的样本应作为用户文件的一部分提供，这样用户就能够理解由于出口限制的原因，实现也许不是能互操作的。

7.2　GB/T 18700 TASE.2 安全的一致性

声称支持标准化安全防护的 GB/T 18700（IEC 60870-6）实现应符合本部分。

参 考 文 献

［1］GB/T 16687　信息技术　开放系统互连　面向连接的联系控制服务元素协议（ISO 8650，IDT）

［2］GB/T 16688　信息技术　开放系统互连　联系控制服务元素服务定义（ISO 8649，IDT）

［3］GB/T 16720.1—2005　工业自动化系统　制造报文规范　第 1 部分：服务定义（ISO 9506-1：2003，IDT）

［4］GB/T 16720.2—2005　工业自动化系统　制造报文规范　第 2 部分：协议规范（ISO 9506-2：2003，IDT）

［5］ISO/ISP 14226-1：1996　工业自动化系统　国际标准化协议集 AMM11：MMS 普通的应用基础协议集　第 1 部分：MMS 所使用的 ACSE、表示层及会话层的规范（Industrial automation systems—International Standardized Profile AMM11：MMS General Applications Base Profile—Part 1：Specification of ACSE，Presentation and Session protocols for use by MMS）

［6］ISO/ISP 14226-2：1996　工业自动化系统　国际标准化协议集 AMM11：MMS 普通的应用基础协议集　第 2 部分：公共的 MMS 要求（Industrial automation systems—International Standardized Profile AMM11：MMS General Applications Base Profile—Part 2：Common MMS requirements）

［7］ISO/ISP 14226-3：1996　工业自动化系统　国际标准化协议集 AMM11：MMS 普通的应用基础协议集　第 3 部分：特殊的 MMS 要求（Industrial automation systems—International Standardized Profile AMM11：MMS General Applications Base Profile—Part 3：

Specific MMS requirements）

    ［8］FIPS-180-1　安全的哈希标准（Secure Hash Standard）

    ［9］RFC 3174　US 的安全哈希算法 1（SHAl）［US Secure Hash Algorithm 1（SHA1）］

    ［10］RFC 3280　因特网 X.509 PKI 证书以及证书撤销列表（CRL）格式（Internet X.509 Public Key Infrastructure Certificate and Certificate Revocation List（CRL）Profile）

———————————

电力系统管理及其信息交换 数据和通信安全 第6部分：IEC 61850 的安全

GB/Z 25320.6—2011/IEC TS 62351-6：2007

电力系统与数据通信卷

目　　次

前　　言

GB/Z 25320《电力系统管理及其信息交换　数据和通信安全》，主要包括以下部分：

——第 1 部分：通信网络和系统安全　安全问题介绍；

——第 2 部分：术语；

——第 3 部分：通信网络和系统安全　包含 TCP/IP 的协议集；

——第 4 部分：包含 MMS 的协议集；

——第 5 部分：IEC 60870-5 及其衍生标准的安全；

——第 6 部分：IEC 61850 的安全；

——第 7 部分：网络和系统管理的数据对象模型；

——第 8 部分：电力系统管理的基于角色访问控制。

本指导性技术文件是第 6 部分《IEC 61850 的安全》。

本指导性技术文件按照 GB/T1.1—2009 给出的规则起草。

本指导性技术文件等同采用 IEC TS 62351-6：2007《电力系统管理及其信息交换　数据和通信安全　第 6 部分：IEC 61850 的安全》（英文版）。

本指导性技术文件由中国电力企业联合会提出。

本指导性技术文件由全国电力系统管理及其信息交换标准化技术委员会（SAC/TC 82）归口。

本指导性技术文件起草单位：国网电力科学研究院、西北电网有限公司、国家电力调度通信中心、中国电力科学研究院、华东电网有限公司、福建省电力有限公司、华中电网有限公司、辽宁省电力有限公司。

本指导性技术文件主要起草人：许慕樑、李庆海、南贵林、杨秋恒、李根蔚、邓兆云、韩水保、曹连军、林为民、周鹏、袁和林。

引　言

计算机、通信和网络技术当前已在电力系统中广泛使用。通信和计算机网络中存在着各种对信息安全可能的攻击，对电力系统的数据及通信安全也构成了威胁。这些潜在的可能的攻击针对着电力系统使用的各层通信协议中的安全漏洞以及电力系统信息基础设施的安全管理的不完善处。

为此，国际电工委员会 57 技术委员会（IEC TC 57）对电力系统管理及其信息交换制定了 IEC 62351《电力系统管理及其信息交换　数据和通信安全》标准。我们等同采用 IEC 62351 标准及其配套标准，制定了 GB/Z 25320，通过在相关的通信协议以及在信息基础设施管理中增加特定的安全措施，提高和增强电力系统的数据及通信的安全。

电力系统管理及其信息交换
数据和通信安全
第6部分：IEC 61850 的安全

1 范围与目的

1.1 范围

为了对基于或派生于 IEC 61850 的所有协议的运行进行安全防护，本指导性技术文件规定了相应的消息、过程与算法。

本指导性技术文件至少适用于表1中所列举出的那些协议。

表1 标准应用范围

编 号	名 称
DL/T 860.81 （IEC 61850-8-1）	变电站通信网络和系统 第8-1部分：特定通信服务映射（SCSM）对 MMS（ISO 9506-1 和 ISO 9506-2）及 ISO/IEC 8802-3 的映射
DL/T 860.92 （IEC 61850-9-2）	变电站通信网络和系统 第9-2部分：特定通信服务映射（SCSM）映射到 ISO/IEC 8802-3 的采样值
DL/T 860.6 （IEC 61850-6）	变电站通信网络和系统 第6部分：变电站中智能电子装置通信配置描述语言

1.2 用途

本指导性技术文件的初期读者预期是开发或使用表1中所列举协议的工作组成员。为了使本指导性技术文件中所描述的措施有效，对于这些协议本身，其规范就必须采纳和引用这些措施。本指导性技术文件就是为了使得能那样处理而编写的。

本指导性技术文件的后续读者预期是实现这些协议的产品的开发人员。

本指导性技术文件的某些部分也可以被管理人员和执行人员使用，以理解该工作的目的和需求。

2 规范性引用文件

下列本指导性技术文件对于本指导性技术文件的应用是必不可少的。凡是注日期的引用文件，仅注日期的版本适用于本指导性技术文件。凡是不注日期的引用本指导性技术文件，其最新版本（包括所有的修改单）适用于本指导性技术文件。

GB/T 15629.3 信息处理系统 局域网 第3部分：带碰撞检测的载波侦听多址访问（CSMA/CD）的访问方法和物理层规范（ISO/IEC 8802-3：1990，IDT）

GB/T 16720（所有部分）工业自动化系统 制造报文规范（MMS）（ISO 9506：1991，IDT）

GB/Z 25320.1 电力系统管理和相关信息交换 数据与通信安全 第1部分：通信网络和系统安全 安全问题介绍（IEC 62351-1，IDT）

GB/Z 25320.4 电力系统管理和相关信息交换 数据与通信安全 第4部分：包含

MMS 的协议集（IEC 62351-4，IDT）

DL/T 860（所有部分）变电站通信网络和系统（IEC 61850）

DL/T 860.6 变电站通信网络和系统 第 6 部分：变电站中智能电子装置通信配置描述语言（IEC 61850-6，IDT）

DL/T 860.81 变电站通信网络和系统 第 8-1 部分：特定通信服务映射（SCSM）对 MMS（ISO 9506-1 和 ISO 9506-2）及 ISO/IEC 8802-3 的映射（IEC 61850-8-1，IDT）

DL/T 860.91 变电站通信网络和系统 第 9-1 部分：特定通信服务映射（SCSM）单向多路点对点串行通信链路上的采样值（IEC 61850-9-1，IDT）

DL/T 860.92 变电站通信网络和系统 第 9-2 部分：特定通信服务映射（SCSM）映射到 ISO/IEC 8802-3 的采样值（IEC 61850-9-2，IDT）

ISO/IEC 13239 信息技术 系统间远程通信和信息交换 高级数据链路控制规程（Information technology—Telecommunications and information exchange between systems—High-level data link control (HDLC) procedures)

IEC TS 62351-2：2008 电力系统管理及其信息交换 数据与通信安全 第 2 部分：术语（Power systems management and associated information exchange—Data and communications security—Part 2：Glossary of terms）

IEEE Std. 802.1Q：2003 虚拟桥接局域网（Virtual Bridged Local Area Networks）

RFC 2030 IPv4、IPv6 及 OSI 的简单网络时间协议（SNTP）第 4 版〔Simple Network Time Protocol (SNTP) Version 4 for IPv4，IPv6 and OSI〕

RFC 2313 公钥密码技术规范 PKCS♯1：RSA 加密算法 版本 1.5（PKCS♯1：RSA Encryption Version 1.5）

RFC 3447 公钥密码技术规范 PKCS♯1：RSA 密码技术规范版本 2.1（Public-Key Cryptography Standards (PKCS) ♯1：RSA Cryptography Specifications Version 2.1）

RFC 4634 US 安全哈希算法（SHA 和 HMAC-SHA）〔US Secure Hash Algorithms (SHA and HMAC-SHA)〕

3 术语和定义

IEC 62351-2：2008 界定的术语和定义适用于本指导性技术文件。

4 本指导性技术文件应对的安全问题

4.1 影响安全选项选择的运行问题

对于使用 GOOSE 和 DL/T 860.92 并且要求 4 ms 响应时间、多播配置以及低 CPU 开销的应用，不建议对其进行加密。相反，应该使用通信路径选择过程（例如，事实上设定 GOOSE 和 SMV 被限于一个变电站的逻辑 LAN），以提供信息交换的机密性。然而，本指导性技术文件的确为那些并不关心 4ms 传递准则的应用定义了能够提供机密性的机制。

注：声称与本指导性技术文件一致的实现，其实际性能特性是在本指导性技术文件范围之外的。

除了机密性外，本指导性技术文件提出了使安全和非安全协议数据单元（PDU）能共存的机制。

4.2 应对的安全威胁

对安全威胁和攻击方法的讨论，参见 GB/Z 25320.1。

如不使用加密，则在本指导性技术文件中所需应对的特定威胁包括：

- 通过消息的消息层面认证，应对未经授权修改信息。

如使用加密，则在本指导性技术文件中所需应对的特定威胁包括：

- 通过消息的消息层面认证和加密，应对未经授权访问信息；
- 通过消息的消息层面认证和加密，应对未经授权修改（篡改）或窃取信息。

4.3 应对的攻击方法

通过本指导性技术文件中规范或建议的适当实现，试图应对以下的安全攻击方法：

- 中间人（Man-in-the-middle）威胁：将通过使用本指导性技术文件中规定的消息鉴别码（Message Authentication Code）机制，应对该威胁；
- 篡改探测或消息完整性威胁：将通过建立本指导性技术文件中规定的认证机制所用的算法，应对这些威胁；
- 重放（Replay）威胁：将通过使用 GB/Z 25320.4 和本指导性技术文件中规定的特定处理状态机，应对该威胁。

5 IEC 61850 各部分与 GB/Z 25320 各部分的相关性

5.1 使用 GB/T 16720（MMS）的 IEC 61850 协议集安全

5.1.1 概述

声称与本指导性技术文件一致且声明支持应用 TCP/IP 和 GB/T 16720（ISO 9506）制造报文规范（MMS）的 DL/T 860.81 协议集的各 DL/T 860 实现，应该实行 GB/Z 25320.4 的第 5 和第 6 章。除了 GB/Z 25320.4 规范外，还应支持在 7.2.3 所规定的 DL/T 860.6 的扩展（变电站配置语言，Substation Configuration Language）。

DL/T 860.81 规定了变电站内使用 MMS。然而，变电站内和变电站外（例如控制中心到变电站）使用的安全规范都属于本指导性技术文件的范围。

5.1.2 控制中心到变电站

应该使用 GB/Z 25320.4 文件，不需要任何其他措施。

5.1.3 变电站通信

除了 GB/Z 25320.4 中规定的密码套件，应支持下列密码套件。

TLS_DH_RSA_WITH_AES_128_SHA

注：提出这另外的密码套件是为了当通信环境是在变电站内时，能达到较少的 CPU 占有率。

5.2 使用 VLAN ID 的 IEC 61850 协议集安全

对于那些规定使用 VLAN ID 的 DL/T 860 协议集（例如 DL/T 860.81 GOOSE、DL/T 860.91 和 DL/T 860.92），应提供第 7 章规定的协议集安全防护。

6 IEC 61850 的 SNTP 安全

为提供 IEC 61850 的 SNTP（Simple Network Time Protocol，简单网络时间协议）安全防护，应使用包含强制使用认证算法的 RFC 2030。

7 使用 VLAN 技术的 IEC 61850 协议集安全

7.1 VLAN 使用和 IEC 61850 的概况（资料性）

本指导性技术文件扩展了常规的 IEC 61850 的 GOOSE（面向变电站事件的通用对象）

和 SMV（采样值）的 PDU。GSE Management（GSE 管理，通用变电站事件管理）和 GOOSE 的 PDU，其格式概要在 DL/T 860.81 的附录 C 给出。

7.2 扩展 PDU

7.2.1 扩展 PDU（Extended PDU）的一般格式

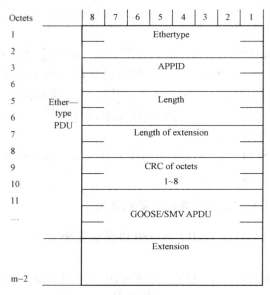

图 1 扩展 PDU 的一般格式

关于 GOOSE 和 SMV，Reserved 1 字段和 Reserved 2 字段是用于声称与本指导性技术文件一致的实现，图 1 对此进行了描述。

本指导性技术文件规定：

- Reserved 1 字段将用于指明由这些扩展八位位组所传送的字节数。该值将包含在 Reserved 1 字段的第一个字节中，值的有效范围是 0～255，0 值将说明根本不存在扩展八位位组。

  Reserved 1 字段的第二个字节将保留以备将来使用；

- Reservcd 2 字段将包含一个 16 位的循环冗余校验码（CRC），其计算根据 ISO/IEC 13239 即 ISO 的高级数据链路控制规程（HDLC）。将在扩展 PDU（Extended PDU）中 VLAN 信息的第 1 到第 8 字节之上计算该 CRC。

如果 Extension Length 字段有非零值，则应该存在 CRC。

7.2.2 Extension 字段八位位组的格式

Extension 字段八位位组域的格式应是：

Extension：：＝｛
  [0] MPLICIT SEQUENCE｛
    [1] IMPLICIT SEQUENCE Reserved OPTIONAL，
    [2] IMPLICIT OCTETSTRING Private OPTIONAL，
    [3] IMPLICIT AuthenticationValue OPTIONAL，
    …

        ｝

｝

Extension 字段应按照 ASN.1 Basic Encoding Rule（ASN.1 的基本编码规则）编码。

根据本指导性技术文件，Reserved SEQUENCE 被保留用于未来标准化扩展。除了在本指导性技术文件中所规定的认证（Authentication）和加密（Encryption）之外，如果没有扩展，则该 SEQUENCE 将不会出现。

因而 NULL 长度的 SEQUENCE 将被认为与本指导性技术文件是不一致的。

提供 Private SEQUENCE 使得厂商能传送私有信息。该 SEQUENCE 内容的语义和语法范畴是不在本指导性技术文件的范围之内，因而将只有经过预先协商才能互操作。仅当存在要传送的实际内容时，该 SEQUENCE 字段才会出现。

7.2.2.1 &Authentication Value 算法

Authentication Value（认证值）生成的算法是基于可重新产生的消息鉴别码（Message Authentication Code MAC）的生成。

根据 RFC 4634，应通过 SHA 256 哈希的计算生成该 MAC。除了 Authentication Value 的 Tag、Length 和 Value（即 ASN.1 的 T-L-V 组合）之外，哈希应包含扩展 PDU（Extended PDU）的所有八位位组。然后该哈希的值应被数字签名。

在 RFC 2313 中数字签名的定义是：

"为了数字签名，首先以消息摘要算法（比如 MD5）缩减要进行签名的内容为一条消息摘要，然后包含该消息摘要的八位位组串用该内容签名者的 RSA 私钥进行加密。根据 PKCS♯7 语法，该内容和加密后的消息摘要在一起表示，就得到数字签名。"

注：在以上定义中对 MD5 的引用并不是规范性的，它只是在 RFC 2313 的例举正文中所给出的例子。

RFC 3447（PKCS♯1 规范版本 2.1）规定了 RSASSA-PSS（RSA Signature Scheme with Appendix-Probabilistic Signature Scheme，RSA 带有附属的签名方案——随机签名方案）。这是声称与本指导性技术文件一致的实现应该使用的算法。应限制 RFC 3447 的使用，只限于与 PKCS 版本 1.5（RFC 2313）相兼容的那些性能或能力。哈希算法应是 SHA 256。

Authentication Value 的值应按 ASN.1 OCTET STRING 编码。

7.2.2.2 对服务器的要求

服务器应执行上述规定的算法。如果服务器不提供 Authentication Value，则 Authentication Value 不应出现在 Extension 字段八位位组中。

此外，使用 Authentication Value 的实现应为接收客户端的设备提供一个公开的 X.509 证书。

7.2.2.3 对客户端的要求

订阅客户端必须具有引用源 MAC 地址（Source MAC Address）定位到服务器所提供的 AES 128 位公钥的当地方法。

注：建议为此存储实际证书，即使并不要求如此。

如果根本不存在引用，那么安全的扩展或处理就不应发生。

在接收一条 VLAN 标记的 GOOSE 或 SMV 消息且已经配置安全扩展时：
- 按照 7.2.2.1 中所规定的算法，接收客户端应为 APDU（应用层协议数据单元）计算 Authenti-cation Value；
- 应使用适当的密钥和算法（7.2.2.1 的逆运算）来解密 Reserved 字段的八位位组；
- 如果计算出的 Authentication Value 与解签后的 Authentication Value 相匹配，那么客户端宜继续进行 APDU 的处理。

7.2.2.4 GOOSE 重放攻击

为了对 GOOSE 重放攻击增强防护，应使用安全扩展。此外，宜使用下列措施：

- 对 Authentication Value 进行验证的处理（见 7.2.2.3）应发生在本章中其他处理之前；
- 客户端宜建立和跟踪它的当前时间。时间戳超过 2min 时偏（skew）的 GOOSE 就不宜再处理。偏差时间（skew period）应是可配置的并且应支持最小值不大于（maximum-minimum）10s；
- 客户端宜仅对 Stnum（状态号）改变使用时偏过滤（skew filtering）；
- 客户端宜记录和跟踪所接收到的发布服务器的 Stnum。如果接收到一个较小的 Stnum 值，而且根本还没有超过最大状态号或 time allowed to live（容许生存时间）超时，那么此消息宜被丢弃；
- 如果存在消息超时，初始 Stnum 应重置；
- 如果 Stnum 已超过最大状态号，初始 Stnum 应重置；
- 在初始化/加电时，初始 Stnum 应是 0。

7.2.2.5 SMV 重放攻击

7.2.2.5.1 服务器处理

为了对 SMV 重放攻击的防护，应使用 SMV 协议的 Security field（安全域）（见表 2）。

表 2　自 DL/T 860.92 抽取（资料性）

ASN. 1 Basic Encoding Rules（BER） SavPdu₁₁ = SEQUENCE {
noASDU [0] IMPLICIT INTEGER （1..65535）,
security [1] ANY OPTIONAL,
asdu [2] IMPLICIT SEQUENCE OF ASDU }

防护重放攻击要求为防止篡改应使用 MAC 安全扩展，而且要求安全域规定如下：

IMPORT
security₁₁ = [0] IMPLICIT SEQUENCE {
　　　　　timestamp [0] IMPLICIT UTCtime，—发送时间
　　　　　}
&-timestamp（时间戳）
timestamp 属性将表示格式化 SMV 帧时的近似时间。

7.2.2.5.2 客户端处理

根据呈现的 SMV 安全域，应使用以下的客户端规则：

- 客户端宜建立对它的当前时间的跟踪。时间戳超过 2 min 时偏的 SMV 消息就不宜再处理；

- 客户端宜记录和跟踪所接收到的发布服务器的 smpCnt（采样计数）。如果接收到一个较小的 sqNum（顺序号）值，而且根本没有超过最大顺序号，那么此消息宜被丢弃；
- 如果存在消息超时，初始 Stnum 应重置；
- 如果 sqNum 已超过最大顺序号，初始 sqNum 应重置；
- 在初始化/加电时，初始 sqNum 应是 0。

7.2.3 变电站配置语言（SCL）

7.2.3.1 SCL 证书扩展

7.2.3.1.1 SCL 证书扩展结构

此外，为了包含以下语句以考虑所使用证书的定义，应扩展 SCL：

```
<xs:complexType name="tCertificate">
    <xs:complexContent>
        <xs:extension base="tNaming">
        <xs:sequence>
            <xs:element name="XferNumber" type="xs:unsignedInt"minOccurs="0"maxOccurs="1"/>
            <xs:element name="SerialNumber"type="xs:normalizedString"minOccurs="1"maxOccurs="1"/>
            <xs:element name="Subject"type="tcert"minOccurs="1"maxOccurs="1"/>
            <xs:element name="IssuerName"type="tcert"minOccurs="1"maxOccurs="1"/>
        </xs:sequence>
        </xs:extension>
    </xs:complexContent>
</xs:complexType>


<xs:complexType name="tcert">
    <xs:complexContent>
        <xs:extension base="tNaming">
        <xs:sequence>
            <xs:element name="CommonName"type="xs:normalizedString"minOccurs="1"maxOccurs="1"/>
            <xs:element name="IDHeirarchy"type="xs:normalizedString"minOccurs="1"/>
        </xs:sequence>
        </xs:extension>
    </xs:complexContent>
</xs:complexType>
```

图 2　SCL 的证书扩展

7.2.3.1.2 &Xfer Number

该属性应被用于传送 Xfer Number（证书引用号），发送 IED（智能电子设备）应通过该号引用到证书。如果证书是用于 GOOSE 或 SMV，那么该属性值才会出现。该值的有效范围为 0～7。

7.2.3.1.3 &Serial Number

该属性应包括证书的 Serial Number（序列号）值。

7.2.3.1.4 &Subject

该复杂类型应包含对证书内所出现的证书层次，为证书中的 Subject（主体）进行认证。

7.2.3.1.5 &Issuer Name

该复杂类型应包含对证书内所出现的证书层次，为证书中的 Issuer Name（签发者名）进行认证。

7.2.3.1.6 &Common Name

该属性将包含证书内所发现的 CommonName（公共名）的值。

7.2.3.2 AccessPoint 安全用法的规定

```
<xs:complexType name="tAccessPoint">
  <xs:complexContent>
    <xs:extension base="tNaming">
      <xs:choice minOccurs="0">
        <xs:element name="Server"type="tServer">
          <xs:unique name="uniqueAssociationlnServer">
            <xs:selector xpath="/scl:Association"/>
            <xs:field xpath="@associationID"/>
          </xs:unique>
        </xs:element>
        <xs:element ref="LN"maxOccurs="unbounded"/>
      </xs:choice>
      <xs:attribute name="router"type="xs:boolean"use="optional"default="false">
      </xs:attribute>
      <xs:attribute name="clock"type="xs:boolean"use="optional"default="false">
      </xs:attribute>
      <xs:element name="GOOSESecurity"type="tCertificate"use="optional"maxOccurs="7">
      <xs:element name="SMVSecurity"type="tCertificate"use="optional"maxOccurs="7">
    </xs:extension>
  </xs:complexContent>
</xs:complexType>
```

图 3　Access Point SCL 定义扩展

为了声称与本指导性技术文件一致且支持适合于 GOOSE 安全或 SMV 安全的实现，应扩展 Access Point（访问点）的 SCL 定义以包含 GOOSE Security 和 SMV Security 元素。

声称支持 Secure GOOSE（安全 GOOSE）的实现应有最少一个 GOOSE Security 元素呈现。

声称支持 Secure SMV（安全 SMV）的实现应有最少一个 SMV Security 元素呈现。

声称支持加密的实现应包括 GOOSE EncyptioninUse 或者 SMV EncryptioninUse 属性，其属性值应是与试图用于认证和加密的证书的 Xfer Numbe 相同。

8　一致性

8.1　一般一致性

声称与本指导性技术文件一致的实现应提供一个扩展的 Protocol Implementation Conformance Statement（PICS）（协议实现一致性声明），正如在以下条目中所展示。对于某些协议集，可能还需要提供附加的 Protocol Implementation Extra Information（PIXIT）信息（协议实现额外信息）。

对以下的条目和表格，适用以下的规定：

F/S 即功能/标准。

- M：强制支持，该项应被实现；
- C：条件支持，如果所陈述的条件存在，该项应被实现；
- O：选择支持，该实现可以决定是否实现这选项；
- X：不包括：该实现不应实现这项；

- I：超范围：该项的实现不在本指导性技术文件范围之内。

应为声称支持本指导性技术文件的实现提供表 3 中的信息。

表 3　一　致　性　表

		客户端		服务器		值/注释
		F/S		F/S		
G1	支持 DL/T 860.81 或 GB/T 16720 安全	O	C1	O	Cl	
G2	支持 DL/T 860.81 GOOSE 安全	O	C1	O	Cl	
G3	支持 DL/T 860.92 SMV 安全	O	C1	O	Cl	
G4	支持 SNTP 安全	O		O		

C1——至少一个应已宣布支持。

8.2　声称 GB/T 16720 协议集安全的实现的一致性

为声称支持 GB/T 16720 或 IEC 61850 协议集的安全协议集的实现，应提供表 4 中的信息。

表 4　GB/T 16720 协议集的 PICS

		客户端	服务器	值/注释
		F/S	F/S	
S1	ACSE 认证	M	M	
S2	GB/Z 25320.4 支持	M	M	
S3A	强制密码套件	M	M	
S3B	TLS_DH_RSA_WITH_AES_128_SHA	0	M	

8.3　声称 VLAN 的协议集安全的实现的一致性

为声称支持 VLAN IEC6 1850 协议集的安全协议集的实现，应提供表 5 中的信息。

表 5　VLAN 协议集的 PICS

		客户端	服务器	值/注释
		F/S	F/S	
S4	SCL 扩展	M	M	
S4a	DL/T 860.81 GOOSE 安全	Cl	C1	
S4b	DL/T 860.92 SMV 安全	C2	C2	

C1——声称与 GOOSE 安全一致的实现，C1 将是 "M"。
C2——声称与 SMV 安全一致的实现，C2 将是 "M"。

8.4　声称 SNTP 协议集安全的实现的一致性

为声称支持 SNTP IEC 61850 协议集的安全协议集的实现，将提供表 6 中的信息。

表 6　SNTP 协议集的 PICS

		客户端	服务器	值/注释
		F/S	F/S	
S7	RFC 2030	M	M	

参 考 文 献

［1］ GB/Z 25320.3 电力系统管理和相关信息交换　数据和通信安全　第 3 部分：通信网络和系统安全　包含 TCP/IP 的协议集（IEC 62351-3，IDT）

［2］ RFC 2104HMAC：用于消息认证的密钥处理后哈希（Keyed—Hashing for Message Authentication）

［3］ RFC 2437 PKCS♯1：RSA 密码技术规范　版本 2.0（RSA Cryptography Specifications Version2.0）

［4］ RFC 3174　安全哈希算法［Secure Hash Algorithm（SHA1）］

电力系统通信站过电压防护规程

DL/T 548—2012

代替 DL/T 548—1994

电力系统与数据通信卷

目　次

前　　言

　　过电压防护是防止和减少过电压对通信站的危害，确保设备和人身安全的重要技术手段，也是保障通信线路、通信设备及通信设施安全运行不可缺少的技术环节。电力系统通信站不同于一般行业的通信站，不仅要考虑雷电过电压防护，还要考虑电力系统暂时过电压、操作过电压防护的特殊问题。自 DL/T 548—1994《电力系统通信站防雷运行管理规程》发布以来，我国的过电压防护技术有了很大发展，并在电力系统通信站得到了广泛应用。但是，由于通信站设备的更新换代，原标准的一些技术要求已不能适应技术的发展，故进行修订。

　　本标准的过电压防护不限于仅对雷电过电压的防护，因此更名为《电力系统通信站过电压防护规程》。

　　本标准与 DL/T 548—1994 比较，结构与内容均作了较大调整，调整如下：

　　——取消了原标准"总则"；

　　——增加了"范围"；

　　——增加了"规范性引用文件"；

　　——增加了"术语和定义"；

　　——将原标准的附录 A 改作本版的第 4 章"过电压防护技术要求"；

　　——将原标准的第 2、3、4、5 章合并为本版的第 5 章"过电压防护管理"；

　　——增加了附录 B"电力系统通信站过电压损害统计要求"。

　　技术性差异如下：

　　——补充了过电压防护的技术要求；

　　——补充了微波站地网结构和接地规定；

　　——增加了 OPGW 光缆接地的规定；

　　——增加了通信缆线、电力缆线隔离的规定；

　　——增加了通信供电电源过电压防护的规定；

　　——补充了浪涌保护器的安装、检测、技术性能等要求。

　　本标准由中国电力企业联合会提出。

　　本标准由全国电网运行与控制标准化技术委员会归口。

　　本标准起草单位：江西省电力公司、国家电力调度通信中心、西北电力设计院、浙江电力调度通信中心。

　　本标准主要起草人：陈雪莲、常宁、杨斌、陈佩荣、王学锋、李顺、王海光。

　　本标准实施后代替 DL/T 548—1994。

　　本标准首次发布时间：1994 年 7 月 14 日，本次为第一次修订。

　　本标准在执行过程中的意见或建议反馈至中国电力企业联合会标准化管理中心（北京市白广路二条 1 号，100761）。

电力系统通信站过电压防护规程

1 范围

本标准规定了电力系统通信站过电压防护应采取的技术措施及运行维护管理要求。

本标准适用于电力系统通信站过电压防护系统的建设、施工、验收和运行维护管理。电力系统通信站的过电压防护设计也可参照本标准执行。

2 规范性引用文件

下列文件对本文件的应用是必不可少的。凡是注日期的引用文件，仅注日期的版本适用于本文件。凡是不注日期的引用文件，其最新版本（包括所有修改单）适用于本文件。

GB 50057　建筑物防雷设计规范

GB 50343　建筑物电子信息系统防雷技术规范

DL/T 475　接地装置特性参数测量导则

DL/T 544　电力通信运行管理规程

DL/T 620　交流电气装置的过电压保护和绝缘配合

DL/T 621　交流电气装置的接地

YD/T 1235.1　通信局（站）低压配电系统用电涌保护器技术要求

YD/T 1235.2　通信局（站）低压配电系统用电涌保护器测试方法

YD 5098　通信局（站）防雷与接地工程设计规范

3 术语和定义

GB 50057、DL/T 544、YD 5098 界定的以及下列术语和定义适用于本文件。

3.1 电力系统通信站　communication station of power system

安装有为电力生产服务的各类通信设施（光纤、微波、载波、交换及网络等）及其辅助设备（供电电源、线缆、环境监控等）的建筑物和构筑物的统称，简称通信站。

注：通信站可以是一独立的建筑物（或构筑物），如设置在电厂内或其他场所和空间的通信楼、光中继站、微波站、卫星站；或仅拥有部分面积和空间作为通信机房的建筑物（或构筑物），如电力调度通信楼及设在发电厂、变电站控制楼内的通信机房等。

3.2 过电压防护　overvoltage protection

当设备由于雷击或其他电磁扰动产生超过规定电压值时采取的防护方式。

注：过电压分外过电压和内过电压两大类。外过电压又称雷电过电压；内过电压有暂态过电压、操作过电压和谐振过电压。

3.3 接地线　earth conductor

各种通信设备及不带电金属与环形接地母线或接地端子之间的连线。

3.4 环形接地母线　ring earth conductor

机房内围绕墙体或墙体内敷设的闭合接地主干线（母线）。

3.5 均压网　distributed voltage grid

利用各层房梁或地板内的主钢筋焊接成的周边为闭合的网格体。

3.6 接地网 earth grid

由垂直和水平接地体组成，供通信站使用的兼有泄流和均压作用的水平网状接地装置。

3.7 接地体 earth electrode

埋入土壤中或混凝土基础中作散流用的导体。

3.8 环形接地网 ring earth grid

围绕通信站按规定深度埋设在地下的闭合形接地体（含垂直接地体）。

3.9 接地装置 earth-termination system

接地体与接地线的总合。

3.10 浪涌保护器 surge protective device（SPD）

至少包含一个非线性电压限制元件，用于限制暂态过电压和分流浪涌电流的装置。按其使用功能，又分为电源浪涌保护器、天馈浪涌保护器和信号浪涌保护器。

（GB 50343—2004，定义 2.0.16）

3.11 电源防雷器 lightning protection device of power source

当遭受雷电波冲击时能够迅速将其导入接地体，使得残压降低到被保护电源设备允许承受的安全水平内的元器件。

4 过电压防护技术要求

4.1 接地与均压

4.1.1 接地与均压通用规定

4.1.1.1 接地电阻值

接地电阻应满足表1的要求。

表 1 接 地 电 阻 要 求

序　号	接地网名称	接地电阻　Ω	
		一般情况	高土壤电阻率情况
1	调度通信楼[a]	＜1	＜5
2	独立通信站	＜5	＜10
3	独立避雷针	＜10	＜30

[a] 包括设置在变电站控制楼内的通信机房。

4.1.1.2 接地体

4.1.1.2.1 接地体一般应采用镀锌钢材，其规格应根据最大故障电流来确定，一般不应小于如下数值：

  a）角钢：50mm×50mm×5mm；

  b）扁钢：40mm×4mm；

  c）圆钢直径：8mm；

  d）钢管壁厚：3.5mm。

4.1.1.2.2 接地体埋深（指接地体上端）宜不小于0.7m。在寒冷地区，接地体应埋在冻土层以下，在地下水位较高的地区，接地体宜穿透已知的水位上。接地体之间所有的连接点均应进行搭焊接，焊接点（浇铸在混凝土中的除外）应进行防腐处理。

4.1.1.2.3 对于土壤电阻率高的地区，当采用一般接地方法，接地电阻值仍难于满足要求

时，可采用向外延伸接地体（外延伸接地体不超过 60m），改善土壤的传导性能，深埋电极，以及外引等方式。

4.1.1.3 通信机房内的接地

4.1.1.3.1 通信机房内应围绕机房敷设环形接地母线。环形接地母线应采用截面不小于 90mm² 的铜排或 120mm² 镀锌扁钢。

4.1.1.3.2 机房内接地线可采用辐射式或平面网格式多点与环形接地母线连接，各种通信设备单独以最短距离就近引接地线，交直流配电设备机壳、配线架分别单独从接地汇集排上直接接到接地母线。

4.1.1.3.3 交流配电屏的中性线汇集排应与机架绝缘，不应采用中性线作交流保护地线。

4.1.1.3.4 直流电源工作地应从接地汇集排直接接到接地母线上。

4.1.1.3.5 各类设备保护地线宜用多股铜导线，其截面应根据最大故障电流来确定，一般为 16mm²～95mm²；导线屏蔽层的接地线截面面积，可为屏蔽层截面面积 2 倍以上。接地线的连接应保证电气接触良好，连接点应进行防腐处理。

4.1.1.3.6 机房内走线架，各种线缆的金属外皮，设备的金属外壳和框架、进风道、水管等不带电金属部分，门窗等建筑物金属结构以及保护接地、工作接地等，应以最短距离与环形接地母线相连。连接时应加装接线端子（铜鼻），线径与接线端子尺寸吻合、压焊牢固。螺栓连接部位可采用含银环氧树脂导电胶粘合连接。

4.1.1.3.7 金属管道引入室内前应平直地埋 15m 以上，埋深应大于 0.6m，并在入口处接入接地网，如不能埋入地中，金属管道室外部分应沿长度均匀分布，等电位接地，接地电阻应小于 10Ω，在高土壤电阻率地区，每处接地电阻不应大于 30Ω，但应适当增加接地处数。电缆沟道、竖井内的金属支架至少应两点接地，接地点间距离不应大于 30m。

4.1.1.3.8 通信电缆宜采用地下出、入站的方式，其屏蔽层应作保护接地，缆内芯线（含空线对）应在引入设备前分别对地加装保安装置。

4.1.1.3.9 通信机房内的其他接地要求应符合 YD 5098 的规定。

4.1.1.4 通信站的接地与均压

4.1.1.4.1 通信站应有防止各种雷击的接地防护措施，在房顶上应敷设闭合均压网（带）并与接地网连接。房顶平面任何一点到均压带的距离均不应大于 5m。

4.1.1.4.2 调度通信楼内的通信站应与同一楼内的动力装置、建筑物避雷装置共用一个接地网，大楼及通信机房接地引下线可利用建筑物主体钢筋，钢筋自身上、下连接点应采用搭焊接，且其上端应与房顶避雷装置、下端应与接地网、中间应与各层均压网或环形接地母线焊接成电气上连通的笼式接地系统，如图 1 所示。在机房外，应围绕机房建筑敷设闭合环形接地网，机房环形接地母线及接地网和房顶闭合均压带间，至少应用 4 条对称布置的连接线（或主钢筋）相连，相邻连接线间的距离不宜超过 18m。

4.1.1.4.3 设置于发电厂、变电站（开关站、换流站）内的通信站过电压防护，在满足 DL/T 620、DL/T 621 有关规定的同时，宜共用发电厂、变电站（开关站、换流站）的接地网。若通信站设置独立的接地网，应至少用两根规格不小于 40mm×4mm 的镀锌扁钢与发电厂、变电站的接地网均压相连。

4.1.1.4.4 设置在电力调度通信楼内的通信机房，建筑物的防雷设计应符合 GB 50057 的规定，当对建筑物电子信息系统防雷有要求时，还应执行 GB 50343 的有关规定。

4.1.2 微波站的接地与均压

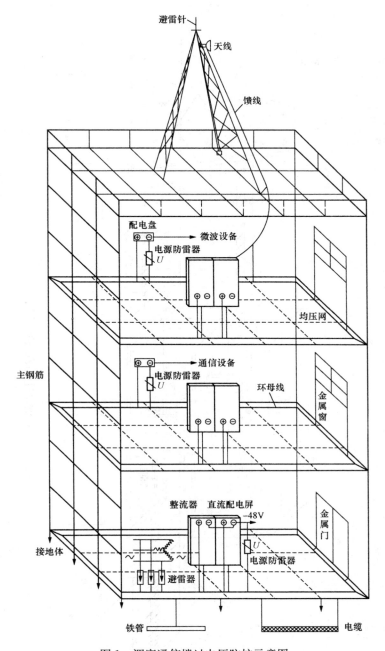

图1　调度通信楼过电压防护示意图

4.1.2.1　独立微波站的接地网由机房接地网、铁塔接地网和变压器接地网组成，同时应将机房建筑物的基础（含地桩）及铁塔基础内的主钢筋作为接地体的一部分。电力变压器设置在机房外时，变压器地网与机房地网或铁塔地网之间，应每间隔 3m～5m 相互焊接连通一次，组成一个周边封闭的接地网。

4.1.2.2　独立微波塔接地网应围绕塔基作成闭合环形接地网。铁塔接地网与微波机房接地网间至少应用 2 根规格不小于 40mm×4mm 的镀锌扁钢连接，如图2所示。

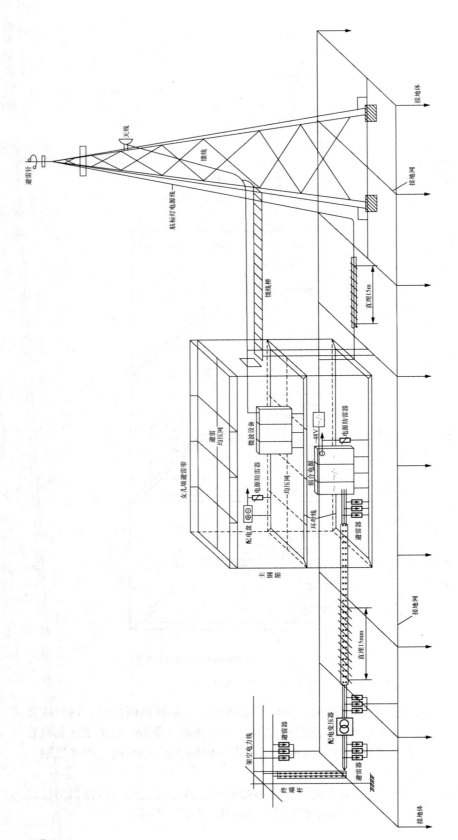

图 2 独立微波站过电压防护示意图

474

4.1.2.3 微波塔上同轴馈线金属外皮的上端及下端应分别就近与铁塔相连接，在机房入口处与接地体再连一次；馈线较长时宜在中间增加一个与塔身的连接点，接地连接线应采用截面积不小于 $10mm^2$ 的多股铜线。室外馈线桥始末两端均应和接地网相连，如图 2 所示。

4.1.2.4 微波塔上的航标灯电源线应选用金属外皮电缆或将导线穿入金属管，各段金属管之间应保证电气连接良好（屏蔽连接），金属外皮或金属管至少应在上下两端与塔身金属结构连接，进入机房前应水平直埋 15m 以上，埋地深度应大于 0.6m，如图 2 所示。

4.1.2.5 微波塔上一般不得架设或搭挂除本站以外的通信装置，如确有必要，架设和搭挂的通信装置，如电缆、电线、电视天馈线等，应满足本标准规定的过电压防护要求。

4.1.2.6 微波站的其他接地要求应符合 4.1.1 的有关规定。

4.1.3　光通信站接地与均压

4.1.3.1 OPGW 引下线及光缆终端接续盒金属部分应与发电厂、变电站的接地装置相连，且有便于分开的连接点。连接方式有两种：

 a）与发电厂、变电站架构的接地直接相连；

 b）与发电厂、变电站架构的接地不直接相连时，OPGW 的接地装置应在地下与发电厂、变电站接地网相连接。

4.1.3.2 引入通信站的 OPGW 应在引下塔或门型杆终端接续盒后换用全介质光缆。

4.1.3.3 光通信站的其他接地要求应符合 4.1.1 的有关规定。

4.2　屏蔽和隔离

4.2.1 通信站的建筑钢筋、金属地板构架等均应相互可靠连接，形成等电位法拉第笼。如设备对屏蔽有较高要求时，机房六面可敷设金属屏蔽网，屏蔽网应与机房内环形接地母线均匀多点相连，必要时也可采用金属屏蔽机柜等措施。

4.2.2 架空电力线由终端杆引下后应更换为屏蔽电缆，进入室内前应水平直埋 15m 以上，埋地深度应大于 0.6m，屏蔽层等电位接地；非屏蔽电缆应穿镀锌铁管并水平直埋 15m 以上，铁管应等电位接地，如图 2 所示。

4.2.3 室外通信电缆应采用屏蔽电缆，屏蔽层应等电位接地；对于既有铠带又有屏蔽层的电缆，在机房内应将铠带和屏蔽层同时接地，而在另一端只将屏蔽层接地。电缆进入室内前应水平直埋 15m 以上，埋地深度应大于 0.6m。非屏蔽电缆应穿镀锌铁管水平直埋 15m 以上，铁管应等电位接地。

4.2.4 电力电缆（线）、通信缆线不宜共用金属桥架或金属管。当电力电缆（线）、通信缆线的金属桥架及金属管线平行敷设时，其间距不宜小于 20cm。机房内的线缆宜采用屏蔽电缆，或敷设在金属管内，屏蔽层或金属管应就近等电位接地。

4.2.5 不同接地网之间的通信线缆宜采取防止高、低电位反击的隔离措施，如光电隔离、变压器隔离等。

4.2.6 在电力调度通信楼内，需另设接地网的特殊设备，其接地网与大楼主接地网之间应通过击穿保险器或放电器连接，保证正常时隔离，雷击时均衡电位。

4.2.7 微波塔和天线到周围建筑物的距离，应符合避免对建筑物发生闪络的要求，其距离应大于 5m。

4.3　限幅

4.3.1 高压架空配电线路终端杆杆体金属部分应接地，如距主接地网较远可做独立接地，接地电阻不应大于 30Ω，杆上三相对地应分别装设避雷器。

4.3.2 配电变压器高、低压侧应在靠近变压器处装设避雷器。高压侧接地端与变压器金属外壳地以及低压侧中性点（中性点不接地时则为中性点的击穿保险器的接地端）汇集后就近接地。变压器在室内时，高压侧避雷器一般应装于户外，且离本体不得超过10m。

4.3.3 对通信设备的供配电系统应采取多级过电压防护。在进入机房的低压交流配电柜入口处具备第一级防护（如图3所示 S_1）；整流设备入口或不间断电源入口处具备第二级防护（如图3所示 S_2）；在整流设备出口或不间断电源出口的供电母线上具备工作电压适配的电源浪涌保护器作为末级防护（如图3所示 S_3）。特殊情况可增加或减少防护级数。

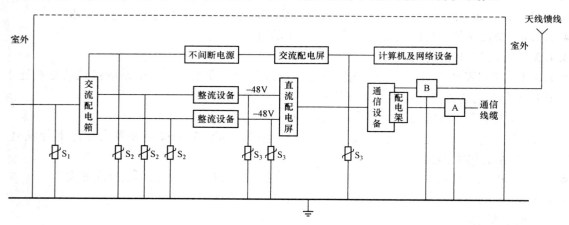

图3　通信机房过电压防护配置示意图

注：S_1，S_2，S_3 为电源浪涌保护器，A 为信号线浪涌保护器，B 为天馈浪涌保护器。

4.3.4 电源浪涌保护器 SPD 的能量配合、安装及技术性能要求应符合 YD 5098、YD/T 1235.1、YD/T 1235.2 的有关规定。

4.3.5 通信用太阳能供电组合电源的太阳能光伏组件接口处应有防雷措施。太阳能电池的馈电线应采用金属护套电缆，其金属护套在机房入口处就近接地。

4.3.6 天馈线路浪涌保护器 SPD 串接于天馈线与被保护设备之间，宜安装在机房内设备附近或机架上，也可直接连接在设备馈线接口上。

4.3.7 室外通信电缆（包括各类信号线缆、控制电缆等）进入机房首先应接入保安配线架（箱）。在配线架应装有抑制电缆线对横向、纵向过电压的限幅装置。限幅装置主要包括 SPD、压敏电阻器、气体放电管、熔丝、热线圈等防雷器件。

4.3.8 通信站安装的防雷器件应具备国家认可的防雷检测机构检测报告；防雷器件使用5年以上应定期检测。

5　过电压防护管理

5.1　管理原则

5.1.1 电力系统通信站过电压防护工作实行分级、属地化管理方式。通信机构为所辖范围通信站过电压防护主管部门。

5.1.2 过电压防护主管部门负有监管所辖范围通信站过电压防护、防雷减灾职责。

5.1.3 各级通信机构应设过电压防护安全负责人。

5.1.4 各级通信机构应设过电压防护专责人，专责人应由经过过电压防护技术培训，具有一定过电压防护专业知识的通信人员担任。

5.2 管理职责

5.2.1 贯彻执行上级颁发的通信站过电压防护规程、规范及有关技术措施，结合所辖范围实际制定相应的通信站过电压防护规定及措施。

5.2.2 负责编制通信站过电压防护工作计划，经相应的主管部门审批后，组织实施。

5.2.3 负责或参加所辖范围新建、改建、扩建通信站过电压防护设计审查，过电压防护工程施工检查、隐蔽工程的随工检验及竣工验收。

5.2.4 指导和协调所辖通信站的过电压防护工作，下达工作任务，监督检查各通信站过电压防护工作情况。

5.2.5 负责所辖通信站的过电压（雷害）运行统计，雷害调查分析，逐级上报统计报表。

5.2.6 组织、参加过电压防护技术培训、经验交流及技术攻关，采用和推广先进实用的新技术。

5.3 工程建设与竣工验收

5.3.1 新建、改建、大修等通信工程项目建设的过电压防护设计、施工应符合通信站过电压防护技术要求。

5.3.2 设计资料和施工记录应由相应的通信机构妥善存档备查，通信站应备有本站过电压设计资料。

5.3.3 通信站过电压防护系统建设资料至少包括以下内容：

    a) 通信站过电压防护系统设计资料（包括修改通知、站址土壤电阻率、当地雷暴日等）；

    b) 通信站过电压防护系统设计审查结论（或会议纪要）；

    c) 通信站过电压防护系统设计施工记录（包括随工验收记录、隐蔽工程照片和专项记录）；

    d) 通信站过电压防护系统验收报告。

5.3.4 工程竣工时，应由通信工程建设管理部门组织验收，通信过电压防护主管部门和专责人参加。

5.3.5 对于通信站过电压防护系统未达到设计要求或系统资料、记录不齐全的，不予验收。

5.4 运行维护

5.4.1 通信站应建立完整的过电压防护技术档案，包括接地线、接地网、接地电阻及防雷装置安装的原始记录，及完整的日常检查记录和过电压事件调查、分析、处理记录。

5.4.2 通信机房接地引入点应有明显标志。

5.4.3 每年雷雨季节前应对通信站接地系统进行检查和维护，主要检查连接处是否紧固，接触是否良好、接地引下线是否锈蚀、接地体附近地面有无异常，必要时应挖开地面抽查地下隐蔽部分的锈蚀情况，如果发现问题应及时处理。

5.4.4 每年雷雨季节前应对运行中的过电压防护（防雷）装置进行一次检测，雷雨季节中应加强外观巡视，发现异常应及时处理。

5.4.5 设置在发电厂、变电站和调度通信楼内的通信站，接地网接地电阻的测量可随厂、站及大楼接地电阻测量同步进行，独立通信站接地网接地测量一般每年进行一次，测量方法见附录 A，测量仪表宜采用数字式接地电阻测量仪。每年宜进行一次接地装置的电气完整性测试，测试方法见 DL/T 475。

5.5 过电压损害（雷害）统计分析

5.5.1 过电压损害调查分析

5.5.1.1 过电压损害调查分析内容主要包括：

 a) 设施损毁及损失情况；

 b) 各种电气绝缘部分有无击穿闪络的痕迹，有无烧焦痕迹，设备元件损坏部位，设备的电气参数变化情况；

 c) 各种过电压防护元件损坏情况，参数变化情况；

 d) 安装了雷电测量装置的，应记录测量数据，判断过电压（雷电波）入侵途径、过电压（电流）幅值；

 e) 了解雷害事故地点附近的情况，分析附近地质、地形和周围环境特点及当时的气象情况；如电网系统故障引起的应了解事故原因；

 f) 保留损坏部件，必要时对现场进行拍照或录像，做好各种记录。

5.5.1.2 根据上述调查情况，组织有关专家分析，编写调查分析报告，及时制定改进措施。

5.5.2 统计工作

5.5.2.1 各级运行维护单位应做好通信站过电压防护运行技术资料统计工作。记录所辖区域通信站雷电活动规律、强度、雷击概率、电网系统故障持续时间、短路电流等；记录通信设备防护水平及损坏情况、各种过电流（电压）入侵途径、浪涌保护器件（SPD）运行及损坏情况等；建立本地区的雷电活动档案，对损害进行统计。

5.5.2.2 通信站发生过电压损害后应及时将初步情况逐级上报通信机构。各级通信机构应在次年1月底前，按附录B要求将通信站过电压损害统计汇总报送上级通信机构。

附 录 A

（资料性附录）

接地电阻的测量方法

A.1 发电厂和变电站（开关站、换流站）接地网接地电阻的测量方法

 电极的布置如图 A.1 所示。电流极与接地网边缘之间的距离 d_1，一般取接地网最大对角线长度 D 的 4 倍～5 倍，以使其间的电位分布出现一平缓区段。在一般情况下，电压极与接地网边缘之间的距离 d_2 约为电流极到接地网的距离 50%～60%。测量时，沿接地网和电流极的连线移动 3 次，每次移动距离为 d_1 的 5% 左右，如 3 次测得的电阻值接近即可。

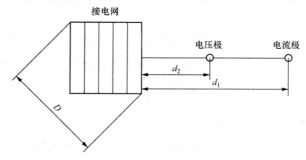

图 A.1 接地网接地电阻测量电极布置图

d_1—电流极与接地网边缘之间的距离；d_2—电压极与接地网边缘之间的距离

如 d_1 取 $4D \sim 5D$ 有困难，在土壤电阻率较均匀的地区 d_1 可取 $2D$，d_2 可取 D；在土壤电阻率不均匀的地区或域区，d_1 可取 $3D$，d_2 取 $1.7D$。

电压极、电流极也可采用如图 A.2 所示的三角形布置方法。一般取 $d_2 = d_1 \geqslant 2D$，夹角约为 $30°$。

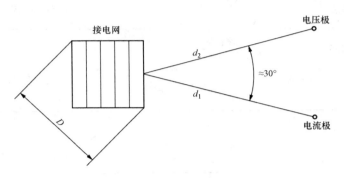

图 A.2　三角形布极图

A.2　电力线路杆塔接地电阻的测量方法

电极的布置如图 A.3 所示，d_1 一般取接地装置最长射线长度 L 的 4 倍，d_2 取 L 的 2.5 倍。

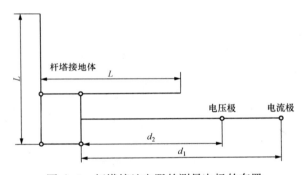

图 A.3　杆塔接地电阻的测量电极的布置

A.3　测量注意事项

a）测量时接地装置宜与避雷线断开；

b）电流极、电压极应布置在与线路或地下金属管道垂直的方向上；

c）应避免在雨后立即测量接地电阻；

d）采用交流电流表—电压表法时，电极的布置宜采用图 A.2 的方式；

e）接地电阻测量方法的其他信息，见 DL/T 475。

附 录 B

（资料性附录）

电力系统通信站过电压损害统计要求

B.1　电力系统通信站过电压损害统计要求（见表 B.1）

表 B.1　电力系统通信站过电压损害统计表

填报单位		过电压防护负责人		过电压防护工程师	
受害站名		受害时间		受害类型	雷电 □/ 操作过电压□
受害线路/设备名称		受害点海拔高度 m		受害点地形地貌	
受害线路/设备启用时间		设备制式 （模/数）		天线距地高度 m	
损伤情况			损害主要原因及改进措施		

填报日期：　　年　　月　　日　　　　　　　　　　　　　　　　　填报单位（盖章）